新型显像管彩色电视机维修指南

杨成伟　编著

金盾出版社

内 容 提 要

本书涵盖了近十年来我国家电市场先后出现的显像管彩色电视机,主要包括:数字高清彩色电视机、超级芯片彩色电视机和 I^2C 总线控制的单片机心彩色电视机。对于每一种类型均以代表机心为主线,分别介绍了各个功能电路的结构、工作原理、核心芯片的引脚功能和维修数据以及常见故障类型和易损元器件。每章最后简要介绍部分维修实例,以提高读者运用相关知识解决实际问题的能力。

本书以图为主,图文并茂,具有较强的实用性、资料性和指导性,可供家电维修人员和电子爱好者阅读参考。

图书在版编目(CIP)数据

新型显像管彩色电视机维修指南/杨成伟编著. —北京:金盾出版社,2009.10
ISBN 978-7-5082-5825-6

Ⅰ. 新… Ⅱ. 杨… Ⅲ. 彩色电视—电视接收机—维修—指南 Ⅳ. TN949.12-62

中国版本图书馆 CIP 数据核字(2009)第 110932 号

金盾出版社出版、总发行

北京太平路 5 号(地铁万寿路站往南)
邮政编码:100036 电话:68214039 83219215
传真:68276683 网址:www.jdcbs.cn
封面印刷:北京百花彩色印刷有限公司
正文印刷:北京凌奇印刷有限责任公司
装订:科达装订厂
各地新华书店经销
开本:787×1092 1/16 印张:23 字数:550 千字
2009 年 10 月第 1 版第 1 次印刷
印数:1~8 000 册 定价:46.00 元

前　言

近十年来,显像管(CRT)彩色电视机经历了 I^2C 单片机心、超级芯片机心和数字高清机心三个发展阶段。目前这些电视机已逐渐进入维修期。为了帮助广大家电维修人员更好地熟悉新型显像管彩色电视机的电路结构和工作原理,掌握维修方法,做好维修工作,我们特编写了本书。

为了使本书的内容更加适合广大维修人员需要,在编写过程中我们采取了以下几项措施:

第一,精选代表机心。国产彩色电视机基本上是在引进国外成熟彩色电视机机心的基础上,根据我国国情改进后开发生产的,这就决定国产彩色电视机虽然型号、牌号很多,但所使用的机心就那么几种。为此,我们精心选择有代表性的机心,并列出了使用这种机心的国产彩色电视机的型号和牌号,以便维修人员举一反三,灵活运用。经过认真分析,本书重点选择了以下机心:数字高清彩色电视机选取 TDA9332H 和 PW1226 两种机心;超级芯片彩色电视机选取 TDA9370/9373/9383 和 TMPA8809/8829/8823 两种机心;I^2C 单片机心彩色电视机选取了 LA76810、LA76818、LA76832N 和 LA76931 四种机心。

第二,以标志性芯片为主线介绍功能电路结构。集成元件越来越多、分立元件越来越少,是电视技术的发展趋势。本书以功能电路中标志性集成电路为主线,重点介绍集成电路各引脚功能及维修数据,在此基础上介绍功能电路的结构及引脚与引脚之间、引脚与分立元件之间的关系。这样做有两个方面的好处:一方面可使读者基本掌握电路的结构和工作原理,另一方面也为下一步的维修提供依据,打下基础。

第三,以图为主,图文并茂。书中有以下三种图样:元件的实物安装图,关键引脚在印制电路板上的位置图和波形图,电路原理图。通过实物安装图可以知道元件的实际位置,通过关键引脚波形和维修数据可以为检修提供参考依据,通过原理图可以掌握故障现象与元件之间的因果关系,为分析故障原因提供思路。读者仅凭图纸上提供的信息就可以开展检修活动。形象直观、一目了然。

第四,精选内容。为了节约篇幅、突出重点,本书精心选取了数字高清彩色电视机、超级芯片彩色电视机、I^2C 总线单片机心彩色电视中所包含的高新技术进行介绍,即重点介绍与数字高清电路板、超级芯片电路板的有关内容,而对上述三种彩色电视机中包含的传统电路则一带而过,不展开介绍。

为了方便读者在维修实践中与实物对照,书中所用图形符号和文字符号均依照实物或厂家提供的图纸绘制,与现行国家标准不尽一致;表中所列维修数据凡没有特殊说明的均为采用 MF47 型万用表实测得到,在实际检修时因测量条件不同,测得的数据不尽相同,故表中数据仅供参考。

参加本书编写的还有:滕素贤、杨雅丽、韩晓明、杨长武、夏晓光、杨丽华、王庆喜、周海波、聂新等。尽管我们在编写中做了很大努力,但由于水平所限,书中仍有不尽如人意之处,甚至有疏漏和错误,恳请读者提出宝贵意见。

作 者

目 录

第一章　TDA9332H 芯片数字高清彩色电视机

TDA9332H 是飞利浦公司于 1998 年为高档彩色电视机设计生产的显示处理集成电路（其系列产品还有 TDA9320/TDA9321/TDA9333H 等），至 21 世纪初，被我国各彩色电视机生产单位广泛运用在数字高清彩色电视机中，其国产型号为 OM8380。国产彩色电视机中使用该集成电路的主要代表机型有：

海尔 29F7A-PN	海尔 29F3A-N
海尔 29F7D-PN	海尔 29F9G-PN
海尔 34F9A-PN	海尔 D29FV6H-C
海尔 D34FV6H-CN	海尔 29F9K-PY
海尔 34F9K-PY	海尔 29F9K-YD
长虹 CHD29158	长虹 CHD25158
长虹 CHD25155	长虹 CHD29100C
长虹 CHD29168	长虹 CHD2917DV
长虹 CHD29155	长虹 CHD29156
长虹 CHD29518	长虹 CHD29166
长虹 CHD29915	长虹 CHD29918
长虹 CHD29158（F20）	长虹 CHD29168（F20）
长虹 CHD32100C	长虹 CHD32366
长虹 CHD34100C	长虹 CHD34100W
长虹 CHD34156（F19）	长虹 CHD34166（F20）
长虹 CHD34156（F20）	长虹 CHD34155（F20）
长虹 CHD34156（F13）	长虹 CHD34166（F13）
康佳 A2910	康佳 A2981
康佳 A2986	康佳 A2991
康佳 A2910	康佳 T2912
康佳 T2991	康佳 T3412ID
创维 HiD2918H	创维 HiD29A61
创维 HiD29A81	创维 HiD29158SP
创维 HiD34A61	创维 HiD34158SP（F）
创维 HiD34A81	创维 HiD34181H
创维 HiD361SW	创维 HiD38215P
乐华 R29W-100Hz	乐华 RF29-100Hz
乐华 RH29-100Hz	乐华 RS29-100Hz
厦华 XT-29F6	厦华 XT-34F6
海信 HDP2902D	海信 DP2906G
海信 TDF2901	海信 DP2906H

海信 DP2998   海信 DP2999/G

海信 ITV-2901   海信 ITV-2911

海信 ITV-2988   海信 TDC2901

需要指出的是,上述机型在具体应用时,整机线路和应用软件与原产品均有不同。本章以海尔 29F7A-PN(飞利浦 833 机心)型机为例,分析采用 TDA9332H 芯片数字高清彩色电视机的工作原理及故障检修方法。其整机中的主板元件组装如图 1-1 所示,主板印制线路如图1-2所示,

数字板组件,主要安装有 TDA9332H、M3728IMAH-076SP、TDA8601T、TA1370FG、SAA4979H/107、SAA7118H、SAA4998H 等贴片式集成电路,是数字高清彩色电视机中的核心器件,一旦发生故障,整机表现为无光栅或无图像、水平亮线等现象。

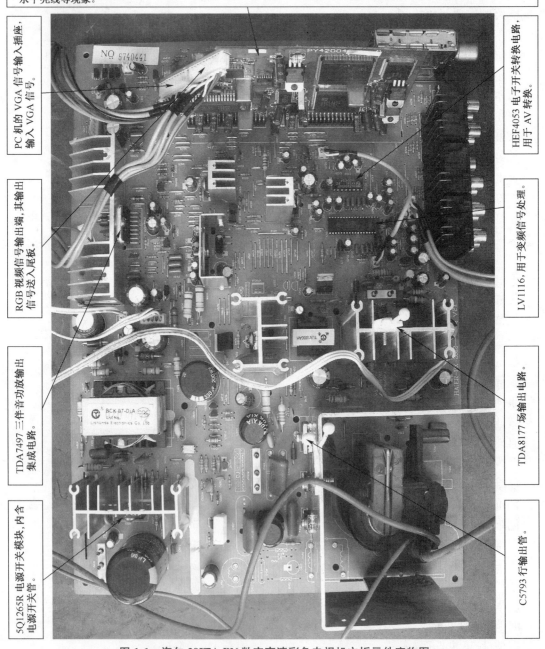

图 1-1   海尔 29F7A-PN 数字高清彩色电视机主板元件实物图

2

高清数字板元件实物组装如图 1-3 所示,高清数字板印制线路如图 1-4 所示,速调板元件实物组装如图 1-5 所示,速调板印制线路如图 1-6 所示,尾板元件实物组装如图 1-7 所示,尾板印制线路如图 1-8 所示。

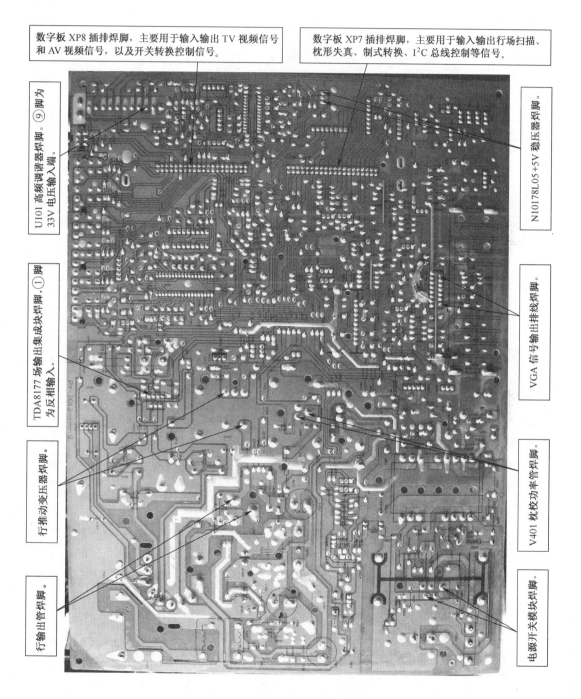

数字板 XP8 插排焊脚,主要用于输入输出 TV 视频信号和 AV 视频信号,以及开关转换控制信号。

数字板 XP7 插排焊脚,主要用于输入输出行场扫描、枕形失真、制式转换、I²C 总线控制等信号。

U101 高频调谐器焊脚。⑨ 脚为 33V 电压输入端。

N10178L05 +5V 稳压器焊脚。

TDA8177 场输出集成块焊脚,① 脚为反相输入。

VGA 信号输出排线焊脚。

行推动变压器焊脚。

V401 枕校功率管焊脚。

行输出管焊脚。

电源开关模块焊脚。

图 1-2 海尔 29F7A-PN 数字高清彩色电视机主板印制线路

3

24LC16 E²PROM 电可擦可改写存储器，用于存储节目信息及控制信息，故障时无图像、无伴音或光栅异常。

XP1 插座用于连接尾板电路，主要输入三基色视频信号；XP2 插座用于连接 VGA 输入端，输入 PC 机的 VGA 信号。

M37281 MAH-076SP 中央微控制器，故障时不能开机或黑光栅。

TDA9332H I²C 总线控制的 TV 显示处理器，故障时，无光栅或光栅异常。

TA1370FG 同步处理电路，故障时，无光栅。

TDA861T 用于 YUV 和 PY、PU、PV 信号转换输出。

SAA7118H 数字解码处理器，故障时无图像、无光栅。

3.3V 稳压器。损坏时数字板电路不工作。

+5V 和 +8V 稳压器。

SAA4979 变频电路，故障时无光栅或光栅异常。

PY42004

SAA4998H 运动补偿电路与 SAA4979H 连接时可实现逐行扫描功能，对送入 ㊶～㊼ 和 ㊿～㊽ 脚的16bit YUV 行信号，首先经数字动态降噪处理后，再进入行存储器，故障时无图像、无光栅。

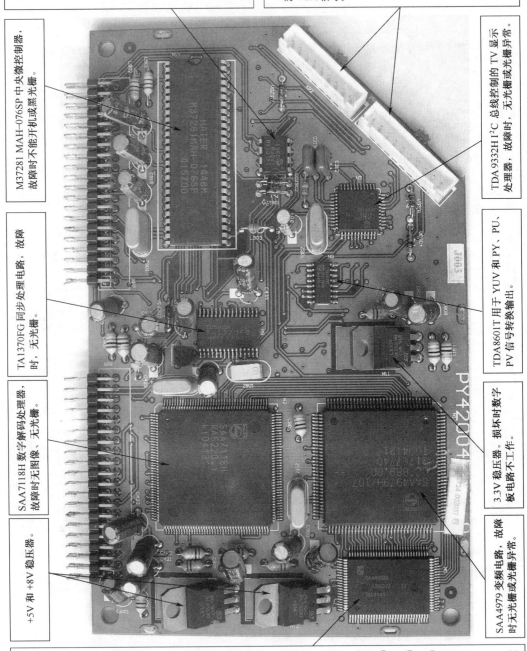

图 1-3　海尔 29F7A-PN 数字高清彩色电视机数字板元件实物图

4

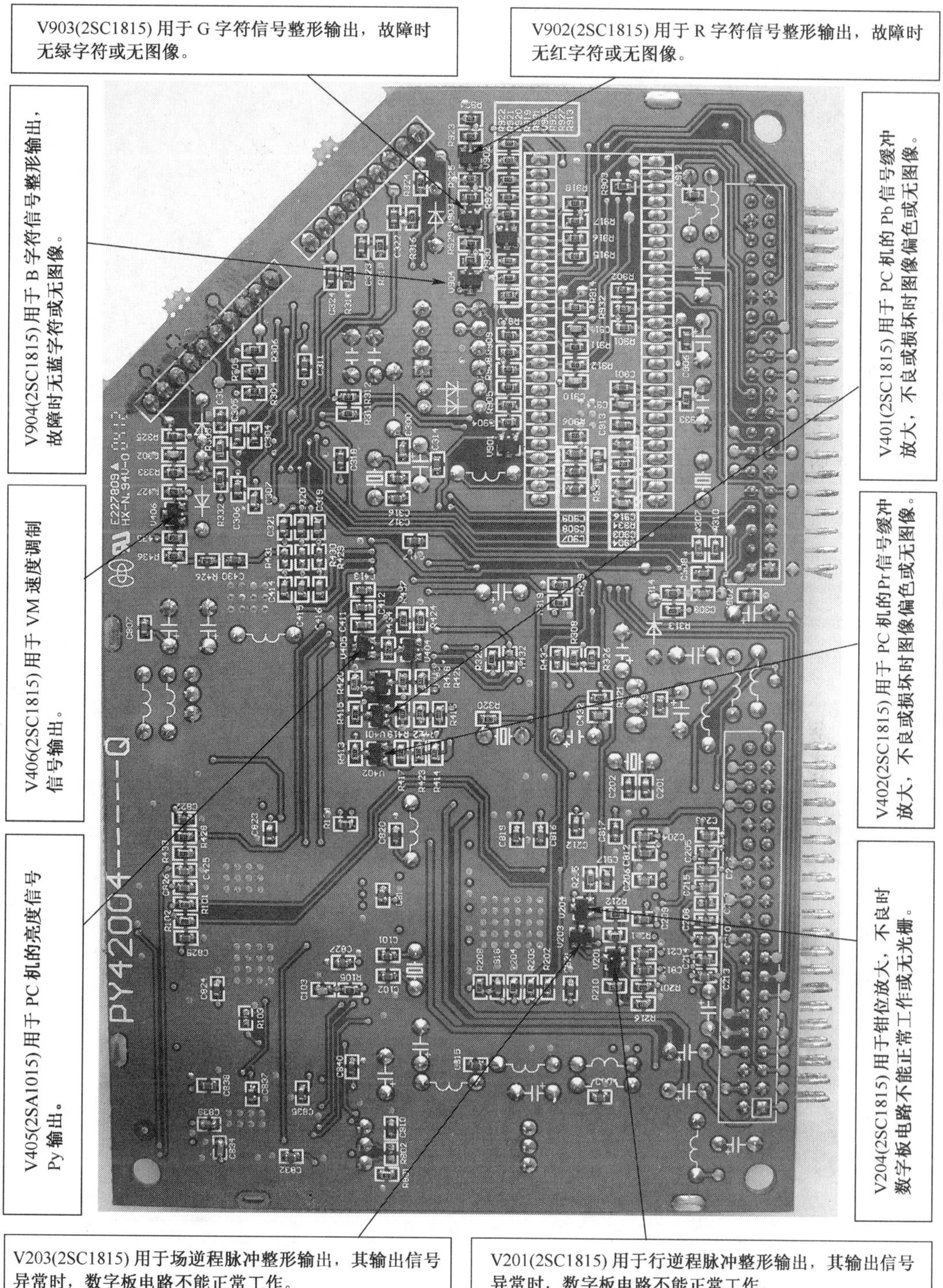

V903(2SC1815) 用于 G 字符信号整形输出，故障时无绿字符或无图像。

V902(2SC1815) 用于 R 字符信号整形输出，故障时无红字符或无图像。

V904(2SC1815) 用于 B 字符信号整形输出，故障时无蓝字符或无图像。

V401(2SC1815) 用于 PC 机的 Pb 信号缓冲放大，不良或损坏时图像偏色或无图像。

V406(2SC1815) 用于 VM 速度调制信号输出。

V402(2SC1815) 用于 PC 机的 Pr 信号缓冲放大，不良或损坏时图像偏色或无图像。

V405(2SA1015) 用于 PC 机的亮度信号 Py 输出。

V204(2SC1815) 用于钳位放大，不良时数字板电路不能正常工作或无光栅。

V203(2SC1815) 用于场逆程脉冲整形输出，其输出信号异常时，数字板电路不能正常工作。

V201(2SC1815) 用于行逆程脉冲整形输出，其输出信号异常时，数字板电路不能正常工作。

图 1-4　海尔 29F7A-PN 数字高清彩色电视机数字板印制线路

Q1120(2SC1815) 用于 VM 静噪控制，击穿损坏时 VM 电路失效。

Q1109、Q1110、Q1119 等组成 VM 信号整形激励电路，故障时 VM 功能失效。

C1113(10μF/160V) 用于 VM 功率输出级供电压滤波，不良或失效时均会影响 VM 效果。

XP1703 插排与主板电路连接，用于输入 VM 信号、+12V、+B 电压。

XP1104 插座用于连接 VM 线圈，VM 线圈组装在显像管颈上。

Q1111 和 Q1112 组成互补推挽式功率放大输出电路，主要用于驱动 VM 速度调制线圈，其中 Q1111 为 PNP 型功率管，常用型号为 2SA1837；Q1112 为 NPN 型功率管，常用型号为 2SC4793。

图 1-5　海尔 29F7A-PN 数字高清彩色电视机速调板元件实物图

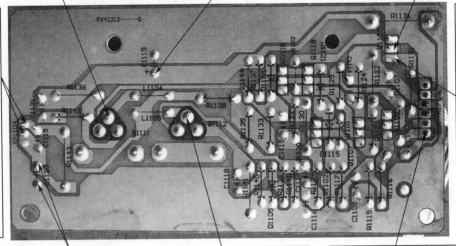

Q1111（A1837）的集电极，正常工作时该脚约有 110V 电压。

C1113（10μF/160V）VM 供电压滤波电容正极端，115V。

Q1120（2SC1815）的集电极，正常工作时该电极呈高电平。

VM 功率输出插座焊脚，正常工作时有约 110V 直流电压。

Q1120(2SC1815) 的基极，正常工作时该脚呈高电平，但在显示字符时该脚呈低电平，正常工作时该脚呈 0V 电平。

C1120（10μF/160V）用于 VM 线圈交流回路，正常时用 R×1k 挡测量有充放电现象。

Q1112（C4793）的集电极，正常工作时该脚约有 110V 电压。

+12V 电压输入端，外接 C1107（47μF/25V）为滤波电容，+12V 异常时应注意检查 C1107。

图 1-6　海尔 29F7A-PN 数字高清彩色电视机速调板印制线路

N521（TDA6111Q）用于绿基色功率输出。

栅极电压，正常工作时约为440V电压。

N511（TDA6111Q）用于红基色功率输出。

N501（TDA6111Q）用于蓝基色功率输出。

图1-7 海尔29F7A-PN数字高清彩色电视机尾板元件实物图

G2栅极，正常时约有440V电压。

G阴极，正常工作时约151V电压。

B阴极，正常工作时约有153V电压。

R阴极，正常工作时约有153V电压。

图1-8 海尔29F7A-PN数字高清彩色电视机尾板印制线路

第一节 高清数字板电路

高清数字板电路是数字高清彩色电视机整机线路中极其重要的组成部分，常被称为IPQ

板电路。在数字高清彩色电视机中,IPQ 板依品牌型号不同,总有不同的组成形式。但它们的相同之处,都是由两组双排引出脚插接在主板电路中。因此,在检修数字高清彩色电视机时,首先了解高清数字板引脚的使用功能及工作参数、信号波形等,就显得尤为重要,更因为 IPQ 板在某种程度上可视为一个独立的器件。

图 1-3 和图 1-4 即为海尔 29F7A-PN 数字高清彩色电视机中 IPQ 板的实物图,其安装在主板上的引脚印制线路及相关引脚的信号波形等如图 1-9 和图 1-10 所示,各引脚的使用功能及工作电压、电阻值等如表 1-1 和表 1-2 所示。

用 5μs 时基挡、0.2V 电压挡测得 XP7 ⑥ 脚行激励信号波形。

数字高清板 XP7 插排引脚,其引脚排序以主印制板面与 W209 相接端为第 ① 脚,向下依次至 ⑳ 脚,再由 ㉑ 脚依次向上至 ㊵ 脚。其中 ① 脚用于 EHT 极高压检测,工作电压约 2.4V; ⑳ 脚为 +8V 电源; ㉑ 脚为 I²C 总线时钟线 SCL1; ㊵ 脚接地。

用 2μs 时基挡、0.1V 电压挡测得 XP7 ㊱ 脚波形。

用 5μs 时基挡、2V 电压挡测得 XP7 ⑧ 脚行消隐信号波形。

用 20μs 时基挡、10mV 电压挡测得 XP7 ⑰ 脚波形。

用 5μs 时基挡、0.5V 电压挡测得 XP7 ⑨ 脚行脉冲波形。

用 2μs 时基挡、0.1V 电压挡测得 XP7 ㉒ 脚数据线波形。

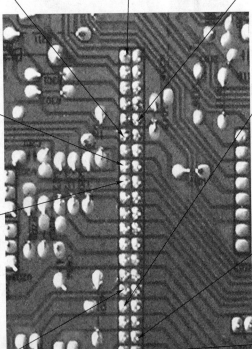
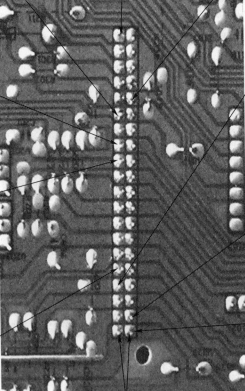

用 2μs 时基挡、50mV 电压挡测得 XP7 ⑯ 脚波形。

XP7 插排引脚,其引脚号的排列顺序由作者编制,但在有些同类机型中,常将图中 ① 脚编为 ㊵ 脚,而将 ㊵ 脚编为 ① 脚,这一点在查阅本书中的表 1-1 时应注意。

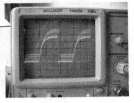

用 2μs 时基挡、0.5V 电压挡测得 XP7 ㉑ 脚时钟线波形。

图 1-9 数字板 XP7 引脚焊接印制线路及信号波形

数字高清板 XP8 插排引脚，其引脚排序以主印制板面未与任何线路相接端为第①脚，向下依次至⑳脚，再由㉑脚依次向上至⑩脚。其中：①脚接地；⑳脚和㉑脚均为 12V 电源；⑩脚用于 Py 亮度信号输入。数字高清板 XP7 插排引脚主要用于扫描信号、光栅几何失真控制信号等输入输出，而 XP8 插排引脚主要用于视频信号、AV 控制信号等输入输出。因此，在扫描及光栅失真等故障检修时主要是注意检查 XP7 插排引脚的工作电压。

用 5μs 时基挡和10mV 电压挡测得 XP8①脚波形。

用 0.2ms 时基挡和50mV 电压挡测得 XP8 ㉛脚 AFT 信号。

用 10μs 时基挡和0.1V 电压挡测得 XP8⑭脚视频信号波形。

用 10μs 时基挡和50mV 电压挡测得 XP8 ㉚脚 TV 视频信号。

XP8 插排的 ⑱、⑲ 脚，用于控制 N702（HEF4053BP）的 ⑧、⑨ 脚，以实现 AV 转换功能。在 TV 状态时，⑱、⑲ 脚均为 0V 低电平。

用 5μs 时基挡和10mV 电压挡测得 XP8 ㉑脚波形。

XP8 插排的 ⑳、㉑ 脚为 +12V 电源输入端，主要为 Py / Pr / Pb 输入接口电路供电，同时又经进一步稳压产生 +3.3V、+2.5V、+9V 等供给数字处理电路。

图 1-10　数字板 XP8 引脚焊接印制线路及信号波形

表 1-1　XP7 插接件引脚功能及维修数据

引　脚	符　号	功　能	$U(V)$ TV 动态	$R(kΩ)$ 在线 正向	$R(kΩ)$ 在线 反向
1	EHT	极高压检测端	2.4	11.0	18.0
2	ABL	自动亮度限制端	3.6	3.2	6.5
3	VD−	场激励负极性输出端	1.3	1.5	3.2
4	VD+	场激励正极性输出端	1.8	3.2	3.1
5	GND2	接地端	0	0	0
6	HOUT	行激励输出端	0.8	6.5*	8.5

续表 1-1

引 脚	符 号	功 能	U(V) TV 动态	R(kΩ) 在 线 正向	R(kΩ) 在 线 反向
7	EW	东西枕校输出端	3.7	11.0	26.5
8	HBLK	行消隐信号输入端	1.2	3.8	3.8
9	HD	行脉冲输入端	4.7	5.5	6.0
10	VD	场脉冲输入端	5.0	8.0	14.5
11	GND2	接地端	0	0	0
12	STANDBY	待机控制端	5.1	8.5	17.0
13	HDTV/50	高清与50Hz场频转换控制端	4.5	1.8	3.0
14	5V-1	+5V电源端	5.1	0	0
15	GND2	接地端	0	0	0
16	HDTV/60	高清与60Hz场频转换控制端	1.1	10.2	7.5
17	UBASS	UBASS控制端	4.9	8.0	14.0
18	MUTE	静音控制端	0	8.5	0
19	GND2	接地端	0	0	0
20	8V-1	+8V电源端	8.3	5.5	6.9
21	SCL1	I²C总线时钟端1	0	6.5	8.0
22	SDA1	I²C总线数据端1	0	6.5	8.0
23	SCL2	I²C总线时钟端2	0	6.5	8.0
24	SDA2	I²C总线数据端2	0	6.8	8.0
25	TEST	测试端	0.4	8.0	14.5
26	GND2	接地端	0	0	0
27	5V-1	+5V电源端	5.0	4.5	4.9
28	GND2	接地端	0	0	0
29	STANDBY	待机控制端	0	8.5	17.0
30	REMOTE	遥控信号输入端	0	8.5	18.0
31	GND2	接地端	0	0	0
32	LED	发光二极管指示灯控制端	5.0	8.5	18.0
33	KEY1	键扫描端1	0	7.0	7.8
34	KEY2	键扫描端2	5.1	7.0	7.8
35	GND2	接地端	0	0	0
36	TILT	TILT控制端	4.9	8.0	11.0
37	GND2	接地端	0	0	0
38	GND2	接地端	0	0	0
39	GND2	接地端	0	0	0
40	GND2	接地端	0	0	0

注：①在该机型中 XP7 型电路板的引脚号，以主印制板面与 W209 相接端为第①脚，其他脚依次按逆时针方向排列。

②表中符号为作者标注，原机电路板中没有标出。

10

表 1-2 XP8 插接件引脚功能及维修数据

引　脚	符　号	功　能	U(V) TV 动态	R(kΩ) 在　线 正向	R(kΩ) 在　线 反向
1	GND2	接地端	0	0	0
2	Pb	蓝色信号输入端	0	0	0
3	GND2	接地端	0	0	0
4	Pr	红色信号输入端	0	0	0
5	VIDEO1/Y	视频 1/亮度信号输入端	0	20.5	4.3
6	Y	亮度信号输入端	0	0	0
7	GND2	接地端	0	0	0
8	Cb	蓝色信号输入端	0	0	0
9	GND2	接地端	0	0	0
10	Cr	红色信号输入端	0	0	0
11	GND2	接地端	0	0	0
12	VIDEO2	视频信号输入端 2	0	0	0
13	GND2	接地端	0	0	0
14	VIDEO-OUT	视频信号输出端	5.4	0.5	0.4
15	+5V-2	+5V 电源端	5.1	6.4	12.0
16	GND2	接地端	0	0	0
17	8V-1	+8V 电源端	8.3	6.0	7.0
18	4053-2	接转换电路,用于 AV 控制	0	8.0	14.5
19	4053-1	接转换电路,用于 AV 控制	0	8.5	18.0
20	12V-1	+12V 电源端	12.0	0.8	0.8
21	12V-1	+12V 电源端	12.0	0.8	0.8
22	GND2	接地端	0	0	0
23	GND2	接地端	0	0	0
24	8V-1	+8V 电源端	7.8	6.0	6.5
25	GND2	接地端	0	0	0
26	+5V-2	+5V 电源端	5.0	7.1	12.0
27	GND2	接地端	0	0	0
28	空脚	未用	0	∞	∞
29	GND2	接地端	0	0	0
30	TV-VIDEO	TV 视频信号输出端	0.3	0.4	0.4
31	AFT	自动频率微调端	2.6	8.0	13.0
32	SW3	开关 3	0	7.4	9.5
33	SW2	开关 2	3.8	7.4	9.5
34	SW1	开关 1	0	7.4	14.5

引 脚	符 号	功 能	U(V)	R(kΩ)	
			TV 动态	在 线	
				正向	反向
35	GND2	接地端	0	0	0
36	VIDEO1/Y	视频1/亮度信号端	0	3.0	38.0
37	SW-YC	开关信号输入端	0	7.6	14.5
38	VIDEO1-C	色度信号输入端	0	0	0
39	GND2	接地端	0	0	0
40	Py	亮度信号输入端	0	0	0

注:①XP8 型电路板的引脚号,以主印制电路板面未与任何线路相接端为第①脚,逆时针方向依次排列。

②表中符号为作者标注,原机电路板中没有标出。

一、TDA9332H 型显示处理器

TDA9332H 型显示处理器是高清数字板中的核心器件,它由 I²C 总线控制,主要用于 TV 显示器 RGB 信号的处理及偏转扫描驱动控制等。其主要特点有:

①适用于 50/60Hz 单扫描和 100/120Hz 双扫描。

②有一个 Y、U、V 输入端和一个线性 R、G、B 输入端,并与快速消隐信号一起传送,以适应 SCART 或 VGA 适配器传送信号的需要。

③内置一个带有快速消隐的单独的 OSD/测试输入端。

④具有与制式无关的亮度信号的黑电平延伸功能。

⑤内有可切换色差信号的矩阵电路。

⑥具有显像管阴极 RGB 信号连续校正控制电路以及白点调整功能。

⑦内设时钟产生电路,其时钟频率为 12MHz,由 12MHz 晶体振荡器控制同步。

⑧内置可编程偏转处理器,能够输出行场偏转扫描驱动信号和东西枕形失真校正信号,具有行场几何失真校正功能。此信号适用于 16:9 宽屏显示器。

⑨内置具有两个控制环的行同步电路及一个无需调整的行振荡器。

⑩行驱动脉冲能用软件启动、软件停止。

⑪所有功能均通过 I²C 总线控制。

其内部电路组成如图 1-11 所示,在海尔 29F7A-PN 型彩电数字电路板中的安装位置如图 1-12 所示,典型应用电路如图 1-13 所示,引脚功能及维修数据见表 1-3。

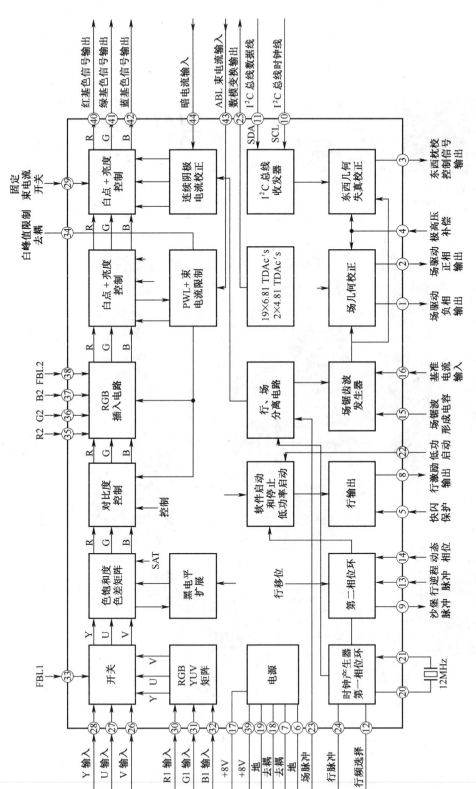

图 1-11　TDA9332H 型显示处理器内部电路组成及引脚功能

13

 TDA9332H㉘脚。正常工作时，该脚有信号直流电压约4.0V。电路正常时，该脚对地正向阻值约9.8kΩ，反向阻值约12.8kΩ。当该脚电压异常或无波形时，黑光栅无图像无伴音。

注：用10μs时基挡和50mV电压挡测得视频信号波形。

 TDA9332H⑧脚。在正常工作时，该脚直流电压2.1V，电路正常时，该脚在线对地正向阻值约6.8kΩ，反向阻值约14.8kΩ，当该脚电压异常或无波形输出时，整机不工作或无光栅、无图像、无伴音。

注：用5μs时基挡和0.2V电压挡测得TDA9332H⑧脚行扫描激励信号波形。

分别为TDA9332H㊵㊶㊷脚，有信号输出时，该脚直流电压约3.7V。电路正常时，该脚对地正向阻值约8.9kΩ，反向阻值约12.8kΩ。该脚电压异常时，黑光栅或无图像，无伴音。

分别为TDA9332H⑳㉑脚，外接Z301为12MHz压控晶体振荡器。正常工作时，该脚电压约1.0V。当该脚电压异常时，整机不工作或无光栅、无图像，无伴音。

 TDA9332H①脚。在正常工作时，该脚直流电压0.6V，在线对地正反向阻值约1.6kΩ。当该脚电压异常或波形异常时，光栅幅度异常或水平亮线或无光栅。

注：用2ms时基挡和0.2V电压挡测得负极性场驱动信号。

 TDA9332H②脚。在正常工作时，该脚直流电压0.6V，在线对地正反向阻值约1.6kΩ。当该脚电压或波形异常时，无光栅或光栅异常。

注：用2ms时基挡和0.2V电压挡测得正极性场驱动信号。

图1-12 TDA9332H型显示处理器接线及关键引脚波形

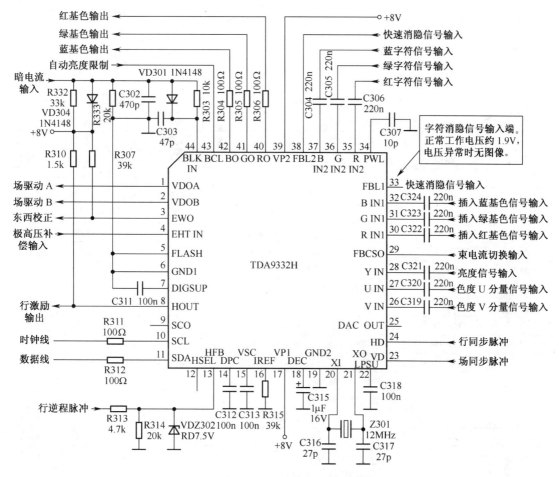

图 1-13　TDA9332H 典型应用电路原理图

表 1-3　TDA9332H 型显示处理器引脚功能及维修数据

引　脚	符　　号	功　　能	$U(V)$ 待机状态	$U(V)$ 有信号动态	$R(k\Omega)$ 在线 正向	$R(k\Omega)$ 在线 反向
1	V−	场驱动负极性信号输出端	0.6	0.6	1.6	1.6
2	V＋	场驱动正极性信号输出端	0.6	0.6	1.6	1.6
3	EWOUT	东西枕形失真校正信号输出端	2.3	2.3	8.9	12.8
4	EHT IN	极高压补偿信号输入端	1.4	1.4	8.9	12.8
5	FLASH	快闪检测信号输入端	0	0	0	0
6	GND 1	接地端	0	0	0	0
7	DIGSUP	数字电源去耦端	5.0	5.0	6.4	12.8
8	HOUT	行扫描激励信号输出端	2.1	2.1	6.8	14.8
9	SCO	沙堡脉冲输出端	0.7	0.7	5.4	5.4
10	SCL	I²C 总线时钟信号端	3.2	3.2	3.4	4.8
11	SDA	I²C 总线数据端	3.2	3.2	3.4	4.8

15

引 脚	符 号	功 能	U(V) 待机状态	U(V) 有信号动态	R(kΩ) 在 线 正向	R(kΩ) 在 线 反向
12	HSEL	行频选择端	4.8	4.8	8.9	59.8
13	HFB	行逆程脉冲输入端	0.7	0.7	9.3	12.8
14	DPC	动态相位补偿端	3.8	3.8	9.7	11.8
15	VSC	接场锯齿波形成电容	3.7	3.7	9.4	12.0
16	IREF	基准电流输入端	3.8	3.8	9.4	11.8
17	VP1	+8V 电源端	7.8	7.8	1.0	1.0
18	DEC	带隙去耦端	4.6	4.6	9.8	11.8
19	GND 2	接地端	0	0	0	0
20	XTAL IN	压控晶体振荡信号(12MHz)输入端	1.0	1.0	8.9	22.8
21	XTAL OUT	压控晶体振荡信号(12MHz)输出端	1.0	1.0	8.9	78.0
22	LPST-UP	低功率启动电源端	0.1	0.1	8.9	37.8
23	VD	场脉冲输入端	0.1	0.1	3.9	3.9
24	HD	行脉冲输入端	0.3	0.3	3.9	3.9
25	DAC OUT	数模变换信号输出端	0.3	0	9.8	12.8
26	V IN	色度信号(R−Y)分量输入端	3.7	3.7	9.8	12.8
27	U IN	色度信号(B−Y)分量输入端	3.7	3.7	9.8	12.8
28	Y IN	亮度信号输入端	3.8	4.0	9.8	12.8
29	FBCSO	固定电子束电流切换输入端	0	0	0	0
30	R-IN1	插入红基色信号输入端1	2.6	2.6	9.8	12.8
31	G-IN1	插入绿基色信号输入端1	2.6	2.6	9.8	12.8
32	B-IN1	插入蓝基色信号输入端1	2.6	2.6	9.8	12.8
33	FBL1	快速消隐信号输入端1	1.9	1.9	2.0	2.0
34	PWL	白峰值限制去耦	0.2	0.2	9.8	12.8
35	R-IN2	插入红基色信号输入端2	3.6	3.6	9.8	12.8
36	G-IN2	插入绿基色信号输入端2	3.6	3.6	9.8	12.8
37	B-IN2	插入蓝基色信号输入端2	3.6	3.6	9.8	12.8
38	FBL2	快速消隐信号输入端2	1.9	1.9	2.0	2.0
39	VP2	+8V 电源端	8.0	8.0	1.0	1.0
40	R-OUT	红基色信号输出端	3.7	3.7	8.9	12.8
41	G-OUT	绿基色信号输出端	3.7	3.7	8.9	12.8
42	B-OUT	蓝基色信号输出端	3.7	3.7	8.9	12.8
43	BCL	自动亮度限制电流输入端	2.4	2.4	9.5	12.8
44	BLK IN	暗电流输入端	3.2	3.2	9.5	12.8

注:表中⑳、㉑脚分别为时钟振荡信号输入输出端,开机测量时会引起停机,故在一般情况下不去测量⑳、㉑脚电压。必要时应在待机状态下点触式快速检测,以避免因检测而带来人为故障。

从 TDA9332H 型显示处理器的内部结构(见图 1-11)来看,可将其分为视频解码、基色矩阵、行场扫描、几何失真校正等基本功能电路。

1. 视频解码及 RGB 插入电路

在采用 TDA9332H 型显示处理器的数字高清彩色电视机中,视频解码及 RGB 插入电路,主要由其㉖、㉗、㉘脚和㉚～㉝、㉟～㊳脚及外接元件等组成。它是处理视频图像信号的核心电路。该电路又由视频信号输入及解码电路和 RGB 插入及字符信号输入电路两部分组成。

（1）视频信号输入及解码电路。

在海尔 29F7A-PN 型数字高清彩色电视机中，视频信号输入电路主要由 XP8 插排的㉚、㊵、②、④脚及部分电容器、电阻器等组成。其工作原理如图 1-14 所示。

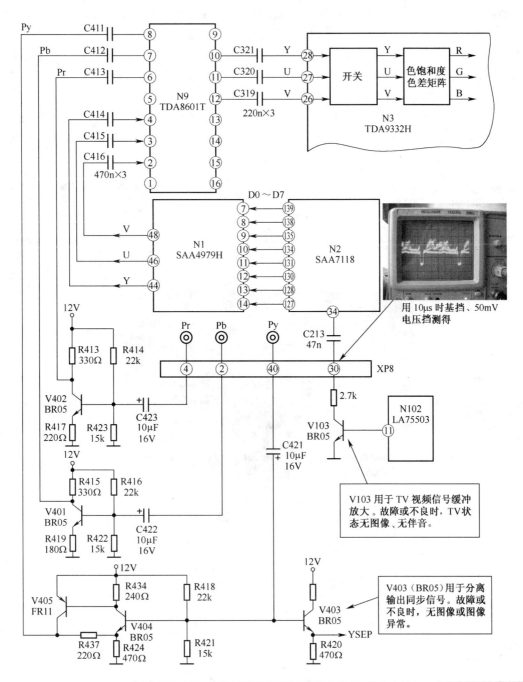

图 1-14 视频信号输入及解码电路工作原理图
注：该图依据实物绘制，仅供参考。

17

①视频信号输入电路。视频信号输入电路,主要包括 TV 视频信号输入和外部视频信号输入两个部分,其中:TV 视频信号由插排 XP8 的㉚脚输入,再经耦合电容 C213 送入 N2 (SAA7118)的㉞脚,并在 N2 内部进行模/数(ADC)转换处理,然后通过 4H 自适应数字梳状滤波器(图中未绘出)进行亮色分离,以及色度信号分离处理,产生 Cu、Cv 信号,最终解调出 8bit 的 YUV 信号分别从 N2 的⑬⑨、⑬⑧、⑬⑤、⑬④、⑬①、⑬⓪、⑫⑧、⑫⑦脚输出,并直接送入 N1(数模控制及变频输出电路)的⑦~⑭脚。经 N1 内部处理后分别从㊸、㊻、㊽脚输出 Y、U、V 模拟信号,送入 N9 的④、③、②脚。外部视频信号由插排 XP8㊵、④、②脚输入 Py、Pb、Pr 信号,分别经 V404 和 V405、V402、V401 缓冲放大后送入 N9(TDA8601T)的⑧、⑥、⑦脚。经选择切换后从⑩、⑪、⑫脚输出 YUV 模拟信号,分别经 C321、C320、C319 耦合送入 N3(TDA9332H)的㉘、㉗、㉖脚,在 N3 内部处理后还原出 RGB 三基色信号。

为了方便读者在实际维修中查找相关元器件,特将这部分电路在海尔 29F7A-PN 型彩电数字电路板上的组装位置和电路接线分列于后。其中,图 1-15、图 1-16 分别是插排 XP8 视频

C422(10μF/16V 电解电容器)用于耦合输入由 Pb 端输入的 U 分量信号或 B-Y 色差信号。C422 的负极端接插排 XP8 的②脚,正极端接 V401(2SC1815)的基极。开路或不良或失效时,Pb 端输入的 U 信号就会丢失,从而形成图像偏色等异常故障。

插排 XP8 ㊳脚,用于色度信号输入。该端输入的信号主要是由设置在面板上的 S 端子提供,并通过高清板电路中的 C208(47nF)送入 N2(SAA7118)的㉓脚。SAA7118 的㉓脚内接模数控制电路,主要是将输入的模拟信号转换成数字信号。

插排 XP8 ②脚,用于 Pb 信号输入。该端输入的信号主要是由设置在后面板上的 Pb 端口提供,并通过 C422(10μF/16V)、V401(2SC1815)、C412 送入 N9(TDA8601T)的⑦脚,经转换控制电路切换控制后从 N9 的⑪脚输出,再经 C320 耦合送入 N3(TDA9332H)㉗脚。

C423(10μF/16V 电解电容器)用于耦合输入由 Pr 端输入的 V 分量信号或 R-Y 色差信号,经缓冲放大后再送入 TDA8601T 转换电路。

C421(10μF/16V 电解电容器)用于耦合输入由 Py 端输入的亮度信号(Y),经缓冲放大后再送入 TDA8601T 转换电路。

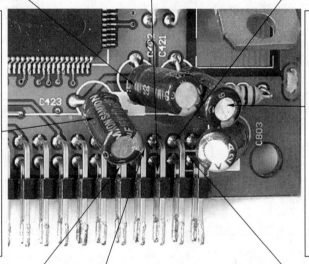

插排 XP8㊱脚,用于亮度信号输入。该端输入的信号主要是由设置在后面板上的 S 端子提供,并通过高清板电路中的 C214(47n)送入 N2(SAA7118)的㉛脚。SAA7118 的㉛脚,内接模数控制电路,主要是将输入的模拟信号转换成数字信号。

插排 XP8④脚,用于 Pr 信号输入。该端输入的信号主要是由设置在后面板上的 Pr 端口提供,并通过 C423(10μF/16V)、V402(2SC1815)、C413 送入 N9(TDA8601T)的⑥脚,经转换控制电路切换控制后再从 N9 的⑫脚输出,再经 C319 耦合送入 N3(TDA9332H)㉖脚。

插排 XP8㊵脚,用于 Py 信号输入。该端输入的信号主要是由设置在后面板上的 Py 端口提供,并通过 C421(10μF/16V)、V404(2SC1815)、V405(2SA1015)、C411 送入 N9(TDA8601T)的⑧脚,经转换控制后从⑩脚输出,再经 C321 耦合送入 N3(TDA9332H)㉘脚。

图 1-15　插排 XP8 视频信号输入端元件实物组装图

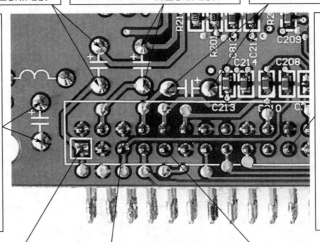

C421（10μF/16V 电解电容器）的两个焊脚，电路正常时两脚间有充放电现象（用R×1kΩ挡测量）。C421 主要用于耦合输入 Py 亮度信号。其负极端与插排 XP8 的 ㊵ 脚相连，其正极端与 V403（2SC1815）的基极相连接。

C422（10μF/16V 电解电容器）的两个焊脚，电路正常时两脚间有充放电现象（用R×1kΩ挡测量）。C422 主要用于耦合输入 Pb 蓝信号。其负极端与插排 XP8 的 ② 脚相连接，正极端与 V401（2SC1815）的基极相连接。

C423（10μF/16V 电解电容器）的两个焊脚，电路正常时两脚间有充放电现象（用R×1kΩ挡测量）。C423 主要用于耦合输入 Pr 红信号。其负极端与插排 XP8 的 ④ 脚相连接，正极端与 V402（2SC1815）的基极相连接。

C803（22μF/16V 电解电容器）的两个焊脚，正常时两脚间有 +5V 直流电压。C803 主要用于 +5V-2 电压滤波，为 N10（+3.3V 稳压器）提供输入电压。当 C803 漏电时，将无3.3V电压输出。

插排 XP8 ㉚ 脚，用于 TV 视频信号输入。其输入信号通过 C213（47nF）送入 N2（SAA7118）的 ㉞ 脚，并在 N2 内部进行格式化处理。

插排 XP8 ㊵ 脚，用于 Py 亮度信号输入。该信号通过 C421、V404、N9（TDA8601）送入 N3（TDA9332H）的 ㉘ 脚。插排 XP8 ㊵ 脚与后面板的 Py 插口相连接。

插排 XP8 ㊳ 脚，用于 S 端子的色度信号（C）输入。该信号通过 C208（47nF）送入 N2（SAA7118）的 ㉓ 脚，并在 N2 内部进行格式化处理。插排 XP8 ㊳ 脚与后面板的 S 端子 C 信号输入端相连接。

插排 XP8 ㊱ 脚，用于视频 1/S 端子亮度信号输入。该信号通过 C214（47nF）送入 N2（SAA7118）的 ㉛ 脚，并在 N2 内部进行格式化处理。插排 XP8 ㊱ 脚与后面板的 S 端子 Y 信号输入端相连接。

图 1-16　插排 XP8 视频信号输入端印制板线路图

信号输入端元器件的组装图和接线图；图 1-17 是 Py、Pr、Pb 视频信号输入电路元器件组装图；图 1-18 是 YUV 信号转换输入输出电路元器件的组装图；图 1-19 是 TV 视频信号转换变频输出电路元器件组装图。

②解码电路。解码电路主要包含在 N3（TDA9332H）的内部。其基本功能是：首先，将 YUV 信号解调为亮度信号 Y 和色差信号 R−Y、B−Y；然后生成 Y 信号和 R−Y、B−Y、G−Y 信号；最后通过三基色矩阵还原出 R、G、B 三基色信号，并从 N3 的 ㊵、㊶、㊷脚输出。

（2）RGB 插入电路及字符信号输入电路。

在海尔 29F7A-PN 数字高清彩色电视机中，RGB 插入电路及字符信号输入电路分别由 N3（TDA9332H）的 ㉚、㉛、㉜、㉝脚和 ㉟、㊱、㊲、㊳脚及少量外接元件等组成，如图 1-20 所示。

①RGB 插入电路。在 TDA9332H 型集成电路中，主要用于 VGA R/G/B 信号，用于 VGA R/G/B 信号输入的 ㉚～㉜脚与外接的贴片式电容 C322、C323、C324 及插排 XP2 引脚组成 RGB 信号输入电路，其实物安装位置如图 1-21 所示。

在图 1-20 中，由 N3（TDA9332H）㉚、㉛、㉜脚输入的 VGA R/G/B 信号，首先经 IC 内部的 YUV 矩阵电路（见图 1-11），将三个基色信号转换成 YUV 信号，再经开关电路与由 ㉘、㉗、㉖脚输入的 YUV 信号进行切换，其切换功能可由 ㉝脚输入的开关信号控制。在海尔 29F7A-PN 型机中，㉝脚空置未用，其切换控制功能是通过 I²C 总线来完成的。

V402（BR05）小功率贴片式 NPN 管，用作 Pr（V 分量信号）缓冲放大器，主要放大由后面板 Pr 插口输入的红色信号，并经 C413 送入（TDA8601T）的⑥脚。正常工作时 V402 集电极（接 R413 端）有 11.8V 直流电压。V402 损坏时可用 2SC1815 代换。

V403（BR05）用于同步分离输出，主要由发射极（与 R420 相接端）输出复合同步信号。损坏时可用 2SC1815 代换。

V401（BR05）用于 Pb 蓝信号缓冲放大输出，主要由集电极（与 R415 相接端）输出红色信号。损坏时要用 2SC1815 代换。

V404（BR05）用于 Py 亮度信号缓冲放大输出，主要由集电极（与 R434 相接端）输出 Y 信号。损坏时可以用 2SC1815 代换。

V405(FR11)用于 Py 亮度信号倒相输出，由集电极（与 R437 相接端）输出 Y 信号。损坏时可以用 2SA1015 代换。

C411(470nF)贴片式耦合电容，用于耦合输出 Py 亮度信号，并送入 N9（TDA8601T）的⑧脚，损坏时可用 470nF 瓷片电容代换。

C412(470nF)贴片式电容，用于耦合输出 Pb 蓝信号，并送入 N9（TDA8601T）的⑦脚，损坏时可用 470nF 瓷片电容代换。

C413(470nF)贴片式耦合电容，用于耦合输出 Pr 红色信号，并送入 N9（TDA860T）的⑥脚。损坏时可用 470nF 瓷片电容代换。

C319（220nF）贴片式耦合电容，用于耦合输出V分量信号，一端接 N9（TDA8601T）的⑫脚，另一端接 N3（TA9332H）的㉖脚。损坏时可用 220nF 瓷片电容代换。

C320（220nF）贴片式耦合电容，用于耦合输出 U 分量信号，一端接 N9（TDA8901T）的⑪脚，另一端接 N3（TDA9332H）的㉗脚。损坏后可用 220nF 瓷片电容代换。

C321（220nF）贴片式耦合电容，用于耦合输出 Y 信号，一端接 N9（TDA8601T）的⑩脚，另一端接 N3（TDA9332H）的㉘脚。损坏时可用 220nF 瓷片电容代换。

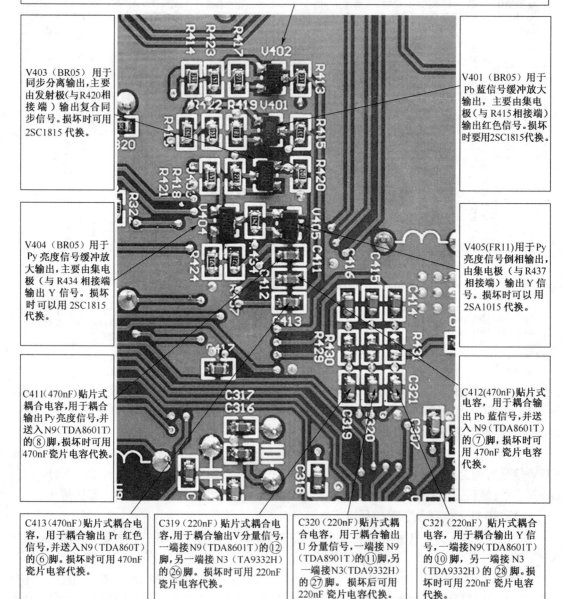

图 1-17　Py、Pr、Pb 视频信号输入电路实物组装图

TDA9332H(TV 显示处理器)的㉖、㉗、㉘脚，分别通过透孔与背面的 C319、C320、C321 贴片电容的一端相接，而 C319、C320、C321 贴片电容的另一端则通过透孔与 TDA8601T 的⑫、⑪、⑩脚相接，主要用于输入 YUV 信号。其中㉘脚用于输入 Y（亮度信号）信号；㉗脚用于输入 U（色度信号中的 U 分量信号，或 B-Y 色差信号）信号；㉖脚用于输入 V（色度信号中的 V 分量信号，或 R-Y 色差信号）信号。YUV 信号进入 TDA9332H 集成电路内部后，再经一系列处理产生 RGB 三基色信号，最后从⑩⑪⑫脚输出。因此，当 TDA9332H 的⑩⑪⑫脚无三基色信号输出时，应首先注意检查㉖㉗㉘脚是否有正常工作电压和输入信号。正常时㉖㉗脚的直流电压约 3.7V，㉘脚的有信号电压约 4.0V。电路正常时用 R×1k 挡（MF47 型表）在线测量，㉖、㉗、㉘脚的正向阻值约 9.8kΩ，反向阻值约 12.8kΩ。

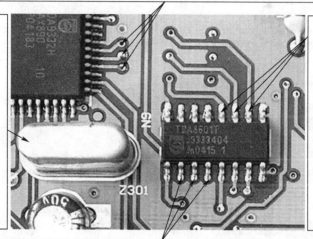

Z301（12MHz）压控晶体振荡器，并接在 TDA9332H ⑳、㉑脚之间，为 TDA9332H ⑳、㉑脚内部时钟产生电路提供 12MHz 的基准振荡频率。损坏后整机不工作。

TDA8601T 的⑩、⑪、⑫脚，主要用于输出经转换选择的 Y、U、V 信号，并通过透孔连接送入 N3（TDA9332H）的㉘、㉗、㉖脚。其中⑩脚输出 Y 信号，⑪脚输出 U 信号，⑫脚输出 V 信号。

TDA8601T(YUV 转换电路)的②、③、④脚，分别通过透孔与背面板上的 C416、C415、C414 的一端相连接，C416、C415、C414 的另一端分别与 N1（SAA4979A）的㊽㊻㊹脚相连接，主要用于输入 YUV 信号（TV 电视图像信号）。其中：Y 信号由 N1（SAA4979H）的㊹脚输出，经 C414 耦合送入 N9（TDA8601T）的④脚，转换选择后从⑩脚输出，再经 C321 送入 N3(TDA9332H)的㉘脚；U 信号由 N1（SAA4979H）的㊻脚输出，经 C415 耦合送入 N9（TDA8601T）的③脚，转换选择后从⑪脚输出，再经 C320 送入 N3（TDA9332H）的㉗脚；V 信号由 N1（SAA4979H）的㊽脚输出，经 C416 耦合送入 N9（TDA9332H）的②脚，转换选择后从⑫脚输出，再经 C319 送入 N3（TDA9332H）的㉖脚。因此当该机没有 TV 图像画面而 PC 机输入的图像画面正常时，要注意检查 N9（TDA8601T）②、③、④脚和 N1（SAA4979H）㊹、㊻、㊽脚的工作电压及信号波形。

图 1-18　YUV 转换输入输出接口电路实物组装图

SAA4979H 是一种 100/120Hz 变频集成电路，可将 50/60Hz 信号转变成 100/120Hz 信号，同时再经取样，数模转换等处理后输出 Y、U、V 模拟信号。其中 Y 亮度信号从 ㊹ 脚输出，U（B−Y）色差信号从 ㊻ 脚输出，V（R−Y）色差信号从 ㊽ 脚输出。

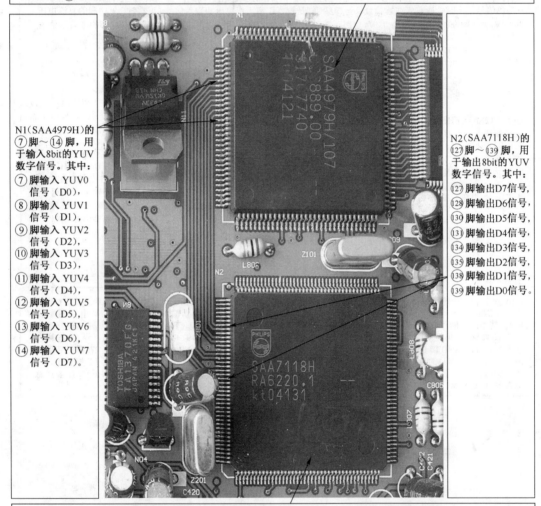

N1（SAA4979H）的
⑦ 脚～⑭ 脚，用
于输入8bit的YUV
数字信号。其中：
⑦ 脚输入 YUV0
信号（D0），
⑧ 脚输入 YUV1
信号（D1），
⑨ 脚输入 YUV2
信号（D2），
⑩ 脚输入 YUV3
信号（D3），
⑪ 脚输入 YUV4
信号（D4），
⑫ 脚输入 YUV5
信号（D5），
⑬ 脚输入 YUV6
信号（D6），
⑭ 脚输入 YUV7
信号（D7）。

N2（SAA7118H）的
⑫⑦ 脚～⑬⑨ 脚，用
于输出8bit的YUV
数字信号。其中：
⑫⑦ 脚输出D7信号，
⑫⑧ 脚输出D6信号，
⑬⓪ 脚输出D5信号，
⑬① 脚输出D4信号，
⑬④ 脚输出D3信号，
⑬⑤ 脚输出D2信号，
⑬⑧ 脚输出D1信号，
⑬⑨ 脚输出D0信号。

SAA7118H 是一种具有多制式梳状滤波器的视频解码集成电路，其主要作用是将模拟视频信号变换成 8bit 的数字信号，并且可以解调 PAL-N、PAL-M、NTSC-M、NTSC-3.58、NTSC-4.43、SECAM 等多种制式的彩色电视。

图 1-19　TV 视频信号转换电路实物组装图

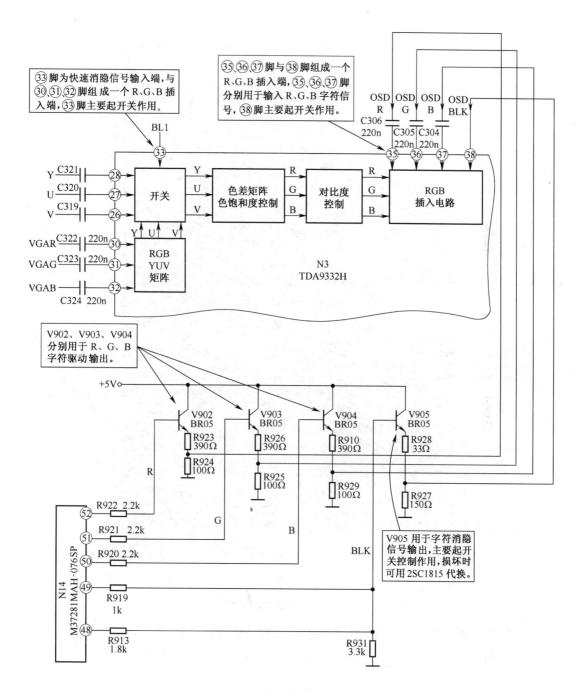

图 1-20　RGB 插入电路及字符输入电路

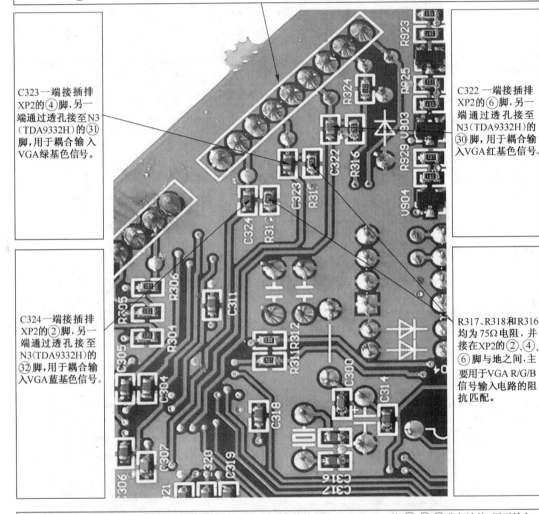

插排 XP2 引脚，用于输入 VGA 信号，其中：①脚接地；②脚接 C324，用于输入 VGAB 信号；③脚接地；④脚接 C323，用于输入 VGAG 信号；⑤脚接地；⑥脚接 C322，用于输入 VGAR 信号；⑦脚接地；⑧脚接 R324（220Ω），用于输入 HPC 行同步信号；⑨脚输入 VPC 场同步信号。HPC 和 VPC 信号通过透孔送入 N8（1370FG 同步处理电路）的⑭、⑬脚。

C323 一端接插排 XP2 的④脚，另一端通过透孔接至 N3（TDA9332H）的㉛脚，用于耦合输入 VGA 绿基色信号。

C322 一端接插排 XP2 的⑥脚，另一端通过透孔接至 N3（TDA9332H）的㉚脚，用于耦合输入 VGA 红基色信号。

C324 一端接插排 XP2 的②脚，另一端通过透孔接至 N3（TDA9332H）的㉜脚，用于耦合输入 VGA 蓝基色信号。

R317、R318 和 R316 均为 75Ω 电阻，并接在 XP2 的②、④、⑥脚与地之间，主要用于 VGA R/G/B 信号输入电路的阻抗匹配。

与 C322、C323、C324 相接的 3 个透孔，分别与电路板正面安装的 N3（TDA9332H）的㉚、㉛、㉜脚相连接，用于输入 VGA 端子的 RGB 信号。VGA 端子主要有 RGB 和 HPC（行同步信号）、VPC（场同步信号）5 个信号，其中 HPC 经 N8（TA1370）处理后送入 N3（TDA9332H）的㉔脚；VPC 经 N8（TA1370）处理后送入 N3（TDA9332H）的㉓脚。

图 1-21 VGA R/G/B 信号输入电路实物图

②字符信号输入电路。字符信号输入电路，主要是由 N3（TDA9332H）的㉟～㊳脚及外接的贴片电容器 C306、C305、C304 等组成，见图 1-20。其实物安装如图 1-22 和图 1-23 所示。

C306 用于耦合输入 R 字符信号。

C307 为贴片电容,容量10pF,并接在 N3(TDA9332H)㉞脚与地之间,主要用于 PWL 白峰值限制去耦。

C305 用于耦合输入 G 字符信号。

C304 用于耦合输入 B 字符信号。

图 1-22　字符耦合输入电路实物图

V904（BR05）为贴片式小功率三极管,用于 B 字符信号驱动输出。

V905(BR05)为贴片式小功率三极管,用于 BLK 字符消隐信号驱动输出。

V902（BR05）为贴片式小功率三极管,用于 R 字符信号驱动输出。

V903（BR05）为贴片式小功率三极管,用于 G 字符信号驱动输出。

图 1-23　字符驱动电路实物图

2. RGB 三基色信号输出电路、连续阴极电流校正电路和 ABL 限制电路

在海尔 29F7A-PN 型彩电的数字高清板中,RGB 三基色信号输出电路、连续阴极电流校正电路和 ABL 限制电路主要由 N3(TDA9332H)㉞、㊵、㊶、㊷、㊸、㊹脚的内部电路及外接元件等组成,如图 1-24 所示。

(1)RGB 三基色矩阵电路及耦合输出电路。

RGB 三基色信号在 TDA9332H 集成电路内部形成,并从㊵、㊶、㊷脚输出,再通过耦合电路及插排引线送入尾板电路,其相关引脚及元器件的位置如图 1-25 和图 1-26 所示。

(2)连续阴极电流校正电路和 ABL 亮度自动限制电容。

RGB 三基色信号中包含有一定比例的亮度分量和色度分量,并且亮度信号对比度信号和色差信号中任何一个信号出现问题,都会破坏其他两个信号的比例,进而使输出的色彩受到影响,因而必须采取一定的方法对 RGB 三基色输出信号进行调节和控制。其中起重要作用的是白平衡的调节和控制。

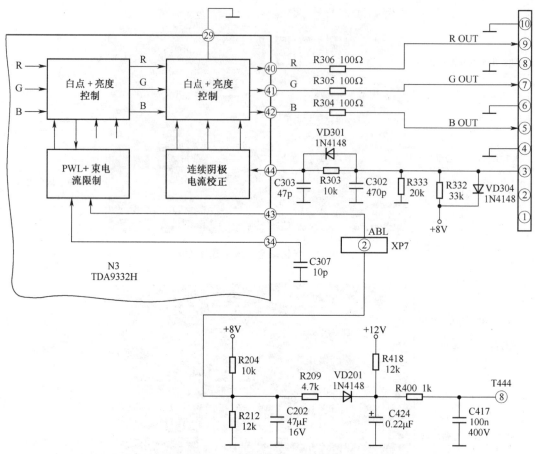

图 1-24 RGB 三基色输出电路、连续阴极电流校正电路和 ABL 亮度自动限制电路

透孔与 TDA9332H 的 ④ 脚相接，用于输出 G 基色信号。正常工作时该点有约 3.7V 直流电压，对地正向阻值约 8.9kΩ，反向阻值约 12.8kΩ。

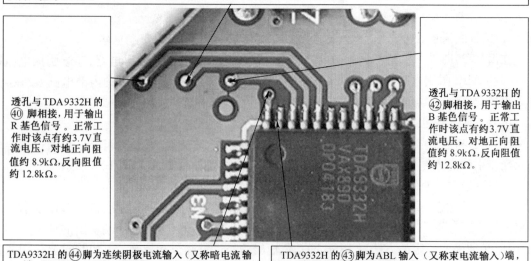

透孔与 TDA9332H 的 ④ 脚相接，用于输出 R 基色信号。正常工作时该点有约 3.7V 直流电压，对地正向阻值约 8.9kΩ，反向阻值约 12.8kΩ。

透孔与 TDA9332H 的 ④ 脚相接，用于输出 B 基色信号。正常工作时该点有约 3.7V 直流电压，对地正向阻值约 8.9kΩ，反向阻值约 12.8kΩ。

TDA9332H 的 ④ 脚为连续阴极电流输入（又称暗电流输入）端，主要用于自动校正暗平衡。正常工作电压约 3.2V。

TDA9332H 的 ④ 脚为 ABL 输入（又称束电流输入）端，用于自动亮度限制。正常工作时该脚电压约 2.4V。

图 1-25　TDA9332H 型集成电路 RGB 输出暗电流输入、ABL 输入等引脚位置及相关数据

R304（101）为100Ω贴片
电阻，用于B基色信号
耦合输出。输出端与插
排VP1⑤脚相接。

插排VP1引脚，与尾板
电路中的XS500相接，用
于输出RGB基色信号。

R305（101）为100Ω贴
片电阻，用于G基色信
号耦合输出。输出端与
插排VP1⑦脚相接。

R306（101）为100Ω贴片
电阻，用于R基色信
号耦合输出。输出端与插
排VP1⑨脚相接。

图1-26　RGB输出耦合电阻安装位置图

白平衡是彩色电视机中的一个重要指标，是正确重现彩色图像的先决条件。它要求彩色电视机屏幕在显示黑白图像或是显示彩色图像中黑白景物时，不论信号电平高低，黑白画面上均不能出现某种彩色色调，这就要求彩色显像管R、G、B三条电子束的截止时间和强度完全一样，同时三基色荧光粉的发光效率也完全一样。但在实际中，受诸多因素的影响，上述的两个方面是很难实现的。这就必须设置白平衡调整电路。在传统的白平衡调整技术中，通过调整设置在尾板中的可调电阻，把显像管内部电子枪的三个截止电平调整一致，以使三个电子束电流在同一低电平上出现，保证低亮度区的图像能正确显示出暗灰色，从而实现暗平衡。同时通过可调电阻改变三基色激励信号的幅度，保证彩色显像管屏幕在重现亮度较高的黑白图像时不出现彩色色调。由以上分析可知，白平衡主要包括暗平衡和亮平衡两个方面，暗平衡主要是通过调整R、G、B三路视频信号的直流电平来实现，实现该功能的电路称为连续阴极电流校正电路；而亮平衡则主要是通过调整R、G、B三路视频信号的幅度来实现，实现该功能的电路称为ABL亮度自动限制电路。

①连续阴极电流校正电路。在图1-24中，N3（TDA9332H）㊹脚输入显像管阴极电流（I_K），通过IC内部的连续阴极电流校正电路去控制RGB三基色信号的直流电平，当电流I_K发生变化时，通过控制环路，使RGB信号的直流电平自动改变。因此，连续阴极电流校正电路完成的是自动暗平衡调整功能，因此，连续阴极电流校正电路也被称为暗电流平衡电路或黑电流平衡电路。

暗电流取自TDA6111Q视放输出级集成电路的⑤脚通过尾板中插排XS500⑧脚和插排VP1③脚与N3（TDA9332H）的㊹脚相接。有关TDA6111Q⑤脚的工作原理见本章的尾板电路部分，这里暂不叙及。图中的VD301和VD304为开关二极管（1N4148），在电路中起钳位作用。

②ABL亮度自动限制电路。ABL自动亮度限制电路的作用是，自动限制显像管第二阳极电流（束电流）的过分增大。它主要由N3（TDA9332H）㊸脚及外接元件等组成，见图1-24。

在图1-24中，R204、R212组成偏置电路，为N3（TDA9332H）㊸脚提供基准电压，以使图像亮度保持在最佳状态；VD201（1N4148）为开关二极管，是ABL电路中的主要元件，在亮度正常范围内处于截止状态；R418、R400为取样电阻，主要为VD201提供截止控制电压；C417

(100nF/400V)主要为束电流提供交流回路。在整机电路正常工作时,VD201处于截止状态,N3(TDA9332H)㊸脚电压不受影响。当束电流(显像管第二阳极电流)增大时,通过R418、R400的电流也增大,R418两端的压降增大,VD201负极端电位下降。当VD201负极端电位低于正极端电位时,VD201导通,N3(TDA9332H)㊸脚电位被下拉,从而使亮度下降,束电流下降,起到亮度自动限制的作用。在束电流限制功能动作的同时,N3(TDA9332H)㊸脚内部的白峰值限幅(WPL)功能也动作。白峰值限幅(或白峰值抑制WPS)是利用一种具有切割功能的电路对RGB输出信号中的白峰值电平(或白点电平)进行控制,使RGB输出端的白峰值电平不超过7.5V,以避免显像管驱动级饱和而造成画面发白散焦。由此可见,当束电流限制功能动作时不仅仅是亮度受到自动限制,对比度也同时受到自动限制。自动对比度限制的英文缩写为ACL。而既具有ABL又具有ACL的束电流限制功能,又称为ABCL电路。N3(TDA9332H)㊸脚内接的PWL+束电流限制的功能电路实际上就是ABCL电路。其中,ACL的功能是根据视频信号的平均电平控制视频放大器的增益,使图像对比度下降;而PWL的功能是检出输出信号的白峰,使亮度信号的对比度降低。

3. 行场扫描小信号处理电路

在海尔29F7A-PN型彩色电视机的高清板中,行场扫描小信号处理电路主要由N3(TDA9332H)⑤、⑧、⑨、⑫、⑬、⑭、⑮、⑯、⑳、㉑、㉒、㉓、㉔脚的内电路及外接元件等组成,如图1-27所示。

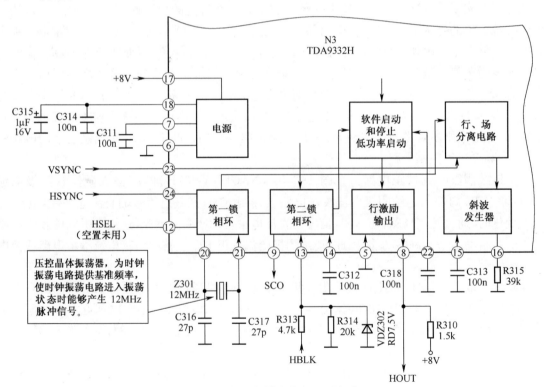

图1-27 行场扫描小信号处理电路

(1)行扫描小信号处理电路。

行扫描小信号处理电路主要由TDA9332H的⑤、⑧、⑨、⑬、⑭、⑰、⑱、⑲、⑳、㉔脚内电路及其外接元件等组成,并可将其细分为时钟振荡电路、锁相环控制电路、软启动控制及行激励输出电路等几部分。

①时钟振荡电路。时钟振荡电路主要由 N3（TDA9332H）的⑳、㉑脚和外接的压控晶体振荡器 Z301、滤波电容器 C316、滤波电容器 C317 及⑫脚和㉔脚外接电路等组成，其相关元器件安装如图 1-28 所示，相关引脚和元器件焊点位置如图 1-29 所示。

TDA9332H⑳、㉑脚内接时钟产生电路，外接 12MHz 压控晶体振荡器。时钟电路在初始工作时产生 13MHz 振荡频率，然后由外接晶体稳在 12MHz。

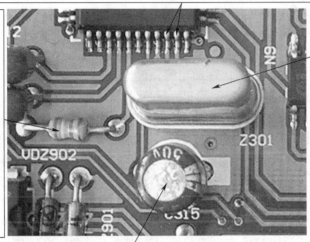

R315（39kΩ）并接在 N3（TDA9332H）⑯脚与地之间，主要为场锯齿波形成电路提供参考电压。

Z301（12MHz）压控晶体振荡器，用于产生 12MHz 基准振荡频率，经 384 分频后产生 2 倍行频频率，同时经分频也产生 2 倍场频频率。

C315（1μF/16V）为行启动电源滤波电容，正常时两端电压约 4.8V。

图 1-28　行振荡时钟产生电路元件安装图

C318（100nF）贴式片电容，并接在 N3（TDA9332H）的㉒脚与地之间，主要起高频滤波作用。

Z301（12MHz）压控晶体振荡器的两个焊脚，与 N3（TDA9332H）的⑳㉑脚并接。正常工作电压在 1.2～1.6V 之间，但在一般情况下不宜测量。

C314（100nF）贴片式滤波电容，并接在 N3（TDA9332H）⑱脚与地之间，主要起高频滤波作用。

C316、C317（27pF）贴片式电容，分别并接在 N3（TDA9332H）⑳、㉑脚与地之间，主要起高频滤波作用。

图 1-29　行振荡时钟产生电路元件焊点位置图

时钟振荡电路，由 N3（TDA9332H）⑰脚供电。当有＋8V 直流电压加到 N3（TDA9332H）的⑰脚时，时钟振荡电路开始工作，并产生 13MHz 信号从⑳脚输出，使 Z301 起振。由其产生的 12MHz 基准频率从㉑脚送入时钟振荡电路，使其产生稳定的 12MHz 脉冲信号。12MHz 脉冲信号再分离出 15625Hz 行频信号或 31250Hz 二倍行频信号，一方面供给行振荡电路，另一方面送入场频分离电路。行频选择主要由 N3（TDA9332H）的⑫脚控制，当⑫脚空置时，12MHz 信号被分频为二倍行频。在图 1-27 中，N3（TDA9332H）⑫脚空置未用，故海尔 29F7A-PN 彩电高清板中的行振荡频率为二倍行频频率，由其㉔脚输入的也为二倍行频行同步脉冲信号（HSYNC）。

②锁相环控制电路。锁相环控制电路主要分为第一锁相环电路和第二锁相环电路两部分。它们的锁相功能均在 TDA9332H 内部完成。

第一锁相环电路又称 AFC-1 电路，主要用于锁定行频振荡器频率，同时受由㉔脚输入行同步信号控制，以使图像同步。

第二锁相环电路又称 AFC-2 电路，主要用于使行扫描中心位置对应于荧光屏中心。在行扫描电路正常工作时，荧光屏有图像画面出现。但当调整图像亮度时，行输出负载将发生变化，从而使行输出管的集电极电流发生改变，行扫描相位就会偏移，图像画面的中心就会偏移。此时就必须从⑬脚引入行逆程脉冲信号，使其在第二相位环路中与行振荡器输入的行频脉冲进行逻辑组合，以实现相位检波，对行中心进行自动控制。同时，由⑬脚输入的行逆程脉冲还用于行脉冲输出电路控制。当⑬脚无脉冲输入时，IC 内部的行激励脉冲输出电路将被自动关闭。因此，第二锁相环是一个由行脉冲检测电路、行激励输出电路和行扫描输出级电路等共同构成的闭合环路。在这个闭合环路中，通过⑭脚输入由行输出变压器高压绕组取出的高压校正控制电压，对图像的行中心进行调整，使显像管高压发生变化时，图像的行中心仍保持正常和稳定。但在图 1-32 中⑭脚接滤波电容与地。⑭脚输入的控制电压信号只影响图像的行中心，而与行扫描相位控制无关。

第二锁相环电路还有形成沙堡脉冲的功能，沙堡脉冲从 TDA9332H 的⑨脚输出，用作彩色瞬态改善电路的控制信号，但无此信号时不会影响正常的色差信号输出。当场输出电路故障时，⑨脚会有场过流检测信号输入，其内部的场过流检测电路启动，并输出控制电压使行激励电路关闭，行输出级停止工作，从而起到场电路过流保护作用。

③软启动控制及行激励信号输出电路。软启动控制及行激励信号输出电路，主要由 N3（TDA9332H）的⑤、⑧脚及㉒脚的内电路组成，其中⑧脚为行激励信号输出端，⑤脚为快闪检测信号输入端，㉒脚为软启动电源端，在 N3 内电路和启动电压均正常时，⑧脚有行激励脉冲输出，此时⑤脚处于低电平。⑤脚内接行保护电路，并通过输入快速检测（即快闪检测）信号对行激励电路进行控制。快速检测信号是取自行输出级电路，当行输出级及其负载异常时，通过检测电路将使⑤脚上升为高电平，进而使内接行保护电路动作，切断⑧脚行激励输出信号。因此，⑤脚所执行的保护功能实际上就是传统机型中的 X 射线保护功能。但在海尔 29F7A-PN 机型中，⑤脚接地，㉒脚外接 100nF 滤波电容。

（2）场扫描小信号处理电路。

在采用 TDA9332H 芯片的数字高清彩色电视机中，场扫描小信号处理电路，主要由 TDA9332H 的①、②、⑮、⑯、㉓脚内电路及其外接元件等组成，其内电路结构及电路原理如图 1-30 所示，外接元件安装位置和焊点位置分别如图 1-31、图 1-32 所示。

在图 1-30 中，由于 N3（TDA9332H）内部无独立的场振荡电路，场脉冲信号主要从行振荡电路和锁相环电路中分得，并受从㉓脚输入的场同步信号控制，以使图像场同步。在 N3 内部，场脉冲信号直接送入场锯齿波发生器，以形成场频锯齿波信号。

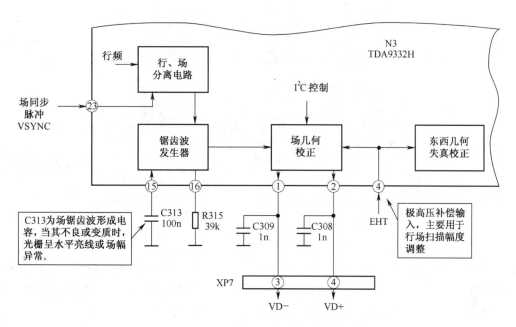

图 1-30　场扫描小信号处理电路

TDA9332H 的①、②脚,分别用于输出负极性场激励脉冲（VD−）和正极性场激励脉冲（VD+）,并直接送到场扫描输出级电路。正常时①、②脚电压约为1.6V,当①、②脚电压异常时,应注意检查⑮脚和⑯脚电压,特别是⑮脚外接的 C313 锯齿波形成电容。在一般情况下①、②脚间的电压差值不大于 0.1V,否则场扫描电路不能正常工作。

C313(100nF)场锯齿波形成电容,并接在 N3(TDA9332H)⑮脚与地之间。开路或接触不良时,光栅呈水平亮线或场幅度不足,并伴有线性失真。

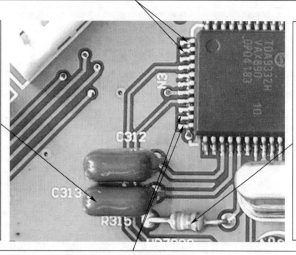

R315(39kΩ) 并接在 N3（TDA 9332H）的⑯脚与地之间,为锯齿波形成电路提供参考电压。开路时场线性失真。

TDA9332H 的⑩、⑪脚,分别用于 I²C 总线时钟线和数据线。正常工作时有 3.4V 左右直流电压抖动,异常时会引起不能二次开机故障。

图 1-31　锯齿波发生器外接元件实物图

　　场频锯齿波形成电路主要由 N3（TDA9332H）⑮、⑯脚内部锯齿波发生器和外接元件组成。其中,⑮脚外接 C313（100nF）为锯齿波形成电容器,当其开路或不良时会引起光栅为水平

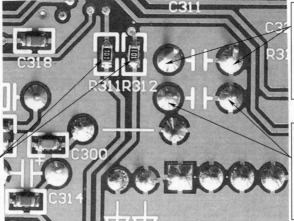

C318（100nF），并接在
TDA9332H㉒脚与地之
间，用于低压启动电源
滤波。漏电时不能开机。

C312（100nF）滤波电容，
并接在TDA9332H⑭脚
与地之间。异常时行相位
偏移。

R311、R312（100Ω）分
别接至TDA9332H的⑩
脚和⑪脚，用于I²C总
线输入/输出。异常时整
机不工作。

C313（100nF）场锯齿波
形成电容的两个焊脚，正
常工作时两脚间约有4V
直流电压。

图1-32　场锯齿波形成电容焊脚位置

亮线或场幅压缩等故障；⑯脚外接R315（39kΩ）为场锯波参考电压形成电阻器，当其开路或变值时会引起场线性异常。因此，当采用TDA9332H芯片的数字高清彩色电视机出现场扫描线性失真或出现光栅为水平亮线或亮带故障时，应注意检查C313和R315。若C313和R315正常，则一般是TDA9332H局部损坏或不良。

在图1-30中，N3（TDA9332H）的①、②脚用于输出场扫描激励信号，并通过XP7的③、④脚送至主板中的场扫描输出级电路。其相关引脚及元件位置如图1-33所示。正常工作时，N3的①、②脚的直流电压约为2.2V。由于场扫描激励级与场扫描输出级电路不构成交直流负反馈环路，故场扫描输出级电路出现故障时，不影响场激励输出级信号正常输出。

R313（4.7kΩ）、R314（20kΩ）为TDA9332H的⑬脚提供偏置电路，用于输入行逆程脉冲，通过AFC-2电路对行中心进行控制，同时也通过行脉冲检测电路对行激励脉冲输出电路进行控制。因此，当R313或R314开路或阻值异常时，集成电路内部的行激励脉冲输出电路被关断，造成无光栅或行相位偏移，致使图像中心偏离。行脉冲检测电路、行激励脉冲输出电路与行输出级电路互相制约，构成一个闭合环路，其中一处故障均会引起黑屏。

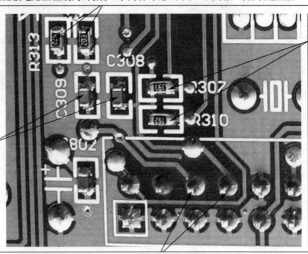

C308、C309（1nF）分别
并接在TDA9332H①、
②脚与地之间，用于吸
收场激励信号中的尖峰
脉冲。漏电或击穿时，
场扫描输出级电路不工
作，光栅呈水平亮线。

R307（39kΩ）、R310
（1.5kΩ）贴片式电阻，
分别为TDA9332H的
③脚和⑧脚提供偏
置电压。开路或阻值
增大时，光栅东西枕
形失真或无光栅。

XP7插排的③、④脚，分别用于输出场激励负极性信号和场激励正极性信号。正常工作时两脚有约1.3V直流电压，并有如图1-12中所示的场驱动信号波形。无波形或波形异常时，应注意检查C313。

图1-33　场扫描信号输出电路实物图

4. 光栅几何失真校正脉冲信号形成电路

在海尔 29F7A-PN 型彩电的高清板中,光栅几何失真校正脉冲形成电路,主要由 N3 (TDA9332H)③④脚内电路及外接元件等组成,并由 I²C 总线控制,如图 1-34 所示。

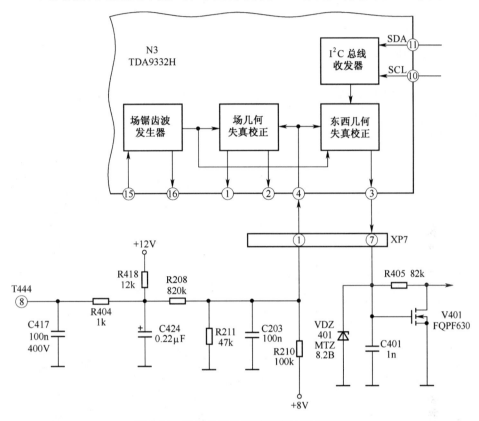

图 1-34　光栅几何失真校正脉冲形成电路

在图 1-34 中,N3(TDA9332H)③脚为光栅几何失真校正脉冲输出端,其输出信号通过 XP7⑦脚控制东西枕形失真校正功率输出管(FQPF630)V401。在正常工作时 N3③脚有 3.7V 直流电压,其电压值受 I²C 总线控制。在维修状态下,通过调整相应的维修项目数据,可使③脚输出电压在一定范围内变化,并通过 V401 实现光栅枕形失真等校正。因此,当彩色电视机发生光栅枕形失真等故障时,应首先检查 XP7⑦脚电压是否正常,是否能够随着 I²C 总线调整而变化。若有变化,一般是 N3(TDA9332H)③脚外部电路有故障。反之,则是 N3 (TDA9332H)内部不良或损坏。

在图 1-34 中,N3(TDA9332H)④脚主要用于输入由行输出变压器 T444⑧脚检测到的行逆程脉冲信号,并分别送入东西几何失真校正电路和场几何失真校正电路,以自动调整光栅行场幅度变化,不使光栅行场幅度受亮度变化的影响。但该脚的功能是由 I²C 总线控制的,改变 I²C 总线相应的维修数据可以调整光栅行场幅度。因此,当该机出现光栅行场幅度不稳定或场几何失真故障时,应注意检查 N3(TDA9332H)④脚工作电压及外接电路。正常时 N3 的④脚电压为 2.4V。若该脚电压异常,一般是外接元件不良,若该脚电压正常,则应进一步调整维修软件中相应的项目数据。

二、M37281MAH-076SP 中央微控制器

M37281MAH-076SP 是日本三菱公司开发的 8 位 MCU 微控制器,其主要特点是:

①操作简便,功能多,可扩展性强。

②内置 8bit PWM 电路,可设置 I/O 接口 P0。

③8bit 运算和逻辑电路,可设置接口 P1~P6。

④具有地磁功能控制。

⑤设置有 2 组 I^2C 总线接口。

在海尔 29F7A-PN 机型中,M37281MAH-076SP 的引脚功能主要使用了接口 P0、接口 P2 等,其实物如图 1-35 所示,引脚焊点位置如图 1-36 所示,电路原理如图 1-37 所示,引脚功能及维修数据见表 1-4 所示。

1. I^2C 总线电路

I^2C 总线是在微处理器控制下运行的,并通过 I^2C 总线将主要功能电路置于微处理器的控制之下。其主要功能是对所属电路或设备的运行状态进行监控,必要时对相关的技术参数进行调整。

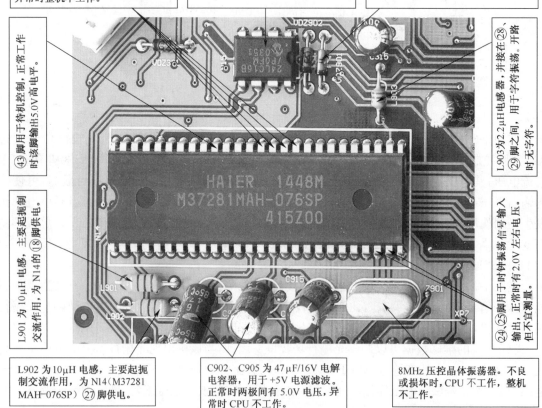

㊱～㊴脚为 I^2C 总线输入/输出端口。其中㊲、㊴脚分别为 SDA1 和 SCL1 端口,用于高清数字板电路中的各集成电路控制;㊱、㊳脚分别为 SDA2 和 SCL2 端口,主要用于主板电路中的高频头控制。㊱～㊴脚电压异常时整机不工作。

24LC16B 为 E^2PROM 存储器,主要用于储存各种功能控制信息及电视节目。当其不良或损坏时,整机诸多控制功能失效或不能开机、黑光栅。

VDZ901 为 3.6V 稳压二极管,与 V901(2SA1015)等组成复位电路,主要起基准钳位作用。当其击穿损坏或不良时,CPU 不工作。

L903 为 2.2μH 电感器,并接在㉘脚之间,用于字符振荡。开路时无字符。

㊸脚用于待机控制,正常工作时该脚输出 5.0V 高电平。

L901 为 10μH 电感,主要起扼流作用,为 N14 的⑱脚供电。

㉔㉕脚用于时钟振荡信号输入输出,正常时有 2.0V 左右电压,但不宜测量。

L902 为 10μH 电感,主要起扼制交流作用,为 N14(M37281 MAH-076SP)㉗脚供电。

C902、C905 为 47μF/16V 电解电容器,用于 +5V 电源滤波。正常时两极间有 5.0V 电压,异常时 CPU 不工作。

8MHz 压控晶体振荡器。不良或损坏时,CPU 不工作,整机不工作。

图 1-35　M37281MAH-076SP 中央微控制器实物图

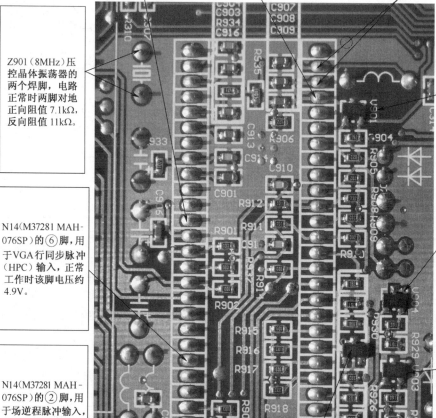

⑤脚用于遥控信号输入。正常工作时该脚直流电压 4.5V，有信号输入时，下降到 4.1V，并且有抖动现象。若遥控时该脚无抖动电压，一般是遥控信号接收电路或遥控器有故障。

⑩脚外接 V901、VDZ901 复位电路。正常工作时该脚电压 5.0V，异常时 CPU 不工作、整机不工作。

㉘、㉙脚外接 2.2μH 电感器和 33pF 电容器，组成 LC 振荡回路，用于产生字符振荡频率。正常工作时该两脚有 4.9V 电压，异常时无字符。

Z901（8MHz）压控晶体振荡器的两个焊脚，电路正常时两脚对地正向阻值 7.1kΩ，反向阻值 11kΩ。

V901（FR11）用于复位电路。故障时不启动，黑屏。可用 2SA1015 代换。

N14(M37281 MAH-076SP)的⑥脚，用于 VGA 行同步脉冲（HPC）输入，正常工作时该脚电压约 4.9V。

V904（BR05）用于蓝字符激励输出。损坏时可用 2SC1815代换。

N14(M37281 MAH-076SP)的②脚，用于场逆程脉冲输入，该脚无场脉冲输入时，无字符。

V903（BR05）用于绿字符激励输出。损坏时可用 2SC 1815代换。

行逆程脉冲输入端，正常工作时有约 4.7V 直流电压。该脚无行脉冲输入时，无字符。

V905（BR05）用于字符消隐信号输出。损坏时可用 2SC1815 代换。

V902（BR05）用于红字符激励输出。损坏时可用 2SC1815 代换。

图 1-36　M37281MAH-076SP 中央微控器引脚焊点位置

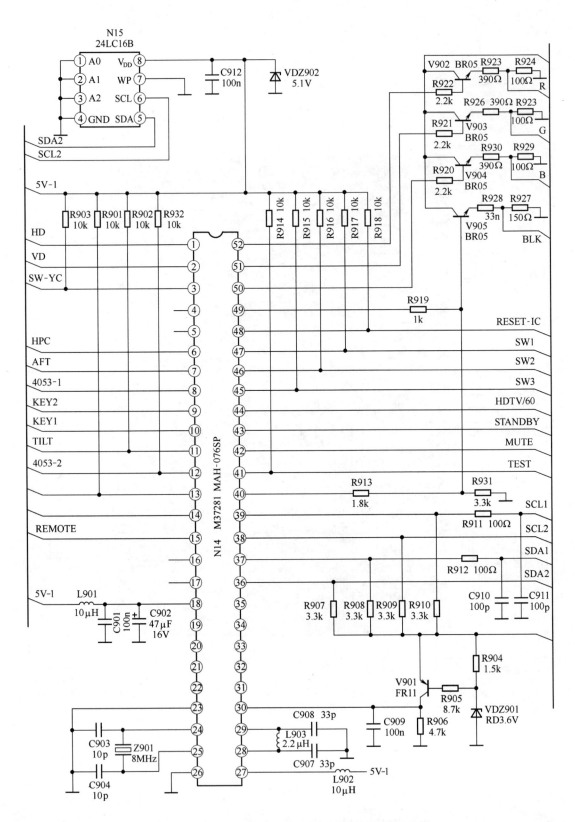

图 1-37 M37281 MAH-076SP 中央控制系统电路原理图

表 1-4　M37281MAH-076SP 中央微控制器引脚功能及维修数据

引脚	符　号	功　　能	U(V) 有信号动态	R(kΩ) 在线 正向	R(kΩ) 在线 反向
1	HSYNC	行逆程脉冲输入端,用于字符行同步	4.7	5.8	5.9
2	VSYNC	场逆程脉冲输入端,用于字符场同步	4.7	5.8	5.9
3	S-SW	S 端子开关信号输入端	—	—	—
4	P41	未用	—	—	—
5	HD-SYNC	未用	—	—	—
6	VGA-SYNC	VGA 同步信号输入端	1.2	7.6	9.8
7	AFT	自动频率微调端	3.1	5.9	9.4
8	P24	用于 AV 转换端控制	—	—	—
9	KEY2	键盘扫描控制端 2	4.9	7.9	9.8
10	KEY1	键盘扫描控制端 1	4.9	6.3	6.4
11	PWM	地磁校正端	0.8	6.4	9.4
12	P01	用于 AV 转换控制	—	—	—
13	UBASS	重低音开关	4.9	6.2	12.8
14	LED	指示灯控制端	—	—	—
15	REMOTE	遥控信号输入端	4.5	6.9	8.9
16	P45	未用	—	—	—
17	P46	未用	—	—	—
18	AV$_{CC}$	＋5V 电源端	5.0	4.5	4.5
19	HLF	未用	—	—	—
20	P72	未用	—	—	—
21	P71	未用	—	—	—
22	P70	未用	—	—	—
23	V$_{SS}$	电源接地端	0	0	0
24	XIN	时钟振荡脉冲输入端(不宜测量)	1.8	7.1	10.9
25	XOUT	时钟振荡脉冲输出端	2.1	7.3	10.9
26	V$_{SS}$	电源接地端	0	0	0
27	V$_{CC}$	＋5V 电源端	5.0	4.5	4.5
28	OSC1	字符振荡脉冲输入端	4.9	6.8	10.8
29	OSC2	字符振荡脉冲输出端	4.9	6.8	10.8
30	RESET	复位端	5.0	6.2	13.8
31	P31	未用	—	—	—
32	P30	未用	—	—	—
33	P03	未用	—	—	—
34	P16	未用	—	—	—

引脚	符　号	功　　能	U(V) 有信号动态	R(kΩ) 在　线 正向	R(kΩ) 在　线 反向
35	P15	未用	—	—	—
36	SDA2	I²C 总线数据线端 2	5.0	5.5	7.0
37	SDA1	I²C 总线数据线端 1	5.0	5.5	7.0
38	SCL2	I²C 总线时钟信号线端 2	5.0	6.5	7.8
39	SCL1	I²C 总线时钟信号线端 1	5.0	6.5	7.8
40	BLK2	字符消隐信号输出端(用于半透明)	0.01	8.4	15.8
41	TEST	测试端	—	—	—
42	MUTE	静音控制端	0	8.5	11.8
43	STANDBY	待机控制端	5.0	8.2	11.8
44	HDTV	HDTV/60 控制端(PAL/NTSC)	—	—	—
45	SW3	制式控制端 3(D/K 制)	0.3	4.5	4.5
46	SW2	制式控制端 2(I 制)	5.0	4.5	4.5
47	SW1	制式控制端 1(B/G 制)	5.0	4.5	5.5
48	IC-RESET	解码板复位端	5.0	4.0	4.9
49	BLK1	字符消隐信号输出端	0.05	7.4	8.5
50	OSDB	蓝色字符信号输出端	0.05	6.7	8.9
51	OSDG	绿色字符信号输出端	0.05	6.7	8.9
52	OSDR	红色字符信号输出端	0.05	6.7	8.9

注:表中符号为作者标注,原机印制电路板上没有标出。

(1)挂在 I²C 总线上的受控电路。

在 M37281MAH-076SP 微控制器的 I²C 总线控制系统中,挂在总线上的受控电路主要有 N3(TDA9332H)、N8(TA1370FG)、N1(SAA4979H)、N2(SAA7118)、N5(SAA4993H)等,如图1-38所示。其中 N1(SAA4979H)为 100/120Hz 变频电路,N2(SAA7118)为数字解码处理电路,N3(TDA9332H)为 TV 显示处理电路,N5(SAA4993H)为运动补偿电路,N8(TDA1370FG)为同步脉冲处理电路。

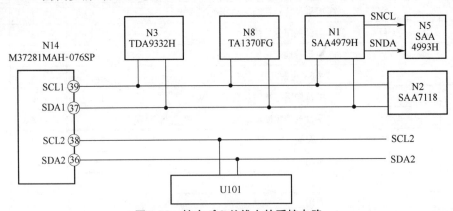

图 1-38　挂在 I²C 总线上的受控电路

I²C 总线与传统的 PWM 调宽脉冲相比较,其最大的特点是串行数据线 SDA 和时钟信号线 SCL 都是双向传输线。在应用中,两条线各自通过一个上拉电阻连接到电源电压的正极端。在地址信息传输过程中,I²C 既可以是发射器又可以是接收器,从而为挂在总线上的各集成电路或功能模块完成各自的功能提供了极大方便。在微控制器内部设置有只读存储器(ROM)。在只读存储器中存有维修用数据。

(2)I²C 总线进入、退出及调整方法。

在海尔 29F7A-PN(飞利浦 833 机心)型彩色电视机中,I²C 总线进入与退出的方法有两种。

①使用随机(用户)遥控器进入与退出 I²C 总线。

a. 按电视机控制面板上的音量减键,使音量减到 00。不松开手,同时按电视机控制面板上的频道减键持续 3s 以上,即可进入工厂调整模式(即维修状态)。

b. 调整完毕,按待机键即可退出维修状态。

②使用工厂专用遥控器进入与退出 I²C 总线。

a. 按压工厂专用遥控器上的"工厂"键,即可进入维修状态。

b. 按待机键即可退出维修状态。

③项目及数据的调整方法。进入工厂调整模式后,按菜单键选择调整菜单,然后按遥控器上的频道加/减键即可选择调整项目,按音量加/减键即可调整所选项目的数据。

(3)维修软件中的项目数据及调整功能。

在海尔 29F7A-PN 型等飞利浦 833 机心彩色电视机中,维修软件调整项目主要有:几何失真调整、白平衡副亮度调整等。

①几何失真调整。在维修状态下,进入几何失真调整菜单,可在 100Hz 数码扫描/逐点晶晰/逐行扫描/1250 线及 NTSC、VGA、1080I、50/60Hz 等不同扫描方式下进行平行四边形场中心、场幅度、行中心、行幅度、梯形失真、上下角失真、枕形失真等调整,其调整项目与项目代号对照见表 1-5,在不同扫描方式下的调整数据见表 1-6。

表 1-5　I²C 总线几何失真调整项目及项目代号对照表

项　目	项目代号	内　　容
VANGLE	06	用于平行四边形失真校正
VBOW	07	用于弓形失真校正
VSCORR	14	用于场 S 形失真校正
VSLORE	28	用于场倾斜调整
VSHIFT	21	用于场中心位置调整
VSIZE	13	用于场幅度调整
HSIZE	32	用于行幅度调整
HSHIFT	20	用于行中心调整
PINAMP	12	用于东西枕形失真校正
PINPHA	18	用于梯形失真校正
LCORN	0F	用于光栅下两角失真校正
UCORN	13	用于光栅上两角失真校正

注:表中项目及数据依机型不同而有所不同,故仅供参考。

表 1-6 在不同扫描方式下 I²C 总线的调整数据

扫描方式	调 整 数 据
VGA	9、8、14、2A、23、1D、32、16、20、15、14、29
YPbPr	9、8、14、29、25、21、34、C、20、18、21、23
逐点扫描	7、8、1F、2A、1F、1F、36、11、26、17、2A、2F
1250 线	4、9、25、29、1F、1F、36、11、28、16、2F、36
100Hz(P 制)	6、8、25、38、21、16、36、11、24、16、2F、35
120Hz(N 制)	6、9、1D、2A、1F、24、38、12、28、16、2A、32
1080I 60Hz	7、8、18、31、1F、13、37、4、20、17、26、28
1080I 50Hz	7、7、22、14、1F、19、36、0、1F、1C、28、29
逐点晶晰	7、8、20、3、1F、1E、36、11、27、16、2A、35

注:表中数据均是地址单元数据,而相对不同机型又总有不同,故仅供参考。

②加速极白平衡及副亮度调整。首先将图像模式置于标准状态,然后连续按菜单键 3 次,选出工厂模式中的白平衡及副亮度菜单,再通过节目加减键选出"SB"副亮度调整项,调整加速极电位器,使菜单中加速极电压数字变为白色,在此基础上进行白平衡调整。其调整项目及项目代号见表 1-7。

表 1-7 白平衡调整项目及项目代号

项 目	项目代号	调 整 内 容
WPR	31	用于红色亮平衡调整,即红激励调整
WPG	31	用于绿色亮平衡调整,即绿激励调整
WPB	31	用于蓝色亮平衡调整,即蓝激励调整
BLR	08	用于红色暗平衡调整,即红截止调整
BLG	08	用于绿色暗平衡调整,即绿截止调整
SB	12	用于副亮度调整
2D08、09 高	—	用于加速极电压调整

注:①表中数据在不同机型中有所不同,仅供参考。

②在调整加速极电位器时,若显示绿色字符"低",则表示加速极电压偏低;若显示红色字符"高",则表示加速极电压偏高。

另外,在维修软件中还有一些功能设置项目(如高频头选项、重低音开关、童锁开关、拉幕开关等),它们在出厂时已设定,维修时不能轻易调整。

2. 24LC16B E²PROM 存储器

24LC16B(N15)是容量为 16KB/s 的电擦除可编程只读存储器,E²PROM 可在断电的情况下长期保存数据,并且可进行不少于 10 万次的数据擦除、写入,其实物安装位置如图 1-39 所示,引脚功能及维修数据见表 1-8,电路原理参见图 1-37。

在图 1-37 中,N15(24LC16B)主要用于储存频道调谐数据及电视信号处理系统的各项处理数据。这些数据是在整机出厂时经初始化处理,将微处理器内部 ROM 存储器中的编程软件数据拷贝到 24LC16B 中,并在整机调试中对维修项目数据进行适当调整设置。因此,在维修中当需要更换该存储器时,新存储器必须进行初始化处理,并进行重新调试。

用 2μs 时基挡和 0.5V
电压挡测得⑥脚时
钟线信号波形。

用 2μs 时基挡和 0.1V
电压挡测得⑤脚数
据线信号波形。

图 1-39　N15(24LC16B)E²PROM 存储器实物及关键引脚波形图

表 1-8　N15(24LC16B)引脚功能及维修数据

引　脚	符　　号	功　　能	$U(V)$ 有信号动态	$R(\text{k}\Omega)$ 在　线 正向	反向
1	A0	地址 0,接地端	0	0	0
2	A1	地址 1,接地端	0	0	0
3	A2	地址 2,接地端	0	0	0
4	GND	接地端	0	0	0
5	SDA	I²C 总线数据输入/输出端	5.0	5.5	7.0
6	SCL	I²C 总线时钟信号输入端	5.0	5.5	7.0
7	WP	页写功能,接地端	0	0	0
8	V_DD	+5V 电源端	5.0	4.5	4.5

3. 待机控制电路

在 M37281MAH-076SP 微处理器控制系统中,待机控制电路主要由 N14(M37281MAH-076SP)的㊸脚及其外接元件等组成,如图 1-40 所示。

在图 1-40 中,V1002、V1003 等组成指示灯控制电路,VD1001(HFT505M-1)为内置红色(R)、绿色(G)两只发光二极管的指示灯;V802、VD814、VDK805 以及 VD610、N804 等组成待机电源控制电路。当 N14(M37281MAH-076SP)的㊸脚输出高电平(5.0V)时,V802 导通,VD814 截止,开关电源处于工作状态。此时,V1002(2SC1015)反偏截止,VD1001 中的红色发光二极管截止。同时 N14 的⑭脚输出低电平(0V),VD1003 导通,VD1001 中的绿色发光二极管点亮,以指示整机电路进入工作状态。反之,当 N14 的㊸脚输出低电平(0V)时,⑭脚输出高电平,此时 VD1001 中的绿色发光二极管熄灭,红色发光二极管点亮,以指示整机电路正处于待机状态。在待机状态时 N804(KA7630)无输出。另外 VDK805 起自动稳压作用。N802(PC817B)为光电耦合器,起耦合作用。

三、TDA8601TYUV 转换输出电路

TDA8601T 型集成电路是一种两通道转换输出电路,在该机中主要用于转换输出 Py、Pb、Pr 和 Y、U、V 信号,其实物安装位置如图 1-41 所示,电路原理如图 1-42 所示,引脚功能及维修数据见表 1-9。

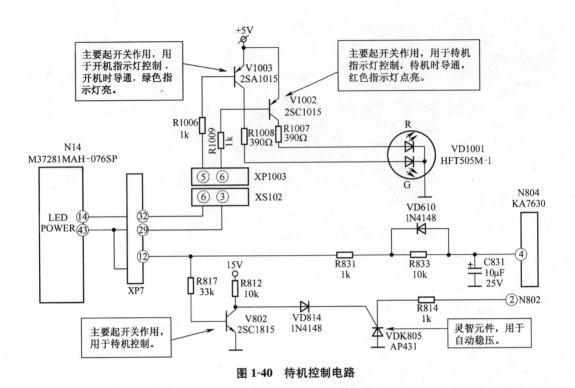

图 1-40 待机控制电路

⑩、⑪、⑫ 脚分别输出 Y、U、V 信号,并通过 C321、C320、C319 耦合分别送入 N3(TDA9332H) 的 ㉘、㉗、㉖ 脚。TDA8601T ⑩、⑪、⑫ 脚输出信号受 ⑤ 脚控制,当 ⑤ 脚为高电平时,⑩、⑪、⑫ 脚输出的是 TV 视频信号(被分解为 Y、U、V 信号),当 ⑤ 脚为低电平时,⑩、⑪、⑫ 脚输出的是 PC 机的 Py、Pb、Pr 信号。因此,当该机无 TV 图像时,试输入 Py、Pb、Pr 信号,对分析判断故障原因会有很大帮助。如果输入 Py、Pb、Pr 信号无图像,一般是 N3(TDA9332H) 单元电路有故障;如果输入 Py、Pb、Pr 信号图像正常,一般是 TV 信号处理电路有故障。

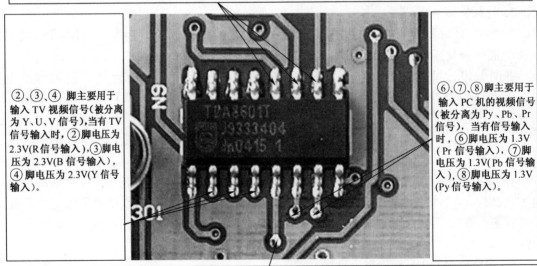

②、③、④ 脚主要用于输入 TV 视频信号(被分离为 Y、U、V 信号),当有 TV 信号输入时,② 脚电压为 2.3V(R 信号输入),③ 脚电压为 2.3V(B 信号输入),④ 脚电压为 2.3V(Y 信号输入)。

⑥、⑦、⑧ 脚主要用于输入 PC 机的视频信号(被分离为 Py、Pb、Pr 信号),当有信号输入时,⑥ 脚电压为 1.3V(Pr 信号输入),⑦ 脚电压为 1.3V(Pb 信号输入),⑧ 脚电压为 1.3V(Py 信号输入)。

⑤ 脚用于信号选择,受控于 N8(TA1370) 的 ㉕ 脚,当 N8 的 ㉕ 脚输出 0.4V 高电平时,N9(TDA8601T) ⑤ 脚也为高电平,系统工作在 TV 状态,N9(TDA8601T) 的 ⑩、⑪、⑫ 脚输出 Y、U、V 信号。当 N8 的 ㉕ 脚输出 0V 低电平时,N9(TDA8601T) ⑤ 脚也为低电平,系统工作在 HDTV 状态,N9(TDA8601T) 的 ⑩、⑪、⑫ 脚输出 Py、Pb、Pr 信号。

图 1-41 TDA8601T 实物安装图

在图 1-42 中,从 N9(TDA8601T)④、③、②脚输入的 Y、U、V 信号,是由 N1(SAA4979H)的④、⑯、⑱脚提供的。TV、AV 信号或由 S 端子输入的视频信号,首先在 N2(SAA7118)内部完成切换,经模数转换后送入 N1(SAA4979H),再在 N1(SAA4979H)中进行数/模转换,输出 YUV 视频信号,送入 N9(TDA8601T)的④、③、②脚。而由 N9 的⑧、⑦、⑥脚输入的 Py、Pb、Pr 信号,则是由 PC 机提供的视频信号。因此,在 N9(TDA8601T)中完成的是 TV、AV 信号,S 端子信号,DVD 等视频信号与 PC 机视频信号的转换。

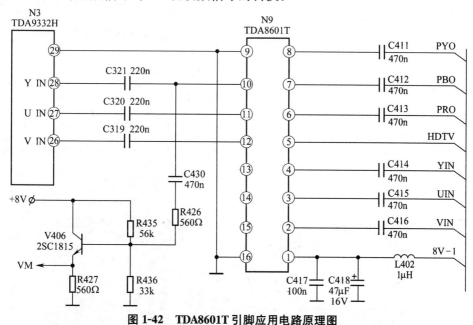

图 1-42　TDA8601T 引脚应用电路原理图

表 1-9　TDA8601T 引脚功能及维修数据

引脚	符号	功　　能	工作电压 U(V)
1	VP	+8V 电源端	8.0
2	VIA1	V 信号输入端 1,主要是 TV 信号	2.3
3	VIB1	U 信号输入端 1,主要是 TV 信号	2.3
4	VIC1	Y 信号输入端 1,主要是 TV 信号	2.3
5	SEL	选择信号输入端,TV 状态时该脚为 0.4V 高电平	0
6	VIA2	V 信号输入端 2,主要是 Pr 信号	1.3
7	VIB2	U 信号输入端 2,主要是 Pb 信号	1.3
8	VIC2	Y 信号输入端 2,主要是 Py 信号	1.3
9	GND	接地端	0
10	VOC	Y 信号选择输出端	2.9
11	VOB	U 信号选择输出端	2.9
12	VOA	V 信号选择输出端	2.9
13	FBO	未用	—
14	FBI2	未用	—
15	FBI1	未用	—
16	IOCNTR	接地	0

注:表中数据为有信号时用 MF47 型万用表测得的动态工作电压。

43

四、TA1370FG 同步脉冲处理电路

TA1370FG 型集成电路是由东芝公司开发生产的,主要用于彩色电视同步信号的频率控制。其主要特点是。

①具有 6 路输入接口和 2 路输出接口,并通过 I²C 总线控制。

②行同步电路可用于 28.125kHz、31.5kHz、33.75kHz、45kHz 同步信号。

③场同步电路可用于 525p、625p、750p、1125i、100Hz(PAL)、120Hz(NTSC)等扫描方式下的场同步信号。

其实物安装位置如图 1-43 所示,电路原理如图 1-44 所示,引脚功能及工作电压见表 1-10 所示。

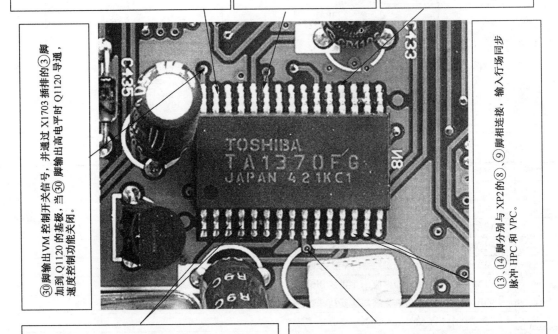

㉙脚用于场同步脉冲输出,并加到 N3(TDA9332H)的 ㉓ 脚。当系统处于 TV 状态时,㉙脚无场同步脉冲输出,只有在 HDTV 状态下,㉙脚才有场同步脉冲输出。

㉕脚输出 HDTV 控制信号,并加到 N9(TDA8601)的 ⑤ 脚,以控制 Pr、Pb、Py 信号转换输出,同时与 N8㉚脚输出保持同步。当系统工作在 HDTV 状态时,N9(TDA8601)的 ⑩、⑪、⑫ 脚输出 PC 机的 YUV 信号。

⑲脚用于行同步脉冲输出,并加到 N3(TDA9332)的 ㉔ 脚。当系统处于 HDTV 状态时,⑲ 脚有行同步脉冲输出。

㉚脚输出 VM 控制开关信号,并通过 X1703 插排的 ③ 脚加到 Q1120 的基极,当 ㉚ 脚输出高电平时 Q1120 导通,速度控制功能关闭。

⑬、⑭ 脚分别与 XP2的 ⑧、⑨ 脚相连接,输入行场同步脉冲 HPC 和 VPC。

③、④脚原为 HD1 和 VD1 行场同步脉冲信号输入端,在该机中用作 TV 行场同步信号输入,并在 I²C 总线控制下,直接与 N3(TDA9332H)的 ㉔、㉓ 脚相连接。

HVCO 端,外接 503kHz 压控晶体振荡器,用于产生 32 倍行频,经分频处理后产生 2 倍行频信号。当外接振荡器不良或损坏时,N8(TA1370FG)不工作,HDTV 状态无图像。

图 1-43　TA1370FG 实物安装图

在图 1-44 中,N8(TA1370FG)的 ③、④ 脚原来用于输入行场同步脉冲,在 N8 内部变频处理后从 ⑲、㉚ 脚输出 2 倍频行场同步信号。在本机中由于加到 ③、④ 脚的 HTV 信号和 VTV 信号已经是 2 倍频行场同步信号(HTV 和 VTV 分别由 N1 SAA 4979H 的 ㊺、㊻ 脚提供),故

不再需要 N8(TA1370FG) 处理,而是直接送入 N3(TDA9332H) 的㉔脚和㉓脚。因此 N8 (TA1370FG) 主要是用于对 PC 机的行场同步信号进行二倍频处理。PC 机的行场同步信号由⑭、⑬脚输入,经 N8 内部处理后,在 I²C 总线控制下分别从 N8 的⑲脚和㉚脚输出。当 TV 状态时,N8 的⑲、㉚脚截止无输出,故加到 N3(TDA9332)㉔、㉓脚的 HTV 和 VTV 同步信号不受影响;而在 HDTV 状态,N1(SAA4979H) 的㊴、㊵脚截止无输出,N8 的⑲、㉚脚输出不受影响。

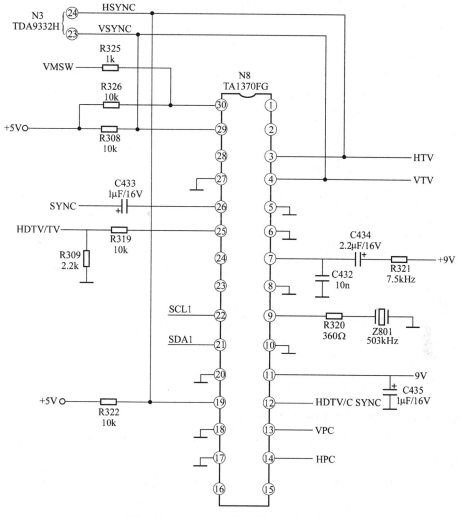

图 1-44　TA1370FG 同步处理电路原理图

表 1-10　TA1370FG 型集成电路引脚功能及工作电压

引　脚	符　号	功　能	工作电压 U(V)
1	HD2-IN	HDTV 行同步信号输入端,未用	—
2	HD2-IN	HDTV 场同步信号输入端,未用	—
3	HD1-IN	TV 行同步信号输入端	$1.0V_{P-P}$
4	VD1-IN	TV 场同步信号输入端	$1.0V_{P-P}$
5	GND	模拟电路接地端	0

引 脚	符 号	功 能	工作电压 U(V)
6	NC	接地端	0
7	AFCFILTGR	AFC 滤波端,外接双时间常数滤波电路	—
8	NC	接地端	0
9	HVCO	外接 32 倍行频振荡器	3.2
10	NC	接地端	0
11	V_{CC}	+9V 电源端	9.0
12	DAC2	行同步开关信号(H/C SYNC)输出端	$7V_{P-P}$
13	VD3-IN	PC 场同步信号(VPC)输入端	$1.0V_{P-P}$
14	VD3-IN	PC 行同步信号(HPC)输入端	$1.0V_{P-P}$
15	CP-OUT	钳位脉冲输出端,未用	$5.0V_{P-P}$
16	HD1-OUT	HD 输出端,未用	—
17	NC	接地端	0
18	DIGITAL-GND	接地端,用于数字电路接地	0
19	HD2-OUT	行同步脉冲输出端	0.3
20	NC	接地端	0
21	SDA	I^2C 总线数据输入输出端	3.1
22	SCL	I^2C 总线时钟线信号输入端	3.1
23	ADRESS	地址开关,未用	—
24	SYNC2-IN	同步信号输入端 2,未用	—
25	DAC1	HDTV/TV 切换控制信号输出端	$7V_{P-P}$
26	SYNC1-IN	同步信号输入端 1,内接同步分离电路	—
27	NC	接地端	0
28	VD1-OUT	未用	—
29	VD2-OUT	场同步脉冲输出端	0.3
30	DAC3	速度调制控制开关信号输出端	0

五、SAA4979H 倍频(100/120Hz)处理电路

SAA4979H 型集成电路是一种将 50/60Hz 信号转变成 100/120Hz 信号的倍场频处理电路,其主要特点是:

①内置 ITU656 标准的解码器,可对 8bit Y、U、V 数字信号进行 4∶2∶2 取样。

②内置具有噪声检测及数字降噪功能的 3.5Mbit 场存储器,并有 1 个写寄存器和 2 个读寄存器,能够以 50Hz 的频率慢速写入一场信号,再以 100Hz 的频率高速读出,即在 20ms(50Hz 频率的一场扫描时间)内读出两场信号。

③可以在 15625Hz 频率下慢速写入一行信号,再以二倍行频(31.25kHz)频率高速读出,即在 64μs(15625Hz 频率时一帧图像的行扫描时间)内读出两行信号。

④内置锁相环电路及数模转换控制电路。

⑤内置 80C51 微处理器,并有 I^2C 总线接口电路。由存储器读出的倍频信号经锁相环电路鉴相处理后,在微处理器控制下向扫描处理电路输出 HTV、VTV 行场同步信号。

SAA4979H 的倍频处理电路元件安装位置如图 1-45 所示,电路原理如图 1-46 所示,引脚

功能及工作电压见表 1-11。

　　在图 1-46 中，N1(SAA4979H)主要用于将 50/60Hz 的隔行扫描信号转变成 100/120Hz 的逐行扫描信号。8bit 的 Y、U、V 信号分别从 ⑦～⑭ 脚输入，经 N1 内部处理后转变成 16bit 隔行扫描信号，分别通过 ⑧⑤～⑨③、⑩⓪～⑩③、⑨⑤～⑨⑧ 脚输出，送入 N5(SAA4998H)进行运动补偿 等处理，形成 16bit 逐行信号后再返回 N1(SAA4979H)的 ⑥⑤～⑧⓪ 脚内部，最后从 N1 的 ⑭④、⑯⑥、 ⑱⑧、⑭⑤、⑯⑤ 脚输出，直接送入 N3(TDA9332H)的 ㉘、㉗、㉖脚和 ㉔、㉓脚。其中 N1⑭④脚输出的是 Y 亮度模拟信号，⑯⑥脚输出的是 U 色度分量模拟信号，⑱⑧脚输出的是 V 色度分量模拟信号，⑭⑤ 脚输出的是二倍频行同步信号，⑯⑤脚输出的是二倍频场同步信号。

　　从以上分析可以看出，SAA4979H 倍频(100/120Hz)处理电路的作用，主要是将 8bit Y、U、V 数字信号转换成 Y、U、V 模拟信号，然后再由 TDA9332H TV 显示处理电路进行模拟信号处理。

图 1-45　SAA4979H 倍频处理电路安装位置图

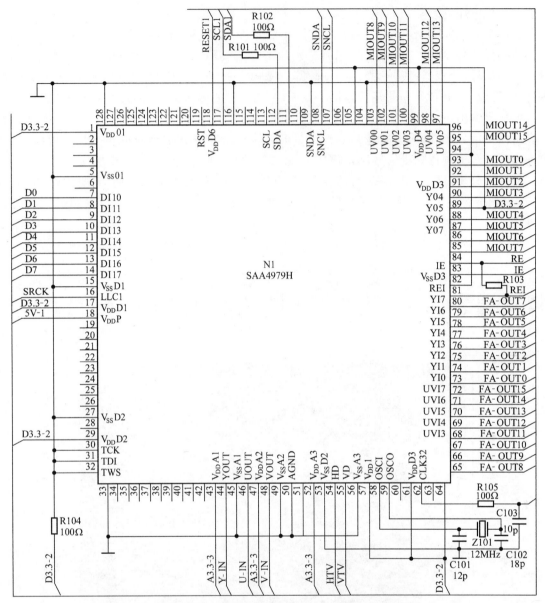

图 1-46　SAA4979H 倍频(100/120Hz)处理电路原理图

表 1-11　SAA4979H 倍频处理电路引脚功能及工作电压

引脚	符号	功　　能	工作电压 U(V)
1	$V_{DD}01$	3.3V 电源端,主要为 I/O 端口供电	3.3
2	RSTR2	用于读取复位信号,本机未用	0.01
3	RE2	用于增强读取,本机未用	0.01
4	OIE2	用于增强输入/输出,本机未用	0.01
5	$V_{SS}01$	I/O 端接地端	0
6	RSTW2	复位写信号,本机未用	0
7	DI10	8bitYUV 数字信号(ITU656 国际标准字节)位 0 输入端	1.3

引脚	符号	功　能	工作电压 U(V)
8	DI11	8bit YUV 数字信号(ITU656 国际标准字节)位 1 输入端	1.3
9	DI12	8bit YUV 数字信号(ITU656 国际标准字节)位 2 输入端	1.3
10	DI13	8bit YUV 数字信号(ITU656 国际标准字节)位 3 输入端	1.3
11	DI14	8bit YUV 数字信号(ITU656 国际标准字节)位 4 输入端	1.3
12	DI15	8bit YUV 数字信号(ITU656 国际标准字节)位 5 输入端	1.3
13	DI16	8bit YUV 数字信号(ITU656 国际标准字节)位 6 输入端	1.3
14	DI17	8bit YUV 数字信号(ITU656 国际标准字节)位 7 输入端	1.3
15	V_{SS}D1	数字电路接地端	0
16	LLC1	27MHz 时钟信号端	1.8
17	V_{DD}D1	3.3V 电源端,用于数字电路供电	3.3
18	V_{DD}P	5V 电源端,用于保护电路供电	5.0
19	DI20	8bit 数字信号位 0 输入端,本机未用	—
20	DI21	8bit 数字信号位 1 输入端,本机未用	—
21	DI22	8bit 数字信号位 2 输入端,本机未用	—
22	DI23	8bit 数字信号位 3 输入端,本机未用	—
23	DI24	8bit 数字信号位 4 输入端,本机未用	—
24	DI25	8bit 数字信号位 5 输入端,本机未用	—
25	DI26	8bit 数字信号位 6 输入端,本机未用	—
26	DI27	8bit 数字信号位 7 输入端,本机未用	—
27	V_{SS}D2	数字电路接地端	0
28	LLC2	27MHz 时钟信号端,本机未用	—
29	V_{DD}D2	3.3V 电源端,用于数字电路供电	3.3
30	TCK	测试时钟信号端	—
31	TDI	测试数据输入端	—
32	TWS	测试模式选择端	—
33	TRST	测试复位信号输入端	—
34	NC	空脚	—
35	NC	空脚	—
36	NC	空脚	—
37	NC	空脚	—
38	NC	空脚	—
39	NC	空脚	—
40	NC	空脚	—

引脚	符号	功　　能	工作电压 U(V)
41	NC	空脚	—
42	TDO	测试数据输出端,本机未用	0.2
43	$V_{DD}A1$	3.3V 电源端,用于模拟电路供电	3.3
44	YOUT	亮度模拟信号输出端	1.2
45	$V_{SS}A1$	模拟电路接地端	0
46	U OUT	U 分量(或 B−Y 色差)模拟信号输出端	1.4
47	$V_{DD}A2$	3.3V 电源端,用于模拟电路供电	3.3
48	VOUT	V 分量(或 R−Y 色差)模拟信号输出端	1.4
49	$V_{SS}A2$	模拟电路接地端	0
50	AGND	模拟电路接地端	0
51	BGEXT	扩展 I/O 端口,本机未用	—
52	$V_{DD}A3$	3.3V 电源端,用于模拟电路供电	3.3
53	$V_{SS}D2$	I/O 端口接地端	0
54	HD	水平消隐信号输出端	0.2
55	VD	垂直消隐信号输出端	0.2
56	$V_{SS}A3$	模拟电路接地端	0
57	$V_{DD}1$	3.3V 电源端,用于 I/O 端口供电	3.3
58	OSCI	字符振荡信号输入端,外接 12MHz 晶振	1.5
59	OSCO	字符振荡信号输出端,外接 12MHz 晶振	1.6
60	CLKEXT	外部时钟信号输入端	0.2
61	$V_{DD}D3$	3.3V 电源端,用于数字电路供电	3.3
62	CLK32	32MHz 时钟信号输出端	1.6
63	$V_{SS}D3$	数字电路接地端	0
64	$V_{DD}D2$	3.3V 电源端,用于 I/O 端口供电	3.3
65	UVI0	16bitUV 数字信号位 8 输入端	—
66	UVI1	16bitUV 数字信号位 9 输入端	—
67	UVI2	16bitUV 数字信号位 10 输入端	—
68	UVI3	16bitUV 数字信号位 11 输入端	—
69	UVI4	16bitUV 数字信号位 12 输入端	—
70	UVI5	16bitUV 数字信号位 13 输入端	—
71	UVI6	16bitUV 数字信号位 14 输入端	—
72	UVI7	16bitUV 数字信号位 15 输入端	—
73	YI0	16bitY 数字信号位 0 输入端	—

引脚	符号	功 能	工作电压 U(V)
74	YI1	16bitY 数字信号位 1 输入端	—
75	YI2	16bitY 数字信号位 2 输入端	—
76	YI3	16bitY 数字信号位 3 输入端	—
77	YI4	16bitY 数字信号位 4 输入端	—
78	YI5	16bitY 数字信号位 5 输入端	—
79	YI6	16bitY 数字信号位 6 输入端	—
80	YI7	16bitY 数字信号位 7 输入端	—
81	REI	增强读入信号端	1.9
82	V$_{SS}$D3	I/O 端口接地端	0
83	IE	增强输入端	—
84	REO	增强读出信号	—
85	Y07	16bitY 数字信号位 7 输出端	—
86	Y06	16bitY 数字信号位 6 输出端	—
87	Y05	16bitY 数字信号位 5 输出端	—
88	Y04	16bitY 数字信号位 4 输出端	—
89	V$_{DD}$D3	3.3V 电源端,用于 I/O 端口供电	3.3
90	Y03	16bitY 数字信号位 3 输出端	—
91	Y02	16bitY 数字信号位 2 输出端	—
92	Y01	16bitY 数字信号位 1 输出端	—
93	Y00	16bitY 数字信号位 0 输出端	—
94	V$_{SS}$D4	数字 I/O 端口接地端	0
95	UV07	16bitUV 数字信号位 15 输出端	—
96	UV06	16bitUV 数字信号位 14 输出端	—
97	UV05	16bitUV 数字信号位 13 输出端	—
98	UV04	16bitUV 数字信号位 12 输出端	—
99	U$_{DD}$D4	3.3V 电源端,用于 I/O 端口供电	3.3
100	UV03	16bitUV 数字信号位 11 输出端	—
101	UV02	16bitUV 数字信号位 10 输出端	—
102	UV01	16bitUV 数字信号位 9 输出端	—
103	UV00	16bitUV 数字信号位 8 输出端	—
104	V$_{SS}$D4	数字电路接地端	0
105	V$_{DD}$D4	3.3V 电源端,用于数字电路供电	3.3
106	ADS	辅助显示信号端,本机未用	—
107	SNCL	顺序时钟信号输入端	3.1
108	SNDA	顺序数据信号输入输出端	3.1
109	V$_{SS}$D5	I/O 端口接地端	0

引脚	符号	功　　能	工作电压 U(V)
110	SNRST	顺序复位端	0
111	SDA	I²C 总线数据输入输出端	4.0
112	SCL	I²C 总线时钟信号输入端	4.0
113	P1.5	端口 1 数据输入/输出信号端 5,本机未用	—
114	P1.4	端口 1 数据输入/输出信号端 4,本机未用	—
115	P1.3	端口 1 数据输入/输出信号端 3,本机未用	—
116	P1.2	端口 1 数据输入/输出信号端 2,接地	0
117	$V_{DD}06$	3.3V 电源端,用于 I/O 端口供电	3.3
118	RST	复位信号输入端	0.2
119	NC	空脚	—
120	NC	空脚	—
121	NC	空脚	—
122	NC	空脚	—
123	NC	空脚	—
124	NC	空脚	—
125	NC	空脚	—
126	NC	空脚	—
127	NC	空脚	—
128	BCE	边界顺序扫描端,接地	0

六、SAA7118H 数字解码处理电路

SAA7118H 型集成电路是一种具有多制式梳状滤波器的视频数字解码处理电路,主要用于将 TV 视频模拟信号和 AV 端子、S 端子视频信号、Y/C 分离信号等转换成标准的 8bit 数字信号(D0～D7),然后送入变频处理电路和运动补偿电路,产生 16bitYUV 逐行扫描信号。其主要功能特点是:

①内置输入信号选通开关及 4 通道模拟预处理电路。能够选择处理 CVBS、VIDEO、Y/U/V 等模拟信号。

②可支持 16 种模拟彩色全电视信号输入和 8 种模拟的 Y+C 信号输入,并且内含消隐信号。

③将多种模拟的隔行信号解调出多种彩色制式的信号,如 PAL-N、PAL-M、NTSC-M、NTSC4.43、SECAM 制等。

④内有 ADC 模数转换电路,可将 8bit 的 YUV 模拟信号转换为 8bit 的 YUV 数字信号。

⑤内置 4H 自适应数字梳状滤波器,可进行亮色分离,形成 Y、Cb、Cr 信号。

⑥设有彩色制式的基准副载波恢复电路,并通过外接 24.576MHz 晶体振荡器产生基准频率。

SAA7118H 的实物如图 1-47 所示,电路原理如图 1-48 所示,引脚功能及工作电压如表 1-12所示。

⑬⑱⑮⑭⑬⑬⑱⑫脚为格式化扩展输出端口,分别输出 8bit D0～D7 的 YUV 数字信号,直接送入 N1 (SAA4979H) 的⑦～⑭脚,在 N1 内部作进一步处理形成 16bit YUV 信号,再送入 N5(SAA4998H) 处理产生 16bit YUV 逐行信号,然后送回 N1(SAA4979H) 内部,经数/模转换等处理,最后恢复 YUV 模拟信号送入 N3 (TDA9332H) 内部。

Z201为 24.576MHz 压控晶体振荡器,并联在 N2 (SAA7118H) 的⑮脚和⑯脚之间,主要用于时钟脉冲产生电路,为同步电路提供基准频率。当其不良或损坏时,无光栅、无图像。

SAA7118H 的②⑪⑲脚以及㉑、㉓、㉛、㉞脚等主要用于外部信号输入。其中:②脚输入外部 Cr 信号;⑪脚输入外部 Cb 信号;⑲脚输入外部 Y 信号;㉑脚输入外部 AV2 视频信号;㉓脚输入外部 S 端子 C 信号;㉛脚输入 S 端子 Y 信号;㉞脚输入 TV 视频信号。由上述各脚输入的视频信号在 N2 内部经开关选择、译码等处理,形成同一的 Y、Cb、Cr 信号,再经滤波计数、格式化处理等输出标准的 8bit 数字信号 (D0～D7)。

图 1-47　SAA7118H 实物安装图

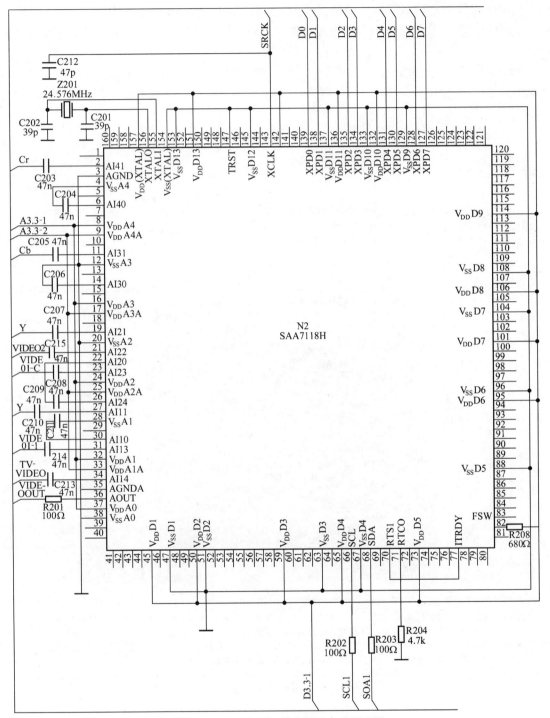

图 1-48 SAA7118H 数字解码电路原理图

表 1-12 SAA7118H 数字解码处理集成电路引脚功能及工作电压

引脚	符号	功 能	工作电压 U(V)
1	DNC6	本机未用	—
2	AI41	色度信号 V 分量输入端,主要为 Cr 信号	—

続表 1-12

引脚	符号	功　能	工作电压 U(V)
3	AGND	模拟电路接地端	0
4	V$_{SS}$A4	模拟信号输入端,接地	0
5	AI42	模拟信号输入端,本机未用	—
6	AI40	四通道模数转换微分输入端,外接微分电容	—
7	AI43	模拟信号输入端,本机未用	—
8	V$_{DD}$A4	3.3V 电源端,用于模拟端供电	3.3
9	V$_{DD}$A4A	3.3V 电源端,用于模拟端供电	3.3
10	AI44	模拟信号输入端,本机未用	—
11	AI31	色度信号 U 分量输入端,主要为 Cb 信号	—
12	V$_{SS}$A3	模拟信号输入端,接地	0
13	AI32	模拟信号输入端,本机未用	—
14	AI30	三通道模数转换微分输入端,外接微分电容	—
15	AI33	模拟信号输入端,本机未用	—
16	V$_{DD}$A3	3.3V 电源端,用于模拟电路供电	3.3
17	V$_{DD}$A3A	3.3V 电源端,用于模拟电路供电	3.3
18	AI34	模拟信号输入端,本机未用	—
19	AI21	模拟信号输入端,主要用于输入亮度(Y)信号	—
20	V$_{SS}$A2	模拟信号输入端,接地	0
21	AI22	模拟信号输入端,主要用于输入 AV2 视频信号	—
22	AI20	两通道模数转换微分输入端,外接微分电容	—
23	AI23	模拟信号输入端,主要用于输入 S 端子色度信号	—
24	V$_{DD}$A2	3.3V 电源端,主要为模拟电路供电	3.3
25	V$_{DD}$A2A	3.3V 电源端,主要为模拟电路供电	3.3
26	AI24	模拟信号输入端,本机未用	—
27	AI11	模拟信号输入端,主要用于亮度信号输入	—
28	V$_{SS}$A1	模拟信号输入端,接地	0
29	AI12	模拟信号输入端,本机未用	—
30	AI10	一通道模数转换微分输入端,外接微分电容	—
31	AI13	模拟信号输入端,用于输入 AV 视频信号和 S 端子亮度信号	—
32	V$_{DD}$A1	3.3V 电源端,主要为模拟电路供电	3.3
33	V$_{DD}$A1A	3.3V 电源端,主要为模拟电路供电	3.3

引脚	符号	功　能	工作电压 $U(V)$
34	AI14	模拟信号输入端,用于输入 TV 视频信号	—
35	AGNDA	模拟电路接地端	0
36	AOUT	模拟信号输出端,用于输出视频信号	—
37	$V_{DD}A0$	3.3V 电源端,主要为模拟电路供电	3.3
38	$V_{SS}A0$	模拟电路接地端	0
39	DNC13	本机未用	—
40	DNC14	本机未用,内部接有上拉电阻	—
41	DNC18	本机未用	—
42	DNC15	本机未用,内部接下拉电阻	—
43	EXMCLR	用于模式清零,本机未用,内接下拉电阻	—
44	CE	片选或复位信号输入端,本机未用,内接上拉电阻	—
45	$V_{DD}D1$	3.3V 电源端 1,用于数字电路供电	3.3
46	LLC	系统时钟信号输出端,本机未用	—
47	$V_{SS}D1$	数字电路接地端 1	0
48	LLC2	系统时钟信号输出端,本机未用	—
49	RES	复位信号输出端,本机未用	—
50	$V_{DD}D2$	3.3V 电源端 2,用于数字电路供电	3.3
51	$V_{SS}D2$	数字电路接地端 2	0
52	CLKEXT	外接时钟信号输入端,本机未用	—
53	ADP8	模数转换指示位 8 输出端,本机未用	—
54	ADP7	模数转换指示位 7 输出端,本机未用	—
55	ADP6	模数转换指示位 6 输出端,本机未用	—
56	ADP5	模数转换指示位 5 输出端,本机未用	—
57	ADP4	模数转换指示位 4 输出端,本机未用	—
58	ADP3	模数转换指示位 3 输出端,本机未用	—
59	$V_{DD}D3$	3.3V 电源端 3,用于数字电路供电	3.3
60	ADP2	模数转换指示位 2 输出端,本机未用	—
61	ADP1	模数转换指示位 1 输出端,本机未用	—
62	ADP0	模数转换指示位 0 输出端,本机未用	—
63	$V_{SS}D3$	数字电路接地端 3	0
64	INT-A	I^2C 总线的中断标记,本机未用	—

引脚	符号	功　　能	工作电压 U(V)
65	$V_{DD}D4$	3.3V 电源端 4,用于数字电路供电	3.3
66	SCL	I²C 总线时钟信号输入端	3.1
67	$V_{SS}D4$	数字电路接地端 4	0
68	SDA	I²C 总线数据输入输出端	3.1
69	RTS0	时钟同步信号端,用于寄存器控制,本机未用	—
70	RTS1	时钟同步信号端,用于寄存器控制,接⑦脚	—
71	RTCO	实际收看时间输出控制端,外接 4.7kΩ 下拉电阻	—
72	AMCLK	主音频时钟信号输出端,本机未用	—
73	$V_{DD}D5$	3.3V 电源端 5,用于数字电路供电	3.3
74	ASCLK	音频时钟信号连续输出端,本机未用	—
75	ALRCLK	音频左右声道时钟信号输出端,本机未用	—
76	AMXCLK	音频外围时钟信号输入端,本机未用	—
77	ITRDY	目标读入图像信号端,接⑦脚	—
78	DNC0	本机未用	—
79	DNC16	本机未用	—
80	DNC17	本机未用	—
81	DNC19	本机未用	—
82	DNC20	未用	—
83	FSW	彩色全电视信号输入端,本机未用	—
84	ICLK	时钟信号输出端,本机未用	—
85	IDQ	限定输出数据到图像端,本机未用	—
86	ITRI	图像信号控制输出端,本机未用	—
87	IGP0	普通图像效果信号输出端 0,本机未用	—
88	$V_{SS}D5$	数字电路接地端 5	0
89	IGP1	普通图像效果信号输出端 1,本机未用	—
90	IGPV	多种图像效果垂直信号参考输出端,本机未用	—
91	IGPH	多种图像效果水平信号参考输出端,本机未用	—
92	IPD7	图像数据位 7 输出端,本机未用	—
93	IPD6	图像数据位 6 输出端,本机未用	—
94	IPD5	图像数据位 5 输出端,本机未用	—
95	$V_{DD}D6$	3.3V 电源端 6,用于数字电路供电	3.3

引脚	符号	功 能	工作电压 $U(V)$
96	$V_{SS}D6$	数字电路接地端 6	0
97	IPD4	图像数据位 4 输出端,本机未用	—
98	IPD3	图像数据位 3 输出端,本机未用	—
99	IPD2	图像数据位 2 输出端,本机未用	—
100	IPD1	图像数据位 1 输出端,本机未用	—
101	$V_{DD}D7$	3.3V 电源端 7,用于数字电路供电	3.3
102	IPD0	图像数据位 0 输出端,本机未用	—
103	HPD7	外接 Cb、Cr 色差信号输入端 7,本机未用	—
104	$V_{SS}D7$	数字电路接地端 7	0
105	HPD6	外接 Cb、Cr 色差信号输人端 6,本机未用	—
106	$V_{DD}D8$	3.3V 电源端 8,用于数字电路供电	3.3
107	HPD5	Cb、Cr 色差信号输入端 5,本机未用	—
108	$V_{SS}D8$	数字电路接地端 8	0
109	HPD4	Cb、Cr 色差信号输人端 4,本机未用	—
110	HPD3	Cb、Cr 色差信号输入端 3,本机未用	—
111	HPD2	Cb、Cr 色差信号输入端 2,本机未用	—
112	HPD1	Cb、Cr 色差信号输入端 1,本机未用	—
113	HPD0	Cb、Cr 色差信号输入端 0,本机未用	—
114	$V_{DD}D9$	3.3V 电源端 9,用于数字电路供电	3.3
115	DNC1	本机未用	—
116	DNC2	本机未用	—
117	DNC7	本机未用	—
118	DNC8	本机未用	—
119	DNC11	本机未用	—
120	DNC12	本机未用	—
121	DNC21	本机未用	—
122	DNC22	本机未用	—
123	DNC3	本机未用	—
124	DNC4	本机未用	—
125	DNC5	本机未用	—
126	XYRI	时钟控制信号输出端,本机未用	—

引脚	符号	功 能	工作电压 U(V)
127	XPD7	扩展数据输出端,用于输出 8bitYUV 位 7(D7)数据	1.3
128	XPD6	扩展数据输出端,用于输出 8bitYUV 位 6(D6)数据	1.3
129	V_{SS}D9	数字电路接地端 9	0
130	XPD5	扩展数据输出端,用于输出 8bitYUV 位 5(D5)数据	1.3
131	XPD4	扩展数据输出端,用于输出 8bitYUV 位 4(D4)数据	1.3
132	V_{DD}D10	3.3V 电源端 10,用于数字电路供电	3.3
133	V_{SS}D10	数字电路接地端 10	0
134	XPD3	扩展数据输出端,用于输出 8bitYUV 位 3(D3)数据	1.3
135	XPD2	扩展数据输出端,用于输出 8bitYUV 位 2(D2)数据	1.3
136	V_{DD}D11	3.3V 电源端 11,用于数字电路供电	3.3
137	V_{SS}D11	数字电路接地端 11	0
138	XPD1	扩展数据输出端,用于输出 8bitYUV 位 1(D1)数据	1.3
139	XPD0	扩展数据输出端,用于输出 8bitYUV 位 0(D0)数据	1.3
140	XRV	场扩展数据输入/输出端,本机未用	—
141	XRH	行扩展数据输入/输出端,本机未用	—
142	V_{DD}D12	3.3V 电源端 12,用于数字电路供电	3.3
143	XCLK	时钟信号扩展端,输出 SRCK 信号	—
144	XDQ	数据扩展端,本机未用	—
145	V_{SS}D12	数字电路接地端 12	0
146	XRDY	读出标记信号端,本机未用	—
147	TRST	复位信号输入端,接地	0
148	TCK	时钟测试信号端,本机未用	—
149	TMS	测试模式选择输入端,本机未用	—
150	TD0	测试数据输出端,本机未用	—
151	V_{DD}D13	3.3V 电源端 13,用于数字电路供电	3.3
152	TDI	测试数据输入端,本机未用	—
153	V_{SS}D13	数字电路接地端 13	0
154	V_{SS}(XTAL)	时钟振荡电路接地端	0
155	XTALI	24.576MHz 时钟脉冲输入端	—
156	XTALO	24.576MHz 时钟脉冲输出端	—
157	V_{DD}(XTAL)	3.3V 电源端,用于时钟振荡电路供电	3.3
158	XTOUT	字符振荡信号输出端,本机未用	—
159	DNC9	本机未用	—
160	DNC10	本机未用	—

七、SAA4998H 运动补偿电路

SAA4998H 型集成电路是一种用于图像运动检测及补偿处理的电路，它与 N1(SAA4979H)倍频处理集成电路配合使用，以实现从隔行扫描到逐行扫描转变的处理功能。其主要功能及特点是：

①输入 16bit YUV 隔行扫描信号。

②内置数字动态降噪电路及瞬时存储器，可存入奇数场(A)和偶数场(B)的行数据。

③内置压缩及内存控制电路，先将 A 场和 B 场相邻行信号进行比较、运算，求出运动矢量，再将运算结果分别存入内置的 A 场存储器和 B 场存储器，得到新的 A1 场信号和 B1 场信号，再按 A、A1、B、B1 的场顺序逐行输出扫描信号，以产生 16bit YUV 逐行扫描信号。

④可以输出 100/120Hz 场频隔行扫描信号，也可以输出 50/60Hz 场频逐行扫描信号和 100/120Hz 场频逐行扫描信号。

SAA4998H 的实物安装如图 1-49 所示，电路原理如图 1-50 所示，引脚功能及工作电压如表 1-13 所示。

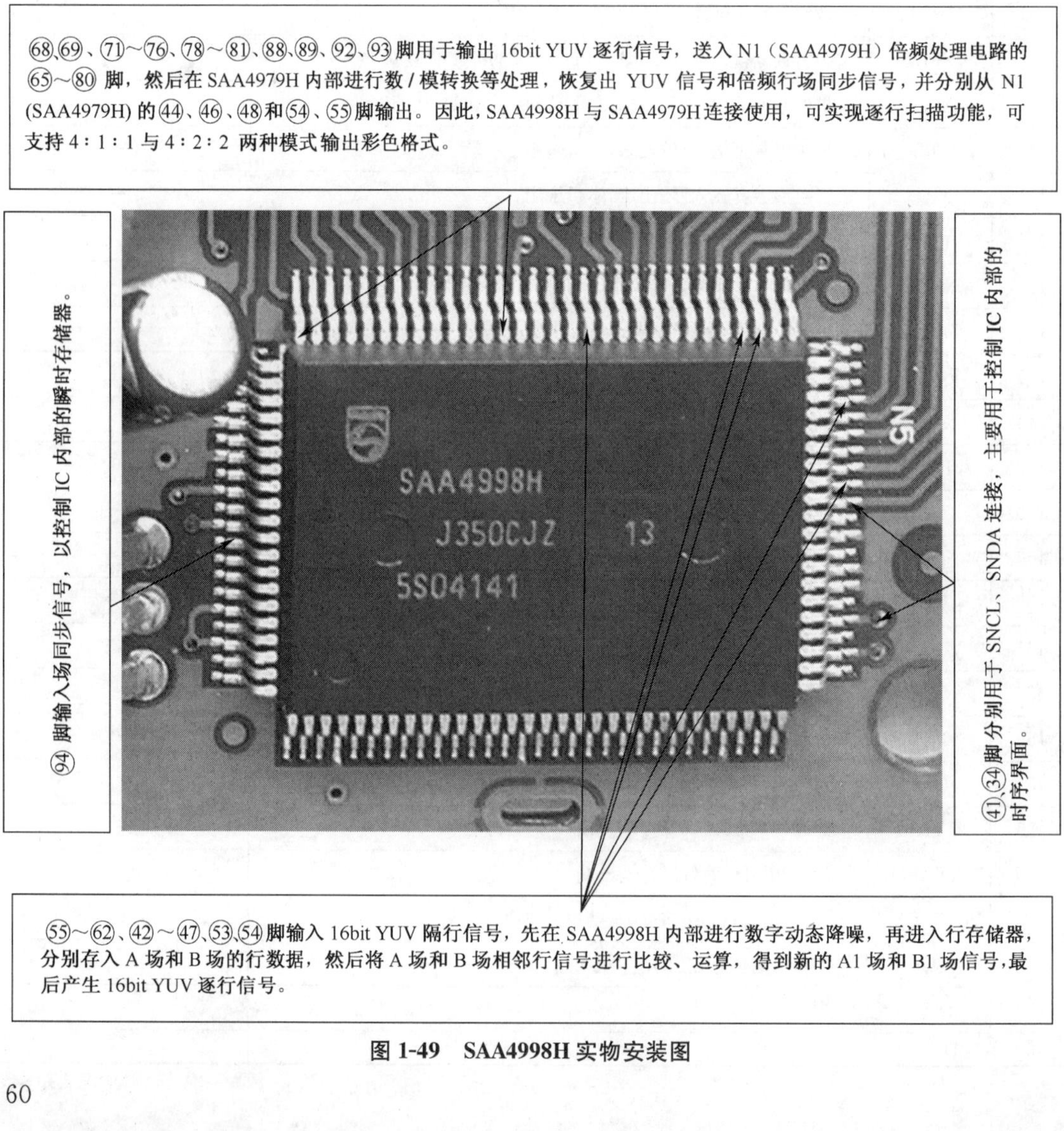

(68)、(69)、(71)～(76)、(78)～(81)、(88)、(89)、(92)、(93)脚用于输出 16bit YUV 逐行信号，送入 N1（SAA4979H）倍频处理电路的(65)～(80)脚，然后在 SAA4979H 内部进行数/模转换等处理，恢复出 YUV 信号和倍频行场同步信号，并分别从 N1 (SAA4979H) 的㊹、㊻、㊽和(54)、(55)脚输出。因此，SAA4998H 与 SAA4979H 连接使用，可实现逐行扫描功能，可支持 4：1：1 与 4：2：2 两种模式输出彩色格式。
(94) 脚输入场同步信号，以控制 IC 内部的瞬时存储器。
SAA4998H
J350CJZ 13
5S04141
N5
㊶、㉞脚分别用于 SNCL、SNDA 连接，主要用于控制 IC 内部的时序界面。
(55)～(62)、㊷～㊼、(53)、(54)脚输入 16bit YUV 隔行信号，先在 SAA4998H 内部进行数字动态降噪，再进入行存储器，分别存入 A 场和 B 场的行数据，然后将 A 场和 B 场相邻行信号进行比较、运算，得到新的 A1 场和 B1 场信号，最后产生 16bit YUV 逐行信号。

图 1-49 SAA4998H 实物安装图

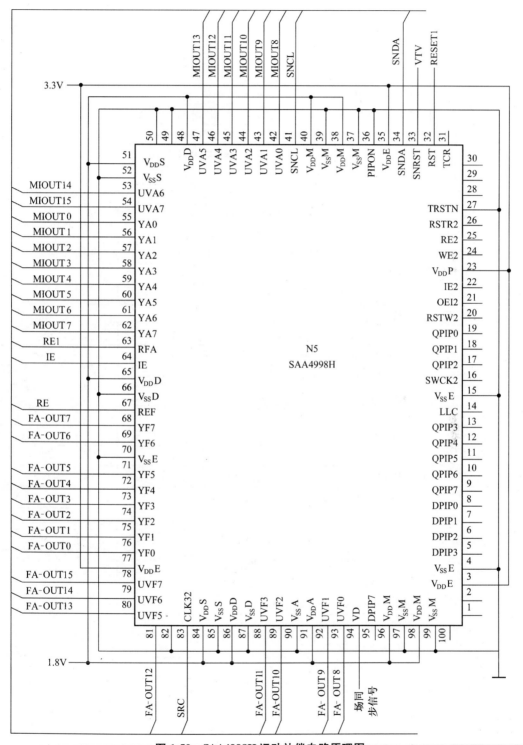

图 1-50　SAA4998H 运动补偿电路原理图

表 1-13　SAA4998H 运动补偿电路引脚功能及工作电压

引脚	符号	功　能	工作电压 $U(V)$
1	DPIP5	用于画中画数据位 5 输入或 G 亮度位 5 输出端,本机未用	—
2	DPIP4	用于画中画数据位 4 输入或 G 亮度位 4 输出端,本机未用	—
3	$V_{DD}E$	3.3V 电源端	3.3
4	$V_{SS}E$	接地端	0
5	DPIP3	用于画中画数据位 3 输入或 G 亮度位 3 输出端,本机未用	—
6	DPIP2	用于画中画数据位 2 输入或 G 亮度位 2 输出端,本机未用	—
7	DPIP1	用于画中画数据位 1 输入或 G 亮度位 1 输出端,本机未用	—
8	DPIP0	用于画中画数据位 0 输入或 G 亮度位 0 输出端,本机未用	—
9	QPIP7	用于画中画数据位 7 输出或 G 色度位 7 输出端,本机未用	—
10	QPIP6	用于画中画数据位 6 输出或 G 色度位 6 输出端,本机未用	—
11	QPIP5	用于画中画数据位 5 输出或 G 色度位 5 输出端,本机未用	—
12	QPIP4	用于画中画数据位 4 输出或 G 色度位 4 输出端,本机未用	—
13	QPIP3	用于画中画数据位 3 输出或 G 色度位 3 输出端,本机未用	—
14	LLC	本机未用	—
15	$V_{SS}E$	接地端	0
16	SWCK2	本机未用	—
17	QPIP2	用于画中画数据位 2 输出或 G 色度位 2 输出端,本机未用	—
18	QPIP1	用于画中画数据位 1 输出或 G 色度位 1 输出端,本机未用	—
19	QPIP0	用于画中画数据位 0 输出或 G 色度位 0 输出端,本机未用	—
20	RSTW2	本机未用	—
21	OEI2	本机未用	—
22	IE2	本机未用	—
23	$V_{DD}P$	3.3V 电源端	3.3
24	WE2	本机未用	—
25	RE2	读取画中画模式数据端,本机未用	—
26	RSTR2	本机未用	—
27	TRSTN	复位输入信号端,用于边缘扫描信号测试,接地	0
28	TMS	边缘扫描测试模式选择端,本机未用	—
29	TDI	边缘扫描测试数据信号输入端,本机未用	—
30	TDO	边缘扫描测试数据输出端,本机未用	—
31	TCR	边缘扫描测试时钟信号输入端,本机未用	—
32	RST	复位信号输入端	0.2
33	SNRST	总线复位端	—
34	SNDA	总线数据输入输出端	3.1
35	$V_{DD}E$	3.3V 电源端	3.3
36	PIPON	画中画增强模式输入端,接地	0
37	$V_{SS}M$	接地端	0

引脚	符号	功　　能	工作电压 U(V)
38	$V_{DD}M$	1.8V 电源端	1.8
39	$V_{SS}M$	接地端	0
40	$V_{DD}M$	1.8V 电源端	1.8
41	SNCL	总线时钟信号输入端	3.1
42	UVA0	总线 A 色度数据位 0 输入端	—
43	UVA1	总线 A 色度数据位 1 输入端	—
44	UVA2	总线 A 色度数据位 2 输入端	—
45	UVA3	总线 A 色度数据位 3 输入端	—
46	UVA4	总线 A 色度数据位 4 输入端	—
47	UVA5	总线 A 色度数据位 5 输入端	—
48	$V_{DD}D$	1.8V 电源端	1.8
49	$V_{SS}D$	接地端	0
50	TWOfmon	内存模式,用于增强两场扫描	—
51	$V_{DD}S$	1.8V 电源端	1.8
52	$V_{SS}S$	内部随机存储器接地端	0
53	UVA6	总线 A 色度数据位 6 输入端	—
54	UVA7	总线 A 色度数据位 7 输入端	—
55	YA0	总线 A 亮度数据位 0 输入端	—
56	YA1	总线 A 亮度数据位 1 输入端	—
57	YA2	总线 A 亮度数据位 2 输入端	—
58	YA3	总线 A 亮度数据位 3 输入端	—
59	YA4	总线 A 亮度数据位 4 输入端	—
60	YA5	总线 A 亮度数据位 5 输入端	—
61	YA6	总线 A 亮度数据位 6 输入端	—
62	YA7	总线 A 亮度数据位 7 输入端	—
63	RFA	总线 A 读出端	—
64	IE	画中画信号模式输出端	—
65	$V_{DD}D$	1.8V 电源端	1.8
66	$V_{SS}D$	接地端	0
67	REF	总线 F、G 读入端	—
68	YF7	总线 F 亮度数据位 7 输出端	—
69	YF6	总线 F 亮度数据位 6 输出端	—
70	$V_{SS}E$	接地端	0
71	YF5	总线 F 亮度数据位 5 输出端	—
72	YF4	总线 F 亮度数据位 4 输出端	—
73	YF3	总线 F 亮度数据位 3 输出端	—

引脚	符号	功　　能	工作电压 U(V)
74	YF2	总线 F 亮度数据位 2 输出端	—
75	YF1	总线 F 亮度数据位 1 输出端	—
76	YF0	总线 F 亮度数据位 0 输出端	—
77	$V_{DD}E$	3.3V 电源端	3.3
78	UVF7	总线 F 色度数据位 7 输出端	—
79	UVF6	总线 F 色度数据位 6 输出端	—
80	UVF5	总线 F 色度数据位 5 输出端	—
81	UVF4	总线 F 色度数据位 4 输出端	—
82	$V_{SS}E$	接地端	0
83	CLK32	32MHz 时钟信号输入端	1.6
84	$V_{DD}S$	1.8V 电源端	1.8
85	$V_{SS}S$	接地端	0
86	$V_{DD}D$	1.8V 电源端	1.8
87	$V_{SS}D$	接地端	0
88	UVF3	总线 F 色度数据位 3 输出端	—
89	UVF2	总线 F 色度数据位 2 输出端	—
90	$V_{SS}A$	锁相环电路接地端	0
91	$V_{DD}A$	1.8V 电源端,用于锁相环电路供电	1.8
92	UVF1	总线 F 色度数据位 1 输出端	—
93	UVF0	总线 F 色度数据位 0 输出端	—
94	VD	场消隐信号输入端	0.2
95	DPIP7	画中画数据位 7 输入或 G 亮度位 7 输出端,本机未用	—
96	$V_{DD}M$	1.8V 电源端	1.8
97	$V_{SS}M$	接地端	0
98	$V_{DD}M$	1.8V 电源端	1.8
99	$V_{SS}M$	接地端	0
100	DPIP6	画中画数据位 6 输入或 G 亮度位 6 输出端,本机未用	—

第二节　主机板电路

在海尔 29F7A-PN 型数字高清彩色电视机中,主机板电路主要由 N102(LA75503 中频信号处理及高频调谐电路)、N301(TDA8177 场输出电路)、N602(TDA7497 双伴音功放电路)、N804(KA7630 低压开关电源输出电路)、N701(LV1116 音频信号处理电路)、N702(HEF4053BP 电子开关电路)、U101(TECC7949PG35F 调谐器)、T444(CF0801-7493 行输出变压器)等组成,参见图 1-1,主板印制线路参图 1-2。

一、LA75503 中频信号处理及高频调谐电路

1. 高频调谐及预中频放大电路

在海尔 29F7A-PN 数字高清彩色电视机中,高频调谐及预中频放大电路主要由 U101
(TECC7949PG35F 调谐器)和晶体管 V101、V102 以及声表面波滤波器 Z101(K6274)、Z102
(K9352)等组成,其实物安装如图 1-51 所示,印制线路板接线如图 1-52 所示,电路原理如图
1-53 所示。

在图 1-53 中,U101(TECC7949PG35F)型集成电路是一种采用锁相环频率合成技术的高
频调谐器,它是在电压合成式高频调谐器的基础上增设了一个频率合成器,可以在 I²C 总线控
制下实现自动搜索电台节目的功能。在电路中,当输入信号的频率和本振频率一致时,频率合
成器中锁相环输出的控制电压保持原有频率的调谐值;当输入信号的频率不同于原有本振频
率时,则频率合成器的相位比较电路将输出两者频率的差值,并将其差值反馈到本振回路,以
使振荡频率得以控制,最终锁定在要求的相位上。因此,这种采用锁相环频率合成技术的高频
调谐器,在 I²C 总线的控制下可以提高信号的接收能力。其主要性能及参数有:

①适用于接收 B/G 制和 D/K、I 制电视广播节目。

②AGC 输入电压 4.0V。

③调谐电压最大值 33V。

④天线输入阻抗 75Ω(同轴),输出阻抗 75Ω(同轴)。

⑤接收频率范围在 45.25~863.25MHz,并分为高、中、低三个波段。

⑥图像中频为 38MHz,PAL-D FM 伴音中频为 31.5MHz。

其引脚功能及维修数据见表 1-14。

U101(TECC7949PG35F)高频调谐器,具有 I²C 总线控制功能。因此,不再设置波段控制端,也不再设置 AFT 控制端。

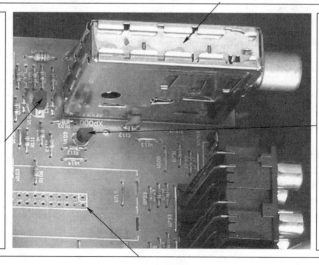

V101 为预中频放大管,与 R102、R103、L104、R104、R105 等组成预中频激励电路。

V102 为中频制式控制管,主要用于转换声表面波滤波器的工作制式。

用于安装数字板,其右下角安装孔为插排 XP8 的①脚。

图 1-51　高频调谐器实物安装图

U101 调谐器的④、⑤脚分别为 I²C 总线时钟信号端和数据端。正常工作时该两脚有5.0V 电压，并有微抖现象。对地正向阻值约 6.6kΩ，反向阻值约 8.4kΩ。

U101 调谐器的①脚为 RF-AGC 信号电压输入端。正常工作时，该脚有 3.0V 直流电压，对地正向阻值约 12.0kΩ，反向阻值约 21.2kΩ。

U101 调谐器⑨脚为 3.3V 调谐电压输入端。电路正常时，该脚对地正向阻值约 10.8kΩ，反向阻值约 65.0kΩ。测量反向阻值时因受电容影响有漂移现象。

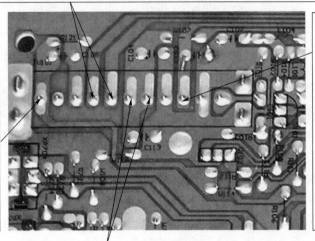

U101 调谐器的⑥、⑦脚，+5V 电源输入，电路正常时，⑥、⑦脚对地正反向阻值均为1.7kΩ。

图 1-52 高频调谐器印制线路板接线

表 1-14 U101(TECC7949PG35F 调谐器)引脚功能及维修数据

引脚	符号	功　　能	工作电压 U(V)	R(kΩ) 在线	
				正向	反向
1	RF AGC	射频自动增益控制端	3.0	12.0	21.2
2	—	空脚	0	∞	∞
3	GND	接地端	0	0	0
4	SCL	I²C 总线时钟信号输入端	5.0	6.6	8.4
5	SDA	I²C 总线数据输入输出端	5.0	6.8	8.4
6	V_{CC}	+5V 电源端	5.2	1.7	1.7
7	V_{CC}	+5V 电源端	5.2	1.7	1.7
8	GND	接地端	0	0	0
9	33V	调谐电压输入端	33.0	10.8	65.0↑
10	GND	接地端	0	0	0
11	IF	中频载波信号输出端	0	0	0

注：①引脚排序以天线输入端为第①脚。

②工作电压为 U 波段有信号时的动态值。

③表中"↑"表示测量时阻值向增大方向漂移。

2. LA75503 中频处理电路

LA75503 型集成电路是一种能够分别独立处理图像中频信号和伴音中频信号的解调电路。它能够分别输出复合视频信号和伴音中频信号，其实物安装位置如图 1-54 所示，引脚印制电路板接线如图 1-55 所示，电路原理如图 1-56 所示，引脚功能及维修数据见表 1-15。

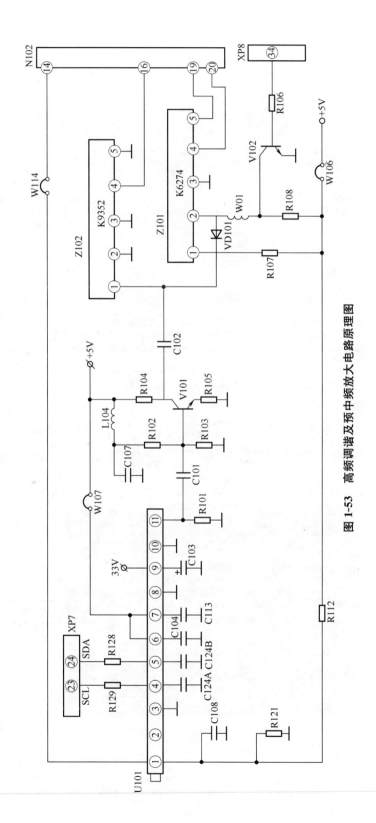

图 1-53　高频调谐及预中频放大电路原理图

67

V103 为视频信号缓冲放大器。由 N102④脚输出的复合视频信号，先经 V103 射随放大，再经 R118 和插排 XP8 的㉚脚，送入数字板上 N2（SAA7118H）的㉞脚，并在 N2 内部作数字化处理。

Z103 为压控振荡器，并接在 N102 的⑫脚与地之间，主要产生振荡基准频率。

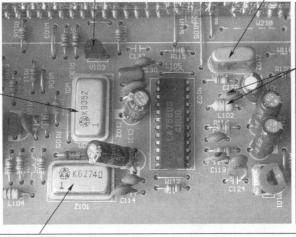

Z102(K9352) 为声表面波滤波器，用于选通 SIF 伴音中频信号，并送入 N102 的⑯脚。

L102 与 C129 组成 LC 振荡回路，并联在 N102（LA75503）的⑧、⑨脚，为 N102 内部的 VCO 压控振荡器提供调谐回路。

Z101(K6274D) 是一种载波分离式声表面波滤波器，主要用于选通 VIF 图频中频载波信号，并送入 N102 的⑲、⑳脚。Z101 的制式选择由 V102 和插排 XP8 的㉞脚控制。在 PAL 制式下，插排 XP8 ㉞脚输出低电平（0V），V102 截止，VD101 导通，IF 信号送入 Z101 的①、②脚；在 NTSC 制式下，插排 XP8 ㉞脚输出高电平，V102 导通，VD101 截止，IF 信号送入 Z101 的①脚。

图 1-54　LA75503(N102)实物安装位置图

N102(LA75503)的㉔脚，用于调频检波输出。其输出信号先经 W112、W239、W111、W218 送入 N702（HEF4053BP），再经 AV 转换送入音频处理电路。有信号时该脚直流电压 2.6V。

N102(LA75503)的①脚，用于 SIF 伴音中频信号输入。在该机中该脚外部未连接。电路正常时，该脚对地正向阻值约 12.5kΩ，反向阻值约 15.0kΩ，有信号时直流电压 3.3V。

N102(LA75503)的③脚，用于 SIF 伴音中频信号输出，其输出信号通过外接 C119 送入 N102 的①脚。电路正常时，该脚对地正向阻值约 12.5kΩ，反向阻值 16.1kΩ。有信号直流电压 1.6V。

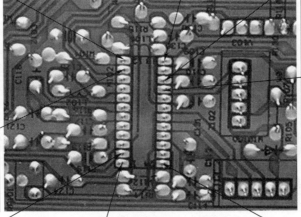

N102(LA75503)的㉓脚，用于高放延迟 AGC 调整，外接 RP101 为 RFAGC 调整电位器。正常时该脚电压 2.3V，对地正向阻值 6.2kΩ，反向阻值 6.2kΩ。

N102(LA75503)的④脚，用于复合视频信号输出。正常时该脚动态电压1.8V，对地正向阻值约 2.8kΩ，反向阻值约 2.8kΩ。

N102 (LA75503) 的⑭脚，用于射频 AGC 输出，其输出信号电压通过 W114 短接线直接加到 U101 高频调谐器的①脚，正常时其直流电压约 3.0V。

N102(LA75503)的⑬脚，用于 AFT 自动频率微调输出。其输出信号通过 W103 短接线和插排 XP8 的㉛脚，送入数字板电路。正常时该脚直流电压约 2.8V。

N102(LA75503)的⑫脚，用于时钟振荡基准频率输入。电路正常时该脚对地正向阻值 11.8kΩ，反向阻值 15.0kΩ，直流电压 1.2V。

图 1-55　LA75503(N102)引脚印制电路板接线图

在图 1-56 中，N102(LA75503)是伴音中频和图像中频载波信号的检波放大电路，其⑯脚用于输入由声表面波滤波器 Z102 选通输出的伴音第一中频载波信号，在 N102 内部经检波等处理产生伴音第二中频信号，并从③脚输出。再经 C119 耦合通过①脚返回到 N102 内部，由FMDET调频检波电路解调出音频信号从㉔脚输出。N102 的⑲、⑳脚用于输入由声表面波滤波器 Z101 选通输出的图像中频载波信号 VIF，在 N102 内部经中频放大、检波及自动增益控制等处理从④脚输出，并经 V103 缓冲放大后送入数字板电路。N102(LA75503)的⑩、⑪脚用于系统制式控制，其控制信号通过 XP8 插排的㉜、㉝脚取自 N14(M37281MAH-076SP)的㊺、㊻脚。因此，当该机的中频信号通道有故障时，除应检查＋5V 工作电压是否正常外，还应检查N102(LA75503)⑩、⑪脚的工作状态是否正常以及㉑、㉒、㉓、②、⑥脚的外接元件是否正常。

表 1-15　LA75503 中频处理电路引脚功能及维修数据

引脚	符　号	功　　能	工作电压 U(V)	R(kΩ) 在　线 正向	R(kΩ) 在　线 反向
1	SIF	伴音中频信号输入端	3.3	12.5	15.0
2	FM FILTER	FM 滤波端	2.0	12.5	16.1
3	SIF OUT	伴音中频信号输出端	1.6	12.5	16.0
4	VIDEO OUT	复合视频信号输出端	1.8	2.8	2.8
5	SIF AGC	伴音中频自动增益控制端	1.4	14.0	16.0
6	APC FILTER	APC 信号滤波端	2.6	12.0	14.8
7	PLL FILTER	锁相环信号滤波端	1.2	12.3	15.2
8	VCO	外接压控振荡器	4.5	2.2	2.2
9	VCO	外接压控振荡器	4.5	2.2	2.2
10	SYS1	系统制式控制端 1	0	7.2	8.5
11	SYS2	系统制式控制端 2	4.2	7.1	8.5
12	REF OSC	时钟振荡基准频率输入端	1.2	11.8	15.0
13	AFT	AFT 信号输出端	2.8	7.8	12.5
14	RFAGC	射频 AGC 信号输出端	3.0	11.5	22.0
15	AGC FILTER	中放 AGC 信号滤波端	2.5	12.5	14.9
16	SIF	伴音中频信号输入端	1.7	12.0	13.5
17	V$_{CC}$	＋5V 电源端	5.2	1.6	1.6
18	GND	接地端	0	0	0
19	VIF	图像中频信号输入端	3.0	11.5	12.5
20	VIF	图像中频信号输入端	3.0	11.6	12.5
21	FILTER	外接滤波电容器	4.6	12.3	16.0
22	SIF PLL	伴音中频锁相环	2.3	12.0	14.8
23	RF AGC	射频 AGC 延迟信号调整端	2.3	6.2	6.2
24	FM DET	FM 检波信号输出端	2.6	12.2	15.5

注：表中工作电压为有信号时的动态直流电压。

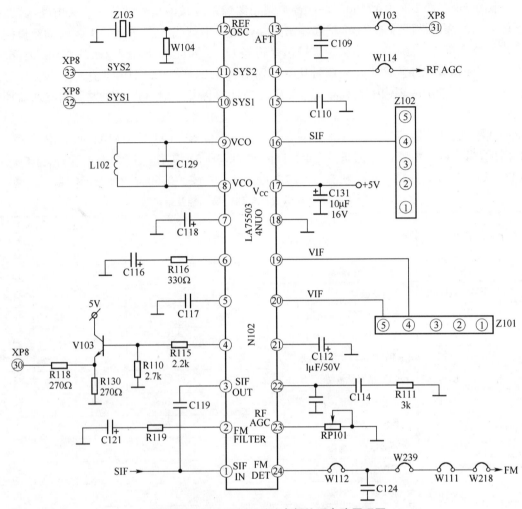

图 1-56　LA75503(N102)中频处理电路原理图

二、LV1116 音频信号处理电路

LV1116 型集成电路是一种能够处理环绕声和立体声信号的电路,其主要特点有:

①具有 3 路左右声道立体声输入选择。

②具有 I²C 总线控制功能,能够实现内部环绕声自动控制,并采用直流电平控制音量输出。

③内置 L+R 声道选择低带通滤波器。

④具有直通和静音两种模式。

其实物安装位置如图 1-57 所示,引脚在印制电路板接线如图 1-58 所示,电路原理如图 1-59所示,引脚功能及维修数据见表 1-16。

从图 1-59 可以看出,N701(LV1116)主要是对左右声道输入的音频信号进行音调处理,处理后的音频信号送入 N602(TDA7497)进行功率放大输出。因此,当该机无伴音或伴音失真时,除需要检查伴音功放电路外,还应注意检查 N701(LV1116)的引脚工作电压及其外接元件。

N701 ③④脚为左声道音频信号输入端，其输入信号由N702电子开关电路的 ⑭脚提供，有信号时电压为3.8V。

N701 ③②脚，为左声道音频信号输出端。TV状态时该脚直流电压约为3.9V，电路正常时该脚对地正向阻值约10.5kΩ，反向阻值约16.0kΩ。

N701 ②脚为右声道音频信号输入端。电路正常时该脚对地正向阻值约10.58kΩ，反向阻值约为17.0kΩ。无信号输入时电压0V。

N701 ⑲、⑳脚为I^{2}C总线接口，⑲脚接数据线SDA ⑳脚接时钟线SCL。电路正常时两脚电压约为4.2V，对地正向阻值约为6.2kΩ，反向阻值约为8kΩ。

N701 ③脚为右声道音频信号输入端。其输入信号由N702电子开关电路的④脚提供。有信号时电压3.8V。

N701 ⑮脚为L+R重低音输出端。在TV状态时该脚电压3.8V，对地正向阻值11.5kΩ，反向阻值21.0kΩ。

图 1-57　LV1116(N701)实物安装位置图

N701④脚右声道音频信号输入端。在TV状态时该脚电压为0V。

N701 ⑫脚，为右声道音频信号输出端。其输出信号经电容耦合送入 ⑬脚。有信号输出时该脚直流电压为4.1V。

N701的 ③⑤脚为TV左声道音频信号输入端。电路正常时该脚对地正向阻值约11.0kΩ，反向阻值约17.0kΩ。无信号输入时电压0V。

N701㉓、⑭脚，分别为左右声道音频信号输出端。有信号时两脚电压均为4.1V；电路正常时两脚对地正向阻值约为11.2kΩ，反向阻值约为24.0kΩ。

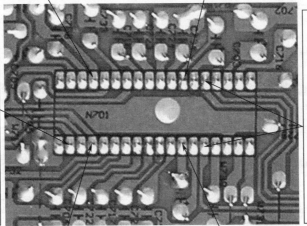

N701 ③③脚为左声道音频信号输入端。TV状态该脚电压0V。

N701 ㉕脚为左声道音频信号输出端，有信号时电压4.1V。

图 1-58　LV1116(N701)引脚印制电路板接线

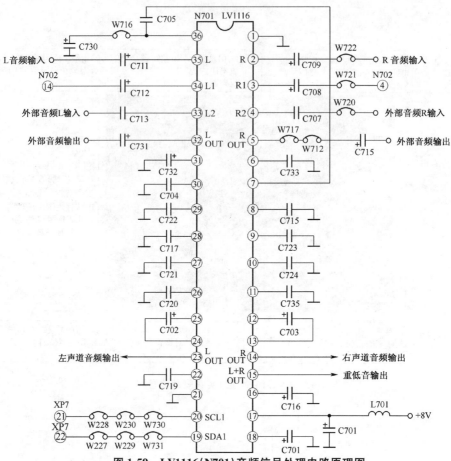

图 1-59　LV1116(N701)音频信号处理电路原理图

注：该图依实物绘制，仅供参考。

表 1-16　LV 1116 音频处理电路引脚功能及维修数据

引脚	符 号	功　　能	工作电压 $U(V)$	$R(k\Omega)$ 在　线 正向	$R(k\Omega)$ 在　线 反向
1	GND	接地端	0	0	0
2	TV-R	TV 右声道音频信号输入端	0	10.8	17.0↑
3	R1	AV1 右声道音频信号输入端	3.8	11.0	17.0
4	R2	AV2 右声道音频信号输入端	0	11.0	17.0
5	R-LINEOUT	右声道音频信号输出端	3.9	10.5	16.0
6	R-DC	右声道直流偏置电压端	3.9	11.2	19.0
7	ST-1	外接模拟提升相移电容器 1	3.9	11.2	20.5
8	LPFC	环绕声低通滤波端	4.0	11.5	23.0
9	R-TC1	右声道高音滤波端	3.6	11.5	22.0
10	R-BC1	右声道低音带通滤波端 1	4.0	11.0	18.0
11	R-BC2	右声道低音带通滤波端 2	3.2	11.2	18.5
12	R-OUT	右声道直通输出端	4.1	11.2	24.0↑
13	R-VRIN	右声道直通输入端	3.3	11.5	22.0
14	R-VROUT	右声道音频输出端	4.1	11.5	24.0↑
15	L+R	重低音信号输出端	3.8	11.5	21.0
16	V_{REF}	参考电压端	4.1	11.5	24.0
17	V_{CC}	+8V 电源端	8.3	6.0	7.0↑
18	V_{DD}	V_{DD} 供电滤波端	3.2	7.8	12.5
19	SDA	I^2C 总线数据输入输出端	4.2	6.2	8.0

引脚	符 号	功 能	工作电压 U(V)	R(kΩ) 在 线 正向	反向
20	SCL	I²C 总线时钟信号输入端	4.2	6.2	8.2↑
21	V$_{SS}$	电源的接地端	0	0	0
22	L+R LPA	重低音低通滤波端	3.8	11.2	20.0↑
23	L-VROUT	左声道音频输出端	4.1	11.2	24.0↑
24	V-VRIN	左声道直通输入端	3.3	11.1	24.0
25	L-OUT	左声道直通输出端	4.1	11.0	24.0
26	L-BC2	左声道低音带通滤波端 2	3.2	11.0	18.0↑
27	L-BC1	左声道低音带通滤波端 1	4.1	11.0	18.0
28	R-TC1	右声道高音滤波端	3.6	11.2	21.0
29	HPFC	环绕声高音滤波端	3.9	11.2	21.0
30	ST-2	外接模拟提升相移电容器 2	3.9	11.2	21.0
31	L-DC	左声道直流偏置电压端	3.9	11.2	19.5
32	LINC-OUT	左声道音音输出端	3.9	10.5	16.0
33	L2	AV2 左声道音频信号输入端	0	11.0	17.5
34	L1	AV1 左声道音频信号输入端	3.8	11.0	17.0
35	TV-L	TV 左声道音频信号输入端	0	11.0	17.0
36	AGND	音频信号接地端	4.1	11.0	17.5

注：①表中工作电压为有信号时的动态直流电压。

②表中"↑"表示测量时阻值向增大方向漂移。

三、TDA7497 三通道音频功率放大电路

TDA7497 型集成电路是一种具有直流音量控制功能的三通道音频功率放大电路,能够输出左右声道的音频功率放大信号,并可使输出功率高达 6W。其主要技术参数和特点是:

①输出阻抗为 8Ω,最大供电电压可达 30V,典型值为 28V。

②内部设有静音控制及待机控制。

③具有过流过热保护功能。

④固定增益 40dB。

其实物安装位置如图 1-60 所示,引脚印制电路板接线如图 1-61 所示,电路原理如图 1-62 所示。

在图 1-62 中,N602(TDA7497)的①、③、⑤脚分别用于左右声道和中间声道音频信号输入端。其中:①脚为右声道音频信号输入端,信号由 N701(LV1116)⑭脚提供,经 N602 内置放大器 1 放大后从⑭脚输出,再经 C625、XP603③脚加到右侧扬声器;⑤脚为左声道音频信号输入端,信号由 N701(LV1116)㉓脚提供,经 N602 内置放大器 2 放大后从⑫脚输出,并经 C626、XP603①脚加到左侧扬声器;⑥脚为中间声道音频信号输入端,由 N701(LV1116)⑮脚提供,经 N602 内置放大器 3 放大后从③脚输出,并经 X602 加到中间扬声器。

在图 1-62 中,TDA7497(N602)⑨脚设置为待机控制端,⑩脚设置为静音控制端,并通过插排 XP7 的⑱、⑰脚受控于数字板中 M37281 的㊷脚和⑬脚。在开机状态下 XP7⑰脚输出高电平,N602⑨脚有 4.3V 电压;待机时 XP7⑰脚输出低电平(0V),N602⑨脚电压为 0V,TDA7497 不工作。在有信号工作时,XP⑱脚输出低电平(0V),N602⑩脚也为低电平(0V),扬声器有声音发出;在无信号或静音状态时,XP7⑱脚输出高电平,N602⑩脚有 4.5V 电压,N602 的③、⑫、⑭脚无输出,扬声器静音。

在图 1-62 中,N602⑦脚与外接 V603、V602 等组成开关机静噪电路。其工作原理如下:在整机正常工作时,V602、V603 均截止。在关机瞬间,由于 12V 供电电压消失,而使 C641 储存的电荷通过 V602 的 eb 结放电,导致 V602 导通,C641 上的电压通过 V602 的 ec 结、VD603、

R606 加到 N602 的⑩脚,使⑩脚呈现高电平,同时由于 V602 导通,V603 也导通,将 N602⑦脚钳位,从而使 N602 在关机时执行静噪功能。

因此,当该机出现无伴音故障时,除检测 N602(TDA7497)音频信号输入输出端电压及+28V电源供电是否正常外,还应注意检查 N602⑦、⑩脚的电压是否正常。

N602④脚为小信号电路接地端。当其开路或接触不良时,无伴音或伴音失真、音轻。

N602⑭脚为右声道功率输出端。电路正常时有信号电压14.0V。正向阻值4.9kΩ,反向阻值14.0kΩ。

N602的③脚为中间声道输出端。电路正常时该脚直流电压14.0V,对地正向阻值5.6kΩ,反向阻值14.0kΩ。

VD624与VD625组成双向限幅电路,主要用于限制N602⑭脚输出的脉冲幅度。当有过高的负向脉冲时,VD624导通;有过高的正向脉冲时,VD625导通。

N602的⑥脚中间声道信号输入端。其音频信号由N701(VL1116)的⑮脚提供,正常工作电压约13.5V。

N602的⑬脚为+28V电压供电端。电路正常时该脚对地正向阻值4.9kΩ,反向阻值43.0kΩ。

图 1-60　TDA7497(N602)实物安装图

N602的⑩脚通过R606、VD602与XP7⑱脚相接,正常时该脚电压0V,无信号时4.5V。

N602的②脚为+28V电源端。电路正常时该脚对地正向阻值4.5kΩ,反向阻值50.0kΩ。

N602⑨脚通过R605、VD605与XP7⑰脚相接,电路正常时该脚直流电压为4.3V,对地正向阻值9.5kΩ,反向阻值∞。

N602的①脚为右声道音频信号输入端,信号由N701(LV1116)的⑭脚和R601提供。电路正常时正向阻值9.0kΩ,反向阻值40.0kΩ。

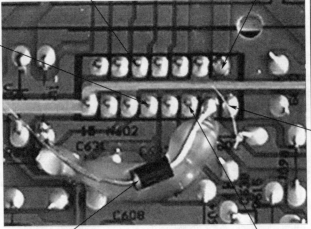

VD607用于N602③脚输出信号限幅,其负极接+28V电源。当③脚输出信号脉冲幅度超过28.6V时,该二极管导通。

N602⑤脚为左声道音频信号输入端。信号由N701(LV1116)的㉓脚提供,有信号时该脚电压约12.0V。

图 1-61　TDA7497(N602)引脚印制电路板接线图

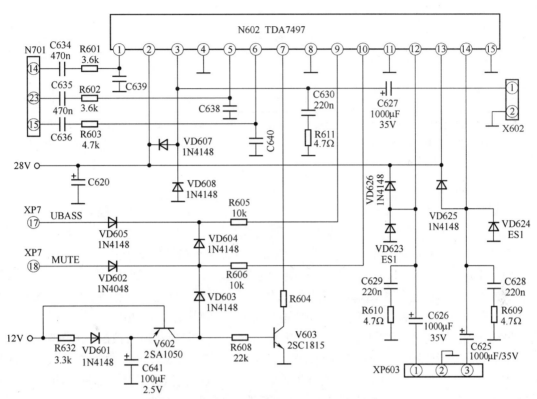

图 1-62 TDA7497 三通道音频功放电路原理图

表 1-17 TDA7497 集成电路引脚功能及维修数据

引脚	符号	功能	U(V) 静态	U(V) 动态	R(kΩ) 在线 正向	R(kΩ) 在线 反向
1	R IN	右声道音频信号输入端	13.5	12.5	9.0	40.0↑
2	VS	+28V电源端	28.0	28.0	4.5↑	50.0↑
3	C OUT	C通道输出端	14.0	14.0	5.6	14.0↑
4	GND	接地端	0	0	0	0
5	L IN	左声道音频信号输入端	13.5	12.0	8.0	43.0↑
6	C IN	C通道输入端	13.5	13.5	8.0	42.0↑
7	SVR	电源滤波端	14.0	14.0	7.0	14.5↑
8	GND	接地端	0	0	0	0
9	STBY	待机控制端	4.3	4.3	9.5	∞
10	MUTE	静音控制端	4.5	0	10.0	∞
11	GND	接地端	0	0	0	0
12	LOUT	左声道功率输出端	14.0	14.0	6.0	12.5

引脚	符　号	功　　能	U(V)		R(kΩ)	
			静态	动态	在　线	
					正向	反向
13	VS	＋28V 电源端	28.0	28.0	4.9↑	43.0↑
14	ROUT	右声道功率输出端	14.0	14.0	4.9	14.0↑
15	GND	接地端	0	0	0	0

注：①表中数据在拔掉喇叭线的情况下用 MF47 型万用表测得。其中：电压值用 50V 电压挡测得(⑨、⑩脚用 10V 电压挡)，电阻值用 R×1k 挡测得。

②同第 73 页中表注②。

四、KA7630 电源电路

KA7630 是一种具有待机控制功能的＋5V、＋8V、＋12V 稳压集成电路,主要为数字高清板及行场扫描等小信号处理电路供电。其实物安装位置如图 1-63 所示,引脚印制电路板接线如图 1-64 所示,电路原理如图 1-65 所示,引脚功能及维修数据见表 1-18。

在图 1-65 中,N804(KA7630)的①、②脚为电压输入端,由开关稳压电源中的＋15V 供给。N804 的⑨脚为＋5V 电压输出端,主要为中央控制系统提供工作电源。因此,不管是在开机状态还是在待机状态,只要①、②脚有＋15V 电压输入,⑨脚就有＋5V 电压输出。N804⑧脚为＋8V电压输出端,通过 XP7 插排⑳脚为数字板供电。其供电受④脚的控制,当④脚为高电平时⑧脚有输出,④脚为低电平时⑧脚无输出。N804 的⑩脚为＋12V 电压输出端。其电压输出受⑦脚控制,在开机时 N804⑦脚输出 14.0V 低电平,V804 导通,在⑩脚内部稳压功能控制下,V804 集电极输出＋12V 电压,在待机时 N804⑦脚输出高电平,V804 截止,N804⑩脚无＋12V电压输出。

因此,在海尔 29F7A-PN 型数字高清彩色电视机中,当无＋12V 和＋8V 直流电压时,应首先检查 N804(KA7630)及外围元件是否正常,同时还应检查 N804④脚的工作状态是否正常。

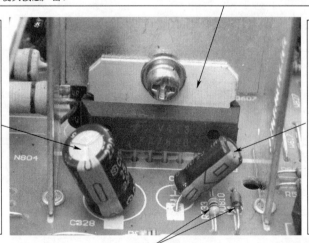

N804（KA7630）集成块的散热片。安装时散热片与散热板之间应涂抹一些硅脂膏,以增强散热片的导热效果,同时要紧固良好,务使其接触严密。

C828（220μF/25V）用于N804（KA7630）①脚输入电压滤波。漏电或击穿时,R834（1Ω/2W）限流电阻易被烧断,造成无光栅故障。

C830（1μF/16V）接在N804的③脚与地之间,起滤波作用。正常工作时,C830 正极端有1.8V电压,两端正向阻值约9.6kΩ,反向阻值约13.0kΩ。

R833（10kΩ）、VD810（1N4148）和R831组成待机控制信号输入电路,由数字板中的CPU控制。当该电路出现开路性故障时,N804控制失效。

图 1-63　KA7630(N804)实物安装图

N804的④脚为电源开关信号输入端。在正常工作时该脚直流电压4.9V，对地正向阻值约9.8kΩ，反向阻值32.0kΩ。当为低电平（0V）时，N804的⑧⑩脚无输出，整机处于待机状态。

N804的⑨脚为+5V电压输出端，用于给中央控制系统供电。电路正常时，该脚对地正向阻值4.5kΩ，反向阻值5.0kΩ。

C829（10μF/25V）用于N804（KA7630）②脚输入电压滤波。漏电或击穿时，R835（1Ω/2W）限流电阻易被烧断，从而造成无光栅故障。

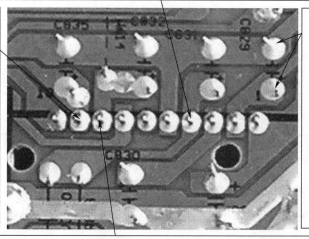

N804的⑧脚为8V电压输出端，主要供给数据板电路。待机时该脚无输出，电路正常时该脚正向阻值约5.5kΩ，反向阻值约7.0kΩ。

图1-64　KA7630（N804）引脚印制电路板接线

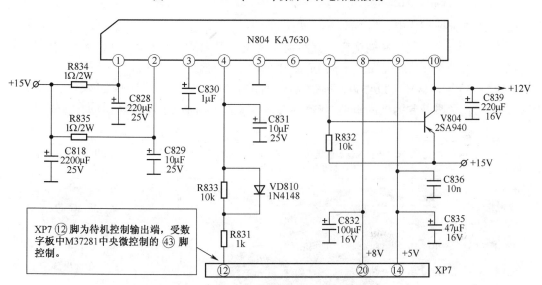

XP7⑫脚为待机控制输出端，受数字板中M37281中央微控制的㊸脚控制。

图1-65　KA7630电源管理电路原理图

表1-18　KA7630（N804）电源电路引脚功能及维修数据

引脚	符　号	功　　能	工作电压 U(V)	R(kΩ) 在　线 正向	R(kΩ) 在　线 反向
1	Vin1	电压输入端1	15.0	5.0↑	9.0↑
2	Vin2	电压输入端2	15.0	4.9	9.5
3	DEL CAP	滤波端	1.8	9.6	13.0
4	DISABLE	电源开关,用于关闭⑧、⑩脚输出	4.9	9.8	32.0↑

引脚	符 号	功 能	工作电压 U(V)	R(kΩ) 在 线 正向	R(kΩ) 在 线 反向
5	GND	接地端	0	0	0
6	RESET	复位端	0	9.9	∞
7	CONTROL	电压输出控制端	14.0	8.6	15.0
8	OUTPUT2	8V电压输出端	8.3	5.5↑	7.0↑
9	OUTPUT1	5V电压输出端	5.2	4.5	5.0
10	OUTPUT3	12V电压输出端	12.0	0.8	0.8

注：①U 为有信号时动态直流电压。

②同第 73 页表注②。

五、TDA8177 场扫描输出级电路

TDA8177 型集成电路是飞利浦公司开发设计的场扫描输出电路，主要用于高性能彩电和显示器中。其主要特点是：

①具有功率放大和过热保护功能。

②场输出电流可达到 $3.0A_{p-p}$。

③适合直流耦合应用。

④采用外部回扫供电，其内部无需泵电源。

⑤体积小，价格便宜，性能优良。其实物安装及关键引脚波形如图 1-66 所示，引脚印制电路如图 1-67 所示，电路原理如图 1-68 所示，引脚功能及维修数据见表 1-19。

在图 1-68 中，N301（TDA8177）通过 XP8 插排的③、④脚与数字板中 N3（TDA9332H）的①、②、⑮、⑯、㉓脚及其内部的电路（见图 1-30）等组成场扫描电路，其中：①、⑦脚分别输入场

N301（TDA8177）的①脚，用作场锯齿波激励信号反相输入，信号由数字板中的TDA9332输出。正常工作时该脚电压约1.0V，对地正向阻值约为3.0kΩ，反相阻值约为3.2kΩ。

用2ms时基挡和0.2V电压挡测得N301（TDA8177）①脚VD-信号波形。

用2ms时基挡和0.2V电压挡测得N301（TDA8177）③脚信号波形。

N301（TDA8177）的⑦脚，用于场锯齿激励信号同相输入。信号由数字板中的TDA9332输出。正常工作时该脚电压约1.0V，对地正向阻值约为3.2kΩ，反向阻值约为3.2kΩ。

图 1-66　TDA8177 实物安装及关键引脚波形图

N301(TDA8177)的⑤脚，用于场扫描功率信号输出，正常工作时该脚有约7V$_{p-p}$锯齿波信号（但其直流电压近似0V），对地正反向阻值均近似0kΩ。

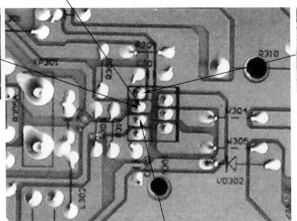

用2ms时基挡和2V电压挡测得N301（TDA8177）⑤脚场扫描输出信号波形。

用2ms时基挡和0.2V电压挡测得N301（TDA8177）⑦脚VD+信号波形。

N301(TDA8177)的③脚，用于泵电源及场逆程脉冲输出，送入数字板中的M37281的②脚。正常工作时该脚直流电压约−13.5V，对地正向阻值约58kΩ，反向阻值约100kΩ，

图 1-67　TDA8177 引脚印制电路图

扫描激励信号，为 5V$_{p-p}$ 锯齿波，分别见图 1-66 和图 1-67。②脚为＋14V 电压输入端，主要为功率放大器供电。③脚用于场逆程脉冲输出，其输出信号主要用于 CPU 中的字符振荡电路，无此脉冲输出时无字符显示。C308 为自举电容，在场扫描正程期间＋14V 电压通过 VD302 向 C308 充电，使其两端电压约为 14V；在场扫描逆程期间，③脚有场逆程脉冲输出，C308 充电电压与 VD302 输出电压叠加，形成约 28V 电压加到 N301 的⑥脚，为场功率输出级在场扫描逆程期间供电，以加快场回扫速度。因此，当 C308 失效或开路时，不仅会使光栅顶部出现数条回扫线，而且还极易损坏 TDA8177。这里值得一提的是：在众多彩色电视机中，常用的场输出集成电路有 TDA8177 型和 TDA8177F 型两种。这两种集成电路的不同之处在于：TDA8177 的③脚有场逆程脉冲信号输出，并且外接有自举电容，同时④脚输入−14V 电压；TDA8177F 的③脚没有场逆程脉冲输出，也没有外接自举电容，而是由 42V 直流电压供电，④脚接地。因此，TDA8177 和 TDA8177F 两种型号的集成电路引脚功能不同，外电路也不相同，不能相互代替。这一点在电路分析和维修实践中应特别注意。

表 1-19　TDA8177 型场输出集成电路引脚功能及维修数据

引脚	符　号	功　能	工作电压 U(V)	R(kΩ) 在　线 正向	R(kΩ) 在　线 反向
1	INVERTING INPUT	场锯齿波反相输入端	1.0	3.0	3.2
2	SUPPLYVOLTAGE	＋14V 电源端	15.0	5.4↑	32.0↑
3	FLYBACK GENERATOR	场逆程脉冲输出端	−13.5	58.0↑	100.0↑
4	GROUND	−14V 电源端	−15.0	58.0↑	5.6
5	OUTPUT	场扫描信号输出端	5.0	6.4Ω	6.4Ω
6	OUTPUT STAGESUPPLY	场输出级供电端	15.0	12.0	∞
7	NON INVERTING INPUT	场锯齿波正相输入端	1.0	3.2	3.2

注：①表中数据用 MF47 型万用表测得。⑤脚对地阻值用 R×1Ω 挡测得，其他脚用 R×1kΩ 挡测得。
②同第 73 页中表注②。

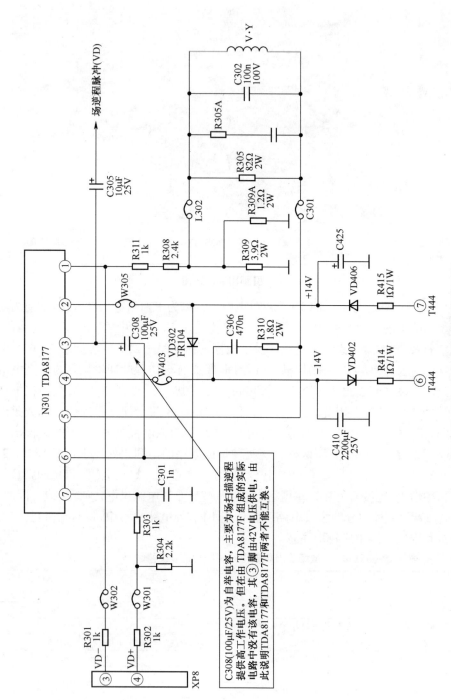

图 1-68 TDA8177 场输出电路原理图

六、行扫描输出级电路

在海尔 29F7A-PN 型数字高清彩色电视机中,行扫描输出级电路主要由行推动管 V402 (2SC2073)、行输出管 V403(2SC5793)、行输出变压器 T444 以及东西枕形失真校正功率输出管 V401(FQPF630)等组成,其实物安装如图 1-69 所示,引脚印制电路如图 1-70 所示,电路原理如图 1-71 和图 1-72 所示。

VD407(PEC420)为双阻尼二极管。击穿损坏或不良时,会引起光栅东西枕形严重失真。

C428(18n/630V)为行扫描逆程电容器。开路、失效或不良时,光栅行幅增大,易击穿VD409和VD403。

T444(CF0801-7493)行输出变压器,用于提供显像管高压、灯丝电压和尾板视放电路电压。

插排XP402用于连接行偏转线圈。接触不良时,易烧坏V403行输出管。

V403(2SC5793)为行输出管。击穿损坏时易造成行逆程电容器损坏或失效。

VD409(BY450)为双阻尼二极管。击穿损坏时,易使V403行输出管损坏。

N301(TDA8177)为场输出集成电路。当有过流故障时,其散热片温度升高,手摸时有发烫现象。

V401(FQPF630)为东西枕形失真校正功率输出管。击穿时,无光栅;不良时,光栅枕形失真。

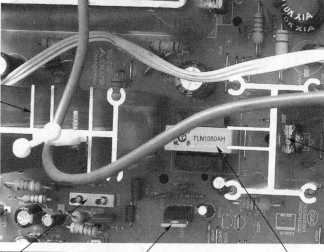

插排XP301用于连接场偏转线圈。开路或接触不良时,易使N301(TDA8177)损坏。

V402(2SC2073)为行激励管。不良或击穿时,行扫描输出级电路不工作。

T401(TLN1080AH)为行推动变压器。不良时,易使行输出管损坏。

图 1-69　行扫描输出级元件实物组装图

在图 1-71 中,V404(2SC1815)和 V405(2SA1015)组成互补式行开关脉冲信号输出电路,其基极通过 R419 与插排 XP7⑥脚相接。当插排 XP7⑥脚有行开关脉冲信号输出时,V404 和

V405 轮流导通。在开关信号平顶期,V404 导通,其电流通过 C429、R409 到地构成回路,在 R409 两端形成电压降,为 V402 提供基极偏压,使 V402 正偏导通;当开关信号平顶期过后,V404 截止,V405 导通,C429 充电电压通过 V405 放电,V402 截止。充电电压在 V402 集电极形成的波形见图 1-70。

在图 1-71 中,V402、V403 等组成反激励方式行扫描电路。当 V402 导通时,T401 初级绕组储存能量,在 T401 的互感作用下,其次级绕组也感生电势。极性为上负下正,故此时 V403 行输出管截止。当 V402 截止时,T401 初次级绕组中的感生电势极性均反转,故此时 V403 导通。

在行扫描输出级正常工作时,由行输出变压器 T444 产生显像管工作电压和场输出级工作电压。T444 引脚功能及维修数据见表 1-20。

在图 1-72 中,V401(FQPF630)为场效应功率管,用于东西枕形失真校正功率输出,其输出信号通过 C404、L404,加到行输出级双阻尼二极管电路的中点 A(见图 1-71),对行扫描锯齿波电流进行抛物波调制,以实现光栅东西枕形失真校正。

因此,在海尔 29F7A-PN 型数字高清彩色电视机中,当发生无光栅而开关电源电路正常时,应特别注意检查 V401、V402、V403 及插排 XP7⑥、⑦脚的信号电压。

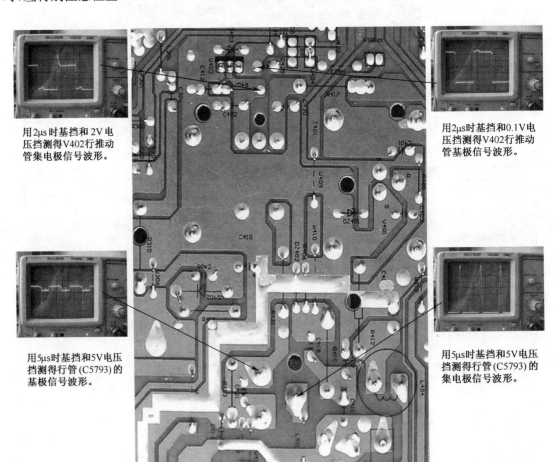

用2μs时基挡和2V电压挡测得V402行推动管集电极信号波形。

用2μs时基挡和0.1V电压挡测得V402行推动管基极信号波形。

用5μs时基挡和5V电压挡测得行管(C5793)的基极信号波形。

用5μs时基挡和5V电压挡测得行管(C5793)的集电极信号波形。

图 1-70　行扫描输出级主要部位印制电路及相关各点波形图

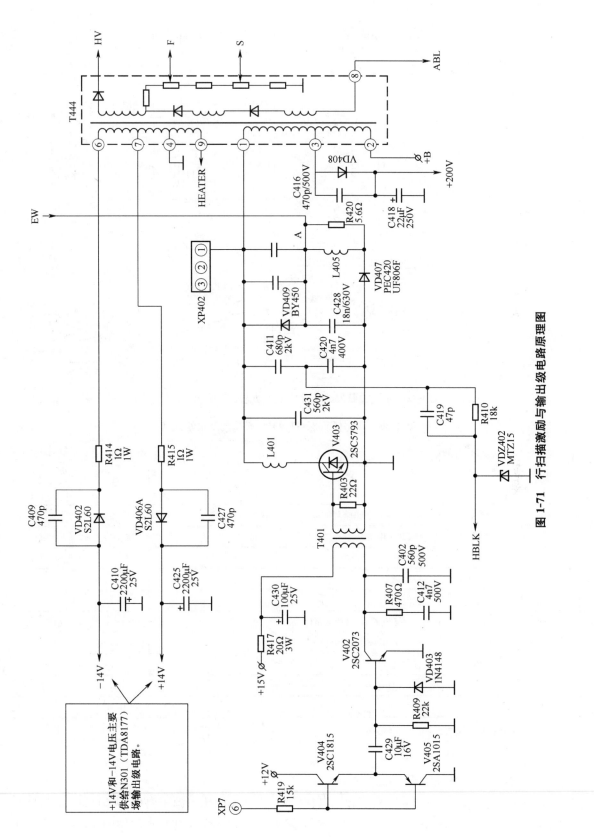

图 1-71 行扫描激励与输出级电路原理图

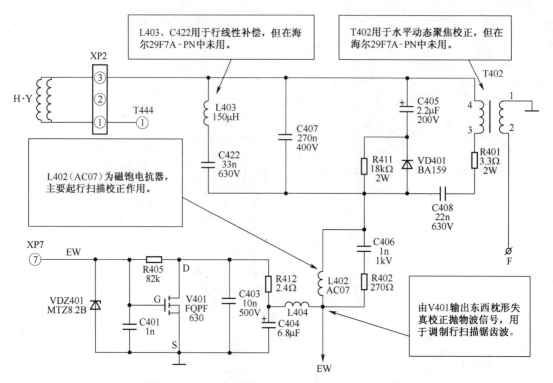

图 1-72　东西枕形校正功率输出及动态聚焦控制电路原理图

表 1-20　T444(CF0801-7493)引脚功能及维修数据

引脚	符　号	功　　能	$U(V)$ 动态	$R(k\Omega)$ 在　线	
				正向	反向
1	C	接 V403 行输出管集电极	130.0	9.8	11.5
2	+B	+130V 电源端	130.0	9.8	11.5
3	+200V	尾板视放电路供电端	130.0	9.8	11.5
4	GND	接地端	0	0	0
5	GND	接地端	0	0	0
6	−14V	−14V 电源端,为场电路供电	18V ~	∞	∞
7	+14V	+14V 电源端,为场电路供电	14.5V ~	0	0
8	ABL	自动亮度信号限制输出端	24.0V ~	4.9	55.0↑
9	HEATER	灯丝电压供电端	4.0V ~	4.9	55.0↑
10	—	空置未用	0	4.9	55.0↑

注:①引脚排序以印制板面的左上侧为第①脚。

　　②同第 73 页中表注②。

七、5Q1265R 开关稳压电源电路

在海尔 29F7A-PN 型数字高清彩色电视机中,主开关稳压电源主要由 N801(5Q1265R)等组成,其实物安装如图 1-73 所示,引脚印制电路如图 1-74 所示,电路原理如图 1-75 所示。其

引脚功能及维修数据见表 1-21。

用2μs时基挡和2V电压挡,测得 N801 (5Q1265R)①脚信号电压波形。

用2μs时基挡和0.2V电压挡,测得 N801 (5Q1265R)④脚信号电压波形。

图 1-73　5Q1265R 实物安装图

用2μs时基挡和1V电压挡测得 N801 (5Q1265R)⑤脚信号电压波形。

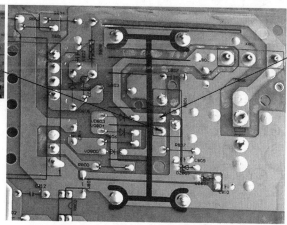

用2μs时基挡和0.2V电压挡,测得 N801 (5Q1265R)④脚信号电压波形。

图 1-74　5Q1265R 引脚印制电路图

　　在图 1-75 中,N801(5Q1265R)是开关稳压电源电路中的核心器件,它是由日本 FAIR-CHILD 公司开发设计的开关电源控制器,主要特点是:

　　①内部设有耐压 650V 的场效应功率管。

　　②内部有电流检测型控制电路,并具有过压、过流保护功能。

　　③内部设有过热保护功能,当芯片表面温度超过 150℃时,将自动切断输出。

　　④待机时处于间歇振荡状态,其待机功耗小于 2W。

　　⑤具有可变频率、准谐振切换、电流模式控制、次级调整等功能。

　　⑥采用脉宽调制控制方法实现固定频率切换。

　　在图 1-75 中,N801(5Q1265R)①脚内接场效应功率管的漏极(D)。当接通市网电压时,经桥式整流器整流(图中未画)产生＋300V 电压,通过 T801 初级绕组和 L803 加到 N801 的①脚。与此同时,由 VD801 半波整流输出的＋12V 电压加到 N801 的③脚,从而使 N801 内电路起振,并控制 N801①、②脚导通,开关电源进入工作状态。此时③脚电压上升到 24V,并由 VD803 整流供电。需要注意的是,当 N801③脚电压低于 11V 时,N801 芯片电路不能起振;而当③脚电压高于 25V 时,芯片电路将停止工作。

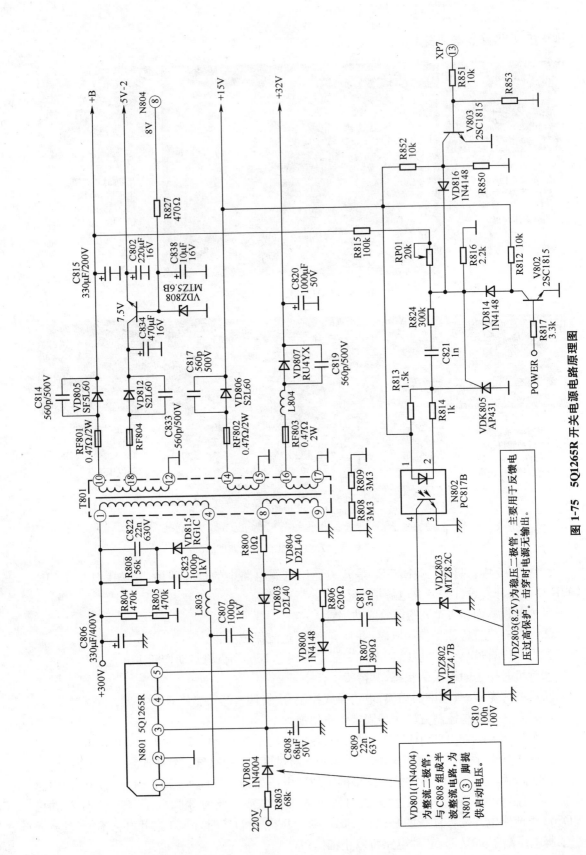

图 1-75　5Q1265R 开关电源电路原理图

表 1-21 N801(5Q1265R)引脚功能及维修数据

引脚	符 号	功 能	U(V) 待机状态	U(V) 开机动态	R(kΩ) 在线 正向	R(kΩ) 在线 反向
1	DRAN	内接 MOSFET 管漏极(D)	308.0	275.0	6.4	1K
2	GND	接地,内接开关管 S 极	0	0	0	0
3	V_{CC}	供电源	12.0	24.0	5.1	1K
4	FB	反馈输入端	0.1	1.0	9.0	∞
5	SYNC	同步信号输入	0.2	5.2	0.3	0.3

注:测量时以 C806(330μF/400V)负极端为公共端(地)。

在图 1-75 中,T801 的⑧~⑨绕组为反馈绕组,它随着初级绕组的储能产生感应电势,且极性随着 N801 芯片的振荡频率而不断发生变化。当⑧脚极性为正时,⑧~⑨绕组中的感应电势一方面通过 VD803、C808 向 N801③脚供电,另一方面通过 VD804、R806、VD800 向 N801⑤脚供电,并通过芯片内部同步电路使开关管的工作频率与扫描频率同步。在 N801 的①、②脚处于导通状态时,⑧~⑨绕组中的感应电势为⑧脚负、⑨脚正,VD803 截止,此时主要由 C808 所储存的能量向 N801③脚供电。而 VD801 整流输出功能仅在刚开机时起作用,开机后随着 C808 充电电压升高,VD801 便处于截止状态。因此,当 C808 失效、变值或开路时,开关电源启动困难或不启动。

在图 1-75 中,N802、VDK805、V802、V803 等组成自动稳压环路及待机和变频控制电路。在开关电源进入工作状态时,由 R815、RP01、VDK805、N802 等组成的反馈电路,将＋B 电压的误差信号送入 N801 的④脚,以自动稳定＋B 输出电压。当＋B 电压升高时,通过 R815、RP01 和 R816 分压取得的电压也升高,随便加到 VDK805 栅极(G)电压升高,VDK805 导通阻值减小,N802①、②脚间的导通电流增大,③、④脚导通阻值减小,N801④脚电位下拉,N801 内部振荡电路的工作频率下降,电源开关管的导通时间减少,T801 初级绕组储能下降,＋B 电压下降,从而起到自动稳压作用。反之,当＋B 电压下降时,上述过程相反,也起到自动稳压作用。因此,在自动稳压控制环路中,VDK805 和 N802 是重要的控制器件,改变它们的导通阻值可以改变 N801④脚输入的反馈电压,进而改变 N801 内部芯片振荡频率,以调整＋B 输出的状态。当待机控制管 V802 基极接到关机信号(低电平)时,V802 截止,VD814 导通,由 R812 输出的电压(＋15V)加到 VDK805 的 G 极,使 VDK805 饱和导通,N802 饱和导通,N801④脚电压被钳位在 0.1V,从而控制芯片的振荡电路工作在间歇状态,＋B 电压下降到正常值的三分之一左右,整机处于等待状态。

在图 1-75 中,V803 用于变频控制,在 50Hz TV 状态,XP7⑬脚(HDTV/50)信号电压为 4.5V,V803 导通,VDK805 的 G 极偏置电路不受影响;当 XP7(⑬脚)输出 HDTV 低电平信号时,V803 截止,VD816 导通,＋15V 电源通过 R852、R850 使 VDK805 的 G 极偏压改变,通过 N802 反馈电路使 N801 的振荡频率改变,以适应高清信号的扫描频率。

总之,在图 1-75 中开关稳压电源的核心器件是 N801、T801 和 N802、VDK805 等。当该种电源工作异常或保护不工作时,一般是稳压环路或其控制电路有故障,很少是 N801 损坏。但若维修不及时或处理不当,反而易使 N801 损坏。因此,当出现烧 N801 的故障时,常伴有其他不良或损坏元件存在,这一点检修时是很值得注意的。

八、AV 输入输出电路

在海尔 29F7A-PN 型数字高清彩色电视机中,AV 输入输出电路主要由后面板上的 AV 插口和 N702(HEF4053BP)等组成,其实物安装如图 1-76 和图 1-78 所示,引脚印制电路如图 1-77 和图 1-79 所示,电路原理如图 1-80 所示,引脚功能及维修数据见表 1-22。

在图 1-80 中,主要有 7 组 AV 输入输出端口,其中:

第一组为外部 AV1 信号输入端口,有 R(红)、L1(白)、V1(黄)3 个插口,其中 R1 插口输入右声道音频信号,并经 C710 耦合送入 N702(HEF4053BP)的⑬脚,在芯片内部与 TV 的 R 信号切换后从⑭脚输出送入 N701(LV1116)㉞脚,经音调等处理后从 N701 的㉓脚输出,并送到伴音功放电路;L1 插口输入左声道音频信号,并经 C727 耦合送入 N702③脚,在芯片内部与 TV 的 L 信号切换后从④脚输出送入 N701③脚,经音调等处理后从 N701 的⑭脚输出,并送到伴音功放电路;V1 插口输入外部视频信号,并送入 N702②脚,在芯片内部与 S 端子 Y 信号切换后从⑮脚输出并经插排 XP8⑤脚送到数字板电路。

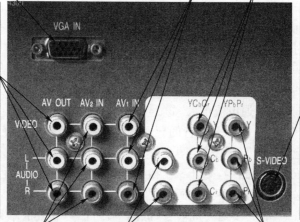

VGA 输入接口,用于连接计算机等多媒体,可欣赏由计算机等多媒体装置输出的高质量图像信息,但它需用 VGA 专用连接电缆,并将输入信号直接送入数字板电路,其输入信号主要有 5 种,即 R、G、B 基色信号和行场扫描同步信号。

AV1 输入插口,其中黄色插口用于输入视频 1 信号;白色插口用于输入 AV1 左声道音频信号;红色插口用于输入 AV1 右声道音频信号。

用于连接 DVD 影碟机的专用插口,主要用于输入隔行色差信号,其中绿色插口用于输入 Y 亮度信号;蓝色插口用于输入色度 U 分量信号(Cb);红色插口用于输入色度 V 分量信号(Cr)。

用于连接外部视音频设备,主要向机外输出信号,其中:黄色插口用于输出视频信号;白色插口用于输出左声道音频信号;最下面的红色插口用于输出右声道音频信号。

S-VIDEO 端子用于连接带有 S 端子的 DVD、录像机等,主要输入 Y/C 分离信号,但它不能与 AV1 输入信号同时使用。

AV2 输入插口,其中:黄色插口用于输入视频 2 信号;白色插口用于输入 AV2 左声道音频信号;红色插口用于输入 AV2 右声道音频信号。

R/L 音频信号输入插口,与 YCbCr、YPbPr、S-VIDEO 输入端子配合使用。其中:白色插口用于输入左声道音频信号;红色插口用于输入右声道音频信号。

用于输入 HDTV 高清信号和 DVD 逐行分量信号。其中:绿色插口用于输入 Y 亮度信号;蓝色插口用于输入逐行 U 分量信号(Pb);红色插口用于输入逐行 V 分量信号(Pr)。

图 1-76 AV 输入插口实物图

为输入 DVD、VGA、HDTV 左右声道音频信号插口的两个焊接脚,分别通过 C707、C713 与 N701 的㉝脚和④脚相接。

为 AV2 视频输入插口焊接脚,该脚通过 XP700⑤脚与 XP8 的⑫脚相连接,用于向数字板电路提供外部视频信号。

为 AV 视频输出端焊接脚,通过 C725、R718、V701 与 XP8 的⑭脚相连接,用于输出视频信号。

YCbCr 隔行信号输入插口的 Cb 信号输入端焊接脚,该脚与 XP8 的⑧脚相连接。

AV2 左声道音频信号输入端焊接脚,通过 C709 与 N701 的②脚相连接,同时也与侧面 AV 左相接。

YCbCr 隔行信号输入插口的 Y 信号输入端焊接脚,与 XP8⑥脚相连接。

YCbCr 隔行信号输入插口 Cr 信号输入端焊接脚,与 XP8 的⑩脚相连接。

YPb Pr 逐行信号输入插口的 Y 信号输入端焊接脚,与 XP7⑩脚相连接。

YPbPr 逐行信号输入插口的 PbPr 信号输入端焊接脚,与 XP8 的④、②脚相连接。

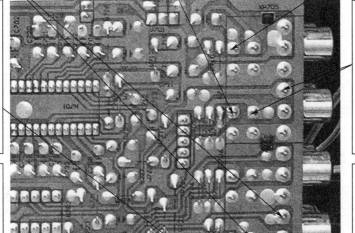

S 端子色度信号 C 输入端焊接脚,与 XP7 的㊳脚相连接。

S 端子控制信号端焊接脚与 XP7 的㊲脚相连接。

S 端子亮度信号 Y 输入端焊接脚,与 N702(HEF4053BP)的①脚相连接。

图 1-77　AV 插口引脚印制电路

N702⑮脚用于视频选择输出。电路正常时该脚对地正向阻值 30kΩ，反向阻值 38kΩ。

N702⑬脚用于 TV 左声道输入。电路正常时该脚对地正向阻值 50kΩ，反向阻值52kΩ。

N702⑪脚用于 AV 转换控制信号输入。电路正常时该脚正向阻值 8kΩ，反向阻值17.5kΩ。

N702①脚用于 Y 信号输入。其输入信号直接送入N702(HEF4053BP)的①脚，经转换后再送入插排 XP8 的⑤脚。

N702⑨脚用于 AV 转换控制信号输入。电路正常时该脚正向阻值 8kΩ，反向电值17.5kΩ。

N702③脚用于AV1左声道音频信号输入。电路正常时该脚正向阻值 44kΩ，反向阻值 52kΩ。

N702⑤脚用于 TV 左声道音频信号输入。电路正常时，该脚正向阻值 44kΩ，反向阻值 52kΩ。

N702⑦脚为负电源接地，正反向阻值均为 0kΩ。

图 1-78 HEF4053BP 实物安装图

N702⑩脚用于 AV 转换控制信号输入。电路正常时，该脚正向阻值7.5kΩ，反向阻值 14.0kΩ。

N702⑫脚用于 TV 右声道音频信号输入。电路正常时，正向阻值48kΩ，反向阻值 52kΩ。

N702⑭脚为右声道输出端。电路正常时，对地正向阻值 50kΩ，反向阻值 52kΩ。

N702⑧脚为电路芯片接地端。正反向阻值均为 0kΩ。

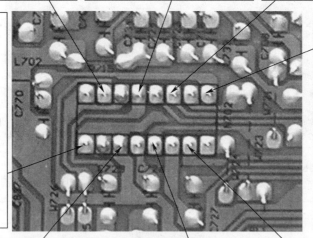

N702⑯脚为 +5V 电源输入端。电路正常时，该脚正向阻值 6.5kΩ，反向阻值 11.8kΩ。

N702⑥脚为公共使能控制端，接地。正反向阻值均为 0kΩ。

N702④脚为左声道输出端。电路正常时该脚正向阻值 44kΩ，反向阻值 52kΩ。

N702②脚为AV1视频信号输入端。它不能与 S 端子同时使用。

图 1-79 HEF4053BP 引脚印制电路图

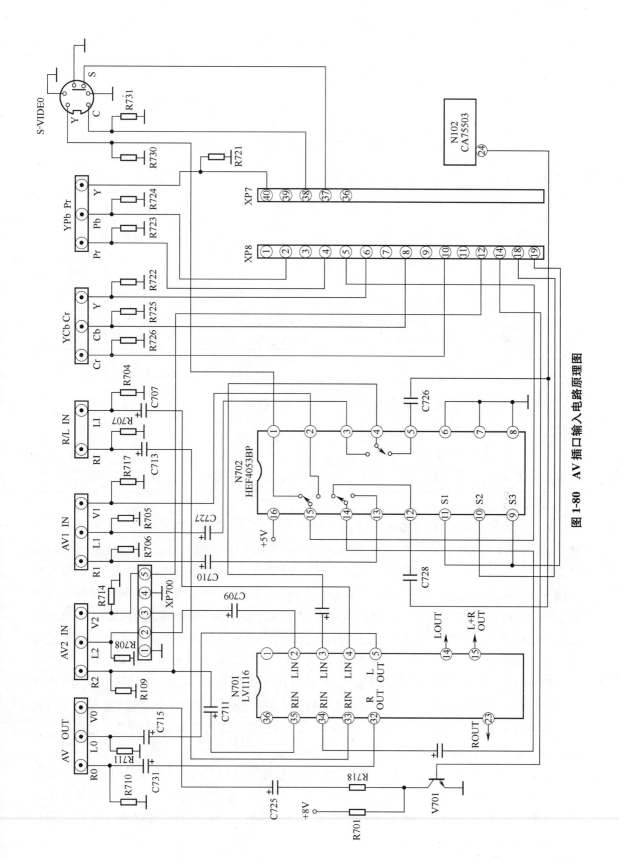

图 1-80 AV 插口输入电路原理图

91

表 1-22 N702(HEF4053BP)引脚功能及维修数据

引 脚	符 号	功 能	$U(V)$ TV 状态	$R(k\Omega)$ 在 线 正向	$R(k\Omega)$ 在 线 反向
1	2Y1	独立输入/输出端,用于 S 端子的 Y 信号	0	0	0
2	2Y0	独立输入/输出端,用于输入 AV1 视频信号	0	0	0
3	3Y1	独立输入/输出端,用于输入 AV1 左声道音频信号	0	44.0	52.0↑
4	3Z	公共输入/输出端,输出左声道选择信号	0	44.0	52.0↑
5	3Y0	独立输入/输出端,用于输入 TV 左声道音频信号	0	44.0	52.0↑
6	$\overline{E}$	公共使能控制端,接地	0	0	0
7	V_{EE}	负电源接地端	0	0	0
8	GND	接地端	0	0	0
9	S3	开关选择输入端 3,输入 AV 转换控制信号	0	8.0	17.5↑
10	S2	开关选择输入端 2,输入 AV 转换控制信号	0	7.5	14.0
11	S1	开关选择输入端 1,输入 AV 转换控制信号	0	8.0	17.5
12	1Y0	独立输入/输出端,用于输入 TV 右声道音频信号	0	48.0	52.0↑
13	1Y1	独立输入/输出端,用于输入 TV 左声道音频信号	0	50.0	52.0↑
14	1Z	公共输入/输出端,输出右声道选择信号	0	50.0	52.0↑
15	2Z	公共输入/输出端,输出视频选择信号	0	30.0	38.0↓
16	V_{CC}	+5V 电源端	5.2	6.5	11.8↑

注:同第 73 页表注②。

第二组为外部 AV2 信号输入端口。因它与由 XP700③脚输入的一组 AV 信号共用一个通道,故两者不能同时使用。在 AV2 IN 端口中,由 R2(红)插口输入的右声道音频信号或由插排 XP700③脚输入的 AV 右声道音频信号,经 C711 耦合送入 N701㉟脚,并在 N701 内部与㉞脚输入信号切换后从㉓脚输出,送到伴音功放电路;由 L2(白)插口输入的左声道音频信号或由 XP700②脚输入的 AV 左声道音频信号,经 C709 耦合送入 N701⑫脚,并在 N701 内部与③脚输入信号切换后从⑭脚输出,送到伴音功放电路;由 V2(黄)插口输入的视频信号或由 XP700⑤脚输入的 AV 视频信号,直接加到插排 XP8 的⑫脚,并送入数字板电路。

第三组为 YCbCr 隔行色差信号输入端口,可用于连接 DVD 和数字机顶盒。其中:由 Y(绿)端口输入的亮度信号通过插排 XP8 的⑥脚送入数字板电路,由 Cr(红)端口输入的 V 分量信号通过插排 XP8 的⑩脚送入数字板电路,由 Cb(蓝)端口输入的 U 分量信号通过插排 XP8 的⑧脚送入数字板电路。

第四组为 YPbPr 数字高清信号或逐行色差信号输入端口,可用于连接 DVD 和数字机顶盒。其中:由 Y(绿)端口输入的亮度信号通过插排 XP7 的㊵脚送入数字板电路,由 Pr(红)端口输入的 V 分量信号通过插排 XP8 的④脚送入数字板电路,由 Pb(蓝)端口输入的 U 分量信号通过插排 XP8 的②脚送入数字板电路。

第五组为 S-VIDEO 信号输入端口,用于输入经过 Y/C 分离后的亮度信号(Y)和色度信号(C),可与带有 S 端子的录像机、影碟机等连接。其中 Y 信号直接加到 N702 的①脚,并在 N702 内部与②脚输入的 AV1 视频信号切换后从⑮脚输出,再经插排 XP8 的⑤脚送到数字板电路;C 信号直接通过插排 XP7 的㊳脚送入数字板电路;S 端子控制信号经插排 XP7 的㊲脚送入数字板电路,但 S 端子控制信号只有在插入 S 端子插头时才能够产生。

第六组为伴音信号输入端口,用于 YCbCr、YPbPr、S-VIDEO 端子输入功能的伴音信号输入。其中:由 RI(红)端口输入的右声道音频信号,经 C713 耦合送入 N701 的㉝脚,在 N701 内部与㉞、㉟脚输入信号切换后从㉓脚输出,并送到伴音功放电路;由 LI 端口输入的左声道音频信号,经 C707 耦合送入 N701 的④脚,在 N701 内部与②、③脚输入信号切换后从⑭脚输出,并送到伴音功放电路。

第七组为 AV 输出端口,用于向机外输出音视频信号。其中:R0(红)端口输出右声道伴音信号,由 N701㉜脚输出,与㉓脚输出同步;L0(白)端口输出左声道伴音信号,由 N701⑤脚输出,与⑭脚输出同步;V0(黄)端口输出视频信号,由数字板通过 XP8 的⑭脚和 V701输出,与屏幕上的图像信号同步。

总之,在图 1-80 中,N701 主要用于切换 AV2、R/L 和由 N702④、⑭脚输入的 3 种音频信号,而由 N702④、⑭脚输入的信号可为 AV1 音频信号也可为 TV 音频信号;N702 主要用于切换 AV1、TV 音频信号及切换由 S 端子输入的亮度信号和 AV1 视频信号。因此,当该种机型出现 AV 转换故障或无图像无伴音故障时,首先应检查 N701、N702 及插排 XP8 等相关引脚的工作状态及外接元件。通常 N701 和 N702 很少损坏。

第三节　尾板末级视放电路及 VM 速度调制电路

在海尔 29F7A-PN 型数字高清彩色电视机中,显像管管颈上除有与传统机型相同的尾板末级视放电路(见图 1-7 和图 1-8)外,还设置有 VM 板速度调制电路(见图 1-5 和图 1-6),后者主要用于提高图像的清晰度。这是数字高清彩色电视机电路的一个特点。

一、视放电路

在海尔 29F7A-PN 型数字高清彩色电视机中,视放电路的核心器件是 TDA6111Q 型集成电路。TDA6111Q 型集成电路是一种具有 16MHz 带宽的视频输出放大器,其输出信号用于驱动显像管阴极。其主要特点是:

①设有黑电流检测输出电路,用于自动稳定黑电流。

②设有两个阴极输出端,一个用于输出直流,一个用于输出瞬态电流。

③具有显像管放电保护和静电放电功能。

在该机的视放电路中共有三只 TDA6111Q 型集成电路(N501、N511、N521),分别用于蓝、红、绿三基色信号。图 1-81 和图 1-82 分别是 N501 的安装位置和引脚的印制电路。图 1-83 是视放电路原理图。表 1-23 给出了 N501 各引脚功能和维修数据。N511、N521 的安装方式、引脚功能、印制电路结构及引脚波形和维修数据与 N501 相同。

视放电路中相关插接件的引脚功能和维修数据分别见表 1-24～表 1-27。

TDA6111Q的③脚为基色激励信号输入端。正常时该脚直流电压约3.5V，对地正向阻值1.2kΩ，反向阻值1.2kΩ。

TDA6111Q的⑨脚为反馈电压输出端。正常时该脚电压约154V，对地正向阻值约8.6kΩ，反向阻值约为100kΩ。

图1-81　TDA6111Q实物安装图

N501（TDA6111Q）⑦脚及外接C503焊脚，⑦脚输出的瞬态电流经C503加到CRT蓝基色阴极。电路正常时该脚直流电压约153V。

N501⑧脚通过R508与显像管蓝基色阴极相连接，用于输出蓝基色激励信号。开路时光栅图像呈蓝色。

R507用于暗电流检测输出，其输出信号通过XS500插排⑧脚送入主板电路。开路时会引起保护关机。

注：用2ms时基挡和0.2V电压挡测得Q501基极信号波形。

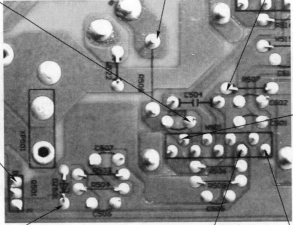

注：用2ms时基挡和5V电压挡测得N501（TDA6111Q）⑧脚信号波形。

DZ501为稳压二极管，用于蓝基色激励信号尖脉冲保护。击穿时，Q501集电极无蓝基色激励信号输出。

N501（TDA6111Q）③脚为蓝基色激励信号和反馈信号输入端。电路正常时该脚直流电压约3.5V。

N501（TDA6111Q）①脚为同相电压输入端。电路正常时该脚直流电压约3.4V。

图1-82　N501（TDA6111Q）引脚印制电路及信号波形

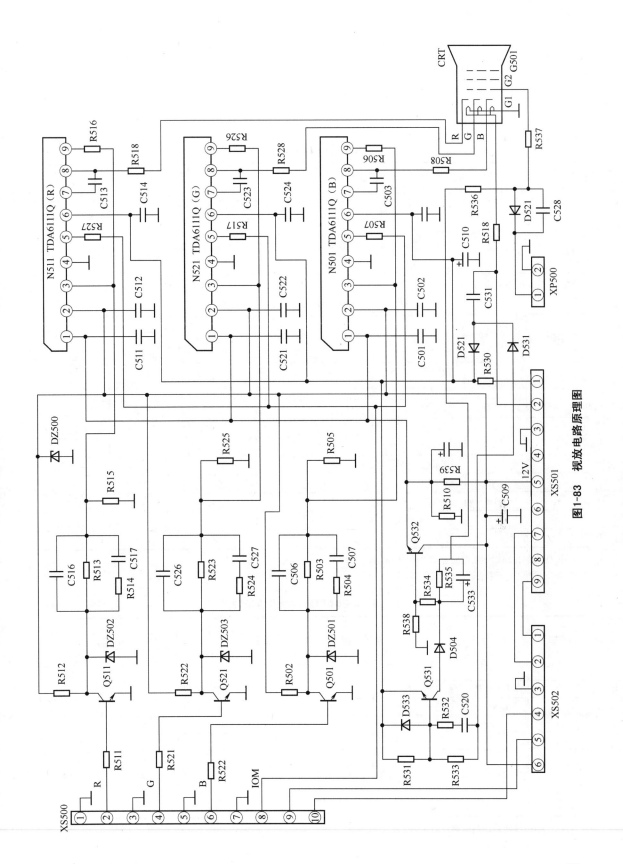

图1-83 视放电路原理图

表 1-23 N501(TDA6111Q)引脚功能及维修数据

引脚	符号	功能	U(V)动态	R(kΩ) 在 线 正向	反向
1	V_{id}	同相电压输入端	3.4	1.0	1.0
2	V_{DDL}	12V电源端(低)	12.5	0.8	0.8
3	V_{in}	反相电压输入端(输入基色信号)	3.5	1.2	1.2
4	GND	接地端	0	0	0
5	I_{cm}	黑电流检测输出端	3.8	8.0	9.9↑
6	V_{DDM}	200V电源端(高)	220.0	7.9	∞
7	V_{er}	阴极瞬态电压输出端	153.0	8.5	∞
8	V_{oc}	阴极直流电压输出端(输出基色信号)	156.0	8.5	∞
9	V_{fd}	反馈电压输出端	154.0	8.6	100.0↑

注:同第73页中表注②。

表 1-24 XS500引脚功能及维修数据

引脚	符号	功能	U(V)动态	R(kΩ) 在 线 正向	反向
1	GND	接地端	0	0	0
2	R	红基色信号输入端	0.5	10.2	26.5↑
3	GND	接地端	0	0	0
4	G	绿基色信号输入端	0.5	10.2	26.5↑
5	GND	接地端	0	0	0
6	B	蓝基色信号输入端	0.5	10.2	26.5↑
7	GND	接地端	0	0	0
8	IOM	暗电流检测输出端	0.6	8.0	9.8
9	—	接XS502⑤脚	0.5	0.5	0.5
10	—	接XS502④脚	0.2	11.0	13.0↑

注:①引脚排序以印制电路板面上侧为第①脚。
　　②同第73页中表注②。

表 1-25 XS501引脚功能及维修数据

引脚	符号	功能	U(V) 动态	R(kΩ) 在 线 正向	反向
1	200V	200V视放级电压端	220.0	7.9	∞
2	HEATER	灯丝电压端	4.0V~	0	0
3	GND	接地端	0	0	0
4	—	未用	0	∞	∞
5	+12V	+12V电源端	12.5	0.8	0.8
6	—	未用	0	∞	∞
7	+B	+B电压端,与XS502②脚相接	165.0	4.9	50.0↑
8	—	未用	0	∞	∞
9	GND	接地端	0	0	0

注:①引脚排序以印制电路板面左侧为第①脚。
　　②同第73页中表注②。

表 1-26　XP502 引脚功能及维修数据

引脚	符号	功　能	$U(V)$动态	$R(k\Omega)$ 在　线 正向	$R(k\Omega)$ 在　线 反向
1	GND	接地端	0	0	0
2	+B	+B电压端,与XS501⑦脚相接	165.0	4.6	50.0↑
3	GND	接地端	0	0	0
4	—	接 XS500⑩脚	0.2	10.0↑	13.5↑
5	—	接 XS500⑨脚	0.7	0.5	0.5
6	+12V	+12V 电压端	12.5	0.8	0.8

注:①引脚排序以印制电路板面左侧为第①脚.

　　②同第 73 页中表注②。

表 1-27　G501(A68QCP693×002 显像管)引脚功能及维修数据

引脚	符　号	功　能	$U(V)$动态	$R(k\Omega)$ 在　线 正向	$R(k\Omega)$ 在　线 反向
1	GND	未用	0	1k	10.0
2	G1	栅极(第一阳极)	0	4k	10.0
3	G	绿阴极	151.0	10.4	∞
4	G2	帘栅极(第二阳极)	440.0	∞	∞
5	R	红阴极	153.0	10.4	∞
6	FG	灯丝接地端	0	0	0
7	FIL	灯丝电压端	4.0V	0	0
8	B	蓝阴极	153.0	10.2	∞
9	—	未用	0	0	0

注:引脚排序在印制电路板面顺时针下面为第①脚。

在图 1-83 中,N511 与 Q511 等组成红基色信号放大输出电路,从 XS500②脚输入的红基色信号首先经 Q511 进行缓冲放大,并由 DZ502 钳位后,再送入 N511 的③脚,在 N511 内部放大后从⑧脚输出,通过 R518 激励显像管的红阴极;N521 与 Q521 等组成绿基色信号放大输出电路,从 XS500④脚输入的绿基色信号首先经 Q521 进行缓冲放大,并由 DZ503 钳位后,再送入 N521 的③脚,在 N521 内部放大后从⑧脚输出,通过 R528 激励显像管的绿阴极;N501 与 Q501 等组成蓝基色信号放大输出电路,从 XS500⑥脚输入的蓝基色信号首先经 Q501 进行缓冲放大,并由 DZ501 钳位后,再送入 N501 的③脚,在 N501 内部放大后从⑧脚输出,通过 R508 去激励显像管的蓝阴极。

三只 TDA6111Q 型集成电路(N501、N511、N521)除了通过各自的⑧脚输出视频放大信号外,还由各自的⑤、⑨脚输出负反馈信号。其中,由⑤脚输出连续阴极校正电流,并通过 XS500⑧脚送入数字板上 TDA9332H 的㊹脚,控制其内部的暗平衡电路,以稳定黑电平和显像管每个电子枪的阴极驱动电平。因此,连续阴极校正电路实质上是一个自动调谐环路,主要用于自动暗平衡控制,故连续阴极校正电流又常被称为黑电流或暗电流;⑨脚输出的负反馈信号,返回到③脚基色信号输入端,以形成一个稳定信号峰值的控制环路。

由维修实践可知,TDA6111Q 型集成电路的故障率相对较低,当视放电路出现故障时,TDA6111Q 的⑤、⑧、⑨脚外接电阻应是首先检查的器件。

二、速度调制电路(VM)

在海尔 29F7A-PN 型数字高清彩色电视机中,速度调制板电路吊挂在显像管的管径上,如图

1-84 所示,其电路板上的元件组装参见图 1-5,印制电路参见图 1-6,电路原理如图 1-85 所示。

安装在显像管管颈上的速度调制偏转线圈,主要用于加速或减速电子束的扫描速度,以使图像轮廓加重,画面更清晰。

安装在散热板上的中功率管 Q1111 和 Q1112,组成互补式功率放大器,用于输出 VM 功率信号,其中集电极通过插件 XP104 ① 脚与 VM 偏转线圈相连接。

图 1-84　速度调制电路板实物安装图

在传统的彩色电视机中,提高图像清晰度的方案,常是通过提升视频放大器的高频成分,来突出图像的轮廓部分,以改善图像细节的清晰度。其具体方法是在亮度通道中接入勾边电路,以补偿图像的上升沿和下降沿的分量。但是在实际处理过程中,过冲分量在图像亮度边沿形成一个更高亮度边沿,调制彩色显像管时就容易产生高亮度散焦现象,这样反而会影响图像清晰度。因此,在数字高清大屏幕彩色电视机中,为了进一步提高图像清晰度,采用了电子束扫描速度调制电路,对水平方向的图像进行勾边处理。

电子束扫描速度调制电路,实际上是一种图像清晰度控制电路。在图 1-85 中,Q1106、Q1107、Q1109～Q1112、Q1119、Q1120 等组成电子束扫描速度调制电路。由 X1703②脚输入的亮度信号,首先经 C1104 耦合到射随器 Q1106 的基极,进行缓冲放大,然后从发射极输出。同时 Q1106 还具有隔离作用。Q1106 发射极与外接元件 R1122、R1123 等能够取出亮度信号中的高频成分,形成一次微分信号。在亮度信号中,其高频成分反映了亮度由黑→白→黑的突变部分,因此,只有当亮度信号中的黑白突变高频信号到达时,Q1106、Q1107 才能够产生微分脉冲输出。微分脉冲信号经 Q1107、Q1119 缓冲放大后加到 Q1109 的基极。Q1109 与 Q1110 等组成缓冲激励电路,以形成二次微分脉冲,并分别通过 C1115、C1112 加到 Q1111 和 Q1112 的基极。Q1111 和 Q1112 组成推挽输出功率放大电路,其中 Q1111 用于放大负极性微分脉冲,Q1112 用于放大正极性微分脉冲。放大后的脉冲信号经 C1119、R1143、C1120 滤波后,经 XP104 加到安装在显像管颈上的扫描速度调制线圈,使调制线圈中产生微分电流。当正极性微分脉冲出现时,扫描速度调制电流上升,电子束获得加速度,此时电子束在屏幕上停留时间变短,屏幕变暗;当负极性微分脉冲出现时,扫描速度调制电流下降,电子束获得减速度,此时电子束在屏幕上停留时间变长,屏幕变亮。在这一过程中,行扫描电流是由行偏转电流与电子束扫描速度调制电流合成的。

经过电子束扫描速度调制后,图像轮廓的陡削度和亮度均发生了变化,陡削度上升减小了图像边沿的模糊现象,而亮度变化则形成了图像勾边效果,使重显图像更加清晰、透亮、轮廓分明,并且不会产生高亮度下的散焦现象。

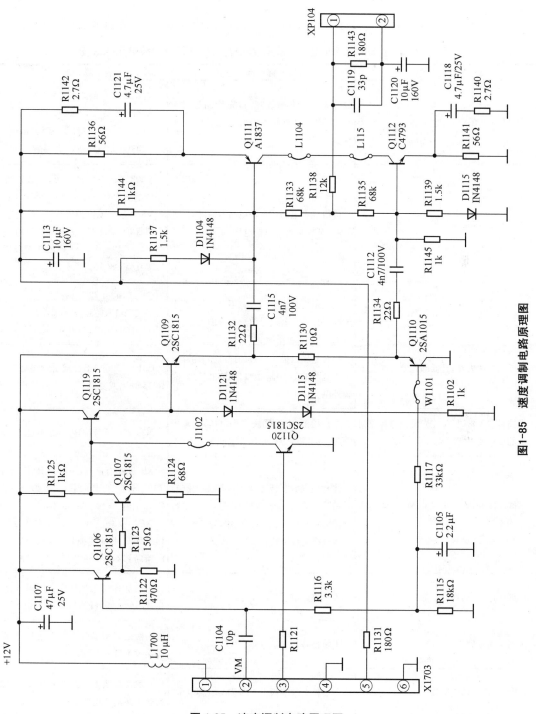

图 1-85　速度调制电路原理图

99

第四节　故障检修实例

海尔 29F7A-PN 型数字高清彩色电视机常见故障现象、检修部位、故障元件见表 1-28。

表 1-28　海尔 29F7A-PN 型彩电常见故障现象、检修部位和故障元件览表

故 障 现 象	检 修 部 位	故 障 元 件
无光栅,电源指示灯也不亮	开关稳压电源故障,首先检测是否有 +300V 电压,再测 N801(5Q1265R)引脚参数	RP01(20kΩ 的调电阻)不良 N802(PC817B)击穿 VDZ803(8.2V 稳压二极管)击穿 R803(68kΩ)开路
无光栅,电源指示灯仍亮	待机控制电路或保护电路有故障,检查 V802 基极是否有可控电压	V802 基极有可控电压,一般是自动稳压电路中有不良元件或 V802 不良 V802 基极无可控电压,一般为整机待机保护,应注意检查行场扫描电路元件,如:C430、V403、VD409、C431 和 RF801、VD805、TDA8177 等
光栅场幅压缩并伴有回扫线	一般是场扫描电路中有不良元件,检查 N301 引脚电压、信号波形及外围元件	C308(100μF/25V)失效 VD302(FR104)击穿或不良 N301(TDA8177)不良
光栅场线性失真,且低部光栅大幅度上缩	一般是场扫描小信号处理电路有故障,应注意检查数字板中 TDA9332H⑮、⑯脚外围元件	C313(100nF)不良或引脚接触不良,R315 开路或变值
光栅基本正常,只是在光栅顶部有数据较细的回扫线	注意检测 N301③脚工作电压,故障出现时③脚电压会有明显下跌现象	N301(TDA8177)内电路不良
不能二次开机,但开关电源、行场扫描电路均正常	注意检查数字板上 XP7⑥脚是否有行激励脉冲输出。若有脉冲信号,一般是行推动电路有故障;若无输出脉冲信号,则应检查高清板电路	XP7⑥脚有信号,一般是 R417 开路,T401 不良、V403 不良、V402 不良、C429 开路、V404、V405 不良 XP7 ⑥ 脚无信号,一般是 Z301(12MHz)不良或损坏,TDA9332H 内电路局部不良
花屏图像(即马赛克图像)	主要检查数字板电路	一般是 SAA7118H 数字解码电路不良或 SAA4998H 不良
图像画面不同步	主要检查数字板电路	一般是 TA1370FG 不良或与外围元件接触不良
"死"机,控制功能失效	主要检查数字板上 XP7㉑~㉔脚电压	一般是总线上所挂的受控器有不良或有击穿损坏现象
光栅枕形失真	主要检查东西枕校功率输出电路	一般是 C404 失效,V401 不良,VD409、VD407 不良或损坏

故　障　现　象	检　修　部　位	故　障　元　件
图像画面偏色	应首先检查 I²C 总线数据,然后检查尾板末级视放电路	一般是软件数据失调或尾板中的 Q511、Q521、Q531 及其外围元件不良
光栅图像偏色并有保护关机现象	注意检查 TDA6111Q 及暗电流检测电路	一般是 TDA6111Q 有不良故障

【例 1】

故障现象　海尔 29F7A-PN 型机屏幕上部有约 15cm 压缩图像,下部黑屏,且图像抖动。故障机屏幕如图 1-86 所示。

分析检修　根据故障现象和检修经验,怀疑是场扫描输出级电路有不良元件。故首先检查 N301(TDA8177)各引脚工作电压和信号波形,均正常(N301 各引脚工作电压、电阻值见表 1-19,引脚波形见图 1-67),再检查 N301 外围元件均基本正常。

图 1-86　例 1 故障机屏幕

根据初步检查结果判断,故障点不在场扫描输出级电路,而在场扫描小信号处理电路,应重点检查数字板中 N3(TDA9332H)的相关引脚及外围电路(见图 1-30)。当检测到 N3(TDA9332H)⑮脚外接 C313 的焊脚时,图像突然恢复正常,离开表笔后,故障又出现,反复试验均如此。进一步检查发现 C313 与 N3⑮脚相接端的焊脚虚连,将其补焊后,故障彻底排除。

小结　在数字板中,C313(100nF)为场锯齿波形成电容器,它并接在 N3(TDA9332H)⑮脚与地之间。在印制电路板上 C313 通过透孔与 N3⑮脚连接。在生产过程中,由于采用瀑布焊接,焊脚焊锡较薄,在 C313 电容器实体影响下更易使焊脚焊锡不足,从而形成潜在的虚焊故障。

因此,在此类故障检修中,注意仔细检查关键元件的焊脚十分必要。

【例 2】

故障现象　海尔 29F7A-PN 型机开机黑屏，指示灯亮。

检查与分析　造成数字高清彩色电视机黑屏故障的原因比较复杂，涉及的范围也比较广泛，如无扫描信号或黑电流保护等都会形成黑屏。检修时应首先确认行扫描电路是否工作，观察显像管灯丝是否已经点亮，只有在显像管灯丝点亮而又无光栅时才考虑是黑屏故障。

指示灯点亮，说明主开关电源及电源管理电路基本正常。检修时首先检查行输出电路及行输出管 V403（C5793）的直流工作电压，均未见异常。但用示波器观察 V403（C5793）行输出管集电极信号时发现，没有反峰脉冲波形。V403 正常工作时的信号波形如图 1-87 所示。据此可初步判断行输出级电路没有工作。经进一步检查，未见行输出级电路有明显不良或损坏元件。检查发现，在刚开机时能够监测到 V403 集电极有瞬间脉冲出现，V402 基极和集电极也有正常波形。检查行推动变压器 T401 未见异常。经询问用户得知，该机的原始故障为整机无电，经人修过后即为当前故障。焊下行输出管 V403 检查，发现其型号为 2SD1555，而该机原型号应是 C5793，将 403 用新的 C5793 更换后故障彻底排除。

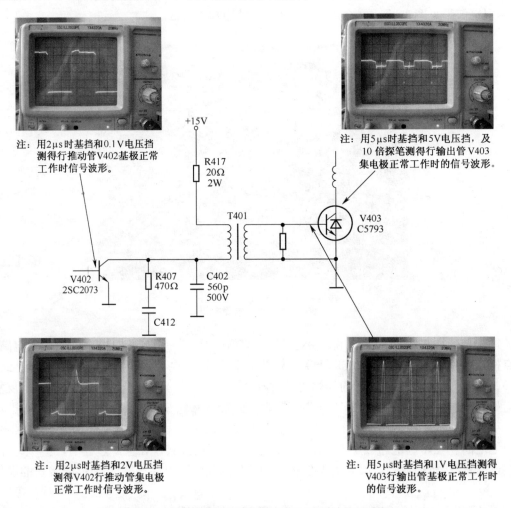

注：用2μs时基挡和0.1V电压挡测得行推动管V402基极正常工作时信号波形。

注：用5μs时基挡和5V电压挡，及10倍探笔测得行输出管 V403集电极正常工作时的信号波形。

注：用2μs时基挡和2V电压挡测得V402行推动管集电极正常工作时信号波形。

注：用5μs时基挡和1V电压挡测得V403行输出管基极正常工作时的信号波形。

图 1-87　行推动管和行输出管正常工作时的信号波形

小结　在数字高清彩色电视机中，由于采用了倍频扫描技术，使得行扫描频率高达

33.75kHz,故对行输出管的参数有特殊要求,特别是对下降时间 t_f 的参数更有严格要求,在普通大屏幕彩色电视机中,行输出管的下降时间 t_f 一般为 $1\mu s$ 左右,而在数字高清彩色电视机中,行输出管的 t_f 不应大于 $0.6\mu s$。

从本例可以看出,用新型号晶体管代替原型号晶体管时,应详细了解两种晶体管的特性和技术参数,特别是关键性参数。只有在参数相同或相近时才可以相互代换。本例中的 C5793 型行输出管可以用 2SC5144 型或 2SC5422 型行输出管代换。其最高反向电压 V_{CBO} 不小于 1500V,最大电流 I_{cm} 为 6A 以上,最大耗散功率 P_{cm} 为 50W 以上。

【例3】

故障现象 海尔 29F7A-PN 型机无规律自动关机。

分析检修 根据故障现象,首先检查开关电源、行输出电路。该机的电源管理电路原理如图 1-88 所示。电源管理集成电路 N804(KA7630)的引脚功能和维修数据见表 1-18。

根据检修经验,该机在待机或待机保护状态时的特点是:N804 的④脚为低电平,⑧脚和⑩脚无 8V 和 12V 电压输出,V801 的发射极无输出,同时＋B 电压降到 65V,＋15V 电压下降到 6.5V。将电压表挂接在 C831 两端,监测 N804(KA7630)④脚电压,发现在故障出现时,N804 ④脚没有低电平出现,N804⑧脚无＋8V 电压输出,V801 的发射极无输出,而开关变压器输出的＋15V、7.5V 电压正常。

在整机正常工作时,N804④脚电平能够随着遥控开关进行高/低转换,但在开机时 N804⑧脚有时无输出,而⑩脚和⑨脚输出始终稳定正常。因而判断 N804 局部不良,将其换新后,故障彻底排除。

小结 在海尔 29F7A-PN 型机中,N804(KA7630)是一种具有待机控制功能的电源管理电路,主要用于输出＋12V、＋8V、＋5V 电压供给数字板电路。

在图 1-88 中,N804(KA7630)的④脚通过 VD810、R833、R831、XS501B⑥脚受控于数字板中的微控制器。当接通电源遥控开机时,数字板中的微控制器通过 XS501B⑥脚输出的 STB 信号为高电平,N804④脚电压为 4.9V,N804 内部稳压开关控制⑧脚输出 8V 电压,⑩脚输出 12V 电压。其中:⑧脚输出的 8V 电压,一方面通过 XS501A㉔脚、⑰脚为数字板中的 N3 (TDA9332H)⑰、㊴脚和 N9(TDA8601)①脚供电,另一方面又通过 R827(470Ω)控制 V801 稳压开关输出＋5V-2 电压,＋5V-2 电压通过 XS501A⑮、㉖脚送入数字板电路,再经 3.3V、2.5V 稳压器稳压成 3.3V 电压和 2.5V 电压供给数字编解码电路 N1(SAA4979H)、N2(SAA7118)、N5(SAA4993H)、N6(SAA4955HL)等;⑩脚输出的 12V 电压,通过 XS501A⑳、㉑脚送入数字板电路,为 Pr/Pb/Py 缓冲放大电路供电,同时又经 9V 稳压器形成 9V 稳压电源供给 N8 (TA1370)⑪脚,从而使整机进入工作状态。

当遥控关机时,数字板中的微控制器通过 N804④脚关闭⑧、⑩脚输出,同时由于 N804⑧脚无输出,V801 被截止,其发射极无输出,数字板小信号处理电路停止工作,整机处于等待状态。

在待机状态下,XS501B⑥脚输入的低电平信号还同时控制开关稳压电源电路,使开关稳压电源处于低频间歇状态,T801 开关变压器次级输出电压下降到正常值的 1/3 左右,即此时加到行管集电极电压为 65V 左右,VD806 整流输出电压为 6.5V 左右,但此时 VD806 整流输出电压通过 N804(HA7630)内部稳压电路,仍能保证其⑨脚有稳定的 5V-1 电压输出,并通过 XS501B⑥脚送入数字板电路,为 N14 中央微控制器⑱脚供电,以使中央控制系统在待机时仍保持工作状态。

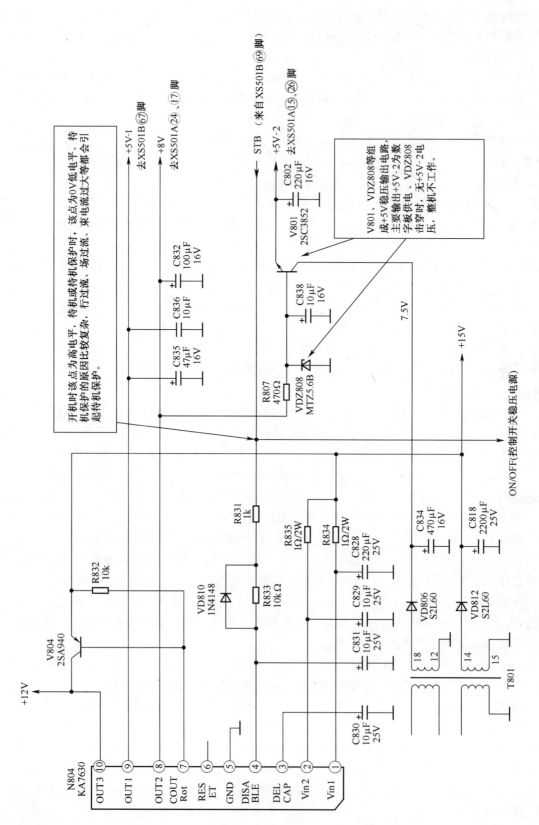

图 1-88　KA7630 电源管理电路检修图

【例 4】

故障现象　海尔 29F7A-PN 型机不开机。

分析检修　根据该种机型供电系统的特点和检修经验,可首先检测行推动级供电是否正常。该机行推动级供电电路如图 1-89 所示。检测发现,在开机时 15V 电压不足 4.7V。试断开 R417 后再测 15V 电压基本正常,故怀疑行推动级电路有短路故障。再进一步检查发现 C402 漏电,将其换新后,故障排除。

小结　从图 1-89 可以看出,15V 电压还为 KA7630 电源管理电路供电,并通过 KA7630 为中央控制系统供电,以使中央控制系统在待机状态下仍能正常工作。需要强调的是,在待机时 15V 电压会下降一半。因此,当出现不开机故障时,若测得 15V 电压下降,很容易被误判为与待机保护有关的故障,故在遇到不开机故障或待机保护时,注意检查行推动级电路也是很重要的,特别是在断开 R417 后检测 +15V 的电压。

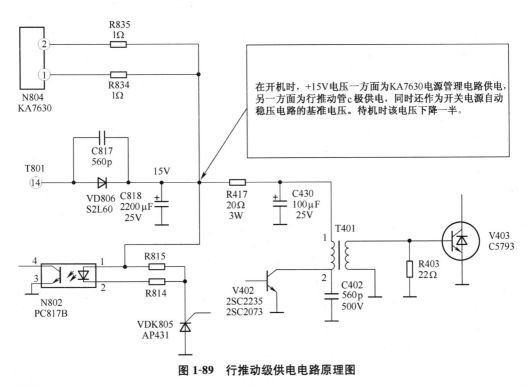

图 1-89　行推动级供电电路原理图

【例 5】

故障现象　海信 HDP2902D 型机黑光栅。

分析检修　黑光栅,一般是指开机后显像管灯丝已点亮,但屏幕呈黑色。当出现黑光栅的故障现象时,首先检查显像管尾板中的 KR、KB、KG 电压,都在 195V 左右,说明显像管电子枪处于截止状态。进一步检查尾板信号插接件 XP21Y 的⑦、⑤、③脚,无三基色信号波形。说明故障点在数字板电路。

根据检修经验,若数字板电路无 RGB 三基色信号输出,应首先注意检查 N3(TDA9332)㉟～㊳脚和㊵～㊷脚及㉖、㉗、㉘脚信号波形及电压值。经检查发现,N3 的㊳脚电压始终为高电平。正常工作时该脚应为低电平(0V),只有在有屏显字符时才为高电平,字符消失后应转为低电平,因而怀疑字符消隐信号控制电路有故障。进一步检查,发现 V905 的 ce 结之间漏电,用 2SC1815 更换后,故障排除。

小结　海信 HDP2902D 型彩色电视机的 RGB 切换电路原理如图 1-90 所示。N3 (TDA9332)㊳脚内接的图像与字符切换电路,由该脚输入经 YUV 开关电路输出的 YUV 信号 (但经色差矩阵产生 RGB 信号),由㉟、㊱、㊲脚输入 RGB 字符信号,两路信号在㊳脚送入的消隐信号控制下作切换及混合、叠加等处理。如果㊳脚一直为高电平,其内接的 RGB 切换电路会一直接通㉟、㊱、㊲脚的信号输入通道,而切断图像 RGB 信号输入通道,至使㊵、㊶、㊷脚无输出,从而出现黑屏现象。

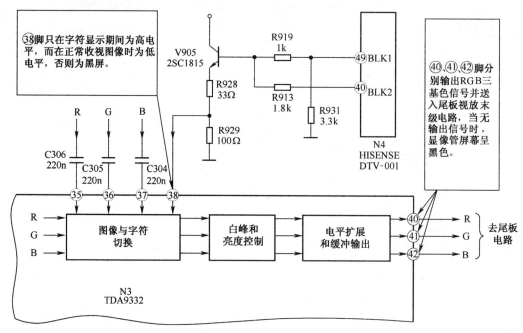

图 1-90　RGB 切换电路原理图

需要说明的是,引起该机黑屏的故障因素比较多,也比较复杂,而㊳脚始终为高电平,只是引起黑屏故障的原因之一。这一点检修时应加以注意。

【例 6】

故障现象　海信 HDP2908 型机无规律出现黑屏。

分析检修　根据检修经验,当该机出现无规律黑屏故障时,可先检查数字板电路 N3 (TDA9332)的㊵～㊹脚信号波形及直流工作电压,结果发现 N3 的㊹脚电压异常波动,时为 3.1V,时为 0.7V 左右,而正常值应为 3.5V 左右,因而判断暗电流输入电路有故障。经进一步检查发现 C303 漏电,将其换新后,故障排除。

小结　该机黑电流检测电路原理如图 1-91 所示。暗电流又称为黑电流,它取自于尾板末级视频放大级,作为负反馈信号送入 N3(TDA9332)㊹脚内部的 RGB 缓冲放大电路,以自动校正㊵、㊶、㊷脚输出信号的直流电平,使尾板末级功放电路输出激励信号电平保持稳定平衡,进而使显像管电子枪中的三个阴极能够同时截止,即自动保持暗平衡。当显像管阴极电流增大时,暗电流的取样值增大,通过 N3(TDA9332)㊹脚控制 RGB 缓冲放大器的正向偏值电流减小,从㊵、㊶、㊷脚输出的 RGB 信号的直流电平下降,末级视频放大器的导通电流减小,显像管束电流下降;反之当显像管阴极束电流减小时,通过暗电流取样控制,又使阴极束电流增大。

因此,暗电流检测电路,实际上是从阴极输出到 RGB 缓冲放大的一个大的负反馈环路。C303 (47pF)用于暗电流检测滤波,防止尖峰脉冲进入 N3 内部。C303 漏电会导致 N3(TDA9332) ㊸脚电压异常,使显像管呈现黑屏。

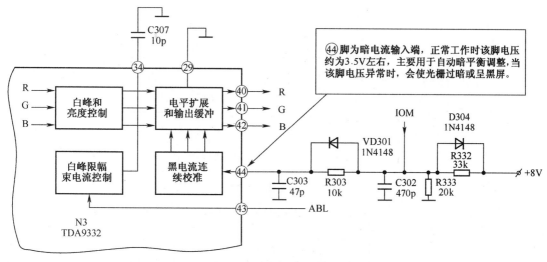

图 1-91 黑电流检测电路原理图

需要说明的是,引起㊸脚电压异常的原因比较复杂,如末级视频放大器过流,偏置电阻开路,滤波电容失效、漏电等。故障原因不同,其故障现象也不尽相同,如有时会表现为过亮的白光栅,并伴有较粗的回扫线,无图像。此时的显像管阴极电压一般会低于 50V。而故障现象为黑光栅时,显像管阴极电压一般在 195V 左右。这一点检修时很值得注意。

【例 7】

故障现象 海信 HDP2999D 型机电源指示灯亮,不开机。

分析检修 首先检查行场扫描输出级电路,未见有损坏或不良元件,再检测开机时的＋B电压,也基本正常。用示波器观察行推动管基极波形,发现在开机时行推动管基极有激励脉冲出现,但很快消失,说明该机处于保护状态,怀疑行振荡电路中有损坏元件,应重点检查 N3 (TDA9332)行振荡电路的引脚电压及其外接元件。经检查,发现 VDZ302 击穿损坏,用新的7.5V 稳压二极管更换后,故障排除。

小结 海信 HDP2999D 型彩色电视机行振荡电路原理如图 1-92 所示。图中,VDZ302 主要起钳位作用,以避免尖峰脉冲通过⑬脚进入 N3(TDA9332)内部,对内部电路构成危害。⑬脚内部接行鉴相器,用于行中心自动控制,并由 I^2C 总线对其进行调整。同时,该脚与行驱动脉冲形成电路之间设置有软启动电路,即低功率触发器。该触发器用于实现行驱动脉冲在启动和中断期间正程或逆程的时间控制。当⑬脚有行逆程脉冲输入时,在 N3 内置寄存器和 I^2C 总线作用下,可以控制⑧脚输出;当⑬脚没有行逆程脉冲信号输入时,寄存器在连续 3 个行周期时间内检测不到行逆程脉冲信号,即在 I^2C 总线控制下使软启动电路动作,关闭行驱动脉冲形成电路,使⑧脚无输出。因而出现刚开机时行推动管基极有行激励信号(此时行电路工作),随后又消失(此时行电路停止工作)的情况,造成类似于待机保护的故障现象。

判断 N3(TDA9332)⑬脚是否有故障,可先将⑬脚外电路断开,再将㉔脚(行同步信号输入

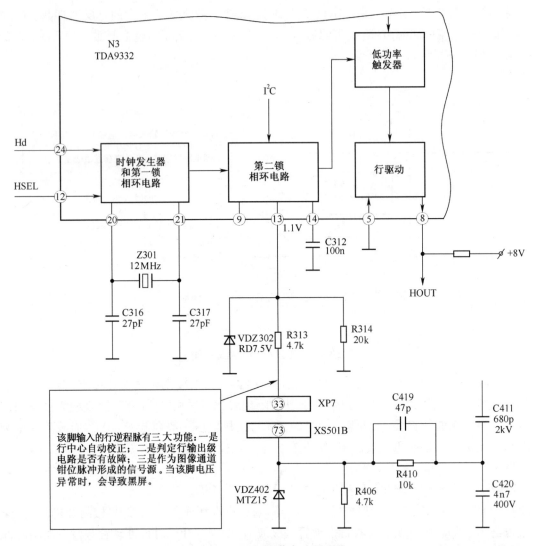

图 1-92　行振荡电路原理图

端)与⑬脚短接,如果此时⑧脚有激励信号输出,光栅出现,则一般是⑬脚外接行逆程脉冲输入
电路有故障;若仍无光栅,或⑧脚仍无输出,则一般是行振荡电路有故障,这时应检查 N3
(TDA9332)⑳㉑脚及其外接的时钟振荡电路。

【例 8】

　　故障现象　海信 HDP2906D 型机有字符、有伴音、黑光栅。

　　分析检修　根据检修经验和该机数字板电路的特点(采用 TDA9332、TDA8601、SAA4979
等),在出现有字符、有伴音、黑光栅的故障现象时,一般有两种可能:一种是暗电流检测电路或
自动亮度限制电路(ABL)有故障;另一种是 N3(TDA9332 型 TV 显示处理器)无 RGB 基色信
号输出。YUV 转换电路(局部)原理如图 1-93 所示。检修时可首先检查 N3(TDA9332)输入/
输出信号端子的直流电压或信号波形,结果发现 N3(TDA9332)㉖、㉗、㉘脚无 Y、U、V 信号输
入。此时将 Y、U、V 信号输入转换为 Pr、Pb、Py 信号,即从 N3(TDA9332)的㉚、㉛、㉜脚分别
输入由外界 PC 机提供的 Pr、Pb、Py 信号,结果光栅图像正常。因而判断 N9(TDA8601)Y、U、

108

V 转换电路有故障。经检查,未见有明显异常元件,更换 TDA8601 后,故障彻底排除。

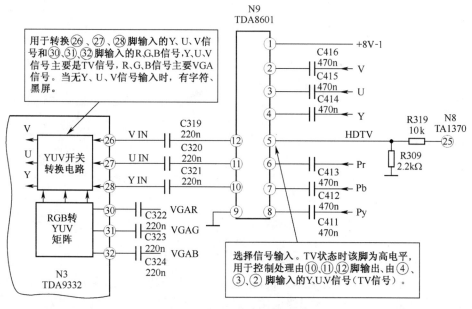

图 1-93　YUV 转换电路(局部)原理图

小结　从图 1-93 可知,N9(TDA8601)主要用于转换 Y、U、V 信号和 Pr、Pb、Py 信号。其中,Y、U、V 信号由 N1(SAA4979H 倍频处理电路)输出。它主要是 TV 视频信号、AV 视频信号或由 S 端子输出的信号。在⑤脚选择信号的控制下由 N9 的②、③、④脚输入,从⑩、⑪、⑫脚输出,并经 C321、C320、C319 耦合送入 N3(TDA9332)的㉘、㉗、㉖脚。当 N9(TDA8601)⑩、⑪、⑫脚在 TV 状态不能转换输出 Y、U、V 信号时,尾板末级视放电路将输出高电平,从而形成黑光栅。由于字符切换电路和伴音通道正常,故有字符显示并能听到电视伴音。

【例 9】

故障现象　长虹 CHD29156 型机图像场不同步。

分析检修　根据检修经验,场不同步一般是场同步信号没有加到场扫描小信号处理电路所致。因此,检修时可首先用示波器观察 TDA9332㉓脚是否有场同步信号输入。经检查,未见异常,再查 TDA9332①、②脚有不同步的场激励脉冲输出,故怀疑 TDA9332 内电路局部不良,试将 TDA9332 用新品代换后,故障排除。

小结　TDA9332 的⑮、⑯脚及㉓脚的内电路及外围元器件构成场扫描小信号处理电路,如图 1-94 所示。其中,场振荡频率是从行频中分频获得的,场同步信号由㉓脚输入。当㉓脚输入信号异常或无信号输入时,将会形成图像场不同步故障;场锯齿波信号主要由⑮脚外接电容器 C313(100nF)充放电形成的,当 C313 失效或开路时,光栅场幅度压缩或呈水平亮带或亮线。因此,当 TDA9332①、②脚输出信号异常或无输出时,应首先注意检查㉓脚输入信号和⑮脚外接电容。若外围电路及输入信号正常,则一般是 TDA9332 内电路局部不良或损坏。

【例 10】

故障现象　长虹 CHD29S18 型机光栅东西枕形失真。

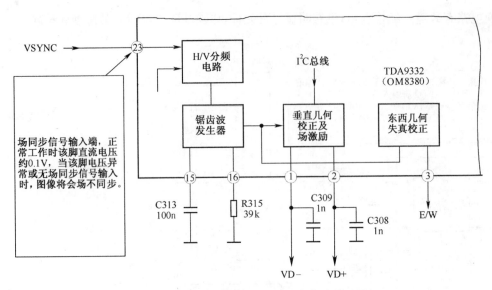

图 1-94　场振荡及场激励信号输出电路原理图

　　分析检修　在该机中,光栅东西枕形失真,一般是枕校控制电路有故障所致,应重点检查 TDA9332③脚外接电路及枕校功率输出级电路。经检查,电容器 C404(6.8μF)失效,将其换新后,故障排除。

　　小结　该机枕形失真校正电路如图 1-95 所示。C404 用于抛物波滤波,当其失效或开路时,将直接影响抛物波的幅度,进而影响行扫描锯齿波电流的调制质量,形成不同程度的光栅东西枕形失真。

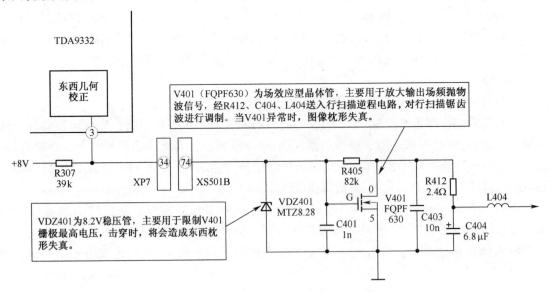

图 1-95　东西枕形失真校正电路原理图

【例 11】

　　故障现象　海信 HDP2911 型机开机后屏幕时而出现菜单时而自动换台。

　　分析检修　根据故障现象和检修经验,这种无规律功能进入现象,一般是本机键盘控制系统有故障,同时还会伴有遥控失效现象。因此,检修时应首先检查键盘扫描控制电路。经检查,为 DZ1001(RD6.2V)反向严重漏电所致,将其换新后,故障排除。

小结　该机键盘扫描控制电路如图 1-96 所示。DZ1001 主要用于限定 XP1003①脚的最高电压,以防止有尖峰脉冲电流进入微控制器芯片内部,对内部电路构成危害。而 XP1003①脚主要用于输出 SW1001、SW1002 和 SW1007 的键控信号,因此,当 DZ1001 漏电时,XP1003①脚就会有不同电压值出现,即相当于触发不同的键控信号输出。当 DZ1001 的漏阻近似于 0 时,相当于 SW1001 短路;当 DZ1001 漏阻近似于 1kΩ 时,相当于 SW1002 短路,就形成了本例的故障现象。

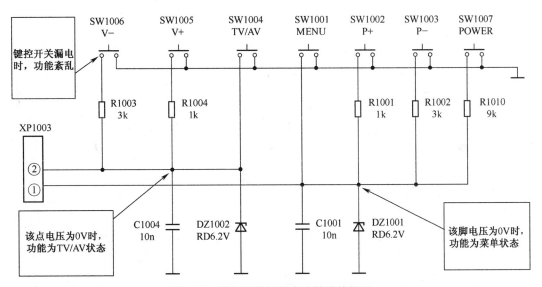

图 1-96　键盘扫描控制电路故障检修图

【例 12】

故障现象　康佳 P3460T 型机工作在 16∶9 模式时行频有不稳定现象。

检查与分析　在该种机型中,设置有变频电源控制电路,以满足在 16∶9 模式下的供电需要。其变频电源控制电路原理如图 1-97 所示。检修时应首先检查变频电源控制电路。

在图 1-97 所示电路中,变频电源 B+(130V/150V)由 N601○50脚控制,在 16∶9(HDTV 中国)模式下,N601○50脚输出低电平(0V)。此时,V911 截止,+15V 电压通过隔离二极管 VD923、VD924,为 V905、V906 提供正向偏流,使 V905、V906 同时导通。V905 导通使 V904 导通电流增大,通过 VD908 的电流减小,从而控制开关稳压电源(该部分电路在图 1-97 中省略)工作在 28.125kHz 行频状态。V906 导通时,V907 导通,V908 截止,切断 VD906 输出,B+电压为 130V。在 B+输出为 130V 的同时,N402 和 V405 导通。N402 导通时,V409 导通,行偏线圈的交流回路电阻值改变(该部分电路在图 1-97 中省略),以适应 HDTV(中国)状态下的行偏转电流;V405 导通,SR401 继电器导通,改变行逆程电容的容量,以适应 HDTV(中国)状态下行回扫脉冲的幅度。

经检查,最终是 C934 漏电,将其换新后故障排除。

小结　在图 1-97 所示电路,C934 主要为 V905 提供足够的正向偏置电压。当其漏电时,V905 将处于永久性截止状态。因此,尽管 N601○50脚转换在 HDTV 状态,开关稳压电源的工作

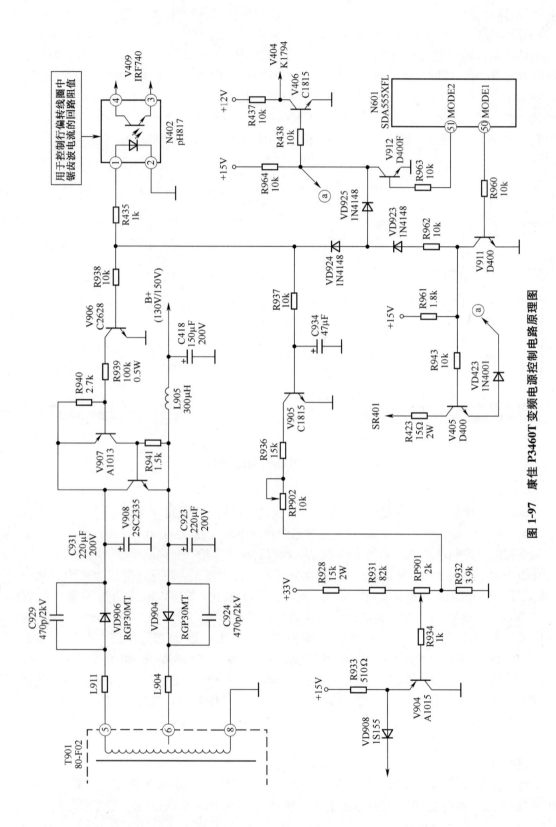

图 1-97　康佳 P3460T 变频电源控制电路原理图

频率仍较低，B+电压也较低，不适应 HDTV 扫描的需要，故出现了 16∶9 模式时行频不稳定现象。需要说明的是，C934 的损坏程度不同，其电容量不同，故障现象也会不同。

在图 1-97 所示电路中，N601 工作在 HDTV（中国）状态下，在其㊿脚输出低电平（0V）的同时，(51)脚输出高电平（5V），使 V912 导通，为 V405 导通提供基准条件。同时使 V406 截止，V404 导通，改变行逆程电容的容量（该部分电路在图 1-97 中省略）。因此，在检修变频电源控制电路故障时，还应注意检测 N601(51)脚的外接电路。

【例 13】

故障现象　康佳 P3460T 型机 TV 状态无节目。

检查与分析　在该机中，当 TV 状态无节目时，应首先重点检查扫描及视频处理电路 N301（50A9380）的(64)脚及其外接电路，如图 1-98 所示。

经检查，N301(64)脚始终为高电平输出，而在 TV 状态时，应为低电平（0V）输出。再检查其他外围元件未见异常，更换 X301 后，故障排除。

小结　在图 1-98 所示电路中，X301 为 11.84MHz 晶体振荡器，主要为扫描及视频处理电路提供基准时钟频率。当其不良时会因其时钟频率改变，而使 N301 内部功能紊乱，从而形成多种不同现象的疑难故障。因此，在检修一些疑难故障时，注意检查晶振电路，有时是很有帮助的。

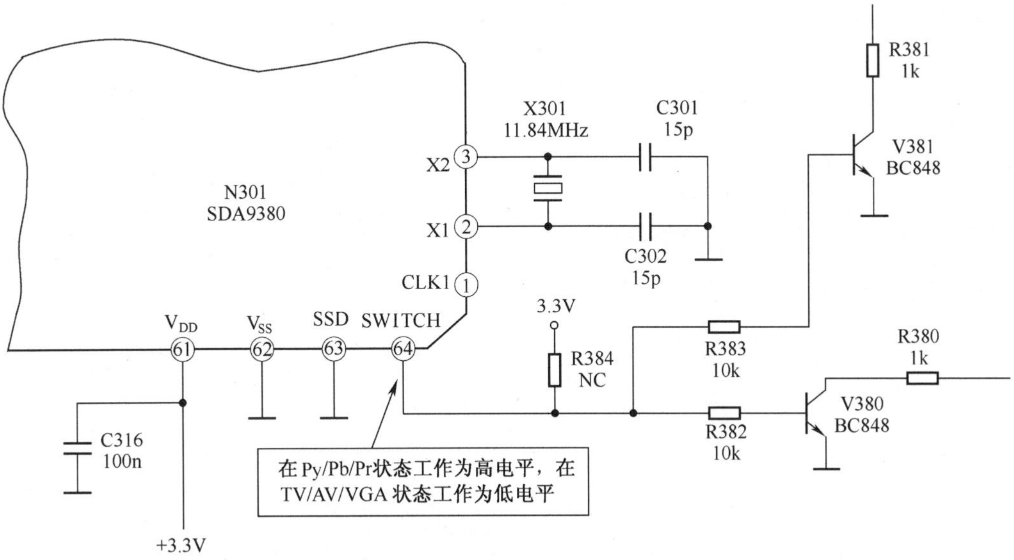

图 1-98　康佳 P3460T 扫描及视频处理原理图（部分）

【例 14】

故障现象　康佳 P29581 型机关机时屏幕中心有亮点。

检查与分析　根据检修经验，在该机出现关机有亮点故障时，应重点检查尾板电路中的 C525 和 V503、V502 等，如图 1-99 所示。

经检查，最终是 C525 失效，将其换新后，故障排除。

小结　在图 1-99 所示电路，C525 主要用于控制 V503 的导通与截止。在电路正常状态下，开机有+12V 电压产生，+12V 电压通过 VD504 向 C525 充电。在刚开始充电时，C525 的导通电流较大，其正极端电压较低，故 V503 截止；在关机时，由于+12V 电压消失，C525 通过 V503 发射结放电,因而会使 V503 导通。因此,当 C525 失效时,V503 将失去作用,关机时就会出现亮点故障。

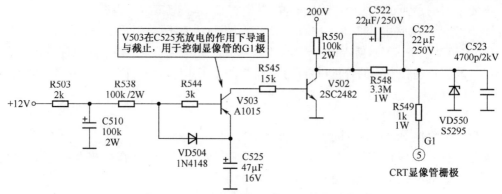

图 1-99　康佳 P29581 消除亮点电路原理(部分)

第二章　PW1226/TMPA8829 芯片数字高清彩色电视机

PW1226 是美国像素科技公司(Pixel Works)开发的图像处理系列芯片之一,其主要产品有 PW1226、PW1225A、PW1230 等。它们与 KA2500、HY57V64162、MST9883 等芯片可以组成高清数字板电路,再与 TMPA8829/8809 等超级芯片电路组合,即可制成数字高清彩色电视的整机线路。其主要代表机型有:

TCL HiD34189H	TCL HiD34276H
TCL HiD29276H	TCL HiD29189H
TCL HiD25181H	TCL HiD29A21
TCL HiD34158SP	TCL HiD29158SP
TCL HiD29206P	TCL HiD34189PB
TCL HiD29276PB	TCL HiD29189PB
TCL HiD34181H	TCL HiD29181H

上述机型的整机线路和应用软件虽有不同,但其核心技术在维修时可相互参考。本章以 TCL HiD34189H 数字高清彩电(N22 机心)为例,分析介绍采用 PW1226 图像处理芯片的数字高清彩色电视机的工作原理及故障检修方法。其整机中的主板元件实物组装如图 2-1 所示,主板印制电路如图 2-2 所示。

IC801（TDA16846-2）为电源控制集成电路，它与IC802（SFH615A）、Q801（SPA04N80C3）、T804等组成开关稳压电源电路。当其不良或外围元件有故障时，整机不工作。

IC602（TDA7266）为双音频功率放大输出集成电路，主要用于左右两侧扬声器驱动。不良或损坏时，左右扬声器失真、音轻、有"嘁嘁"声或无伴音。

IC603（TDA4945S）音频功率放大输出集成电路，主要用于重低音功率放大输出。当其不良或损坏时，重低音失真或无重低音。

Q801电源开关管。当其击穿损坏时，无电。

D409为阻尼二极管，其不良时枕形失真。

D409A为阻尼二极管。当其击穿时无光栅。

IC601（NJW1142L）为音频效果处理及TV/AV转换电路。

IC002（24C32）为E²PROM只读存储器。

IC001（TMPA8829）超级芯片集成电路。

Q403（C5144）为行输出管。当其击穿损坏时，无光栅或"死机"。

IC302（TDA8177）为场扫描输出集成电路。当其与散热片接触不良时，易损坏场扫描输出级电路。

TDA9181与HCF405BE组件板，主要用于梳状滤波和Y/C信号切换，产生Y/C分离信号。

图 2-1　TCL HiD34189H 数字高清彩色电视机主板元件实物图

116

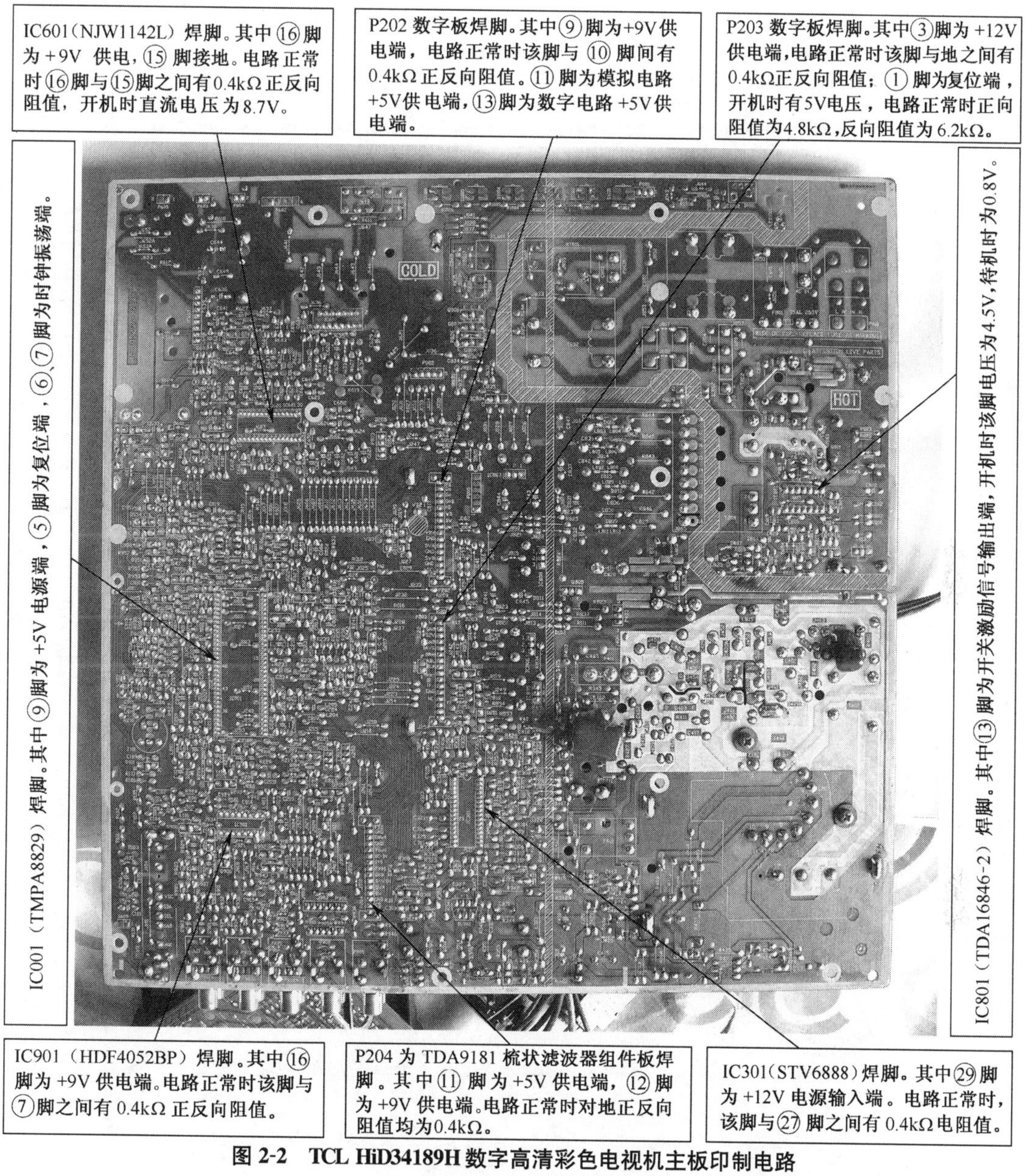

IC601（NJW1142L）焊脚。其中⑯脚为 +9V 供电，⑮脚接地。电路正常时⑯脚与⑮脚之间有 0.4kΩ 正反向阻值，开机时直流电压为 8.7V。

P202 数字板焊脚。其中⑨脚为 +9V 供电端，电路正常时该脚与⑩脚间有 0.4kΩ 正反向阻值。⑪脚为模拟电路 +5V 供电端，⑬脚为数字电路 +5V 供电端。

P203 数字板焊脚。其中③脚为 +12V 供电端，电路正常时该脚与地之间有 0.4kΩ 正反向阻值；①脚为复位端，开机时有 5V 电压，电路正常时正向阻值为 4.8kΩ，反向阻值为 6.2kΩ。

IC001（TMPA8829）焊脚。其中⑨脚为 +5V 电源端，⑤脚为复位端，⑥、⑦脚为时钟振荡端。

IC801（TDA16846-2）焊脚。其中⑬脚为开关激励信号输出端，开机时该脚电压为 4.5V，待机时为 0.8V。

IC901（HDF4052BP）焊脚。其中⑯脚为 +9V 供电端。电路正常时该脚与⑦脚之间有 0.4kΩ 正反向阻值。

P204 为 TDA9181 梳状滤波器组件板焊脚。其中⑪脚为 +5V 供电端，⑫脚为 +9V 供电端。电路正常时对地正反向阻值均为 0.4kΩ。

IC301（STV6888）焊脚。其中㉙脚为 +12V 电源输入端。电路正常时，该脚与㉗脚之间有 0.4kΩ 电阻值。

图 2-2　TCL HiD34189H 数字高清彩色电视机主板印制电路

第一节　高清数字板电路

在 TCL HiD34189H 型数字高清彩色电视机中，数字板电路主要由 UN100（P15V330Q）、UN101（TA1287）、UN102（740HC123D）、UN103（TSH93）、UN104（TSH93）、UN300（PW1226）、UN301（HY57V641620HG）、UN400（74HC123D）、UN401（S1D2500）、UN402（74HC86D）、UN403（P15V330Q）、UN405（74HCT153D）、UN406（CF2V01）、UN407（P15V330Q）、UN700（MST9883）15 只集成电路等组成。其元件实物组装和印制电路分别如图 2-3 和图 2-4 所示。他们通过插排 P202、P203 安装在主电路板上（见图 2-1），其连接焊脚如图 2-5 所示，P202、P203 的引脚功能及维修数据分别见表 2-1 和表 2-2。

117

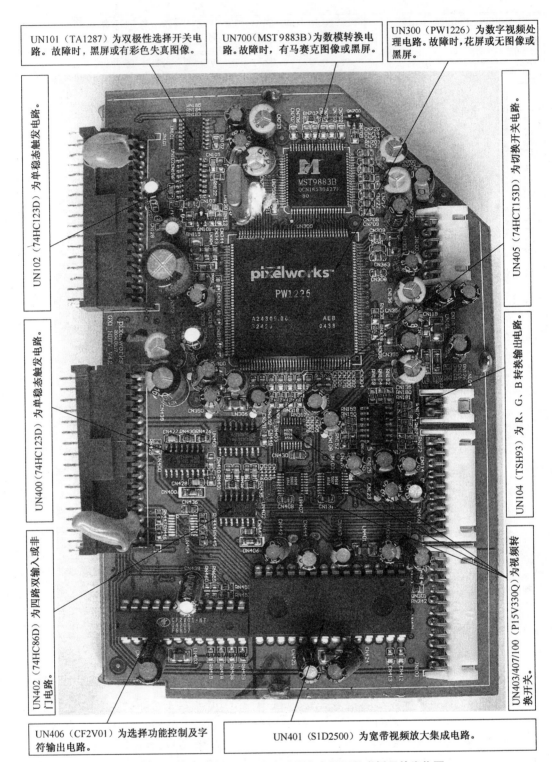

UN101（TA1287）为双极性选择开关电路。故障时，黑屏或有彩色失真图像。

UN700（MST 9883B）为数模转换电路。故障时，有马赛克图像或黑屏。

UN300（PW1226）为数字视频处理电路。故障时，花屏或无图像或黑屏。

UN102（74HC123D）为单稳态触发电路。

UN405（74HCT153D）为切换开关电路。

UN400（74HC123D）为单稳态触发电路。

UN104（TSH93）为 R、G、B 转换输出电路。

UN402（74HC86D）为四路双输入或非门电路。

UN403/407/100（P15V330Q）为视频转换开关。

UN406（CF2V01）为选择功能控制及字符输出电路。

UN401（S1D2500）为宽带视频放大集成电路。

图 2-3 TCL HiD34189H 数字高清彩色电视机数字板元件实物图

118

UN301（HY57V641620HG）为同步动态随机存储器，用于随主存储器同步输入和输出 16bit 数据信息。其中①、③、⑨、⑭、㉗、㊸、㊾ 脚为 3.3V 供电端，电路正常时应有 3.3V 电压；电路异常时，会出现无图像或黑屏现象。

为外部逐行 Pr、Pb、Py 信号输入插座焊脚。其信号送入 UN101 的 ⑬、⑭、⑮ 脚。

UN103（TSH93）为 R、G、B 转换输出电路，不良或损坏时无图像或黑屏。

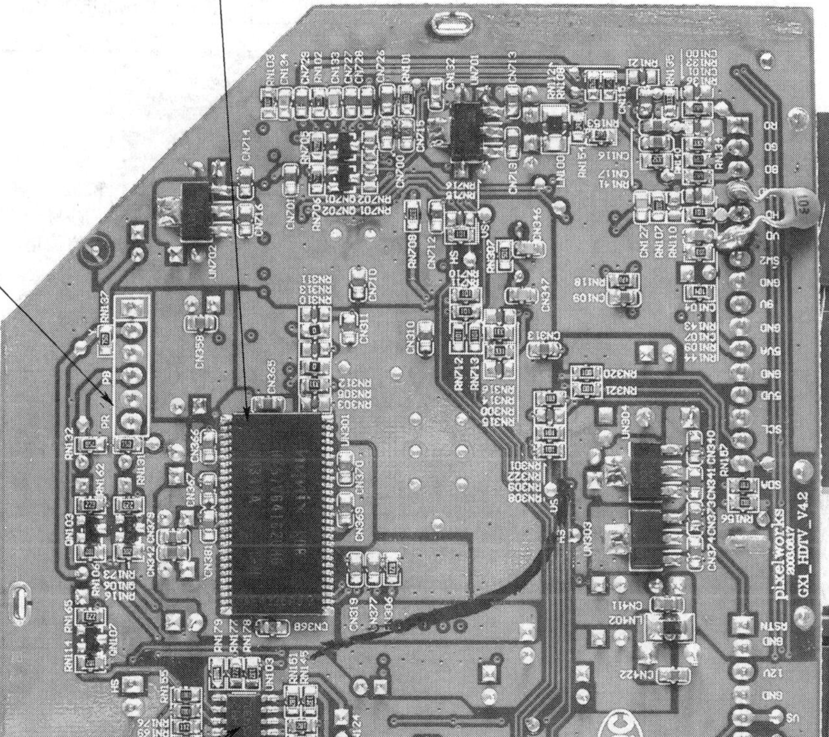

该组插脚接主板中的 P202 插孔，主要用于输入 R、G、B 信号和 I²C 总线输入／输出。

该组插脚接主板中的 P203 插孔，主要用于输入输出扫描等控制信号。

与尾板连接，用于输出 R、G、B 信号。

用于输入 R、G、B 和 HS、VS 信号。

图 2-4　TCL HiD34189H 数字高清彩电数字板印制电路

119

P202①脚,用于红基色信号输出。正常时直流电压 2.4V。

P202②脚,用于绿基色信号输出。正常时直流电压 2.4V。

P202③脚,用于蓝基色信号输出。正常时直流电压 2.4V。

P202⑤脚,用于行同步脉冲输入。正常时直流电压 1.8V。

P202⑥脚,用于场同步脉冲输入。正常时直流电压 3.1V。

P202⑯脚,为 I^2C 总线数据线。正常时直流电压 3.3V。

P202⑮脚,为 I^2C 总线时钟线。正常时直流电压 2.9V。

P203⑤脚,用于场同步脉冲输出。电路正常时,该脚对地正向阻值约 3.5kΩ,反向阻值约 5.5kΩ。

P203⑥脚,用于行同步脉冲输出。电路正常时,该脚对地正向阻值 3.5kΩ,反向阻值 6.0kΩ。

P203⑦脚,用于自动亮度限制。正常工作时该脚电压在 0.1~7.4V 之间。

P203⑧脚,用于行消隐信号输入。电路正常时该脚对地正反向阻值约为 1.1kΩ。

P203⑨脚,用于行同步脉冲输入,静态电压 0.3V。

P203⑪脚,I1 选择控制信号输入,PAL 状态 0.9V。

P203⑩脚,I0 选择控制信号输入,PAL 状态 0.01V。

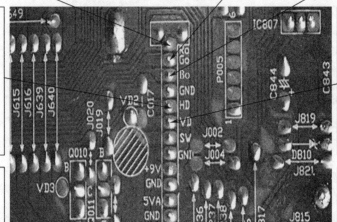

图 2-5　数字板插排 P202、P203 焊脚实物图

120

表 2-1　P202 数字板引脚功能及维修数据

引　脚	符　号	功　能	U(V)		R(kΩ)	
					在　线	
			待机	开机	正向	反向
1	RO	红基色信号输出端	0	2.4	5.4	5.7
2	GO	绿基色信号输出端	0	2.4	5.4	5.7
3	BO	蓝基色信号输出端	0	2.4	5.4	5.7
4	GND	接地端	0	0	0	0
5	HD	行同步脉冲输入端	0.01	1.8	2.1	2.1
6	VD	场同步脉冲输入端	0	3.1	3.1	3.1
7	SW	开关	0.4	0.01	22.0	22.0
8	GND	接地端	0	0	0	0
9	+9V	+9V 电源端	0.1	8.7	0.4	0.4
10	GND	接地端	0	0	0	0
11	5VA	5V 电源端	0.4	4.9	0.4	0.4
12	GND	接地端	0	0	0	0
13	5VD	5V 电源端	0.7	4.9	1.5↑	1.6
14	GND	接地端	0	0	0	0
15	SCL	I^2C 总线时钟信号输入端	2.7	2.9	1.1	1.1
16	SDA	I^2C 总线数据输入/输出端	3.1	3.3	1.1	1.1

表 2-2　P203 数字板引脚功能及维修数据

引　脚	符　号	功　能	U(V)		R(kΩ)	
					在　线	
			待机	开机	正向	反向
1	RST	复位信号输入端	0	5.1	4.8	6.2
2	GND	接地端	0	0	0	0
3	12V	+12V 电源端	0.1	12.0	0.4	0.4
4	GND	接地端	0	0	0	0
5	DAVS	场同步脉冲输出端	0	0	3.5	5.5
6	DAHS	行同步脉冲输出端	0	0.4	3.5	6.0
7	ABL	自动亮度限制端	0.1	7.4	3.4	3.5
8	BLK	行消隐脉冲输入端	0.1	7.1	1.1	1.1
9	HSYN	行同步信号输入端	0	0.3	4.8	∞
10	I0	选择控制信号输入端 0	0.4	0.01	35.0	8.1
11	I1	选择控制信号输入端 1	0.4	0.9	35.0	8.1
12	GND	接地端	0	0	0	0
13	NC	空脚	0	0	∞	∞
14	NC	空脚	0	0	∞	∞
15	NC	空脚	0	0	∞	∞
16	NC	空脚	0	0	∞	∞

一、UN100(P15V330Q)视频转换开关电路

在 TCL 王牌 HiD34189H 型数字高清彩电的数字板电路中,UN100(P15V330Q)视频转换开关主要用于转换 RGB601 和 RGB709 信号,其实物安装如图 2-6 所示,电路原理如图 2-7 所示,引脚功能如表 2-3 所示。

UN100 的②、⑤、⑪脚为标清信号(SD)输入端口,主要输入标清 RGB 基色信号,经内部选择后从⑨、④、⑦脚转换输出。

UN100 的③、⑥、⑩脚为高清信号(HDVT)输入端口,主要用于输入高清 RGB 基色信号,经内部选择后从⑨、④、⑦脚转换输出。

图 2-6　UN100(P15V33Q)视频转换开关集成电路实物安装图

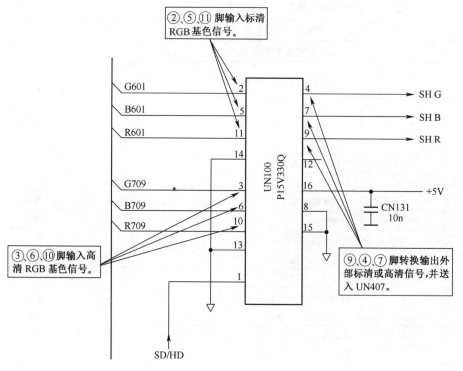

②、⑤、⑪脚输入标清 RGB 基色信号。

③、⑥、⑩脚输入高清 RGB 基色信号。

⑨、④、⑦脚转换输出外部标清或高清信号,并送入 UN407。

图 2-7　UN100(P15V330Q)视频转换电路原理图

在图 2-7 中,UN100(P15V330Q)②、⑤、⑪脚输入由插口 P905 提供的标清信号(SD),③、⑥、⑩脚输入信号由插口 P905 提供的数字高清信号(HDTV)。②、⑤、⑪脚输入信号和③、⑥、⑩脚输入信号的转换输出,由①脚输入的 SD/HD(标清/高清)开关信号控制。SD/HD 开关信号由

UN406(CF2V01)⑨脚输出,当①脚为低电平时,UN100(P15V330Q)⑨、④、⑦脚转换输出 525P 标清 RGB 信号;当 SD/HD 控制信号为高电平时,UN100(P15V330Q)⑨、④、⑦脚转换输出 HDTV 高清 RGB 信号,但此时 UN100⑮脚(使能端)必须接地。

表 2-3　UN100(P15V330Q)引脚使用功能

引　脚	符　号	功　　　　能
1	IN	选择信号输入端
2	S1A	视频信号 I/O 端口 1A,用于输入标清绿基色信号
3	S2A	视频信号 I/O 端口 2A,用于输入高清绿基色信号
4	DA	视频 I/O 端口 DA,用于选择输出绿基色信号
5	S1B	视频信号 I/O 端口 1B,用于输入标清蓝基色信号
6	S2B	视频信号 I/O 端口 2B,用于输入高清蓝基色信号
7	DB	视频 I/O 端口 DB,用于选择输出蓝基色信号
8	GND	接地端
9	DC	视频 I/O 端口 DC,用于选择输出红基色信号
10	S2C	视频信号 I/O 端口 2C,用于输入高清红基色信号
11	S1C	视频信号 I/O 端口 1C,用于输入标清红基色信号
12	DD	视频 I/O 端口 DD,用于选择⑬、⑭脚信号输出,未用
13	S2D	未用,接地
14	S1D	未用,接地
15	$\overline{EN}$	使能端,接地
16	V$_{CC}$	+5V 电源端

二、UN101(TA1287)双极性选择开关电路

TA1287 是由东芝公司开发的一种高精密选择开关集成电路。在 TCL 王牌 HiD34189H 型数字高清彩电的数字板中,UN101(TA1287)主要用于将 RGB 信号转换为 YUV 信号输出。其实物安装如图 2-8 所示,电路原理如图 2-9 所示,引脚功能见表 2-4。

图 2-8　UN101(TA1287)双极性选择开关集成电路实物安装图

123

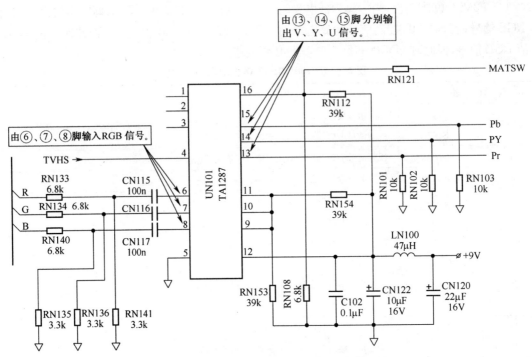

图 2-9　UN101(TA1287)双极性选择开关电路原理图

表 2-4　UN101(TA1287)引脚使用功能

引　脚	符　号	功　　能
1	Vin	色度 V 分量信号(或 R−Y 色差信号)输入端,未用
2	Yin	Y(亮度)信号输入端,未用
3	Uin	色度 U 分量信号(或 B−Y 色差信号)输入端,未用
4	CPin	钳位脉冲输入端,主要是 TV 行同步信号
5	GND	接地端
6	Rin	红基色信号输入端,由 JN101(P202)①脚提供
7	Gin	绿基色信号输入端,由 JN101(P202)②脚提供
8	Bin	蓝基色信号输入端,由 JN101(P202)③脚提供
9	YS1	选择开关信号输入端,在该机中为固定偏置
10	YS2	选择开关信号输入端,在该机中为固定偏置
11	YS3	选择开关信号输入端,在该机中为固定偏置
12	V_{CC}	+9V 电源端
13	V_{OUT}	V 分量(或 R−Y)信号选择输出端
14	Y_{OUT}	Y(亮度)信号选择输出端
15	U_{OUT}	U 分量(或 B−Y)信号选择输出端
16	Matrix-sw	矩阵开关信号输入端

　　在图 2-9 中,R,G,B 三基色信号分别由 UN101(TA1287)的⑥、⑦、⑧脚输入,转换功能由④脚输入的行同步脉冲控制。UN101⑥、⑦、⑧脚输入的 R、G、B 信号由主板电路中 IC001(TMPA8809)的㊿、○51、○52脚提供,而④脚输入的行同步脉冲(TVHS)由 IC001(TMPA8809)的⑬脚提供,再经 UN102(74HC123)整形处理后送入 UN101 的④脚。当 UN101④、⑥、⑦、⑧脚同时

124

有信号输入时,⑭脚输出亮度信号(Y),⑬脚输出色度分量信号(V),⑮脚输出色度分量信号(U),并分别经 CN727、CN726、CN729 耦合送入 UN700(MST9883)的⑱、㊺、㊸脚。

三、UN102(74HC123D)单稳态触发电路

UN102(74HC123D)是一种内有两组多谐振荡器的单稳态触发集成电路,其主要功能是控制脉冲宽度。在 TCL 王牌 HiD34189H 型数字高清彩色电视机中,UN102(74HC123D)主要用于产生行同步脉冲。其实物安装如图 2-10 所示,电路原理如图 2-11 所示,引脚及维修数据见表 2-5。

UN102的⑤脚输出行同步开关信号,一方面作为触发信号送入 UN101(TA1287)的④脚,控制 RGB信号转换输出,另一方面作为行同步信号送入UN700(MST9883)的⑳脚。

UN102的②脚输入行同步信号,该信号由IC001(TMPA8809)的⑬脚提供。

图 2-10　UN102(74HC123D)单稳态触发集成电路实物安装图

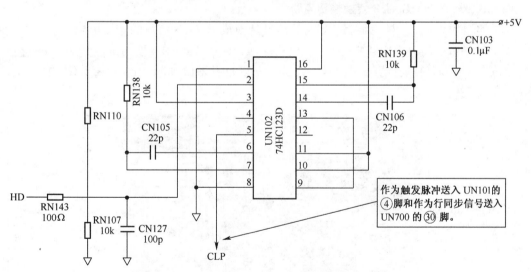

图 2-11　UN102(74HC123D)单稳态触发电路原理图

在图 2-11 中,IC001(TMPA8809)⑬脚输出的行激励脉冲,作为触发开关信号控制数字板电路的工作状态。UN102(74HC123D)对由②脚输入的行同步脉冲(HD)进行整形,然后从⑤脚输出,一方面作为开关信号加到 UN101(TA1287)的④脚,用于控制 UN101⑬、⑭、⑮脚的转换输出;另一方面作为行同步信号加到 UN700(MST9883)的⑳脚。因此,对于该机而言,只要开机时 IC001(TMPA8809)的⑬脚有开关脉冲输出,数字板电路中的 UN102⑤脚就会控制 UN101(TA1287)处于转换输出 TV 电视信号的工作状态。

表 2-5　UN102(74HC123D)引脚功能及维修数据

引　脚	符　号	功　　能	U(V)静态	R(kΩ) 在　线	
				正向	反向
1	A1	触发信号输入端 1A	0.9	4.3	4.3
2	B1	触发信号输入端 1B	5.1	0.3	0.3
3	CLR1	清零端 1	5.1	0.3	0.3
4	Q1	反相输出端 1	4.2	18.5	12.4
5	Q2	输出端 1	1.0	18.5	12.6
6	CX2	外接定时电容 2	0	0	0
7	CX/RX2	外接定时电容/电阻 2	1.2	9.8	7.1
8	V_{SS}	负电源接地端	0	0	0
9	A2	触发信号输入端 2A	2.7	9.1	7.0
10	B2	触发信号输入端 2B	5.1	0.3	0.1
11	CLR2	清零端 2	5.1	0.3	0.1
12	Q2	反相输出端 2	2.8	7.6	7.6
13	Q1	输出端 2	0.4	18.2	12.3
14	CX1	外接定时电容 1	0	0	0
15	CX/RX1	外接定时电容/电阻 1	1.3	8.1	7.9
16	V_{CC}	+5V 电源端	5.1	0.3	0.3

四、UN103(TSH93)R、G、B 转换输出电路

UN103(TSH93)是一种能够将 Y、U、V 信号转换成 R、G、B 信号的集成电路,在 TCL 王牌 HiD34189H 型数字高清彩色电视机数字板电路中,UN103(TSH93)主要用于将 Py、Pb、Pr 逐行信号转换成 R、G、B 基色的标清(SD)信号。其实物安装如图 2-12 所示,电路原理如图2-13所示,引脚功能见表2-6。

UN103 的 ⑤、⑩、⑫ 脚分别用于 Pr、Py、Pb 正相输入(标清信号)。

UN103(TSH93)的⑦、⑧、⑭脚用于输出 R、G、B 三基色信号(标清信号)。

图 2-12　UN103(TSH93)RGB 转换输出集成电路实物安装图

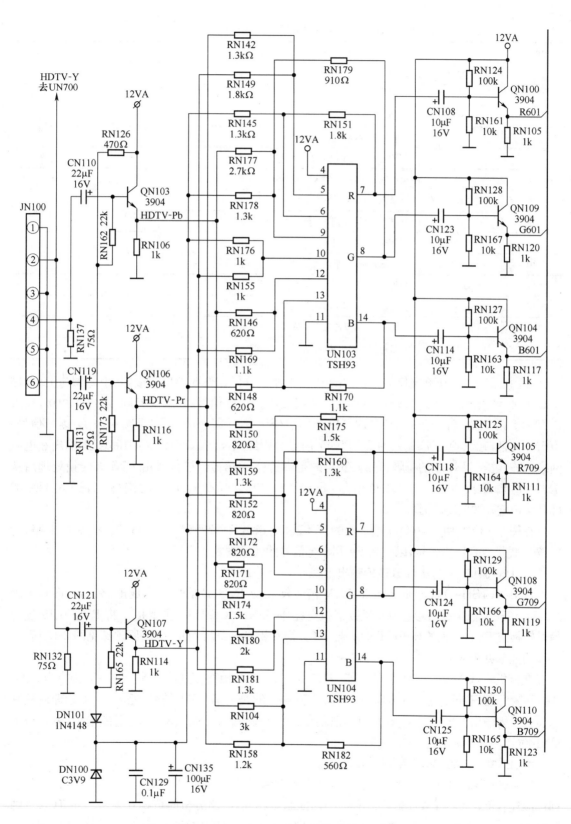

图 2-13 UN103/UN104(TSH93)RGB 转换输出电路原理图

表 2-6　UN103(TSH93)引脚使用功能

引　脚	符　号	功　　能
1	NC	未用
2	NC	未用
3	NC	未用
4	V_{CC}	+12V 电源端
5	+P	正相输入端,用于输入 Pr 信号
6	−N	反相输入端,反馈输入 R 信号
7	R	红基色信号输出端(标清)
8	G	绿基色信号输出端(标清)
9	−N	反相输入端,反馈输入绿信号
10	+P	正相输入端,用于输入 Py 信号
11	GND	接地端
12	+P	正相输入端,用于输入 Pb 信号
13	−N	反相输入端,反馈输入蓝信号
14	B	蓝基色信号输出端(标清)

在图 2-13 中,JN100 插口与主板中的 P905A 相接,再与 P905 端口相接,其中②脚与 P905 端口 3 相接,输入 Py 信号;④脚与 P905 端口 2 相接,输入 Pb 信号;⑥脚与 P905 端口 1 相接,输入 Pr 信号。由 P905 端口输入的信号即可以是标清(SD)逐行信号,也可以是高清(HD)逐行信号。由 JN100 插口②、④、⑥脚输入的 Py、Pb、Pr 信号分别经 QN107、QN103、QN106 射随输出和电阻网络矩阵,送入 UN103 的⑩脚、⑫脚、⑤脚的是标清(SD)信号。该信号由 UN103 转换处理后从⑦、⑧、⑭脚输出 R、G、B 三基色信号,再经 QN100、QN109、QN104 射随输出,送入 UN100 (P15V330Q)的⑪、②、⑤脚。

在图 2-13 中,由 JN100②脚输入的 Y 信号还送入 UN700(MST9883)模/数变换电路,为 UN700 提供复合同步信号,以控制 Py、Pb、Pr 信号的转换输入。

五、UN104(TSH93)R、G、B 转换输出电路

UN104(TSH93)是也能够将 Y、U、V 信号转换成 R、G、B 信号的集成电路。在 TCL 王牌 HiD34189H 型数字高清彩色电视机数字板电路中,UN104(TSH93)主要用于将 PY、Pb、Pr 逐行信号转换成 RGB 基色的高清(HD)信号。其实物安装如图 2-14 所示,电路原理参见图 2-13 所示,引脚功能参见表 2-6。

在该机中,UN104(TSH93)的功能与 UN103(TSH93)相近,都是用于将 Y、U、V 转换为 R、G、B 信号输出,所不同的是 UN104 的⑨、⑬、⑥脚输入的是高清(HD)信号,经 UN104 处理后从其⑦、⑧、⑭脚输出的也是 R、G、B 基色高清信号,再经 QN105、QN108、QN110 射随输出,分别送入 UN100(P15V330Q)的⑩、③、⑥脚。

六、UN300(PW1226)数字视频处理电路

UN300(PW1226)是美国像素公司(Pixel Works)开发的精密显像视频处理集成电路。其系列产品还有 PW1225/PW1230 等。它们的功能基本相同,电路分析时可相互参考。在 TCL 王牌 HiD34189H 型数字高清彩色电视机数字板电路中,UN300(PW1226)主要用于逐行转换处理和输

UN104的⑦、⑧、⑭脚分别用于输出R、G、B三基色高清信号。
UN104的⑥、⑨、⑬脚分别用于Pr、Py、Pb高清信号反相输入。
9YN426

图 2-14　UN104(TSH93)R、G、B 转换输出集成电路实物安装图

入/输出格式变换等。其主要功能特点有：

①能够支持 PAL/NTSC 两种制式信号隔行输入和像素运动补偿。

②能够进行水平和垂直方向缩放，可实现 4∶3 和 16∶9 两种模式之间的转换。

③能够实现画质改善及可编程 γ 校正和黑电平扩展。

④可选择 YUV 或 RGB 输出格式。

⑤设有 I^2C 总线主机接口及 SDRAM 帧存储器接口。

⑥内置锁相环(PLL)时钟发生器等。

⑦具有写保护功能。

UN300(PW1226)的实物安装如图 2-15 所示，电路原理如图 2-16 所示，引脚功能如表 2-7 所示。

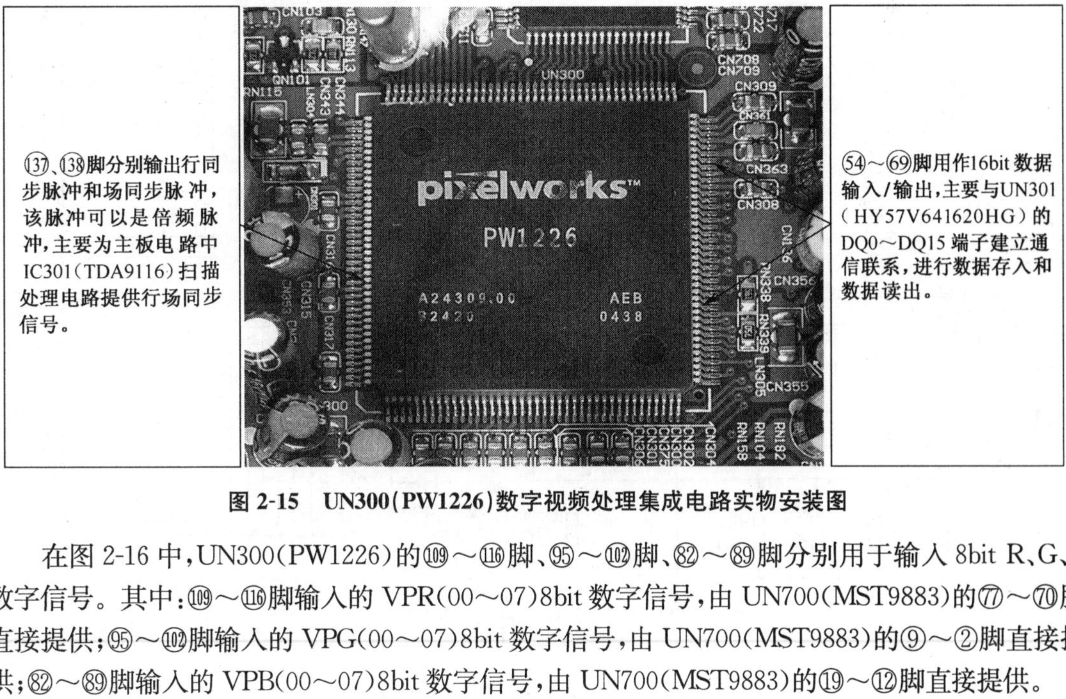
(137)、(138)脚分别输出行同步脉冲和场同步脉冲，该脉冲可以是倍频脉冲，主要为主板电路中IC301(TDA9116)扫描处理电路提供行场同步信号。
pixelworks™
PW1226
A24309.00
AEB
0438
(54)～(69)脚用作16bit数据输入/输出，主要与UN301(HY57V641620HG)的DQ0～DQ15端子建立通信联系，进行数据存入和数据读出。

图 2-15　UN300(PW1226)数字视频处理集成电路实物安装图

在图 2-16 中，UN300(PW1226)的(109)～(116)脚、(95)～(102)脚、(82)～(89)脚分别用于输入 8bit R、G、B 数字信号。其中：(109)～(116)脚输入的 VPR(00～07)8bit 数字信号，由 UN700(MST9883)的(77)～(70)脚直接提供；(95)～(102)脚输入的 VPG(00～07)8bit 数字信号，由 UN700(MST9883)的⑨～②脚直接提供；(82)～(89)脚输入的 VPB(00～07)8bit 数字信号，由 UN700(MST9883)的⑲～⑫脚直接提供。

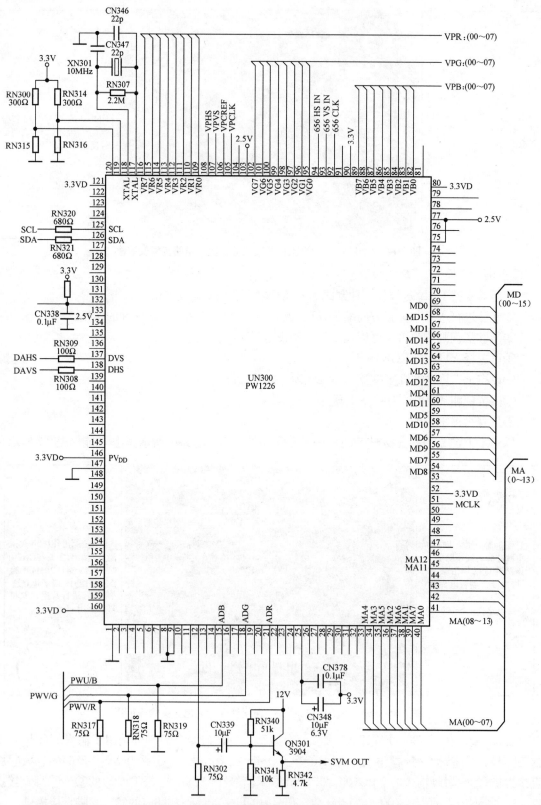

图 2-16　UN300(PW1226)数字视频处理电路原理图

130

表 2-7　UN300(PW1226)引脚功能

引　脚	符　号	功　能
1,8,9,91,53,79,122,147	PV$_{SS}$	输入/输出端口,接地
2,3,4,5,6	SER	未用
7	V$_{DD}$	2.5V 电源端,用于芯片供电
10	AV$_{DD}$	2.5V 电源端,用于 4 通道 A/D 变换器供电
11	AV$_{SS}$	4 通道 A/D 变换器接地端
12	ADSVM	隔行 Y 数据,电子束速度调制信号(SVM)输出端
13	AVD33SVM	3.3V 电源端,用于电子束速度调制信号(SVM)输出端供电
14	AVS33SVM	SVM 通道模拟输入/输出信号接地端
15	ADB	模拟色度 U 分量或蓝基色信号输出端
16	AVD33B	3.3V 电源端,用于 U/B 通道模拟信号输入/输出端供电
17	AVS33B	U/B 通道模拟信号输入/输出接地端
18	ADG	模拟 Y 信号或绿基色信号输出端
19	AVD33G	3.3V 电源端,用于 Y/G 通道模拟信号输入/输出端供电
20	AVS33G	Y/G 通道模拟信号输入/输出接地端
21	ADR	模拟色度 V 分量或红基色信号输出端
22	AVD33R	3.3V 电源端,用于 V/R 通道模拟信号输入/输出端供电
23	AVS33R	V/R 通道模拟信号输入/输出接地端
24	REST	测试端,外接电阻用于控制满刻度视频信号幅度
25	COMP	外接电容接到+3.3V 电源,作为补偿输入
26	VREFIN	基准电压输入端
27	VREFOUT	基准电压输出端
28	ADAV$_{DD}$	2.5V 电源端,用于 4 通道 D/A 变换器的模拟芯片供电
29	ADAV$_{SS}$	4 通道 D/A 变换器模拟芯片接地端
30	PV$_{DD}$	3.3V 电源端,用于芯片供电
31	ADGV$_{DD}$	2.5V 电源端,用于模拟信号输入/输出端供电
32	ADGV$_{SS}$	模拟信号输入/输出接地端
33~46	MA(0~13)	存储器地址总线端,用于多行、列地址和存储单元选择
47	MCLKFB	存储器时钟信号反馈输入端
48	MARS	行地址选通输出端,该脚低电平时,行地址锁存在时钟的正向沿
49	MCAS	列地址选通输出端,该脚低电平时,列地址锁存在时钟的上升沿
50	MWE	存储器写允许信号控制输出端
51	MCLK	存储器时钟信号输出端
52,80,90,121,146,160	PV$_{DD}$	3.3V 电源端,用于输入/输出端口供电
53	PV$_{SS}$	芯片接地端
54~69	MD(0~15)	存储器 16bit 数据总线输入/输出端
70,103,133	V$_{DD}$	2.5V 电源端,用于芯片供电

续表 2-7

引　脚	符　号	功　　能
71	V$_{SS}$	芯片接地端
72	CLK	时钟接地端
73	DEN	使能端,低电平时 DCLK、DVS、DHS 有效
74	CGMS	使能控制端,高电平时 CGMS 有效
75,77	DV$_{DD}$	2.5V 电源端,用于芯片供电
76	DV$_{SS}$	数字电路接地端
78	AV$_{SS}$	模拟电路接地端
82~89	VB(7:0)	8bit 并行蓝视频信号输入端或 8bit 并行 U 信号输入端,在 4:4:4 模式中输入 U 信号,在 8bit 4:2:2 模式中,ITU656 输入蓝信号
92	CLK	8bit 4:2:2 模式的行同步信号输入/输出端
93	SVVS	8bit 4:2:2 模式的场同步信号输入/输出端
94	SVHS	
95~102	VG(7:0)	8bit 并行绿视频信号输入端或 8bit 并行 Y 信号输入端,在 4:4:4 模式中输入 Y 信号,在 8bit 4:2:2 模式中,ITU656 输入绿信号
104,134	V$_{SS}$	芯片接地端
105	VPCLK	8bit 4:2:2 模式或 16bit 4:2:2 模式的时钟信号输入端
106	CREF	PVCREF 基准电压端
107	VPVS	4:4:4 模式和 16bit 4:2:2 模式的场同步信号输入端
108	VPHS	4:4:4 模式和 16bit 4:2:2 模式的行同步信号输入端
109~116	VR(7:0)	8bit 并行红视频信号输入端或 8bit 并行 V 信号输入端,在 4:4:4 模式中输入 V 信号,在 8bit 4:2:2 模式中,ITU656 输入红信号
117	XTALI	10MHz 固定时钟信号输入端
118	XTALO	10MHz 固定时钟信号输出端
119	2W-A1	双线总线编程地址端 1
120	2W-A2	双线总线编程地址端 2
123	MPDV$_{SS}$	存储器时钟锁相环电路接地端
124	MPAV$_{SS}$	接地端
125	SCL	I^{2}C 总线时钟信号输入端
126	SDA	I^{2}C 总线数据输入/输出端
128~131	TDO/TCK/TMS	调试端,空置未用
132	RESETN	同步复位端,最小复位时间必须连续保持 $100\mu s$。低电平有效
135	TEST	测试端
136	DCLK	所有数字输出的显示时钟信号端,未用
137	DVS	所有输出结构的场同步输出端
138	DHS	所有输出结构的行同步输出端
139~145、148~159	SER	未用

由⑩⑨~⑪⑥脚、⑨⑤~⑩②脚、⑧②~⑧⑨脚输入的 8bit R、G、B 数字信号在 UN300(PW1226)内部经一系列处理后,再转换成 RGB 基色信号(模拟)分别从㉑、⑱、⑮脚输出,并直接送入 UN403

（P15V330）的②、⑤、⑪脚。

在图 2-16 中，UN300（PW1226）的㉝～㊻脚用作存储器地址总线，直接与 UN301（HY57V641620HG）同步动态随机存储器的 A0～A11 和 BA0、BA1 端相通，主要选择储存地址；UN300（PW1226）的㊾～㊽脚用作 16bit 存储器的数据总线，直接与 UN301 HY57V（641620HG）同步动态随机存储器的 DQ0～DQ15 端相通，主要用于输入/输出经格式化处理后的 RGB 数字信号。

七、UN301（HY57V641620HG）同步动态随机存储器

UN301（HY57V641620HG）是一种采用 67、108、864 位的 SDRAM 动态随机存储器，用于随主存储器同步输入和输出工作。其主要特点是：

①内部由 1M×16 位的存储器组成。

②具有 16 位数据总线。

③每个存储体由 16 位、256 个字符、4096 页组成。

④所有输入输出用时钟脉冲控制。

⑤内部含有 4 个地址解码模块。

⑥具有自动恢复和自身恢复功能。

⑦64ms 可产生 4096 个刷新周期。

⑧具有可编程控制功能。

⑨供电源电压 3.3V。

UN301（HY57V641620HG）实物安装如图 2-17 所示，电路原理如图 2-18 所示，引脚功能见表 2-8。

图 2-17　UN301（HY57V641620HG）同步动态随机存储器集成电路实物安装图

在图 2-18 中，UN301（HY57V641620HG）同步动态随机存储器主要用于后台储存 16bit 的 RGB 数字信息，以实现流媒体数字传输。其中 A0～A11 和 BA0、BA1 为地址端，用于输入选址信号，选址信号 MA0～MA13 由 UN300（PW1226）的㉝～㊻脚直接提供；DQ0～DQ15 为数据总线端，用于输入/输出 MD0～MD15 16bit 数据信号，由 UN300（PW1226）㊾～㊽脚直接控制。当 UN301（HY57V641620HG）执行输入程序时，主要作为后台储存数字。当 UN301（HY57V641620HG）执行输出程序时，主要为前台提供数据，以使 UN300（PW1226）的㉑、⑱、⑮脚输出模拟 RGB 基色信号。

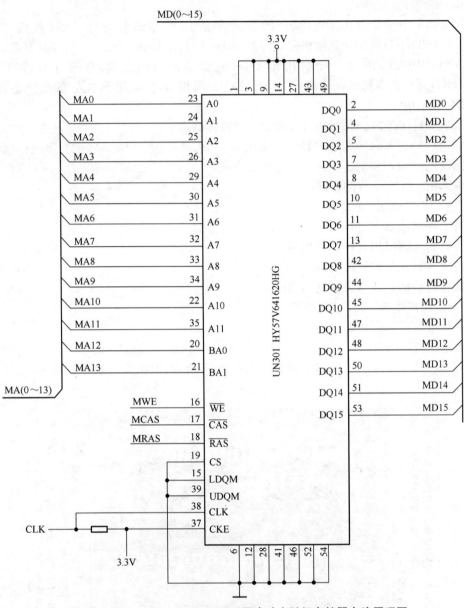

图 2-18 UN301(HY57V641620HG)同步动态随机存储器电路原理图

表 2-8 UN301(HY57V641620HG)引脚功能

引　　脚	符　　号	功　　　　能
1,14,27	V_{DD}	3.3V 电源端
2,4,5,7,8,10,11,13, 42,44,45,47,48,50,51,53	DQ0～DQ15	16bit 数据输入/输出端
3,9,43,49	$V_{DD}Q$	3.3 电源端,用于16bit数据输入/输出电路供电
6,12,46,52	$V_{SS}Q$	16bit 数据输入/输出电路接地端
15	LDQM	缓存读出模式输出控制端
16	WE	可写入存储数据读出端

引　　脚	符　　号	功　　　　能
17	CAS	圆柱地址滤波端
18	RAS	行地址滤波端
19	CS	片选脉冲
20,21	BA0,BA1	圆柱地址信号输入端
22～26,29～35	A0～A11	行地址信号输入端
36,40	NC	空脚
37	CKE	时钟脉冲控制端,外接 3.3V 电源
38	CLK	BA1 存储时钟
39	UDQM	数据写入模式输出控制端
54,41,28	Vss	电源接地端

八、UN400(74HC123D)单稳态触发电路

UN400(74HC123D)是一种内有两组多谐振荡器的单稳态触发集成电路。在 TCL 王牌 HiD34189H 型数字高清彩色电视机中,UN400(74HC123D)主要用于产生钳位脉冲。其实物 安装如图 2-19 所示,电路原理如图 2-20 所示,引脚功能参见表 2-5。

图 2-19　UN400(74HC123D)单稳态触发器实物安装图

在图 2-20 中,UN400(74HC123D)单稳态触发电路的①、②脚为触发控制信号输入端,其 中①脚(A1)接地,即固定为低电平输入,②脚输入由 UN405(74HCT153D)⑨脚输出的 HSQ 行同步信号。UN405⑨脚的输出状态由其②脚的控制开关 TV/HP SW1 决定。当 TV/HP SW1 为高电平时,UN405⑨脚输出 525P 或 HDTV/VGA 行同步信号;当 TV/HP SW1 为低 电平时,UN405⑨脚输出模拟 TV 行同步信号。

因此,当 UN400②脚输入的 HSQ 行同步信号随 UN405⑨脚输出转变时,UN400⑫脚输出 的钳位脉冲幅度也随之转变,进而使 UN401(S1D2500)的工作状态与 UN405(74HCT153D)的 工作状态同步。

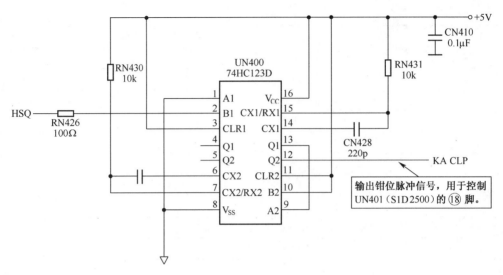

图 2-20　UN400(74HC123D)单稳态触发电路原理图

九、UN401(S1D2500)宽带视频放大集成电路

UN401(S1D2500)是一种具有 I²C 总线控制功能的宽带视频放大电路,适用于分辨率高达 1280×1024 的显示设备。其主要特性有:

①内部设有三通道 R/G/B 视频放大器。

②具有屏显(OSD)字符信号接口,能够进行视频/(屏显)高速切换。

③能够通过 I²C 总线实现对比度控制,并且对每个通道的副对比度实行独立控制。

④视频输出幅度可达 7VPP。

UN401(S1D2500)的实物安装如图 2-21 所示,电路原理如图 2-22 所示,引脚功能见表 2-9。

图 2-21　UN401(S1D2500)宽带视频放大集成电路实物安装图

在图 2-22 中,UN401(S1D2500)主要用于视频信号和字符信号转换输出,其中①、②、③脚用于输入由 UN406(CF2V01)提供的 R、G、B 字符显示,④脚输入字符消隐(FB)信号,当④脚为高电平时,UN401 内部开关电路动作,使㉖、㉔、㉑脚有字符信号输出;⑤、⑧、⑩脚输入由

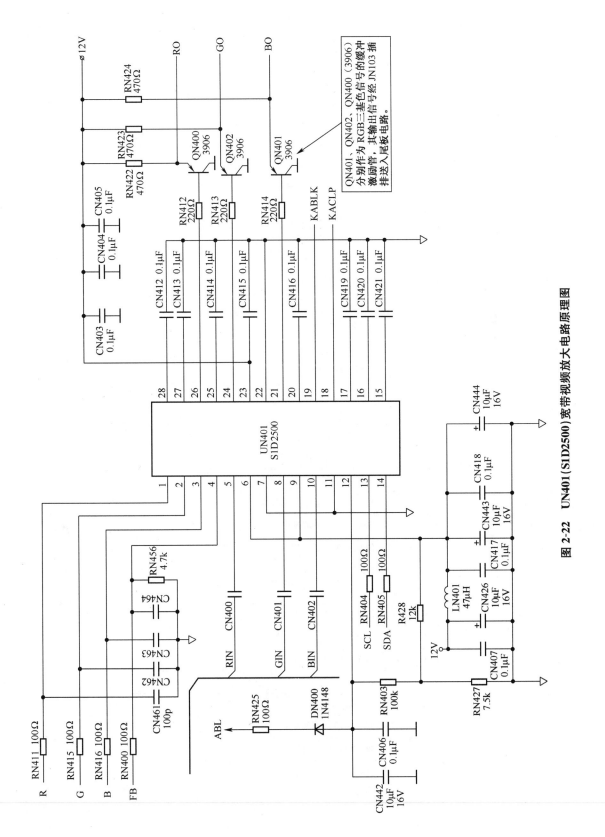

图 2-22 UN401（S1D2500）宽带视频放大电路原理图

UN403(P15V330Q)提供的模拟 R、G、B 信号,而 UN403 转换输出受其①脚输入的 TV/HP 信号控制。当①脚为高电平时,其④、⑦、⑨输出 PC 机输入的 RGB 信号;当①脚为低电平时,其④、⑦、⑨脚输出电视 RGB 信号。因此由 UN401⑤、⑧、⑩脚输入的 R、G、B 信号可有 TV/VGA 两种。

在图 2-22 中,由 UN401⑤、⑧、⑩脚输入的 RGB 基色信号在 UN401 内部经放大等处理后分别从㉖、㉔、㉑脚输出,再分别由 QN400、QN402、QN401(3906)缓冲放大,经插排 JN103 送至尾板末级视放电路。

表 2-9　UN401(S1D2500)引脚功能

引　脚	符　号	功　　能
1	ROSD	红字符信号输入端
2	GOSD	绿字符信号输入端
3	BOSD	蓝字符信号输入端
4	VI/OSD-SW	视频/字符选择开关
5	RIN	红视频信号输入端
6	$V_{cc}1$	+12V 电源端 1
7	GND1	接地端 1
8	GIN	绿视频信号输入端
9	$V_{cc}2$	+12V 电源端 2
10	BIN	蓝视频信号输入端
11	GND2	接地端 2
12	ABL	亮度自动限制端
13	SCL	I^2C 总线时钟信号输入端
14	SDA	I^2C 总线数据输入/输出端
15	BCT	蓝信号钳位滤波端
16	GCT	绿信号钳位滤波端
17	RCT	红信号钳位滤波端
18	CLP	钳位脉冲端
19	BLK	消隐脉冲端
20	BCLP	蓝基色信号输出钳位端
21	BOUT	蓝基色信号输出端
22	GND3	接地端 3
23	$V_{cc}3$	+12 电源端 3
24	GOUT	绿基色信号输出端
25	GCLP	绿基色信号输出钳位端
26	ROUT	红基色信号输出端
27	RCLP	红基色信号输出钳位端
28	B/U	亮度均匀控制端

十、UN402(74HC86D)四路双输入或非门电路

UN402(74HC86D)是一种四路双输入或非门集成电路,属于高速硅栅 CMOS 器件,在TCL 王牌 HiD34189H 型数字高清彩色电视机数字板电路中,主要用于将 PC 机送入的行场同步信号转为正极性同步信号。其实物安装如图 2-23 所示,电路原理如图 2-24 所示,引脚功能见表 2-10。

图 2-23　UN402(74HC86D)四路双输入或非门集成电路实物图

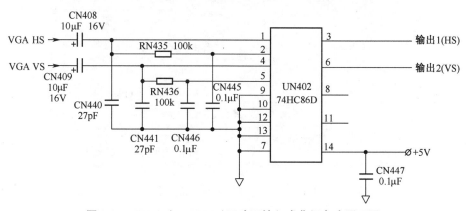

图 2-24　UN402(74HC86D)四路双输入或非门电路原理图

表 2-10　UN402(74HC86D)引脚功能

引　　脚	符　　号	功　　　　能
1	1A	数据输入端 1A,用于输入 VGA 行同步信号
2	1B	数据输入端 1B,反相输入
3	1Y	数据输出端 1,用于输出行同步信号
4	2A	数据输入端 2A,用于输入 VGA 场同步信号
5	2B	数据输入端 2B,反相输入
6	2Y	数据输出端 2,用于输出场同步信号
7	GND	接地端
8	3Y	数据输出端 3,未用
9	3A	数据输入端 3A,接地

引 脚	符 号	功 能
10	3B	数据输入端 3B,接地
11	4Y	数据输出端 4,未用
12	4A	数据输入端 4A,接地
13	4B	数据输入端 4B,接地
14	V_{CC}	+5V 电源端

在图 2-24 中,UN402(74HC86D)①脚输入 PC 机的行同步脉冲信号(VGA-HS),经 UN402 内部处理后从③脚输出正极性同步脉冲。该脉冲一方面送入 UN405(74HCT153D)的 ⑬脚,另一方面送入 UN407(P15V300Q)的⑬脚;UN402(74HC86D)④脚输入 PC 机的场同步 脉冲(VGA-VS),经内部处理后从⑥脚输出,并直接送入 UN405(74HCT153D)的③脚。

十一、UN403(P15V330Q)视频转换开关电路

在 TCL 王牌 HiD34189H 型数字高清彩色电视机数字板电路中,UN403(P15V330Q)视 频转换开关主要用于转换 VGA 的 R/G/B 信号和 PW 的 YUV 信号,其实物安装如图 2-25 所 示,电路原理如图 2-26 所示,引脚功能见表 2-11。

图 2-25　UN403(P15V330Q)视频转换开关集成电路实物安装图

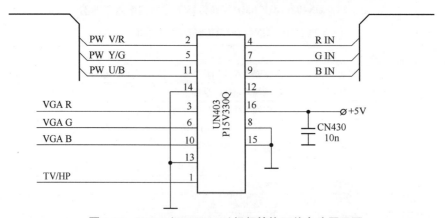

图 2-26　UN403(P15V330Q)视频转换开关电路原理图

表 2-11 UN403(P15V330Q)引脚使用功能

引脚	符号	功能
1	IN	TV/HP 控制信号输入端
2	S1A	PW V/R 信号输入端
3	S2A	VGA 红基色信号输入端
4	DA	红基色信号输出端
5	S1B	PW Y/G 信号输入端
6	S2B	VGA 红基色信号输入端
7	DB	绿基色信号输出端
8	GND	接地端
9	DC	蓝基色信号输出端
10	S2C	VGA 蓝基色信号输入端
11	S1C	PW U/B 信号输入端
12	DD	未用
13	S2D	接地端
14	S1D	接地端
15	EN	接地端
16	V_{CC}	+5 电源端

在图 2-26 中，UN403(P15V330Q)的②、⑤、⑪脚用于输入由 UN300(PW1226)㉑、⑲、⑮脚输出的 TV 模拟 R、G、B 视频信号，经 UN403 转换后从④、⑦、⑨脚输出，并直接送入 UN401 的⑤、⑧、⑩脚；UN403(P15V330Q)的③、⑥、⑩脚输入分别由 UN407(P15V330Q)的④、⑦、⑨脚提供的 VGA 上 R/G/B 信号，经 UN403 转换后从其④、⑦、⑨脚输出；UN403(P15V300Q)的①脚输入 TV/HP 转换控制信号，由 UN406(CF2V01)的⑪脚控制输出，当⑪脚为高电平时，UN403④、⑦、⑨脚输出 VGA 的 R、G、B 信号，当⑪脚为低电平时，UN403④、⑦、⑨脚输出 TV 的 R、G、B 信号。

十二、UN405(74HCT153D)切换开关电路

UN405(74HCT153D)是一种内含两组开关的集成电路，在 TCL 王牌 HiD34189H 型数字高清彩色电视机中，主要用于转换输出 VGA/HD/PC 等行场同步信号，其实物安装如图 2-27 所示，电路原理如图 2-28 所示，引脚功能见表 2-12。

在图 2-28 中，③、④、⑤脚分别输入 3 种不同形式的场同步信号，经转换等处理后从⑦脚输出场同步脉冲，并通过 JN102 和 P201 的⑤脚送入主板电路中 IC301(TDA9116)的②脚，以使 IC301 输出实时的场扫描激励信号；⑪、⑫、⑬脚分别输入 3 种不同形式的行同步信号，经转换等处理后从⑨脚输出行同步信号，并通过 JN102 和 P201 的⑥脚送入主板电路中 IC301(TDA9116)的①脚，以使 IC301 输出实时的行扫描激励信号。

在图 2-28 中，UN405(74HCT153D)③脚和⑬脚输入的 VGA 场同步信号和行同步信号，分别由 UN402 的⑥、③脚提供；UN405④脚和⑫脚输入的 TV 倍频行同步信号(HDHS)和场同步信号(VPVS)，分别由 UN700(MST9883)(64)、(66)脚提供；UN405⑤、⑥脚和⑩、⑪脚输入的标清的场同步信号(DAVS)和行同步信号(DAHS)，分别由 UN300(PW1226)的(137)脚和(138)脚提供。

②脚输入 TV/HP SW1 转换控制信号。②脚高电平时，⑦、⑨脚分别输出高清场行同步信号；②脚低电平时，⑦、⑨脚输出 TV 场行同步信号。

⑨脚输出行扫描同步脉冲，一方面送入 UN400 的②脚和 UN406 的⑤脚，另一方面通过 JN102 送入主板扫描信号处理电路。当该脚无输出信号时，无光栅。

图 2-27 UN405(74HCT153D)切换开关集成电路实物安装图

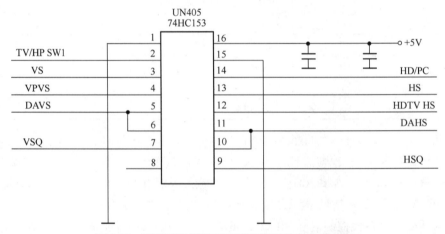

图 2-28 UN405(74HCT153D)切换开关电路原理图

表 2-12 UN405(74HCT153D)引脚功能

引　　脚	符　　号	功　　　　能
1	$1\overline{E}$	使能端 1,接地
2	S1	TV/HP 转换控制信号输入端
3	1In3	VGA 场同步信号输入端
4	1In2	VPVS 场同步信号输入端
5	1In1	DAVS 场同步信号输入端
6	1In0	与⑤脚并接
7	1out	VSQ 场同步信号选择输出端
8	GND	接地端
9	2out	HSQ 行同步信号选择输出端
10	2In0	与⑪脚并接
11	2In1	DAHS 行同步信号输入端
12	2In2	HDTV HS 行同步信号输入端

引　脚	符　号	功　能
13	2In3	VGA 行同步信号输入端
14	S0	HD/PC 转换控制信号输入端
15	$2\overline{E}$	使能端 2，接地
16	V_{CC}	＋5V 电源端

在图 2-28 中，UN405（74HCT153D）的⑦、⑨脚的转换输出主要由②脚输入的 TV/HP SW1 和⑭脚输入的 HD/PC 信号控制。当②脚信号为高电平时，⑦脚输出 525P/HDTV/VGA 的场同步脉冲，当②脚信号为低电平时，⑦脚输出 TV 场同步脉冲；当⑭脚信号为高电平时，⑨脚输出 VGA 行同步脉冲，当⑭脚信号为低电平时，⑨脚输出 525P/HDTV 行同步脉冲。⑨脚输出的行同步脉冲除送入主板电路供行扫描电路外，还同时送入 UN400（74HC123D）的②脚和 UN406（CF2V01）的⑤脚。

十三、UN406（CF2V01）选择功能控制及字符输出电路

UN406（CF2V01）是一种由 I²C 总线控制的 PWM 脉冲调宽及 RGB 字符输出集成电路，其实物安装如图 2-29 所示，电路原理如图 2-30 所示，引脚功能见表 2-13。

图 2-29　UN406（CF2V01）选择功能控制及字符输出集成电路实物安装图

在图 2-30 中，UN406（CF2V01）主要用于字符输出和不同格式的转换控制。其中：

⑨脚输出 SD/HD 控制信号，加到 UN100（P15V300Q）的①脚，用于标清信号和高清信号转换控制。当⑨脚输出信号为高电平时，UN406 转换输出高清信号（HDTV）；当⑨脚输出的信号为低电平时，UN406 转换输出标清信号（525P）。

⑩脚输出 HD/PC 控制信号。分别加到 UN407（P15V330Q）的①脚和 UN405（74HCT153D）的⑭脚，用于高清信号或标清信号与 VGA RGB 信号转换控制。当⑩脚输出的信号为高电平时，UN407 转换输出 VGA RGB 信号，同时 UN405⑨脚转换输出 VGA 行同步脉冲信号；当⑩脚输出的信号为低电平时，UN407 转换输出标清或高清 RGB 信号，同时 UN405⑨脚转换输出标清或高清行同步脉冲信号。

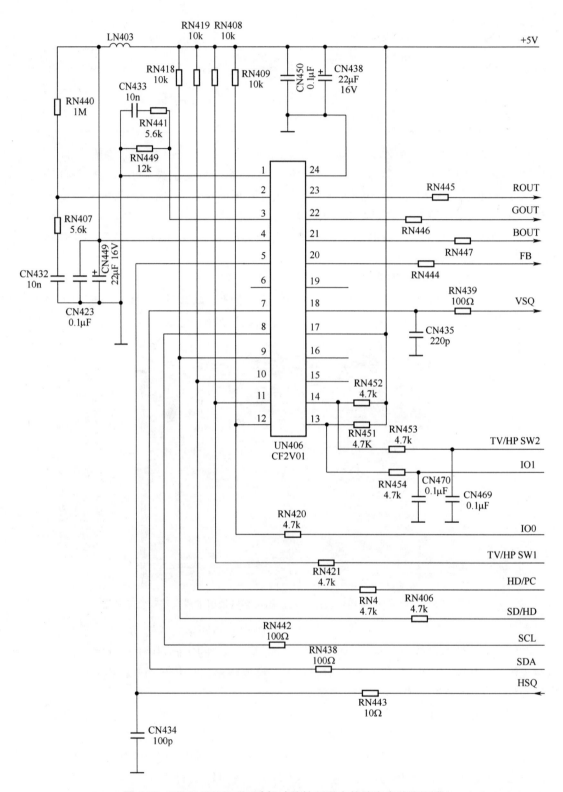

图 2-30　UN406(CF2V01)选择功能控制及字符输出电路原理图

144

表 2-13 UN406(CF2V01)引脚使用功能

引　　脚	符　　号	功　　　　能
1	$V_{SS}A$	接地端
2	VCO	内接压控振荡器
3	RP	外接 RC 电路
4	$V_{DD}A$	+5V 电源端
5	HFLB	HSQ 行同步脉冲输入端
6	NC	未用
7	SDA	I^2C 总线数据输入/输出端
8	SCL	I^2C 总线时钟信号输入端
9	PWM0	SD/HD 控制信号输出端
10	PWM1	HD/PC 控制信号输出端
11	PWM2	TV/HP 控制信号输出端
12	PWM3	IO0 控制信号输出端
13	PWM4	IO1 控制信号输出端
14	PWM5	TV/HP SW2 信号输出端
15	PWM6	未用
16	PWM7	未用
17	V_{DD}	+5V 电源端
18	VFLB	VSQ 场同步脉冲输入端
19	PWM/HFTON	未用
20	FBKG	字符消隐信号输出端
21	BOUT	蓝字符信号输出端
22	GOUT	绿字符信号输出端
23	ROUT	红字符信号输出端
24	V_{SS}	电源接地端

⑪脚输出 TV/HP SW1 控制信号,加到 UN405(74HCT153D)的 ② 脚和 UN403 (P15V330Q)的①脚,用于高清场同步信号与 VGA 场同步信号转换控制和 TV 视频信号与 VGA 视频信号转换控制。当⑪脚输出的信号为高电平时,UN405 转换输出高清场同步信号, 同时 UN403 输出 VGA 信号或高清视频信号;当⑪脚输出的信号为低电平时,UN405 的 ② 脚 转换输出 TV 场同步信号,同时 UN403 的①脚输出 TV RGB 视频信号。

⑫脚输出 IO0 控制信号,通过 JN102 和 P203 的⑩脚送入主板电路,通过 Q811(见图 2-74) 控制开关电源的工作频率,以使开关电源的工作频率适应高清扫描频率。当⑫脚输出的信号 为高电平时,Q811(C1815)导通,开关电源自动稳压控制环路中 IC804(TL431)灵智元件的栅 极,使开关电源工作在高清(HDTV)状态;当⑫脚输出的信号为低电平时,开关电源则工作在 标清/VGA/TV 状态。

⑬脚输出 IO1 控制信号,通过 JN102 和 P203 的⑪脚送入主板电路,通过 Q810(见图 2-74) 控制开关电源的工作频率,以使开关电源的工作频率适应不同格式的扫描频率。⑪脚始终输

出高电平。IO1 与 IO0 为一组控制信号,工作时两者相互配合。

⑭脚输出 TV/HP SW2 控制信号,通过 JN101 和 P20P 的⑦脚送入主板电路,通过 Q011、Q010 控制 IC001(TMPA8829)③脚输入的 TV 同步信号。当⑭脚输出的信号为高电平时,系统工作在标清/高清/PC 机 VGA 状态;当⑭脚输出的信号为低电平时,主板电路中的 Q011 截止,系统工作在 TV 状态。

十四、UN407(P15V330Q)视频转换开关电路

UN407(P15V330Q)是一种 4 通道 2 选 1 高性能视频模拟开关集成电路。其主要特点有:

①具有低导通电阻(3Ω)。

②具有 200MHz 宽频带。

③低亮色串扰,10MHz 时为−58dB。

④极低的静止电压和高电流输出。

⑤转换时间不大于 10μs。

在 TCL 王牌 HiD34189H 型数字高清彩色电视机数字板电路中,UN407(P15V330Q)视频转换开关主要用于转换输出 RGB 信号,其实物安装如图 2-31 所示,电路原理如图 2-32 所示,引脚功能见表 2-14。

图 2-31　UN407(P15V330Q)视频转换开关集成电路实物安装图

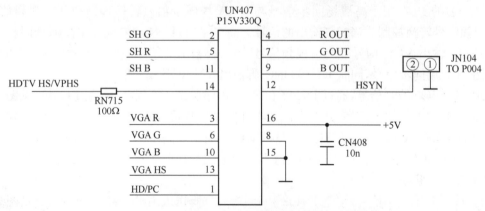

图 2-32　UN407(P15V330Q)视频转换开关电路原理图

146

表 2-14　UN407(P15V330Q)引脚使用功能

引　脚	符　号	功　能
1	IN	HD/PC 转换控制信号输入端
2	S1A	SH G 信号输入端
3	S2A	VGA R 信号输入端
4	DA	R 信号输出端
5	S1B	SH R 信号输入端
6	S2B	VGA G 信号输入端
7	DB	G 信号输出端
8	GND	接地端
9	DC	B 信号输出端
10	S2C	VGA B 信号输入端
11	S1C	SH B 信号输入端
12	DD	HSYNC 行同步信号输出端
13	S2D	VGA 行同步信号输入端
14	S1D	HDTV 行同步信号输入端
15	EN	使能端,接地
16	V_{CC}	+5V 电源端

在图 2-32 中,UN407(P15V330Q)的②、⑤、⑪脚用于输入由 UN100(P15V330Q)输出的标清信号(SDTV)或高清信号(HDTV),经转换后从④、⑦、⑨脚输出 R、G、B 基色信号;UN407(P15V330Q)的③、⑥、⑩脚用于输入 VGA 的 R、G、B 信号,经转换后从④、⑦、⑨脚输出 R、G、B 基色信号。②、⑤、⑪脚输入信号与③、⑥、⑩脚输入信号的转换由①脚的 HD/PC 信号控制。当①脚输入的信号为高电平时,④、⑦、⑨脚输出 VGA 的 R、G、B 信号;当①脚输入的信号为低电平时,④、⑦、⑨脚输出标清或高清的 R、G、B 信号。

在图 2-32 中,UN407(P15V330Q)的⑬脚和⑭脚分别输入 VGA 行同步信号和 HDTV HS/VP HS 行同步信号,但它与 SH G/R/B、VGA R/G/B 信号同步转换输出。其输出信号通过⑫脚、JN104②脚先送入主板电路中的 P004②脚,然后通过 Q012 送入 IC001(TMPA8829)的③脚。

十五、UN700(MST9883)数模转换电路

UN700(MST9883)是一种内置三通道数模转换集成电路。其主要特性有:

①内置三通道 8bit 模/数变换电路,其取样频率在 12～14MHz 之间可选。

②内置同步信号处理和时钟发生电路,当压控振荡器的取样时钟频率与行同步信号锁相时,可保证每行取样点与行同步信号保持一定的相位关系,使取样点位置精确。

③具有 I^2C 总线接口,受 I^2C 总线控制。

④数字视频输出接口可支持 4:4:4 RGB/YUV 格式或 4:2:2 YUV 标准数字视频编码格式。

⑤兼容从 VGA 到 SXVGA 的 RGB 字符信号及图形信号。

⑥可以提供精确的基准电压,保证取样电平稳定、可靠。

在 TCL 王牌 HiD34189H 型数字高清彩色电视机的数字板电路中,UN700(MST9883)数模转换电路,主要用于处理 Py、Pb、Pr 信号。其实物安装如图 2-33 所示,电路原理如图 2-34 所示,引脚功能见表 2-15。

图 2-33　UN700(MST9883B)数模转换集成电路实物安装图

表 2-15　UN700(MST9883)引脚功能

引　　脚	符　　号	功　　能
1,10,20,21,24,25,28, 32,36,40,41,44,47,50, 53,60,61,63,68,80	GND1~20	接地端
2~9	GREEN7~0	8bit 绿信号输出端
12~19	BLUE7~0	8bit 蓝信号输出端
29	COAST	PLL 锁相环控制信号输入端
30	HSYNC	行同步信号输入端
31	VSYNC	场同步信号输入端
33	FILT	锁相环路滤波端,外接双时间常数电路
37	MIDSCV	内部中点基准电压滤波端
38	CLAMP	外部钳位脉冲输入端
26,27	ADPV$_{DD}$	数字电路 3.3V 供电端
39,42,45,46,51,52,59,62	ADAV$_{DD}$	3.3V 电源端,用于模拟电路供电
11,22,23,69,78,79	3.3V$_{DD}$	3.3V 电源端,用于模拟电路供电
34,35	ADPV$_{DD}$	3.3V 电源端,用于数字电路供电
43	BAIN	模拟蓝基色信号输入端
48	GAIN	模拟绿基色信号输入端
49	SOGIN	复合同步信号输入端
54	RAIN	模拟红基色信号输入端
55	A0	I²C 接口地址信号输入端
56	SCL	I²C 总线时钟信号端
57	SDA	I²C 总线数据输入/输出端
58	REFBYP	内部基准电压滤波端
64	VPVS	场同步信号输出端
65	Fomat HS	复合同步信号输出端
66	VPHS	行同步信号输出端
67	DATACK	数据时钟信号输出端
70~77	RED7~0	8bit 红信号输出端

148

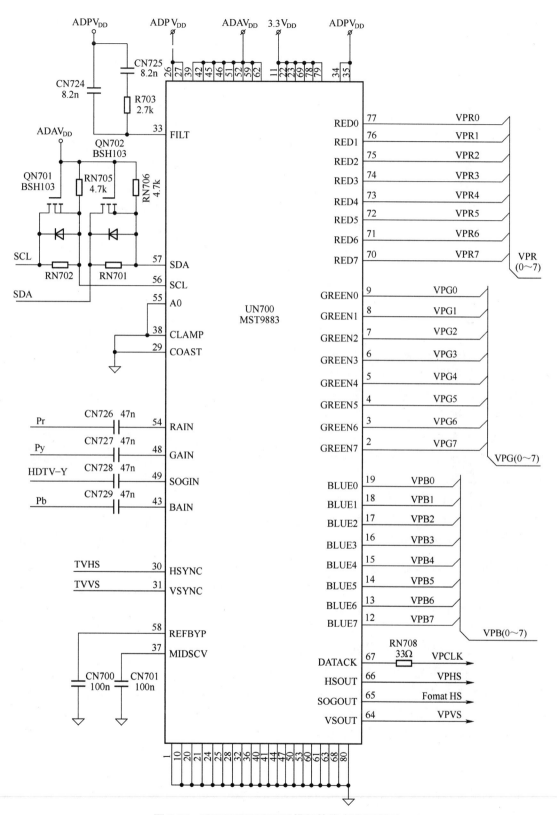

图 2-34 UN700(MST9883)模数转换电路原理图

在图 2-34 中,UN700(MST9883)㉸、㊽、㊸脚分别输入由 UN101(TA1287)⑬、⑭、⑮脚提供的 Pr、Py、Pb 信号,经其内部处理后转换成 8bit R、G、B 数字信号输出。其中:②~⑨脚输出 8bit 绿基色信号,⑫~⑲脚输出 8bit 蓝基色信号,⑩~⑰脚输出 8bit 红基色信号。UN700(MST9883)㊾脚用于输入同步信号,当㉸、㊽、㊸脚输入 RGB 基色信号时,㊾脚输入的同步信号在绿基色信号中提取,而当㉸、㊽、㊸脚输入 Pr、Py、Pb 信号时,㊾脚输入的同步信号则在亮度信号中提取。在该机中㊾脚输入的亮度信号由 JN100④脚直接提供。

在图 2-34 中,UN700㉚、㉛脚分别输入视频行场同步脉冲,该脉冲由主板电路中的 IC001(TMPA8829)⑬、⑯脚通过 P202(JN101)的⑤、⑥脚提供。其中:行脉冲先经 UN102(74HC123D)钳位处理后再送入 UN700 的㉚脚,而场脉冲则先经 QN102、QN101 两级整形处理后再送入 UN700 的㉛脚。㉚、㉛脚输入的 TV 行场脉冲信号经 UN700 内部处理后再分别从⑯和⑭脚分为两路输出,一路信号送入 UN300(WP1226)的⑩⑧、⑩⑦脚,为视频处理电路提供同步信号,另一路信号通过 UN405(74HCT153D)处理后,从 JN102(P203)的⑥、⑤脚输出,送给行场扫描小信号处理电路。

第二节　主板电路

在 TCL 王牌 HiD34189H 型数字高清彩色电视机中,主板电路主要由 IC001(TMPA8829CSNG5JP9)、IC002(24C32)、IC301(STV6888)、IC302(TDA8177)、IC601(NJW1142L)、IC602(TDA7266)、IC603(TDA8945S)、IC801(TDA16846-2)、IC901(HDF4052BP)集成电路和一些分立元件等组成,参见图 2-1。

因此,在了解主板电路的工作原理及信号流程时,主要是了解和掌握各集成电路的基本性能、引脚功能以及信号在各引脚之间的转换关系。分析时将数字板视为一个独立器件,通过引脚电路的具体应用将其贯通到主板电路中,从而化简整机电路,轻松分析原理。

一、IC001(TMPA8829CSNG5JP9)TV 超级芯片电路

IC001(TMPA8829CSNG5JP9)是日本东芝公司开发的 TV 超级芯片,其系列产品主要有 TMPA8801/8802/8803/8808/8809/8823 等,由该种芯片电路组成的电视机,常被称为超级芯片彩色电视机。在此基础上再增设一块数字板电路,就可组成数字高清彩色电视机。因此,只要掌握多种不同超级芯片电路及超级芯片彩色电视机的维修技术,维修数字高清彩色电视机就不是很难的事了。

在 TCL 王牌 HiD34189H 型彩色电视中,TMPA8829CSNG5JP9 是整机的核心电路,主要用于 PAL/NTSC 制 TV 小信号处理。其主要功能有:

①MCU 微控制器。内含:8bit、48KB 字节中央微处理器(CPU),命令执行时间为 0.5μs;2KB 字节 RAM,ROM 校正;1 路 14bit PWM 合成电压输出,1 路 7bit PWM 输出,2 路 8bit A/D 转换触键输入,12 组 I/O 接口;2 个 16bit 内部时钟/两路计数器,2 个 8bit 内部时钟/两路计数器;16 个中断源,I²C 总线控制,停止和空闲时电源保存模式;CCD(电荷耦合器件)能够解码 NTSC 数字数据及锁相字符振荡数字环路。

②TV 处理。图像中频压控振荡器(PIF VCO)自动调准,可用于图像中频负极性解调和多路伴音中频解调;视频处理能够完成色度信号陷波、黑电平扩展、γ 校正;色度处理具有色集成带通和 1H 集成基带延迟线,能够完成 PAL/NTSC 制式解调;RGB 扫描驱动信号可在总线控

制下实现白平衡调整和自动亮度对比度(ABCL)限制。

③偏转处理。内置压控振荡器(VCO),基准频率8MHz,经分频处理能够输出行驱动脉冲和场驱动脉冲,场激励输出可直流耦合,并能够实现特高压(EHT)输入的水平枕形失真校正。

④AV开关控制。可实现AV音视频转换;可接控DVD的Y、Cb、Cr信号。

需要说明的是:在IC001(TMPA8829CSNG5JP9)内部存储器中拷贝有TCL公司自己的版本软件,在其表面标注了"TCL-H13V03-TO"版本型号,故更换时拷贝的版本型号必须一致,因为其引脚功能是依编程软件自定义的。其实物安装如图2-35所示,引脚印制电路如图2-36所示,引脚功能及维修数据见表2-16。

IC001⑤脚为复位端,外接由Q001(2SA1015)、D001(5V1)等组成的复位电路。正常工作时该脚电压5.1V。待机时5.0V。

IC002(24C32)⑤、⑥脚分别为I²C总线数据输入/输出端和I²C总线时钟输入端。正常工作时直流电压3.0V左右。

IC001⑥③脚为RMT-IN遥控信号输入端。正常状态下直流电压4.2V,当有遥控信号输入时该脚电压左右摆动。

X001(8MHz)为压控晶体振荡器,为IC001提供基准时钟频率。异常时整机不工作。

IC001⑥⑩脚为旋转控制端,用于校正因地磁场引起的图像画面倾斜。电路正常时该脚电压为1.7V。

IC001⑧脚为东西枕校控制输出端。正常工作时该脚电压5.1V,对地正向阻值约5.9kΩ,反向阻值6.8kΩ。

IC001⑧脚用于束电流输入端,用于自动暗平衡控制。在该机中,该脚接地。

IC001⑩脚为TV视频信号输出端,静态电压4.9V。电路正常时该脚对地正反向阻值均约2.1kΩ。

IC001⑥脚为黑电平检测端,外接阻容元件。电路正常时,该脚静态电压3.4V,对地正向阻值6.0kΩ,反向阻值6.7kΩ。

IC001 ③脚为TV伴音中频信号输出端,经耦合后送入③脚。正常工作时该脚静态电压约为1.8V。

IC001⑧脚为TV伴音信号输出端。电路正常时其静态电压4.3V,对地正向阻值5.9kΩ,反向阻值6.5kΩ。

④、⑩脚为图像中频载波信号输入端。电路正常时该两脚对地正向阻值5.5kΩ,反向阻值6.8kΩ。

图2-35 IC001(TMPA8829CSNG5JP9)实物安装图

151

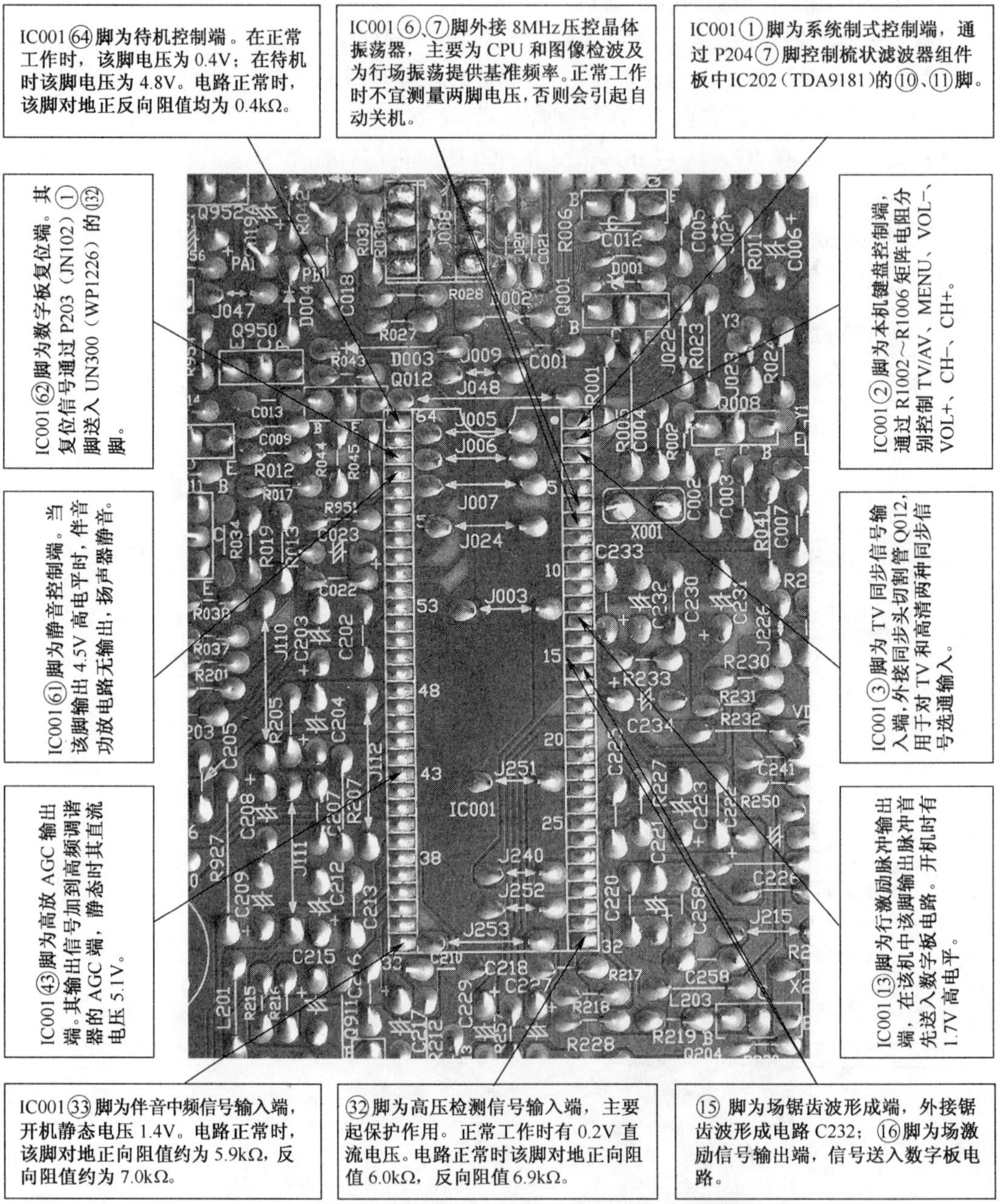

IC001○64脚为待机控制端。在正常工作时，该脚电压为0.4V；在待机时该脚电压为4.8V。电路正常时，该脚对地正反向阻值均为0.4kΩ。

IC001⑥、⑦脚外接8MHz压控晶体振荡器，主要为CPU和图像检波及为行场振荡提供基准频率。正常工作时不宜测量两脚电压，否则会引起自动关机。

IC001①脚为系统制式控制端，通过P204⑦脚控制梳状滤波器组件板中IC202（TDA9181）的⑩、⑪脚。

IC001○62脚为数字板复位端。其复位信号通过P203（JN102）①脚送入UN300（WP1226）的○32脚。

IC001⑥脚为静音控制端。当该脚输出4.5V高电平时，伴音功放电路无输出，扬声器静音。

IC001②脚为本机键盘控制端，通过R1002~R1006矩阵电阻分别控制TV/AV、MENU、VOL-、VOL+、CH-、CH+。

IC001○43脚为高放AGC输出端，其输出信号加到高频调谐器的AGC端，静态时其直流电压5.1V。

IC001③脚为TV同步信号输入端，外接同步头切换管Q012，用于对TV和高清两种同步信号选通输入。

IC001○13脚为行激励脉冲输出端，在该机中该脚输出脉冲首先送入数字板成电路。开机时有1.7V高电平。

IC001○33脚为伴音中频信号输入端，开机静态电压1.4V。电路正常时，该脚对地正向阻值约为5.9kΩ，反向阻值约为7.0kΩ。

○32脚为高压检测信号输入端，主要起保护作用。正常工作时有0.2V直流电压。电路正常时该脚对地正向阻值6.0kΩ，反向阻值6.9kΩ。

○15脚为场锯齿波形成端，外接锯齿波形成电路C232；○16脚为场激励信号输出端，信号送入数字板电路。

图2-36　IC001（TMPA8829CSNG5JP9）引脚印制电路图

表2-16　IC001（TMPA8829CSNG5JP9）引脚功能及维修数据

引　脚	符　号	功　　能	U(V)		R(kΩ)	
			待机	开机	在线	
					正向	反向
1	SYS	系统制式控制端	4.7	5.0	3.6	3.4
2	KEY	本机键盘控制端	4.7	5.0	3.6	3.8
3	TV-SYNC	TV同步信号输入端	0	4.6	3.1	3.1

引 脚	符 号	功 能	$U(V)$		$R(k\Omega)$	
			待机	开机	在 线	
					正向	反向
4	GND	接地端	0	0	0	0
5	RESET	复位端	5.0	5.1	4.6	5.8
6	X-TAL	外接晶体振荡器(8MHz)	2.2	—	4.6	6.1
7	X-TAL	外接晶体振荡器(8MHz)	0.5	—	4.6	6.1
8	TEST	测试端	0	0	0	0
9	5V	+5V 电源端,为 CPU 供电	5.0	5.1	0.1	0.1
10	GND	接地端	0	0	0	0
11	AGND	TV 接地端	0	0	0	0
12	FBP-IN SCP-OUT	行逆程脉冲输入/沙堡脉冲输出端	0	1.4	5.4	6.0
13	H-OUT	行激励开关脉冲输出端	0	1.7	0.4	0.4
14	H-AFC	行 AFC 自动频率跟踪端	0	5.6	5.9	6.9
15	V-SAW	场锯齿波形成端	0	5.0	5.9	7.0
16	V-OUT	场激励脉冲输出端	0	6.2	4.8	5.1
17	H-V_{CC}	行供电电源端	0	8.5	0.2	0.2
18	Y_S-IN	SECAM 制亮度信号输入端,未用	0	0.4	0.6	0.6
19	Cb-IN	DVD 蓝色差信号输入端	0	1.1	5.9	6.9
20	Y-IN	亮度(或视频)信号输入端	0	0.7	5.9	7.0
21	Cr-IN	DVD 红色差信号输入端	0	0.5	5.9	7.0
22	DGND	数字电路接地端	0	0	0	0
23	C-IN	S 端子色度信号输入端	0.2	1.4	5.9	6.9
24	V2-IN	AV2 视频信号输入端	0	2.4	5.9	7.0
25	DV_{CC}(3V3)	3.3V 电源端,用于数字电路供电	0	3.4	4.2	7.2
26	FSC OUT	副载波输出端,用于梳状滤波控制	0	1.8	5.9	6.8
27	ABCL-IN	自动亮色度限制输入端,未用	0.4	4.3	5.9	6.8
28	EW-OUT	东西枕校输出端	0	5.1	5.9	6.8
29	IF-V_{CC}(9V)	+9V 电源端,用于中频电路供电	0	8.7	0.2	0.2
30	TV-OUT	TV 视频信号输出端	0	4.9	2.1	2.1
31	SIF-OUT	伴音中频信号输出端	0	1.8	2.1	2.1
32	EHT IN	高压检测信号输入端	0	0.2	6.0	6.9
33	SIF-IN	伴音中频信号输入端	0	1.4	5.9	7.0
34	DC NF	伴音直流负反馈端	0	2.3	6.0	7.0
35	PIF PLL	图像中频锁相环路滤波端	0.1	2.5	6.0	6.8
36	IFV_{CC}(5V)	+5V 电源端,用于中频供电	0.5	4.7	0.2	0.2
37	S-Reg	外接滤波电容	0	2.2	5.7	6.5
38	SF OUT	伴音信号输出端	0	4.3	5.9	6.5

引 脚	符 号	功 能	U(V)		R(kΩ)	
			待机	开机	在 线	
					正向	反向
39	IF AGC	外接中频 AGC 滤波电容	0	3.5	5.9	6.9
40	IF GND	中频电路接地端	0	0	0	0
41	IF IN	图像中频信号输入端	0	0	5.5	6.8
42	IF IN	图像中频信号输入端	0	0	5.5	6.9
43	RF AGC	高放 AGC 输出端	0	5.1	3.9	3.9
44	Y/C 5V	+5V 电源端,用于亮/色通道供电	0.5	4.7	0.2	0.2
45	SVM OUT	速度调制信号输出端	0	1.6	2.1	2.1
46	BLACK DET	黑电平检测端	0	3.4	6.0	6.7
47	APC FIL	自动相位控制滤波端	0	2.0	6.0	7.0
48	IK-IN	束电流输入端	0	0	0	0
49	RGB9 V	+9V 电源端,用于 RGB 电路供电	0	8.7	0.2	0.2
50	R-OUT	红基色信号输出端	0	2.4	5.4	5.7
51	G-OUT	绿基色信号输出端	0	2.4	5.4	5.7
52	B-OUT	蓝基色信号输出端	0	2.4	5.4	5.7
53	TV GND	TV 接地端	0	0	0	0
54	GND	接地端	0	0	0	0
55	5V	+5V 电源端	5.0	5.2	3.8↑	5.7
56	S-VHS	S 端子输入控制端	4.9	5.1	3.3	3.4
57	SDA	I²C 总线数据输入/输出端	3.1	3.4	1.0	1.0
58	SCL	I²C 总线时钟信号输入端	2.7	2.7	1.0	1.0
59	AV·SW	AV 切换控制端	0	0	2.2	2.2
60	ROT	旋转控制端	1.7	1.7	4.7	5.9
61	EXT·MUTE	静音控制端	0	4.5	4.3	5.3
62	REST	数字板复位端	0	5.1	4.6	6.1
63	RMT-IN	遥控信号输入端	4.2	4.3	4.5	5.9
64	STD BY	待机控制端	4.8	0.4	0.4	0.4

1. 中央控制系统

在 TCL 王牌 HiD34189H 型数字高清彩色电视机中,中央控制系统主要由 IC001 (TMPA8829CSNG 5JP9)的②、⑥、⑦、62、63、64、57、58脚及 IC002(24C32)等组成,如图 2-37 所示。

(1)工厂菜单进入/退出及总线调整方法。

①工厂菜单进入。按电视机面板上的音量减键将音量高调到 0,并持续 2s 不放,在 2s 内连续按三次数字键"0",即可进入工厂菜单状态。

②工厂菜单退出。按"菜单"键即可退出工厂菜单状态。

③总线调整方法。按数字键"1"、"2"、"3"、"6"、"7"可选择工厂菜单,按"节日"键可选调整项目,按"音量加"和"音量减"键可调整所选定项目的数据。工厂菜单项目及数据见表 2-17。

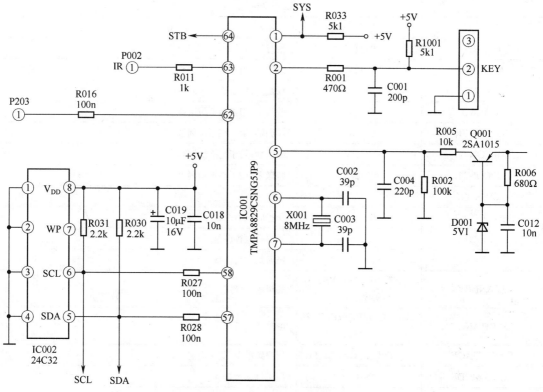

图 2-37 中央控制系统电路原理图

表 2-17 工厂菜单调试项目及数据

项　目	数　据	备　注
FRCMODE	0～4	模式选择
VSIZE	0～127	场幅度调整
VCENT	0～127	场中心调整
VS	0～127	场 S 形失真校正
VC	0～127	场线性失真校正
VMOIRE	0～127	—
VDCAMP	0～127	—
HDUTY	0～127	行占空比调整，推荐值 80
HCENT	0～127	行中心调整
HMOIRE	0～127	—
PCC	0～127	东西枕形失真校正
TRAP	0～127	梯形失真校正
TCC	0～127	上边角失真校正
BCC	0～127	下边角失真校正
HSIZE	0～127	行幅度调整
PCAC	0～127	弓形失真调整

155

项　目	数　据	备　　注
HPARA	0～127	平行四边行失真矫正
BLACKR	0～255	红截止,用于暗平衡调整
BLACKG	0～255	绿截止,用于暗平衡调整
BLACKB	0～255	蓝截止,用于暗平衡调整
SUBCONTR	0～255	红激励,用于亮平衡调整
SUBCONTG	0～255	绿激励,用于亮平衡调整
SUBCONTB	0～255	蓝激励,用于亮平衡调整
BLACKBRI	0～255	—
OSD　CLOCK	0～255	屏显时钟振荡频率调整
OSDH	0～255	屏显行位置调整
OSDV	0～255	屏显场位置调整
STANDBY	LAST/FACTORY/STB ON/STB OFF	关机模式设定
CH CHANGE	MUTE OFF/FREEZE/ MUTEON	屏幕状态设定
LANG UAGE	CHINESE/GNGLISH	用户菜单中/英文设定
LOGO MODE	ON/OFF	LOGO 显示选择
TUNER	ALPS/SHARP/TCL	高频头型号选择
COMB	ON/OFF	梳状滤波器开/关选择
VGA	ON/OFF	VGA 接口选择
E^{2}PVER	1	版本号
FACTORY SW	ON/OFF	工厂快捷键开关,调试后应置于"OFF"状态
HOTEL SW	ON/OFF	模式开关

(2)24C32 型 E^{2}PROM 只读存储器。

在图 2-37 中,24C32(IC002)为电可擦除只读存储器。其主要特点有:

①可在低电压、低频率的条件下工作。

②能接收、存储微处理器提供的工作数据,它既是发送器(主控器),又是接收器。通过 I^{2}C 总线微处理器单元,可以随时调出或输入存储器的数据信息。

③由于该种存储器为非挥发型电可擦除只读存储器,故在断电情况下,其数据仍可永久保存。

④在待机状态时工作电流为 $2\mu A$,在读取数据时工作电流为 1mA,在写输入时工作电流为 3mA。

⑤内存容量为 32KB。可支持 400kHz 的 I^{2}C 总线协议。

在 TCL 王牌 HiD34189H 型数字高清彩色电视机中,IC002(24C32)主要用于储存超级芯片 IC001(TMPA8829)中微处理器(CPU)的编程软件数据。因此,当 IC002(24C32)不良或损坏时,整机将不能正常工作或"死"机。在正常状态下,IC002(24C32)的引脚功能和维修数据见表 2-18。

在更换 IC002(24C32)时,如果有条件,可直接购买已拷贝有编程软件的存储器芯片,安装后不用调试即可使用。若无条件,也可购买空白存储器,装机后可通过 CPU 将软件数据自动拷贝到新换存储器中,然后进入工厂菜单,对项目数据逐一调校。

表 2-18　IC002(24C32 存储器)引脚功能及维修数据

引　脚	符　号	功　　能	U(V)		R(kΩ)	
			待机	开机	在　线	
					正向	反向
1	A0	地址端 0,接地	0	0	0	0
2	A1	地址端 1,接地	0	0	0	0
3	A2	地址端 2,接地	0	0	0	0
4	GND	接地端	0	0	0	0
5	SDA	I²C 总线数据输入/输出端	3.1	3.3	1.0	1.0
6	SCL	I²C 总线时钟信号端	2.6	2.8	1.0	1.0
7	WP	写保护端	4.9	5.0	3.5	3.5
8	V_{DD}	+5V 电源端	4.9	5.0	0.2	0.2

(3)遥控接收及本机键盘输入电路。

在 TCL 王牌 HiD34189H 型数字高清彩色电视机中,遥控接收电路和本机键盘控制电路,分别组装在两小块印制电路板中,其实物组装分别如图 2-38 和图 2-40 所示,引脚印制电路如图 2-39 和图 2-41 所示,电路原理如图 2-42 所示。

红外光信号接收器,也称遥控接收头。用于接收遥控器发出的红外光信号,将其转变成电信号送入 IC001 的 ⑥③ 脚。当击穿坏时,整机不能起动工作。

发光二极管,用作待机指示灯,受控于 IC001 的 ⑥④ 脚和 Q003。待机时,IC001 ⑥④ 脚输出 4.8V 高电平,Q003 截止,+5V 电压使指示灯点亮。开机时 Q003 导通,指示灯熄灭。

图 2-38　遥控接收器实物安装图

主电源开关的两个输出端焊脚。当电源开关被按下时,两点有 220V 电压;电源开关被关闭时,两点无电压。在带电检修时应注意不要手摸此处,防止触电。

P002 插排焊脚。左起第 ① 脚为遥控信号输入端,正常工作时该脚电压约 4.2V,有遥控信号输入时该脚电压抖动;第 ③ 脚为待机指示灯控制电压输入端,待机时该脚电压 5V;第 ④ 脚为 +5V 电源。

图 2-39　遥控接收器引脚印制电路图

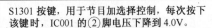

S1301 按键，用于节目加选择控制，每次按下该键时，IC001 的 ② 脚电压下降到 4.0V。

S1306 按键，用于 TV/AV 转换控制，每次按下该键时，IC001 的 ② 脚电压下降到 0V。

S1302 按键，用于节目减选择控制，每次按下该键时，IC001 的 ② 脚电压下降到 3.2V。

S1305 按键，用于 MENU 菜单选择控制，每次按下该键时，IC001 的 ② 脚电压下降到 0.8V。

图 2-40　本机扫描键实物安装图

S1304 按键，用于音量减控制，每按一下该键时，IC001 的 ② 脚电压下降到 1.6V。

S1303 按键，用于音量加控制，每按一下该键时，IC001 的 ② 脚电压下降到 2.4V。

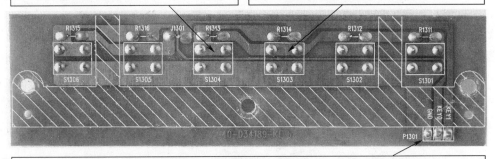

P1301 插排焊脚，用于连接主板电路。其中 ② 脚用于向主板 IC001 的 ② 脚输入本机键盘扫描信号电压，其电压值可在 4.0V/3.2V/2.4V/1.6V/0.8V/0V 间变化，但在正常收视时，该脚电压为 4.7V。① 脚接地，③ 脚未用。

图 2-41　本机扫描键引脚印制电路图

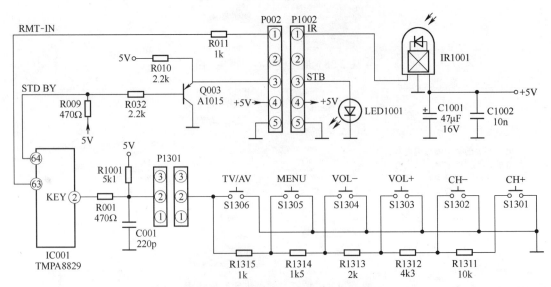

图 2-42　遥控接收和本机键盘控制电路

158

在图 2-42 中,键盘输入电路采用了电阻矩阵形式,当按动扫描键时可通过 IC001(TM-PA8829 CSNG5JP9)②脚向 CPU 提供阶梯式电压信号。因此,当矩阵电阻 R1002~R1006(图中未绘,可参见图 2-88)阻值增大或接触不良时,CPU 的控制程序将出现紊乱,电视机会出现功能错位或不开机类故障现象。若 S1301~S1306 扫描键短路或漏电等,电视机也会出现功能错位类故障现象,此时面板控制键和遥控器上的功能键均失灵。

  2. 图像信号处理系统

  在 TCL 王牌 HiD34189H 型数字高清彩色电视机中,图像信号处理系统,大致可分为高中频接收放大电路,视频图像检波电路,色度信号解码电路,TV/AV 转换输出电路等几个部分。其电路主要由 IC001(TMPA8829 CSNG5JP9)的⑱~㉖、㉚、㉟、㊴~㊹、㊻~㊾脚内外电路以及梳状滤波器组件板电路等组成,电路原理如图 2-43 所示。

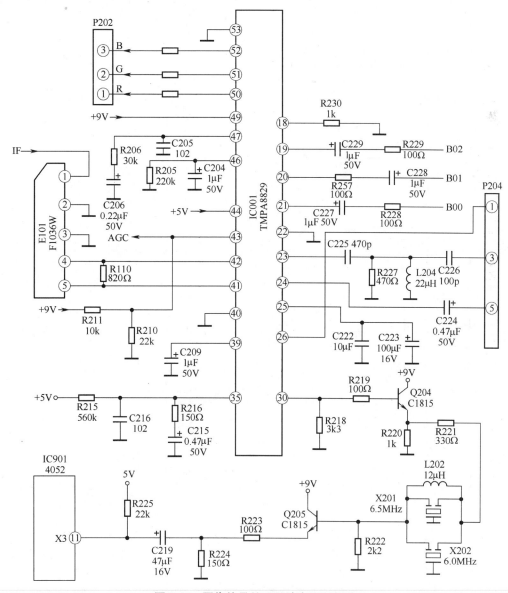

图 2-43 图像信号处理系统电路原理图

(1)高中频接收放大电路。

在 TCL 王牌 HiD34189 型数字高清彩色电视机中,高中频接收放大电路主要由 TU101
(TEDE9-258A)高频调谐器,Q101(C3779D)预中频放大器、Z101(F1036W)声表面波滤波器、
IC001(TMPA8829)㊶、㊷、㊸脚内部中频放大器和 AGC 检波器以及部分阻容分立元件等组
成。其电路原理如图 2-44 所示。有关工作原理参见第一章第二节中的相关介绍,这里不再多
述。

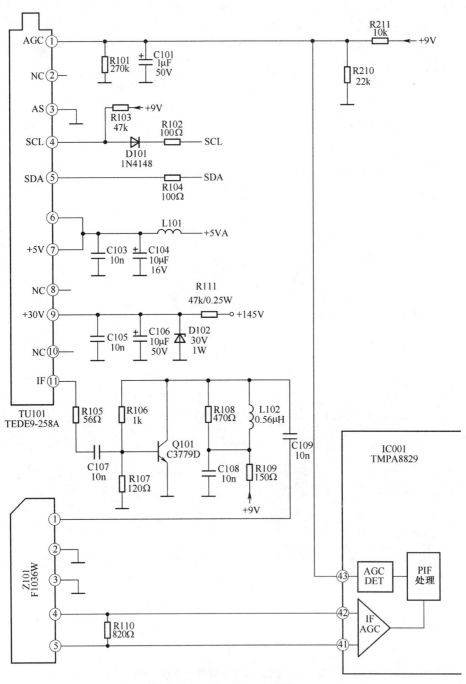

图 2-44　高中频接收放大电路

(2)视频图像检波输出电路。

在 TCL 王牌 HiD34189H 型数字高清彩色电视机中,视频图像检波输出电路,主要由
IC001(TMPA8829 CSNG5JP9)的 ㉟、㉚ 脚内部电路和 Q204(2SC1815)、L202、X201
(6.5MHz)、X202(6.0MHz)、Q205(2SC1815)等组成。其电路原理如图 2-45 所示。

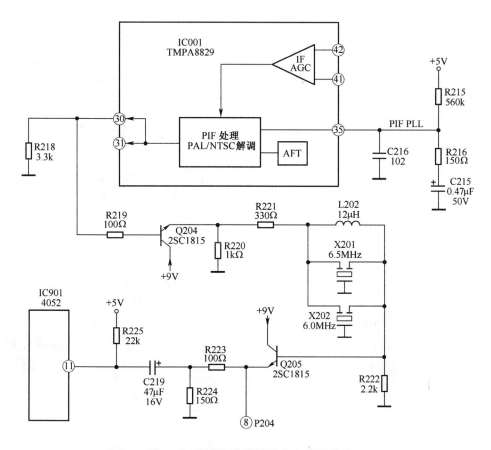

图 2-45　视频图像检波输出电路原理图

在图 2-45 中,由 IC001㊶、㊷ 脚输入的 IF 中频载波信号,经中频放大和 AGC 检波等处理
后,送入图像中频(PIF)解调处理电路,并在㉟脚锁相环滤波电路的作用下解调出 TV 全电视
视频信号,并分别从㉚、㉛脚输出。㉚脚输出信号经 Q204 缓冲放大后,再由 X201、X202 滤除
PAL/NTSC 制的伴音中频信号,只允许视频图像信号经 L202 输出,并经 Q205 缓冲放大后送
入 IC901 TV/AV 转换电路。㉛脚输出信号主要供给伴音处理电路。

在图 2-45 中,IC001 内部图像中频(PIF)处理电路所需要的压控振荡频率,由 IC001⑥、⑦
脚产生的 8MHz 基准频率提供,并由㉟脚外接的双时间常数滤波器通过锁相环电路锁定视频
图像频率。因此,㉟脚外接元件和⑥、⑦脚外接晶体振荡器对视频图像检波有着极其重要的作
用。㉟脚电路有故障会直接影响㉚、㉛脚信号的正常输出,而⑥、⑦脚内外电路有故障则会导
致不开机。

(3)TV/AV 视频信号转换输入输出电路。

在 TCL 王牌 HiD34189H 型数字高清彩色电视机中,IC901(HDF4052BP)为模拟 2 刀 4

161

位电子开关集成电路,主要用于 TV 和 AV2 视频信号转换输入输出,其实物安装如图 2-46 所示,引脚印制电路如图 2-47 所示,电路原理如图 2-48 所示,引脚功能及维修数据见表 2-19。

①脚用于输入 AV1 视频信号,经转换后从③脚输出,由 Q910 缓冲放大后,再经 C908、Q907、Q906、C901、R901 从 AV 视频输出口向机外输出。

⑪脚用于输入 TV 视频信号,经转换后从⑬脚输出,由 Q908 和 Q911 缓冲放大后,再经 C908、Q907、Q906、C901、R901 从 AV 视频输出口向机外输出。

图 2-46　IC901(HCF4052BP)实物安装图

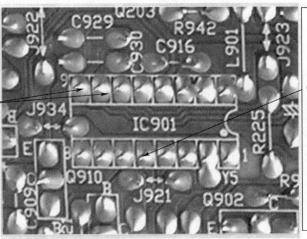

⑨、⑩脚为 TV/AV 转换控制信号输入端,外接 Q008、Q009 控制管,受 IC001 ㉕脚控制,在 TV 状态⑨、⑩脚均为高电平。

⑤脚为 AV2 视频输入端,经转换后从③脚输出,再经 Q910 缓冲放大后一路通过 P204 送入梳状滤波器组件板电路,另一路通过 C908、C901 等向机外输出。

图 2-47　IC901(HCF4052BP)引脚印制电路

在图 2-48 中,IC901(HDF4052BP)的①脚为 AV1 视频信号输入端,⑤脚为 AV2 视频信号输入端,⑪脚为 TV 视频信号输入端。它们的转换输出分别由⑨、⑩脚的 B、A 信号控制。当⑨、⑩脚信号均为高电平时(此时 IC001 ㉕脚输出低电平),IC901 的③脚和④脚接通、⑪脚和⑬脚接通。③脚和④脚接通,+9V 电压加到 Q910(2SA1015)的基极,使 Q910 反偏截止,视频信号输出电路不受干扰;⑪脚和⑬脚接通,TV 视频信号被送到 Q908 的基极,经 Q908、Q911 缓冲放大后分为两路:一路通过 P204⑧脚送入梳状滤波器组件板电路;另一路经 C908 耦合及 Q907、Q906 放大和 C901、R901 耦合,从 AV 输出口向机外输出,为其他视频设备提供视频信号源。当⑨、⑩脚均为 0V 低电平时,①脚和③脚接通,⑬脚和⑫脚接通,①脚输入的 AV1 视频信号被接通,并由 Q910 输出,此时 Q908、Q911 无输出。

在图 2-48 中,P908 S 端子输入的 Y 信号与 V1 视频信号均通过 C915 耦合输入,故 AV1

162

和 P908 S 端子不能同时使用,但 P908 S 端子输入的 Y 信号不由 IC901 转换输出,而是直接通过 P204⑮脚送入梳状滤波器组件板电路。

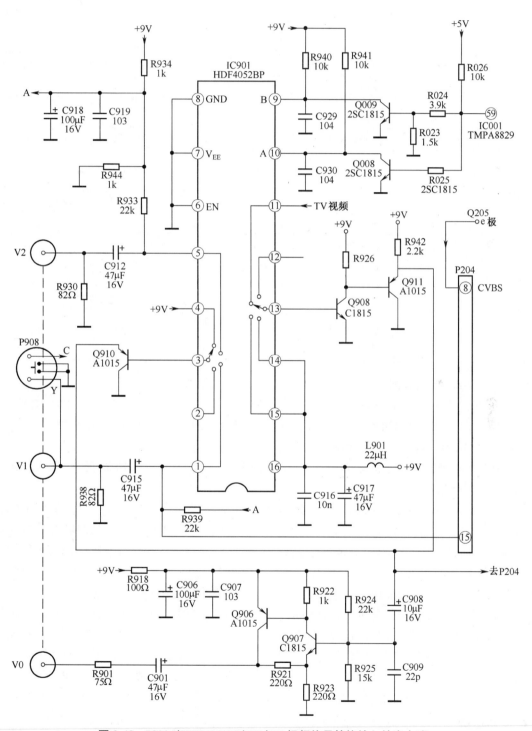

图 2-48　IC901(HDF4052BP)TV/AV 视频信号转换输入输出电路

表 2-19   IC901(HDF4052BP)引脚功能及维修数据

引　脚	符　　号	功　　能	U(V)		R(kΩ)	
					在线	
			待机	开机	正向	反向
1	Y0	外部 AV1 视频信号输入端	0	4.1	6.1	5.6
2	Y2	未用	0	0.1	6.3	6.0
3	Y	AV1/AV2 视频信号选择输出端	0	8.7	6.0	5.4
4	Y3	+9V 电源端	0	8.7	0.3	0.3
5	Y1	外部 AV2 视频信号输入端	0	4.1	6.0	5.7
6	EN	使能端,接地	0	0	0	0
7	V_{EE}	电源负极接地端	0	0	0	0
8	GND	芯片接地端	0.01	8.4	0	0
9	B	开关选择逻辑电平 B 输入端	0.01	8.4	5.4	5.9
10	A	开关选择逻辑电平 A 输入端	0.01	4.4	5.0	5.9
11	X3	TV 视频信号输入端	0.01	8.7	6.0	5.7
12	X0	未用	0	4.4	0.3	0.3
13	X	TV 视频选择输出端	0	8.7	6.0	5.4
14	X1	外接+9V 电源	0	8.7	0.3	0.3
15	X2	外接+9V 电源	0	8.7	0.3	0.3
16	V_{CC}	+9V 电源端	0	8.7	0.3	0.3

(4)TDA9181 梳状滤波器及 HCF4053BE Y/C 信号切换电路。

在 TCL 王牌 HiD34189H 型数字高清彩色电视机中,IC202(TDA9181P)梳状滤波器及 IC201(HCF4053BE)Y/C 信号切换电路组装在一个独立的印制电路板上,并通过设定引脚安装在主板电路上。其实物组装如图 2-49 所示,印制电路如图 2-50 所示,电路原理如图 2-51 所示,引脚功能及维修数据见表 2-20,IC201(HCF4053BE)引脚功能见表 2-21,IC202 (TDA9181P)引脚功能见表 2-22。

在图 2-51 中,由 P201(P204)插排⑧脚输入的 TV 图像信号,经 C254 送入 IC202 的③脚,在其内部经梳状滤波等处理后,分离出亮度(Y)信号和色度(C)信号,分别从⑭脚和⑯脚输出。由⑭脚输出的亮度(Y)信号经 C248 耦合、Q216 缓冲放大后送入 IC201⑤脚,与③脚输入的 S 端子 Y 信号进行切换后从④脚输出,经 P201(P204)⑤脚、C224 送入 IC001(TMPA8829 CSNG5JP9)的㉔脚。由⑯脚输出的色度信号经 C247 耦合、Q215 缓冲放大后送入 IC201②脚,与①脚输入的 S 端子 C 信号进行切换后从⑮脚输出,经 P201(P204)③脚、C226、C225 等送入 IC001(TMPA8829CSNG5JP9)的㉓脚。

在图 2-51 中,用于 IC201 转换控制信号由 IC001 的⑤⑥脚输出。当 IC001⑤⑥脚输出高电平时,Q209 导通,IC201⑨、⑩脚为低电平,④脚与⑤脚接通,⑮脚与②脚接通。此时,系统工作在 TV 状态,IC201④和⑮脚分别输出 TV 亮度信号和色度信号。当 IC001⑤⑥脚输出低电平时,Q209 截止,IC201⑨、⑩脚为高电平,④脚与③脚接通,⑮脚与①脚接通。此时,系统工作在 S 端子输入状态,IC201④脚和⑮脚分别输出 S 端子的亮度信号和色度信号。

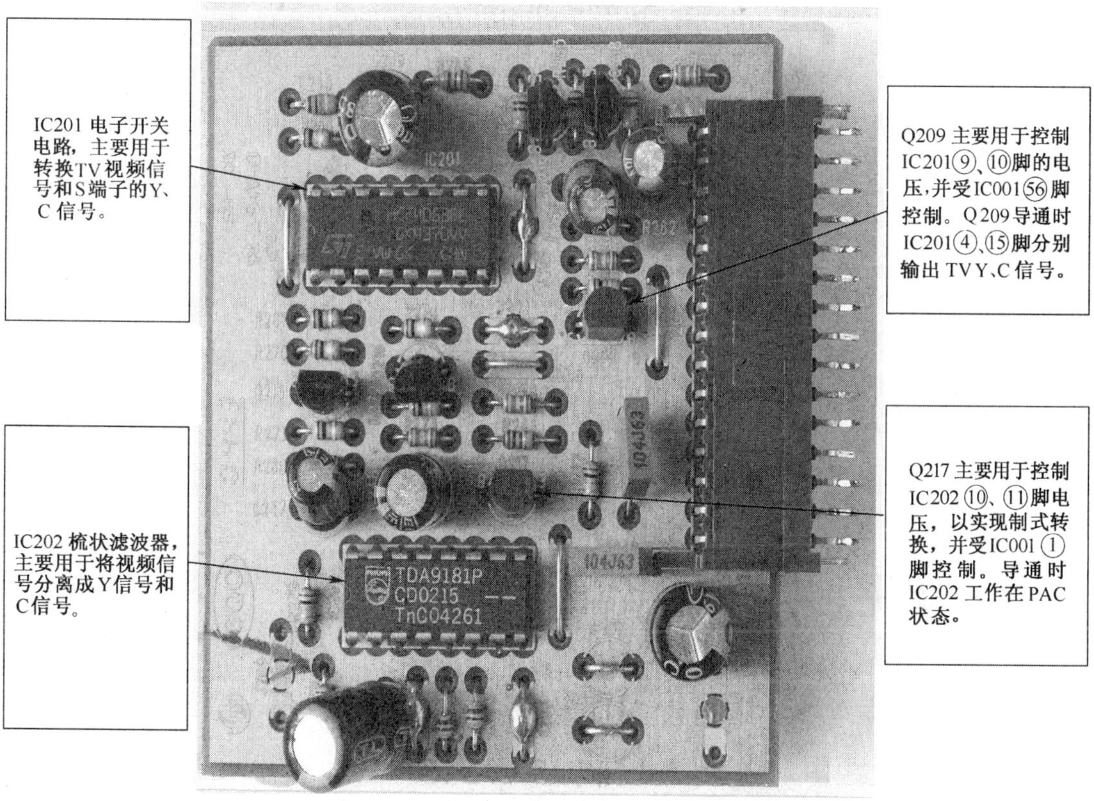

IC201 电子开关电路，主要用于转换TV视频信号和S端子的Y、C信号。

Q209 主要用于控制IC201⑨、⑩脚的电压，并受IC001㊱脚控制。Q 209 导通时IC201④、⑮脚分别输出 TV Y、C 信号。

Q217 主要用于控制IC202⑩、⑪脚电压，以实现制式转换，并受IC001①脚控制。导通时IC202 工作在 PAC 状态。

IC202 梳状滤波器，主要用于将视频信号分离成Y信号和C信号。

图 2-49　梳状滤波器及 Y/C 分离组件实物图

P201(P204)插排⑮、⑭脚，分别用于输入S端子的Y 信号和C信号。

IC201④脚用于输出选择后的亮度信号 Y。

P201(P204) 插排⑧脚，用于输入TV 视频信号。

IC202⑭脚用于输出 TV 亮度信号。

图 2-50　梳状滤波器及 Y/C 分离组件印制电路板

165

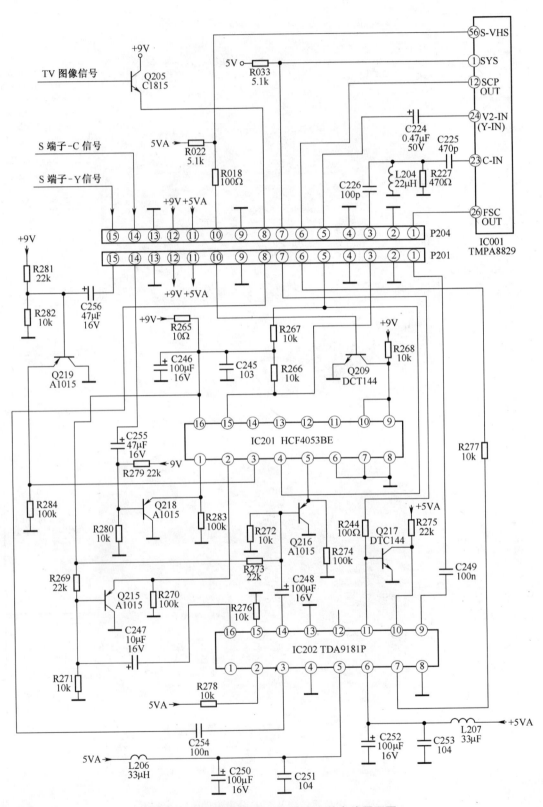

图 2-51　梳状滤波器及 Y/C 分离组件电路原理图

表 2-20 P201(P204)引脚功能及维修数据

引 脚	符 号	功 能	U(V) 待机	U(V) 开机	R(kΩ) 在线 正向	R(kΩ) 在线 反向
1	FSC	副载波信号输入端	0	1.8	6.0	6.8
2	GND	接地端	0	0	0	0
3	COUT	色度信号输出端	0	3.5	5.8	5.2
4	GND	接地端	0	0	0	0
5	YOUT	亮度信号输出端	0	3.5	6.4	5.1
6	SC-IN	沙堡脉冲输入端	0	1.3	5.5	6.1
7	SYS	制式开关控制信号输入端	0	4.0	1.8	1.8
8	CVBS	TV 图像信号输入端	0	5.3	1.8	1.8
9	GND	接地端	0	0	0	0
10	S-VSH	S 端选择控制信号输入端	4.9	5.1	3.6	3.6
11	5VA	+5V 电源端	0.4	4.9	0.4	0.4
12	9V	+9V 电源端	0.1	8.7	0.4	0.4
13	GND	接地端	0	0	0	0
14	CS	S 端子色度信号输入端	0	0	0.1	0.1
15	YS	S 端子亮度信号输入端	0	0	0.1	0.1

表 2-21 IC201(HCF4053BE)引脚功能

引 脚	符 号	功 能
1	Y1	独立输入端 2-1,用于输入 S 端子－C 信号
2	Y0	独立输入端 2-0,用于输入 IC102⑯脚分离输出的色度信号
3	Z1	独立输入端 3-1,用于输入 S 端子－Y 信号
4	Z	公共输出端 3,输出选择后的亮度信号
5	Z0	独立输入端 3-0,输入 IC102⑭脚分离输出的亮度信号
6	U0	公共使能控制输入端,接地
7	V_{EE}	负电源端,接地
8	GND	接地端
9	C	开关选择控制输入端 3,与⑩脚并接
10	B	开关选择控制输入端 2,与⑨脚并接
11	A	开关选择控制输入端 1,本机未用
12	X0	独立输入端 1-0,本机未用
13	X1	独立输入端 1-1,本机未用
14	X	公共输出端 1,本机未用
15	Y	公共输出端 2,输出选择后的色度信号
16	V_{CC}	+9V 电源端

表 2-22 IC202(TDA9181P)引脚功能

引 脚	符 号	功 能
1	CN	色度信号输入端,未用
2	INPSEL	选择开关信号输入端,通过 10kΩ 电阻接 5V 电源
3	Y/C VBS2	亮度信号或视频信号输入端 2,用于输入 TV 视频图像信号
4	DGND	数字电路接地端
5	V_{DD}	5V 电源端,用于数字电路供电
6	V_{CC}	5V 电源端,用于模拟电路供电
7	SC	沙堡脉冲输入端
8	FSCSEL	副载波选择输入端,接地
9	FSC	副载波信号输入端
10	SYS2	制式选择输入端 2
11	SYS1	制式选择输入端 1
12	Y/C VBS1	亮度信号或视频信号输入端 1,未用
13	AGND	模拟电路接地端
14	YOUT	亮度信号输出端
15	OUTSEL	输出开关选择输入端,通过 10kΩ 电阻接地
16	COUT	色度信号输出端

(5)色信号解调及 RGB 基色矩阵输出电路。

在 TCL 王牌 HiD34189H 型数字高清彩色电视机中,色信号解调及 RGB 基色矩阵主要是在 IC001(TMPA8829CSNG5JP9)的⑱～㉔脚和㊺～(52)脚内部电路完成的,如图 2-52 中所示。

分别由 IC202(TDA9181P)多制式梳状滤波器组件印制电路板⑭、⑯脚输出的亮度信号和色度信号,再经 C224、C225 耦合送入 IC001㉔、㉓脚内部的开关电路,并在 I^2C 总线控制下分别送入亮度处理电路和色度处理电路。亮度处理电路主要对亮度信号进行黑电平扩展、γ 校正、清晰度调整以及色陷波处理等,然后送入 RGB 基色矩阵电路。色度处理电路主要对色度信号进行带通放大和锁相环解调,以产生 U、V 分量信号,也送入 RGB 基色矩阵电路。在进入 RGB 基色矩阵电路之前,Y 信号和 U、V 分量信号还要在内/外转换开关电路控制下,与⑲、⑳、㉑脚输入的外部 Cb、Y、Cr 隔行信号进行转换输出,然后进入 R、G、B 基色矩阵,再从㊿、(51)、(52)脚输出 RGB 基色信号。由 IC001㊿、(51)、(52)脚输出的 RGB 基色信号(模拟信号),经 P202①、②、③脚送入数字电路板,转换成数字信号,再将数字信号转换成模拟信号,最后通过 JN103 插排送入尾板末级视放电路。

3. 伴音中频信号处理系统

在 TCL 王牌 HiD34189H 型数字高清彩色电视机中,TV 伴音中频信号处理系统,主要由 IC001(TMPA8829CSNG5JP9)内电路和少量的外围元件组成,如图 2-53 所示。

在图 2-53 中,IC001㉛脚为伴音中频信号(SIF)检波输出,经 C218 耦合至㉝脚。在其内部进行调频解调等处理后从㊳脚输出伴音信号,再经 Q203 缓冲放大和 R214、C211 耦合,送入 IC601(NJW1142L)音频效果处理及 TV/AV 音频信号转换电路。

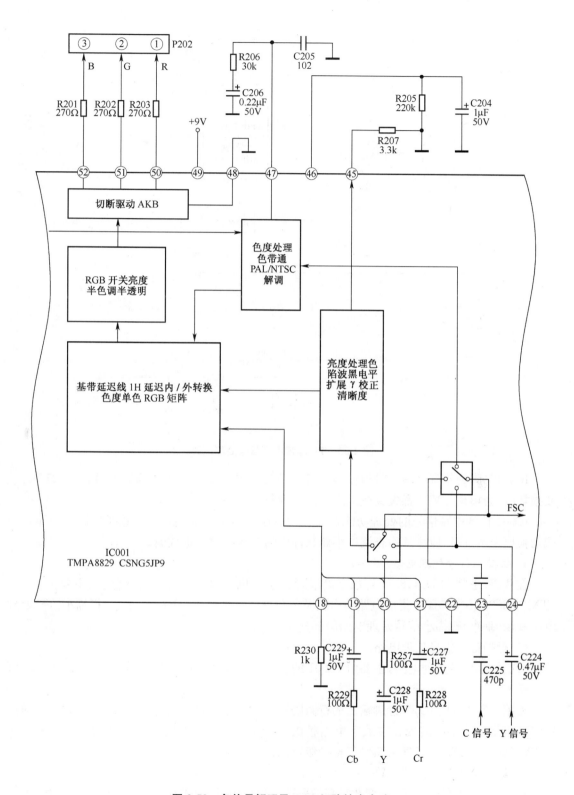

图 2-52 色信号解码及 RGB 矩阵输出电路

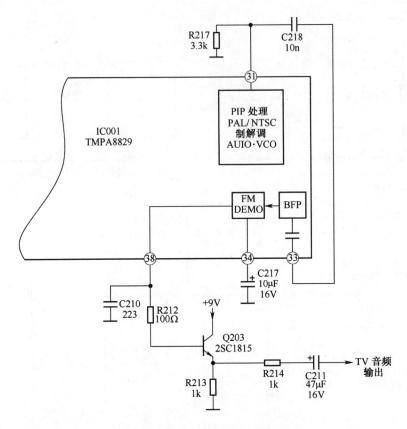

图 2-53　TV 伴音中频信号处理电路

IC001㉞脚为伴音中频信号检波输出直流负反馈端,C217 为反馈滤波电容,当 C217 失效或损坏时,会出现 TV 伴音失真或无声等故障现象。

IC001 伴音中频信号的处理功能及伴音中频制式转换功能均由 I²C 总线控制。当伴音制式切换出现紊乱时,应注意检查调试维修软件中的伴音中频设定数据。

4. 扫描小信号处理电路

在 TCL 王牌 HiD34189H 型数字高清彩色电视机中,扫描小信号处理电路主要由 IC001(TMPA8829CSNG5JP9)集成电路内电路及部分外围元件组成,分为行(水平)扫描小信号处理电路和场(垂直)扫描小信号处理电路两部分。

(1)行扫描小信号处理电路。

行扫描小信号处理电路,主要由 IC001 的⑫、⑬、⑭脚内电路及外围元件组成,如图 2-54 所示。

在图 2-54 中,由 IC001⑬脚输出的行激励脉冲信号先经 Q206、Q207、Q208 整形处理,通过 P202⑤脚送入数字电路板。在数字电路板内进行倍频等处理后输入到主电路板中的 IC301(STV6888),经 IC301 处理后激励行推动级电路。

(2)场扫描小信号处理电路。

在 TCL 王牌 HiD34189H 型数字高清彩色电视机中,场扫描小信号处理电路主要由 IC001(TMPA8829CSNG5JP9)的⑮、⑯脚内电路及外围元件组成,如图 2-55 所示。

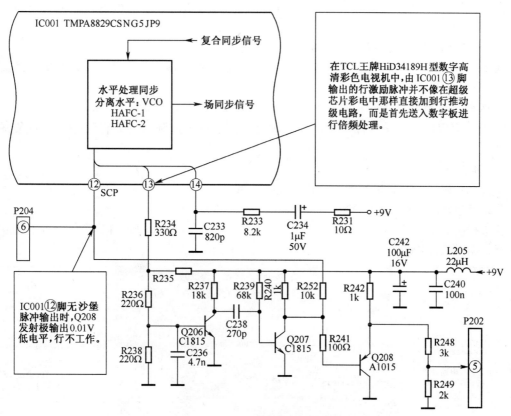

图 2-54 行扫描小信号处理电路

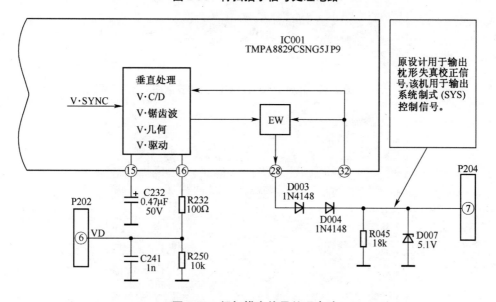

图 2-55 场扫描小信号处理电路

在图 2-55 中,场同步处理、锯齿波形成、几何失真校正、场驱动等功能均包含在 IC001 内部,并由 I²C 总线控制。由⑯脚输出的场激励信号先经 P202⑥脚送入数字电路板进行倍频等处理,再送回到主电路板中的 IC301(STV6888),经 IC301 处理后激励场输出级电路。

在图 2-55 中，IC001⑮脚为场锯齿波形成端，C232 为锯齿波形成电容。该电容不良或损坏，会出现光栅幅度失真或水平亮线等故障现象。

二、音频前置放大及功率输出电路

在 TCL 王牌 HiD34189H 型数字高清彩色电视机中，音频前置放大及功率输出电路主要由 IC601(NJW1142L)、IC602(TDA7266)、IC603(TDA8945S)3 只集成电路及部分外围分立元件等组成。

1. 音频效果处理及 TV/AV 音频信号输入/输出转换电路

IC601(NJW1142L)是一种内含重低音输出及 I^2C 总线控制功能的音频效果处理集成电路。其主要特点是：

①具有模拟立体声、环绕声处理功能。

②具有音调、平衡、音量控制和静音功能。

③具有自动增益(AGC)功能。

其实物组装如图 2-56 所示，印制电路如图 2-57 所示，电路原理如图 2-58 所示，引脚功能及维修数据见表 2-23。

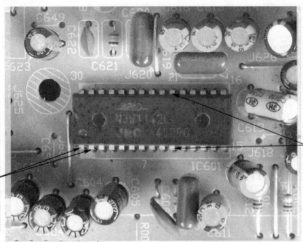

①、②脚分别用于输入 AV1 和 AV2 左声道音频信号。正常工作时，其直流电压 2.9V，电路正常时，①、②脚对地正向阻值 5.9kΩ，反向阻值 8.0kΩ。

⑩、㉑脚分别输出左、右声道音频信号。正常工作时，其直流电压 4.5V，电路正常时，⑩、㉑脚对地正向阻值 5.6kΩ，反向阻值 8.0kΩ。

图 2-56　IC601(NJW1142L)实物安装图

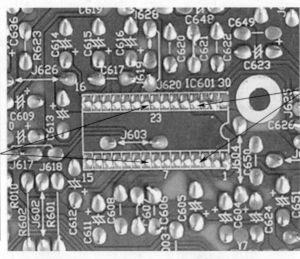

⑨、㉒脚分别输出左、右声道音频信号，主要用于重低音输出。正常工作时⑨、㉒脚电压 4.5V，电路正常时⑨、㉒脚对地正向阻值 5.8kΩ，反向阻值 8.0kΩ。

④、㉗脚分别输入 TV 左、右声道音频信号。正常工作时④、㉗脚电压 2.9V，电路正常时④、㉗脚对地正向阻值 5.9kΩ，反向阻值 8.0kΩ。

图 2-57　IC601(NJW1124L)引脚印制电路

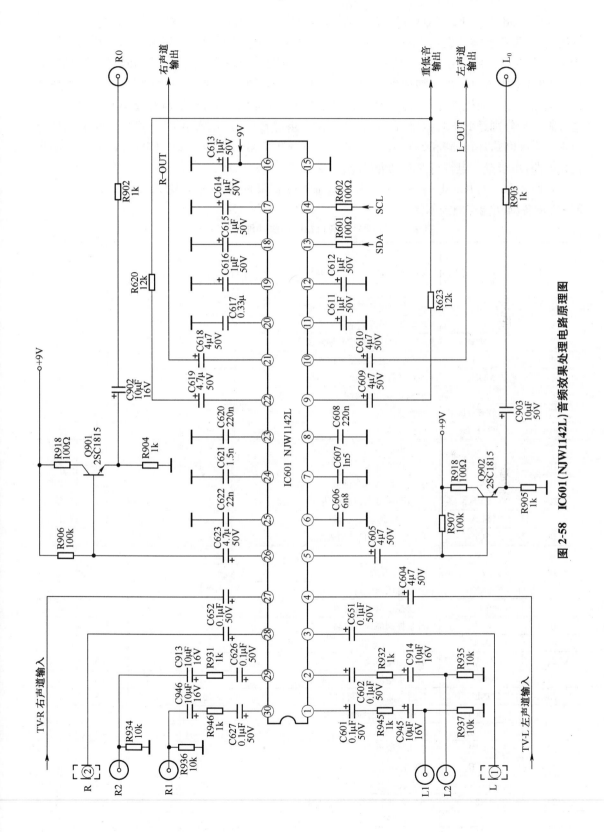

图 2-58 IC601 (NJW1142L) 音频效果处理电路原理图

173

在图 2-58 中,IC601(NJW1142L)①脚和⑩脚分别用于输入 AV1 和 S 端子的左、右声道音频信号,②脚和㉙脚分别用于输入 AV2 端子的左、右声道音频信号,④脚和㉗脚分别用于输入 TV 左、右声道音频信号。上述信号经 IC601 内部转换等处理后分别从⑤脚和㉖脚、⑨脚和㉒脚、⑩脚和㉑脚输出。由⑤脚和㉖脚输出的左右声道音频信号,经 Q902、Q901 缓冲放大后通过 AV 输出端口向机外输出,为其他音响设备等提供音频信号源;由⑨脚和㉒脚输出的左右声道音频信号分别经 R623、R620 后合为一路,作为重低音信号,送入 IC603(TDA8945S)重低音功率放大级电路;由⑩脚和㉑脚输出的左右声道音频信号送入 IC602(TDA7266)双音频功率放大电路,用于推动电视机左右两侧的扬声器。

在图 2-58 中,IC601 的⑬、⑭脚为 I^2C 总线数据和时钟信号的输入/输出端口,用于对 IC601 的各项功能实施控制。

表 2-23　IC601(NJW1142L)引脚功能及维修数据

引　脚	符　号	功　能	$U(V)$		$R(k\Omega)$	
					在　线	
			待机	开机	正向	反向
1	L1	AV 左声道音频信号输入端 1	0	2.9	5.9	8.0
2	L2	AV 左声道音频信号输入端 2	0	2.9	5.9	8.0
3	IN3a	AV 左声道音频信号输入端 3	0	2.9	5.9	8.0
4	TV-L	TV 左声道音频信号输入端	0	2.9	5.9	8.0
5	MONa	左声道外部输出端	−0.1	4.5	5.6	8.5
6	SSFIL	模拟立体声滤波端	0	4.0	5.5	8.0
7	TONE-Ha	高音滤波端	0	4.0	5.8	8.0
8	TONE-La	低音滤波端	0	4.4	5.7	7.8
9	L-OUT	左声道输出端,用于重低音	0.4	4.5	5.8	8.0
10	L-OUT	左声道输出端	0.1	4.5	5.6	8.0
11	CVA	音量平衡 A 通道滤波端	0.1	3.0	5.4	8.2
12	CVB	音量平衡 B 通道滤波端	0.1	3.0	5.4	8.1
13	SDA	I^2C 总线数据输入/输出端	3.1	3.3	1.1	1.1
14	SCL	I^2C 总线时钟信号输入端	2.7	2.9	1.1	1.1
15	GND	接地端	0	0	0	0
16	V+	+9V 电源端	0	8.7	0.4	0.4
17	VREF	参考电压滤波端	0.1	1.7	5.5	8.0
18	CTL	音量控制低音滤波端	0.1	2.8	5.8	8.0
19	CTH	音量控制高音滤波端	0.1	2.4	5.7	8.0
20	AGC	自动增益滤波端	0.1	1.4	5.7	8.0
21	R-OUT	右声道输出端	0.2	4.5	5.6	8.0
22	R-OUT	右声道输出端,用于重低音	0.1	4.5	5.8	8.0
23	TONE-Lb	B 通道低音音调控制端	0	4.4	5.98	7.5
24	TONE-Hb	B 通道高音音调控制端	0	4.0	5.9	7.8
25	SRFIL	环绕声滤波端	0	0	5.5	7.4
26	MONb	右声道输出端	−0.1	4.5	5.6	8.2
27	TV-R	TV 右声道音频信号输入端	0	2.9	5.9	8.0
28	IN3b	AV 右声道音频信号输入端 3	0	2.9	5.9	7.8
29	R2	AV 右声道音频信号输入端 2	0	2.9	5.9	8.0
30	R1	AV 右声道音频信号输入端 1	0	2.9	5.9	8.0

2.TDA7266 双声道音频功率放大输出电路

TDA7266 是一种双路音频立体声放大集成电路,其主要特点有:

①具有 3～18V 宽供电电压范围。

②具有短路保护和热保护功能。

③具有静音和开关机静噪功能。

在 TCL 王牌 HiD34189H 型数字高清彩色电视机中,IC602(TDA7266)主要用于左右声道的音频功率输出。其实物组装如图 2-59 所示,引脚印制电路如图 2-60 所示,电路原理如图 2-61 所示,引脚功能及维修数据见表 2-24。

在图 2-61 中,IC602(TDA7266)的⑥、⑦脚为静音控制端,它除受 IC001⑥脚控制外,还受由 Q602、D601 等组成的开关机静噪电路控制。在刚开机时,由于 C633 的惰性作用使 Q602 导通,Q601 导通,IC602 的⑥、⑦脚被钳位于 0.01V 低电平,扬声器静噪。在 C633 充电结束后,由于 D601 的作用使 Q602 截止,Q601 截止,IC602 的⑥、⑦脚转为高电平,扬声器开始正常输出。

①、②脚用于右声道音频信号正反相输出。电路正常时,①、②脚对地正向阻值为4.4kΩ,反向阻值为4.8kΩ,无伴音时0V电压。

⑭、⑮脚用于左声道音频信号正反相输出。电路正常时,⑭、⑮脚对地正向阻值为4.4kΩ,反向阻值为4.8kΩ,无伴音时0V电压。

图 2-59　IC602(TDA7266)实物安装图

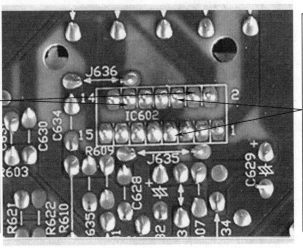

④脚、⑫脚分别为左右声道音频信号输入端。电路正常时④、⑫脚对地正向阻值 7.5kΩ,反向阻值 8.1kΩ,无信号电压0V。

⑥、⑦脚分别为左右声道静音控制端。无信号时⑥、⑦脚电压被钳位于0.01V低电平。

图 2-60　IC602(TDA7266)引脚印制线路

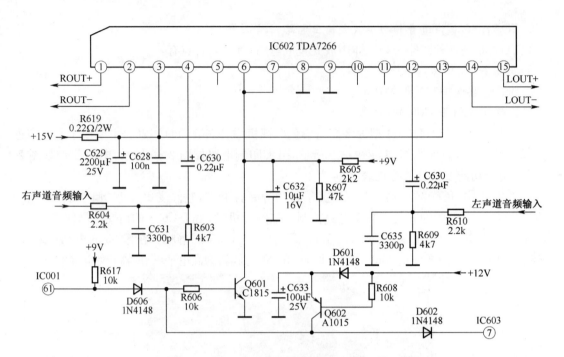

图 2-61 IC602(TDA7266)双伴音功率输出电路原理图

表 2-24 IC602(TDA7266)引脚功能及维修数据

引 脚	符 号	功 能	U(V)		R(kΩ)	
					在 线	
			待机	开机	正向	反向
1	ROUT+	右声道正相输出端	0	0	4.4	4.8
2	ROUT−	右声道反相输出端	0	0	4.4	4.8
3	$V_{CC}1$	+15V 电源端	1.5	16.0	0	0
4	RIN	右声道音频信号输入端	0	0	7.5	8.1
5	NC	未用	0	0	∞	∞
6	MUTE	静音控制端	0	0.01	5.2	5.5
7	ST-BY	待机控制端	0	0.01	5.2	5.5
8	P-GND	接地端	0	0	0	0
9	S-GND	接地端	0	0	0	0
10	NC	未用	0	0	∞	∞
11	NC	未用	0	0	∞	∞
12	LIN	左声道音频信号输入端	0	0	7.5	8.1
13	$V_{CC}2$	+15V 电源端	1.5	16.0	0	0
14	LOUT−	左声道反相输出端	0	0	4.4	4.8
15	LOUT+	左声道正相输出端	0	0	4.4	4.8

3. TDA8945S 音频功率放大电路

TDA8945S 是一种重低音功率放大集成电路,其主要特点有:

①内置推挽放大(BTL)电路,最大输出功率为 15W,外接负载为 8Ω。

②具有待机和静音功能。

③具有过流、过热保护功能。

在 TCL 王牌 HiD34189H 型数字高清彩色电视机中,IC603(TDA8945S)主要用于重低音功率放大输出,其实物安装如图 2-62 所示,引脚印制电路如图 2-63 所示,电路原理如图 2-64 所示,引脚功能及维修数据见表 2-25。

在图 2-64 中,左、右声道音频信号通过⑤脚外接阻容网络形成重低音信号,由该电路分为正反两相脚送入 IC603⑤、④脚,在 IC603 内部进行功率放大。经放大后再分为正反两相从③脚和①脚输出,并直接送入重低音扬声器。

③脚用于重低音功率信号正相输出。待机时有 0.4V电压,开机时有9.0V电压。电路正常时该脚对地正向阻值 4.8kΩ,反向阻值 200kΩ。

⑤脚用于重低音信号反相输入。待机时该脚电压 1.0V,开机时该脚电压为 7.0V。电路正常时该脚对地正向阻值 5.9kΩ,反向阻值 75kΩ。

图 2-62　IC603(TDA8945S)实物安装图

⑦脚用于静噪控制。无信号时该脚电压3.4V。电路正常时,该脚对地正向阻值5.8kΩ,反向阻值22.0kΩ。

②脚为+18V电源输入端。待机时该脚电压2.5V,开机时18.7V。电路正常时,该脚对地正向阻值 2.8kΩ,反向阻值 30.0kΩ。

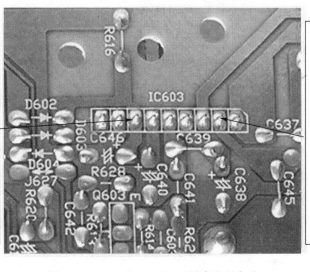

图 2-63　IC603(TDA8945S)引脚印制电路

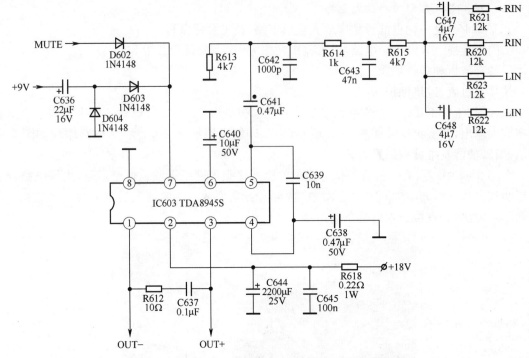

图 2-64　IC603(TDA8945S)重低音功率输出电路原理图

表 2-25　IC603(TDA8945S)引脚功能及维修数据

引　脚	符　号	功　　能	U(V)		R(kΩ)	
			待机	静态	在　线	
					正向	反向
1	OUT−	反相输出端	0.4	9.0	4.9	2.8
2	V$_{CC}$	+18V 电源端	2.5	18.7	2.8	30.0↑
3	OUT+	正相输出端	0.4	9.0	4.8	200.0↑
4	IN+	正相输入端	1.0	7.0	6.3	75.0
5	IN−	反相输入端	1.0	7.0	5.9	75.0
6	SVR	供给一半的吸收电压($\frac{1}{2}$电源)	1.2	8.6	6.3	30.0
7	MUTE	静音控制端	0	3.4	5.8	22.0
8	P-GND	接地端	0	0	0	0
9	NC	未用	0	0	∞	∞

三、扫描几何失真校正及功率输出电路

在 TCL 王牌 HiD34189H 型数字高清彩色电视机中,扫描几何失真校正及功率输出电路,主要由 IC301(STV6888)、IC302(TDA8177)及部分外围元件组成。

1. STV6888 偏转处理电路

IC301(STV6888)是一种用来控制行场扫描信号偏转及几何失真校正集成电路,为单芯片、32 个引脚结构。其主要特点有:

①具有 I^2C 总线控制功能。

②内置 DC/DC 转换控制器,具有 DC/DC 驱动输出功能。

③具有 100kHz 的倍频频率。

④具有 X 射线保护和行软启动/停止功能。

⑤具有场幅伸缩补偿功能和水平几何校正、行幅调节功能。

在 TCL 王牌 HiD34189H 型数字高清彩色电视机中,IC301(STV6888)主要用于行场扫描驱动和东西枕形失真校正控制。其实物安装如图 2-65 所示,引脚印制电路如图 2-66 所示,电路原理如图 2-67 所示,引脚功能及维修数据见表 2-26。

在图 2-67 中,IC301 在①、②脚场同步驱动脉冲和㉚、㉛脚 I^2C 总线时钟信号和数据信号控制下,可以完成行场扫描驱动和光栅几何失真、线性失真校正等。同时 IC301 具有 X 射线保护功能,当行扫描逆程脉冲因某种原因升高并超过一定值时,加到 D301(30V 稳压二极管)负极端的 +16V 电压也升高,当电压超过 30V 时,D301 反向击穿导通,IC301㉕脚内置的 X 射线保护电路动作,并将行振荡电路锁定在关闭状态,使㉖脚无输出。

①、②脚分别为行场同步脉冲输入端。正常工作时①脚电压 0.4V,②脚电压 0V;待机时①、②脚电压均为 0V。

㉕脚为 X 射线保护信号输入端,外接 30V 稳压二极管用于监测行输出变压器输出的 +16V 电压。当 +16V 电压升高并超过 30V 时,将会引起保护电路动作。

图 2-65　IC301(STV6888)实物安装图

㉓脚场扫描激励信号输出端。正常工作时,该脚直流电压 3.4V,对地正向阻值 7.1kΩ,反向阻值 5.6kΩ。

㉖脚为行激励信号输出端。正常工作时,该脚直流电压 7.4V,待机时电压为 0.1V。

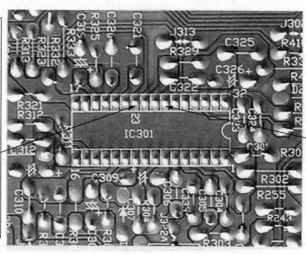

图 2-66　IC301(STV6888)引脚印刷线路图

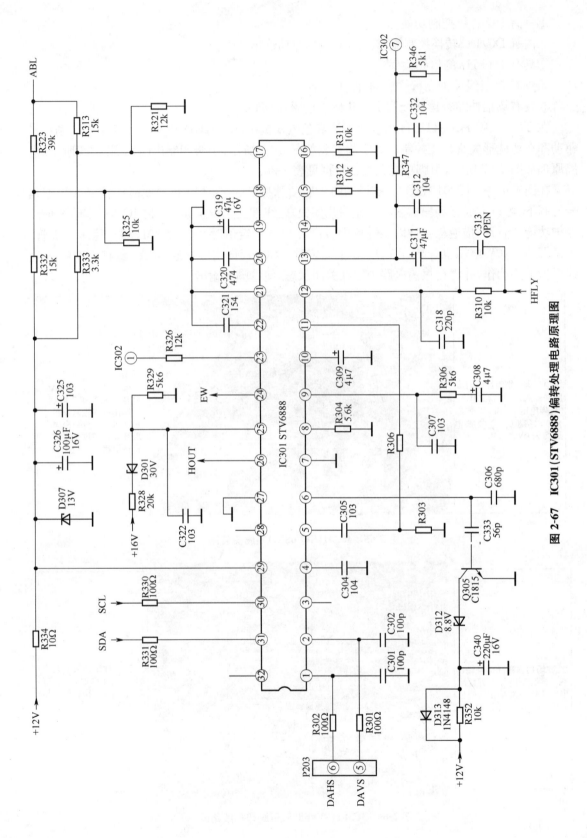

图 2-67 IC301 (STV6888) 偏转处理电路原理图

表 2-26　IC301(STV6888 偏转处理电路)引脚功能及维修数据

引脚	符号	功能	U(V)		R(kΩ)	
			待机	开机	在线	
					正向	反向
1	H/HVSYN	TTL 可兼容行/行和场同步信号输入端	0	0.4	5.8	4.6
2	VSYN	TTL 可兼容场同步信号输入端	0	0	6.2	3.6
3	HLCKVBK	行锁存检测和场消隐合成输出端	0	0.1	9.1	6.4
4	HOSCF	行振荡梳状滤波器高门限电平输入端	0	6.2	0.6	0.6
5	HPLL2C	行锁相环电容滤波器输入端	0	0.1	6.8	5.8
6	C0	行振荡电容输入端	0	4.0	6.8	5.4
7	HGND	行电路接地端	0	0	0	0
8	R0	行振荡电阻输入端	0	1.4	3.8	3.8
9	HPLLIF	行锁相环 1 滤波器输入端	0.2	1.4	6.5	5.8
10	HPOSF	行滤波器和软启动持续电容输入端	0	3.7	2.6	2.8
11	HMOIRE	行纹波输出端	0	0.4	9.0	6.0
12	HFLY	行回扫输入端	0	0.4	5.5	5.6
13	REFOUT	基准电压输出端	0	7.8	0.6	0.6
14	BCOMP	B+DC/DC 误差放大器输出端,应用时接地	0	0	0	0
15	BBREGL	B+DC/DC 转换控制器反馈输入端	0	0	6.5	5.4
16	BISENSE	B+DC/DC 转换器电流感应输出端	0	0	6.5	5.6
17	HEHTIN	行扫描幅度与超高压变化补偿输入端	0	5.5	3.7	3.8
18	VEHTIN	场扫描幅度与超高压变化补偿输入端	0	3.4	4.5	4.4
19	VOSCF	场振荡梳状滤波器低门限输入端	0	1.8	1.3	1.3
20	VAGCCAP	场振荡自动增益控制环存储电容输入端	0	4.3	8.4	6.5
21	VGND	场电路接地端	0	0	0	0
22	VCAP	接场梳状电容	0	3.7	6.6	5.5
23	VOUT	场激励信号输出端	0	3.4	7.1	5.6
24	EWOUT	东/西枕形失真校正信号输出端	0	4.1	6.4	5.8
25	XRAY	X 射线保护信号输入端	0	6.5	9.0	6.0
26	HOUT	行激励信号输出端	0.1	7.4	1.1	1.1
27	GND	接地端	0	0	0	0
28	BOUT	B+DC/DC 转换控制器输出端	0	0	9.0	6.0
29	V_{CC}	+12V 电源端	0.1	12.0	0.4	0.4
30	SCL	I^2C 总线时钟信号输入端	2.7	2.9	1.1	1.1
31	SDA	I^2C 总线数据输入/输出端	3.1	3.4	1.1	1.1
32	VDYCOR	场动态校正信号输出端	0	4.3	8.0	7.8

2. 行扫描功率输出级电路

在 TCL 王牌 HiD34189H 型数字高清彩色电视机中,行扫描输出级电路主要由 Q402、Q403 和 T444 等分立元件组成,其电路原理如图 2-68 所示。T444 引脚功能及维修数据见表 2-27。

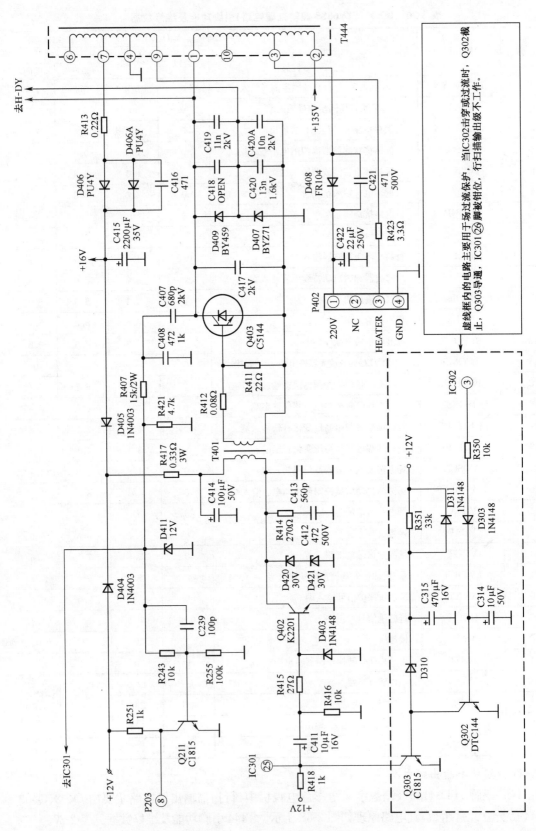

图 2-68 行扫描功率输出级电路

在图 2-68 中,Q302、Q303、D310、D303 等组成保护电路,当 IC302 场扫描输出级电路损坏时,Q302、Q303 动作,使 Q402 停止工作,从而起到黑屏保护作用。但在实际电路中该机的这部分电路未用,其保护功能主要是通过 D303、D310 控制 IC301(STV6888)的㉕脚实现的。

表 2-27　T444(DS2D 4A073K)行输出变压器引脚功能及维修数据

引脚	符　号	功　　　能	$U(\underset{\sim}{V})$ 待机	$U(\underset{\sim}{V})$ 开机	$U(V)$ 待机	$U(V)$ 开机	$R(k\Omega)$ 在　线 正向	$R(k\Omega)$ 在　线 反向
1	C	接行输出管 C 极	39.0	255.0	21.5	140.0	2.2	5.8↑
2	+B	接+135V 电源	39.0	255.0	21.5	140.0	2.2	5.8↑
3	220V	接 220V 电源,用于尾板视放级供电	39.0	255.0	21.5	140.0	2.2	5.8↑
4	GND	接地端	0	0	0	0	0	0
5	NC	未用	0	0	0	0	∞	∞
6	+16.5V	+16.5V 低压电源端	0	16.5	0	0	0	0
7	+12V	+12V 低压电源端	0	16.5	0	0	0	0
8	ABL	自动亮度限制端	0	8.5	0	7.4	4.0	4.0
9	HEATER	灯丝电压端	0	3.5	0	0	0	0
10	NC	未用	0	0	0	0	∞	∞

注:同第 73 页中表注②。

3. TDA8177 场扫描功率输出级电路

在 TCL 王牌 HiD34189H 型数字高清彩色电视机中,场扫描输出级电路主要由 IC302 (TDA8177)及外围分立元件组成,其电路原理如图 2-69 所示,IC302(TDA8177)引脚功能及维修数据见表 2-28。

有关 TDA8177 场扫描功率输出级电路的工作原理及注意事项,参见本书第一章中第二节第 5 部分的相关介绍,这里不再重述。

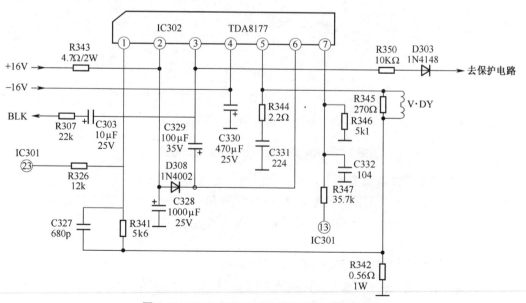

图 2-69　IC302(TDA8177)场输出级电路原理图

表 2-28　IC302(TDA8177)引脚功能及维修数据

引　脚	符　号	功　能	U(V)		R(kΩ)	
			待机	开机	在　线	
					正向	反向
1	V·IN	场锯齿波反相输入端	0	1.0	8.5	8.5
2	+16	+16V 电源端	−0.4	+16.1	9.0	8.1
3	FG	泵电源端	−1.1	−16.1	8.0	6.2
4	−16	−16V 电源端	−1.1	−16.1	11.0	6.5
5	OUT	场扫描信号输出端	0	0	8.5	8.5
6	+15	场输出级供电端	0.5	15.1	6.5	8.0
7	NON V·IN	场锯齿波正相输入端	0	1.0	8.5	8.5

4. 东西枕形失真(EW)校正电路

在 TCL 王牌 HiD34189H 型数字高清彩色电视机中,EW 东西枕形失真校正电路主要由 Q401、Q404 等组成,如图 2-70 所示。

在图 2-70 中,Q401 为东西枕形校正输出管,由 IC301(STV6888)㉔脚输出的东西枕形校正控制信号经 Q404 整形后,由 Q401 输出,其输出信号经 L401、加到 D409 和 D407 的中点,经调制后使行扫描锯齿波电流随东西枕形校正信号的抛物波变化,进而起到光栅东西枕形失真校正作用。

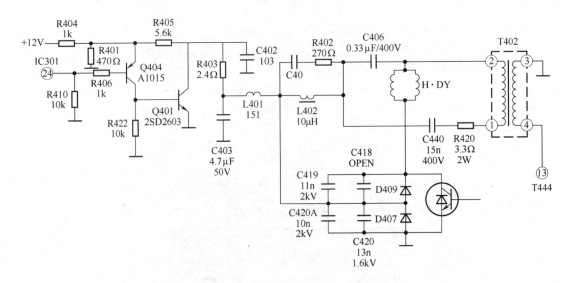

图 2-70　EW 东西枕形失真校正输出电路

四、TDA16846-2 开关电源电路

在 TCL 王牌 HiD34189H 型数字高清彩色电视机中,开关电源电路主要为整机提供 +135V、+12V、+9V、+5VA、+5VD、+18V、+5V 等 7 组供电电压。

1. 主开关电源电路

主开关电源电路,主要由 IC801(TDA16846‐2)、T804(BCK‐150‐FEC4911)、Q801 (SPA04N80C3)等组成,其中 IC801 实物安装如图 2-71 所示,引脚印制线路如图2-72所示,电路原理如图 2-73 所示。IC801 引脚功能及维修数据见表 2-29,T804 引脚功能及维修数据见

表 2-30。

在图 2-73 中,IC801(TDA16846-2)是一种开关电源控制电路,其工作频率既可为固定方式,也可为自由调整方式。当选用自由调整方式时,其开关频率可随负载的变化连续地调整,以适应变频彩色电视机的需要。其最低频率为 20kHz。因此该种电路具有启动电流小、启动电压低等特点,能够最大限度地减轻对电源开关管的冲击。

在图 2-73 中,Q801(SPA04N80C3)为电源开关管,Q804(2SC1815)与 D806 组成＋12V 稳压器,为 IC801 的⑭脚提供工作电压。接通电源后有＋300V 电压通过 T804 的①、③绕组加到 Q801 漏极(D),IC801⑪脚有启动电压输入,⑬脚有驱动脉冲输出并加到 Q801 栅极(G),使 Q801 导通,并在 IC801 内电路控制下进入振荡状态。Q801 启振后,IC801⑭脚的工作电压由 Q804 供给,其工作频率主要由①脚外接 RC 电路决定。IC801 的过压保护和欠压保护功能主要由⑩脚⑪脚及其外接检测电阻完成。

因此,当该种开关电源发生故障时,其检查重点主要是定时电路和过欠压检测电路以及低压供电源电路等。

⑬脚用于开关激励信号输出,通过 R804、R803 控制 Q801 电源开关管的栅(G)极。正常工作时,该脚直流电压 4.5V,待机时为 0.8V。测量时以 C806 负极端为地。

⑤脚用于自动稳压的反馈电压输入,外接 IC802 光电耦合器的次级端。正常工作时,该脚直流电压为 2.0V,待机时为 1.2V。

图 2-71　IC801(TDA16846-2)实物安装图

⑩脚用于误差电压比较,外接 R813、R814 为取样检测电阻。在电路正常时,⑩脚电压约为 0.7V。当该脚电压大于 1V 时,IC801 将执行关机保护,⑬脚无输出。

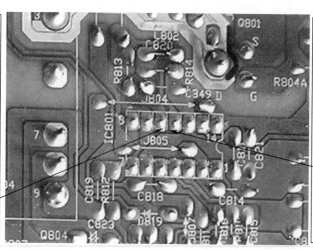

⑪脚用于初级电压检测,外接 R815、R813、R814 起分压作用,电路正常时⑪脚电压为 3.0V。当该脚电压小于 1V 时,IC801 将执行关机保护,⑬脚无输出。

图 2-72　IC801(TDA16846-2)引脚印制线路图

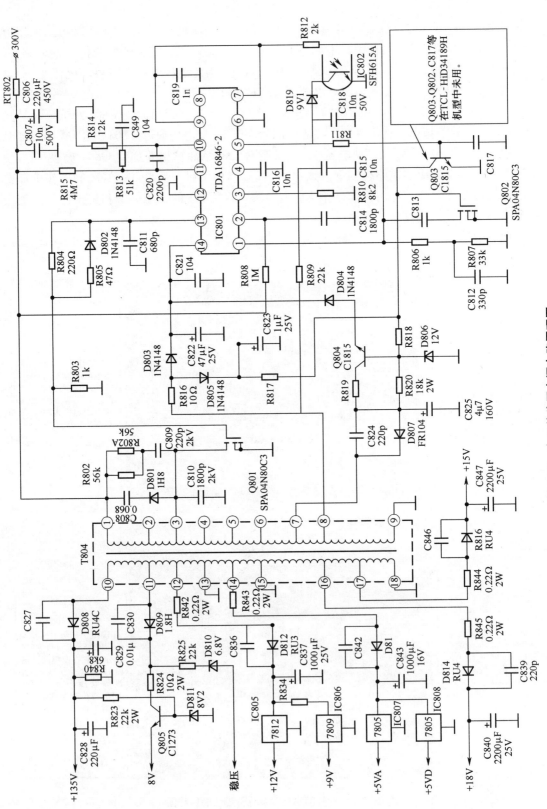

图 2-73 主开关稳压电路原理图

表 2-29 IC801(TDA16846-2)引脚功能和维修数据

引脚	符号	功能	U(V)		R(kΩ)	
			待机	开机	在线	
					正向	反向
1	OTC	振铃抑制时间与待机频率	3.4	2.1	5.3	9.6
2	PCS	限制电源初级绕组的模拟电流	1.5	7.5	5.4	300.0↑
3	RZI	调整与过零输入	0.01	1.3	4.0	4.0
4	SRC	软启动时间控制	0	0	5.5	12.5
5	OCI	光耦反馈输入	1.2	2.0	5.3	23.0
6	FC2	误差比较器2,接地	0	0	0	0
7	SYN	RC振荡或同步信号输入	5.0	5.2	5.5	14.0
8	NC	空脚	0	0	∞	∞
9	REF	参考电压和电流	5.0	5.2	5.5	14.0↑
10	FC1	误差比较器1	0.7	0.7	5.4	8.0
11	PVC	初级电压检测	3.0	3.0	5.4	40.0
12	GND	接地	0	0	0	0
13	OUT	驱动输出	0.8	4.5	0.8	0.8
14	V_{CC}	供电电压	11.0	16.0	4.1	200.0

注:①测量时以 C806 负极端为公共端(地)。

②表中数据用 DY1-A 多用表测得。

③同第 73 页表注②。

表 2-30 T804(BCK-150-FEC4911)开关变压器

引脚	符号	功能	U(V)		R(kΩ)	
			待机	开机	在线	
					正向	反向
1	+300V	+300V电源	500V~	500V~	4.5	500.0↑
2	NC	未用	—	—	—	—
3	C	电源开关管C极	500V~	500V~	4.8	500.0↑
4	NC	未用	—	—	—	—
5	NC	未用	∞	∞	∞	∞
6	NC	未用	—	—	—	—
7	V_{CC}	12V低压供电电源	7.0V~	55.0V~	0	0
8	RZ	用于调整与过零控制	0.5V~	7.7V~	0	0
9	GND	接地	0	0	0	0
10	+B	135V电源	9.0V~	65.0V~	0	0
11	+8V	+8V电源	4.4V~	33.0V~	0	0
12	+12V/+9V	+12V、+9V电源	0.9V~	12.0V~	0	0
13	GND	接地	0	0	0	0
14	+5VA	+5VA电源	0.45V~	7.5V~	0	0
15	GND	接电	0	0	0	0
16	+18V	+18V电源	0.65V~	11.0V~	0	0
17	+15V	+15V电源	0.4V~	7.5V~	0	0
18	GND	接地	0	0	0	0

注:①测量①~⑨脚时以 C806 负极为公共端(地)。

②测量⑩~⑱脚时以主板地为公共端(地)。

③同第 73 页中表注②。

2. 待机控制及变频控制电路

在 TCL 王牌 HiD34189H 型数字高清彩色电视机中,开关电源中的待机控制及变频控制电路,主要由 Q806～Q808 和 Q810、Q811 等组成,如图 2-74 中所示。其中:

①Q806～Q808 主要用于待机控制,并受控于 IC001(TMPA8829CSNG5JP9)的⑭脚。当 IC001⑭脚输出 0.4V 低电平时,Q806 截止,Q807 导通,Q808 截止,IC802 初级电流不受影响,开关电源正常工作,整机进入工作状态;当 IC001⑭脚输出 4.8V 高电平时,Q806 导通,Q807 截止,Q808 导通,IC802 导通电流增大,开关电源工作在低频间歇频率,整机处于等待状态。

在图 2-74 中,Q808 基极还受 D810(6.8V 稳压二极管)等组成的保护电路控制,当 16V 输出因市网电压升高而升高,并足以使 D810 反向击穿导通时,Q808 导通,使开关电源处于低频间歇状态,从而在市网电压过高时起到待机保护作用。

②Q810、Q811 主要用于变频控制。Q810、Q811 通过 P203(JN102)的⑩、⑪脚受控于数字板中 UN406 的⑫、⑬脚。当 UN406⑫脚输出低电平时,Q811 截止,+12V 电源通过 R853、R852、D823 将 IC804 的栅极钳位,开关电源适用于 525P 标清、VGA、TV 等扫描频率;当 UN406⑫脚输出高电平时,Q811 导通,IC804 的栅极通过 D823、R852 被钳位于地,开关电源适用于 HDTV 高清扫描频率。

需要说明的是,不论 UN406⑫脚输出高电平还是低电平,其⑬脚始终输出高电平,使 Q810 一直保持在导通状态。

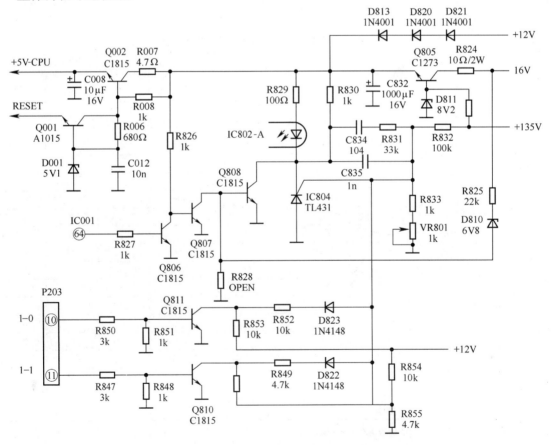

图 2-74 ＋5V(CPU)电源及变频、待机控制电路原理图

第三节 尾板末级视放电路

在 TCL 王牌 HiD34189H 型数字高清彩色电视机中，尾板末级视放电路由 3 只 TDA6111Q 视频放大集成电路及外围元器件等组成。其实物组装如图 2-75 所示，引脚印制电路如图 2-76 所示。其中，G(绿)信号激励电路如图 2-77 所示，R(红)、B(蓝)两路信号激励电路与 G(绿)信号激励电路基本相同。读者可根据需要自己绘出。TDA6111Q 引脚功能及工作原理等，参见本书第一章第三节第一部分的相关介绍，这里不再多述。

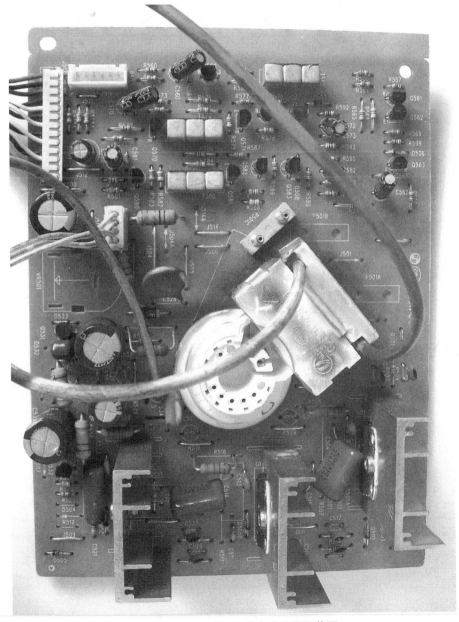

图 2-75 尾板末级视放电路实物组装图

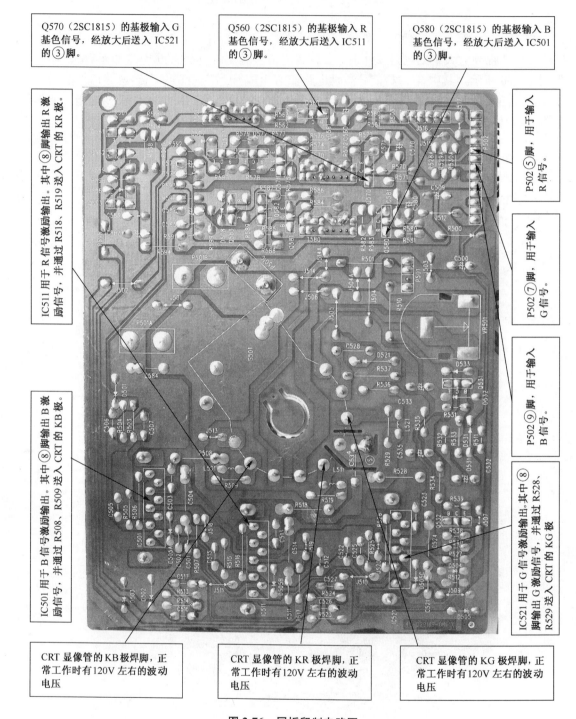

Q570（2SC1815）的基极输入 G 基色信号，经放大后送入 IC521 的③脚。

Q560（2SC1815）的基极输入 R 基色信号，经放大后送入 IC511 的③脚。

Q580（2SC1815）的基极输入 B 基色信号，经放大后送入 IC501 的③脚。

P502⑤脚，用于输入 R 信号。

P502⑦脚，用于输入 G 信号。

IC511 用于 R 信号激励输出。其中⑧脚输出 R 激励信号，并通过 R518、R519 送入 CRT 的 KR 极。

P502⑨脚，用于输入 B 信号。

IC501 用于 B 信号激励输出。其中⑧脚输出 B 激励信号，并通过 R508、R509 送入 CRT 的 KB 极。

IC521 用于 G 信号激励输出。其中⑧脚输出 G 激励信号，并通过 R528、R529 送入 CRT 的 KG 极。

CRT 显像管的 KB 极焊脚，正常工作时有120V 左右的波动电压

CRT 显像管的 KR 极焊脚，正常工作时有120V 左右的波动电压

CRT 显像管的 KG 极焊脚，正常工作时有120V 左右的波动电压

图 2-76　尾板印制电路图

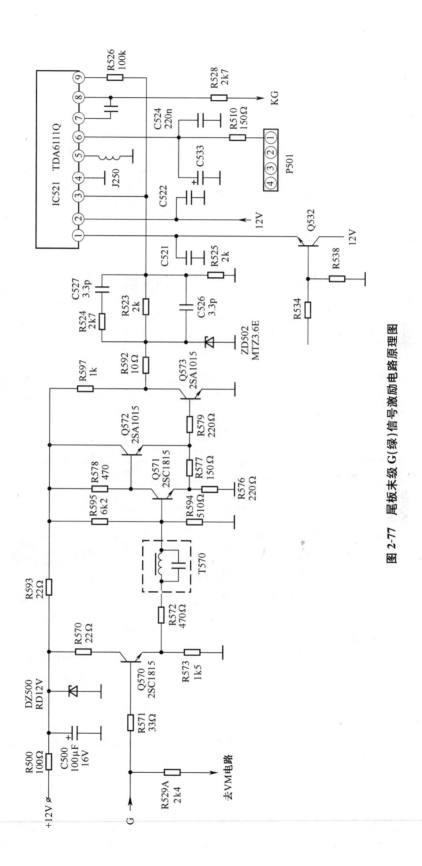

图 2-77　尾板末级 G（绿）信号激励电路原理图

191

第四节　故障检修实例

【例1】

故障现象　TCL王牌HiD34189H型机场幅度压缩且不稳定。

检查与分析　根据TCL王牌HiD34189H型数字高清彩色电视机机心组成的特点,可检查IC301(STV6888)②、⑲、⑳、㉒、㉓脚的直流电压及外围元件,如图2-78所示。

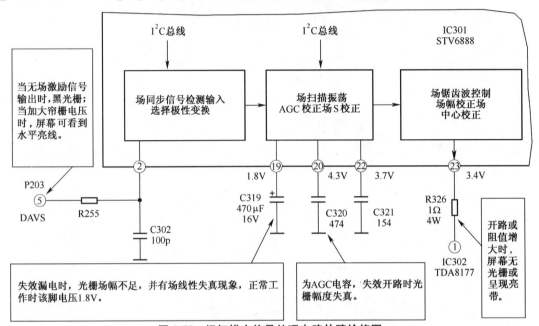

图2-78　场扫描小信号处理电路故障检修图

经检查发现IC301㉒脚电压有明显无规律抖动现象,且在光栅场幅度严重压缩时电压有较大的下跌,故判断㉒脚外接场锯齿波形成电容C321不良或有漏电现象。将其更换后,故障彻底排除。

小结　在TCL王牌HiD34189H型数字高清彩色电视机中,场扫描小信号处理电路由IC301(STV6888)内电路及相关外围元件组成。当该机出现场幅失真或场线性不良时,可首先通过I²C总线进行试调整,以进一步观察故障现象和故障原因。在调整无效时再拆壳检查IC301的相关引脚电压及其外围元件。

TCL王牌HiD34189H系N22机心彩电,在其系列产品中,IC301除使用STV6888型集成电路外,有的机型使用TDA9116型集成电路。这两种型号集成电路的引脚功能及其外围电路基本相同,检修时可相互参考。

【例2】

故障现象　TCL王牌HiD34189H型机光栅严重枕形失真。

检查与分析　根据检修经验,当该机出现严重枕形失真时,一般是东西校形失真校正电路有故障,如图2-79所示。

经检查,发现C403(4.7μF/50V)变质,将其换用新品后,故障排除。

小结　在图2-79中,C403与L401主要用于形成场频抛物波,并将信号送入行扫描逆程电路对行扫描锯齿波电路进行调制,以实现光栅东西枕形失真校正。因此,当C403失效或开路

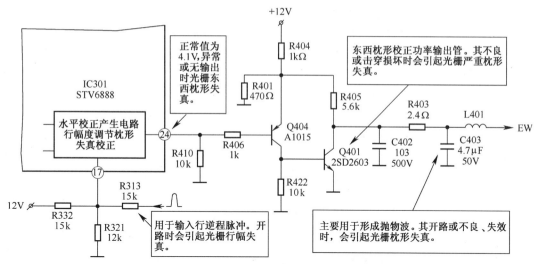

图 2-79　东西校形失真校正电路故障检修图

时，L401 将无抛物波输出，或输出的抛物波幅度大大下降，起不到调制作用。C403 故障是引起该机光栅东西枕形失真的常见原因之一。

在图 2-79 中，东西枕形失真校正的控制信号由 IC301(STV6888)的㉔脚输出，并由 I²C 总线调控。在正常情况下 IC301㉔脚输出电压为 4.1V 左右。

【例 3】

故障现象　TCL HiD34189H 型机无规律自动关机，有时不能开机，但电源指示灯点亮。

检查与分析　在 TCL HiD34189H 型彩色电视机中，整机供电系统中设置有多种保护电路，该机无规律自动关机或有时不能开机，很可能是开关电源保护电路动作所致。首先检查待机控制及其保护电路，如图 2-80 所示。

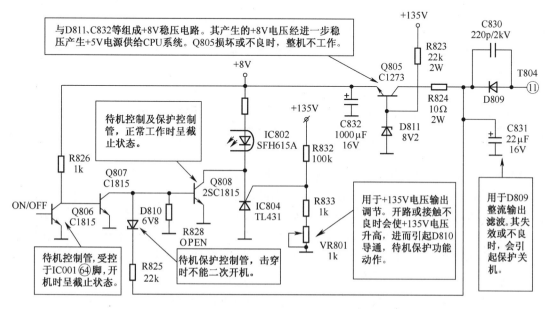

图 2-80　待机控制及其保护电路故障检修图

经检查,是 D810 不良,将其换用新品后,故障彻底排除。

小结 在图 2-80 中,D810 用于开关电源电路过压保护。其过压检测信号取自 C831 (22μF/16V)的正极端。当市网电压升高或由于自动稳压环路异常使+135V 电压升高时,通过开关变压器 T804 的自耦作用也会使 D809 的整流输出电压升高,C831 两端电压随之升高。其升高电压通过 R825 使 D810 负极端电压升高。当电压超过 6.8V 时,D810 将反向击穿导通,由 D809 整流输出电压加到 Q808 基极,使 Q808 导通;IC802 导通电流大大增加,进而控制开关电源进入待机保护状态。

因此,在待机保护动作的故障检修中,首先区别待机保护动作的原因是来自市网电压升高还是来自保护控制电路。而区别两者的主要依据是 D810 是否导通。判断 D810 导通的最简单而又可靠的办法是,在保护状态下直接检测 D810 两端的电压降。若电压降在 0.6V 以下,即为 D810 已经导通;若远大于 0.6V 以上,则说明 D810 截止,保护动作的原因来自待机保护控制电路。

应注意的是,在检查该机待机保护动作(主要是指 D810 动作)时,应绝对避免断开 D810 支路进行开机通电检查。这是因为,引起 D810 过压保护动作的原因较多,也比较复杂,一旦断开 D810 支路,会引起开关电源及其负载电路等众多元件出现大面积损坏。

正确的操作方法是:在待机保护故障检修中,当发现 D810 已导通时在断开电源情况下首先检查自动稳压环路是否有异常元件;在确认自动稳压环路基本正常后,再在接入假负载的情况下通电监测+135V 电压是否稳定;若异常或保护元件仍动作,则应进一步检查+300V 电压是否正常或开关稳压电路是否有不良元件。直到+B 电压及其他几组低压输出均正常时,方可接入整机负载作进一步试验检查。

当确定待机原因主要来自待机保护控制电路时,主要是检查 Q807、Q806 和 IC001 (TMPA8829)㉔脚外接电路。正常情况下,IC001㉔脚应有 4.8V/0.4V 转换电平输出。若无转换输出,且又始终为 4.8V 高电平,则应注意检查复位电路、时钟电路以及沙堡脉冲形成电路等。在有些设有电源变频控制系统的机型中还应注意检查变频控制电路。

【例 4】

故障现象 TCL HiD29158SP 型机荧光屏严重磁化。

检查与分析 荧光屏严重磁化,一般是机内的消磁电阻失效或开路所致。但在 TCL HiD29158SP 机型中,除消磁电阻失效或开路外,自动消磁控制电路异常也会导致荧光屏磁化。该机自动消磁控制电路,如图 2-81 所示。

经检查,消磁电阻正常,再查 Q809、RL801 和 12V 电压正常,但开机时继电器 RL801 处于断开状态,Q809 基极电压为 0V,判断是 C848 开路所致。将其焊下检查已无容量,用新的 470μF/16V 电解电容器代换后故障排除。

小结 在图 2-81 中,C848(470μF/16V)与 D818、Q809、D817、RL801 等组成自动消磁控制电路。在刚开机时,+12V 电压通过 R835、R836 向 C848 充电。在刚开始充电时,C848 的充电电流较大,C848 近似导通状态,两极端电压近似 0V。其导通电流通过 R835、R836 给 Q809 提供一个正向偏压,Q809 饱和导通,+12V 电压通过 RL801 吸引线圈→Q809 的 c、e 极→地构成回路,RL801 动触点闭合,220V 电压被加到 RT801 消磁电阻,自动消磁线圈工作,对显像管内部的阴罩板进行消磁。

随着消磁电阻的温度升高、阻值增大,消磁线圈中的电流减小,C848 的充电电流也在减小,两极的充电电压逐渐上升(极性为上正下负),使 Q809 基极的正向偏压逐渐减小。当消磁线圈中的电流近似于零时,C848 停止充电,Q809 反偏截止,自动消磁工作结束,RL801 动触点

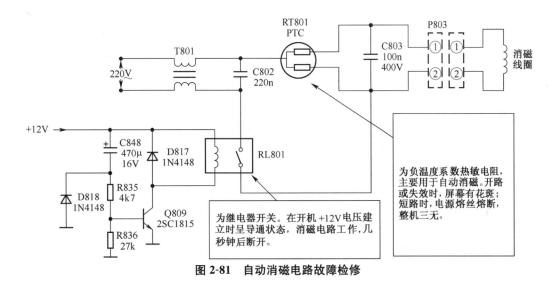

图 2-81　自动消磁电路故障检修

断开,因此,当 C848 失效或开路时,Q809 就会处于截止状态,消磁电路不工作,进而形成荧光屏被磁化的故障现象。

【例 5】

故障现象　TCL-HiD29206 型机无规律出现水平亮线。

检查与分析　TCL-HiD29206 型机是采用 PW1225 数字板和 TMPA8809 超级芯片组成的数字高清彩色电视机,电路结构和工作原理与 TCL-HiD34189H 型机基本相同,因此检修时可参照 TCL-Hi34189H 型机的相关介绍。

在 TCL-HiD29206 型机中,场扫描处理功能主要由 TMPA8809 的⑮⑯脚和数字板及 TDA9116、TDA8177 等完成。检修时应首先检查数字板插排 P202、P203 的引脚维修数据。P202、P203 引脚功能及维修数据分别见表 2-1、表 2-2 和图 2-5。经检查,P203⑦脚 3.1V 电压基本正常,用示波器观察波形也正常。当水平亮线出现时,波形幅度略有下降,但直流电压没有明显变化。因而说明数字板电路基本正常,故障点应在主板场扫描小信号处理及功率输出级电路。应检查 IC301(TDA9116)的②脚、㉓脚场驱动信号传输电路,如图 2-82 所示。经检查发现,正常时 IC301㉓脚有约 3.4V 电压,故障出现时 IC301㉓脚无输出,但②输入信号正常。再查外围元件均未见异常。因而最终判断是 IC301 不良,将其换新后,故障排除。

【例 6】

故障现象　TCL-HiD29206 型机场频有时不同步。

检查与分析　根据检修经验,在传统彩色电视机中,场频不同步,一般是场扫描小信号处理电路有故障。其中,又分为两种情况:一种是图像不停地上下跳动,另一种是图像缓慢地向上或向下漂动。前者常是场振荡频率发生了较大改变引起的,故障点一般是在场振荡电路;而后者常是场同步信号没有加入到场振荡电路引起的。因此,在传统彩色电视机场频故障检修中,只要注意观察故障现象,就可以初步判断出故障电路。但在数字高清彩色电视机中,一旦出现场频不同步故障时,检修就不那么简单。

在该机中,TMPA8809 超级芯片内部设置有场分频和场锯齿波形成电路,经垂直偏转等处理后,由 IC001(TMPA8809)⑯脚输出场激励信号,作为同步脉冲经 JN101(P202)的⑥脚送入数字板电路,再经 UN700(MST9883)和 PW1225A 等进行数字化变频等处理后,由 JN102(P203)⑦脚输出,然后送入 IC301(TDA9116)的②脚,分别如图 2-82 和图 2-83 所示。

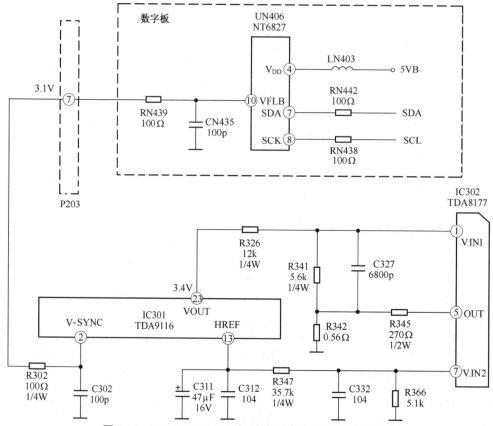

图 2-82　TCL-HiD29206 场驱动信号传输电路原理图(部分)

因此,当该机出现场频不同步故障时,应重点检查 JN101(P202)⑥脚和 JN102(P203)⑦脚是否都有正常输出。经检查,当故障现象出现时,JN102(P203)⑦脚无输出,而 JN101(P202)⑥脚信号基本正常,说明故障点在数字板电路。而数字板电路基本上全是贴片式元件,且元器件组装又很密集,检修难度较大。依据信号流程经反复检查,仍未见到异常。后对印制线路上相关的焊点逐一进行补焊后,故障排除。

小结　在数字高清彩色电视机的数字板线路中,所用器件均是由生产线自动安装和瀑布焊接的。而瀑布焊接的弱点是元件引脚的焊锡较薄,在使用一段时间后易产生裂纹,造成接触不良,进而形成一些疑难故障。因此,在检修此类故障时,在检查相关器件未发现问题的情况下,对相关元件的引脚及印制线路进行补焊,也是一种选择。但当数字板电路严重损坏时,一般需要更换数字板。

【例 7】

故障现象　TCL-HiD29206 型机屏幕上端常有几根细密回扫线,且场输出集成电路易击穿。

检查与分析　依据检修经验,导致屏幕上端常有几根细密回扫线的原因,一般是场扫描信号回扫时间变短,即没等场回扫电子束打到屏幕顶端,场回扫时间就结束了。而造成场回扫时间变短的原因主要是场逆程供电电压不足。因此,应重点检查场逆程供电电路。

在 TCL-HiD29206 型彩色电视机中,场扫描输出级电路采用 TDA8177。其场逆程供电电压主要由 C329 和 D308 组成的倍压提升电路提供,如图 2-84 所示。

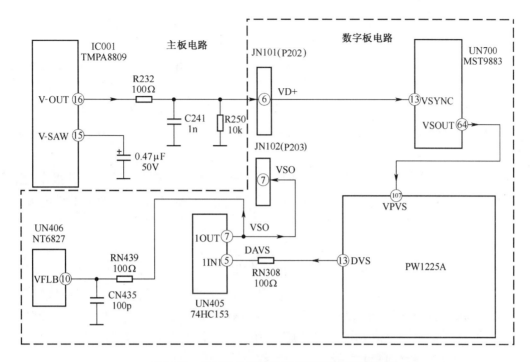

图 2-83　场同步信号数字处理电路原理图(部分)

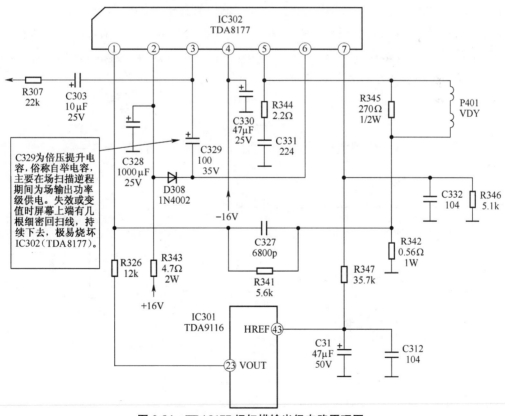

图 2-84　TDA8177 场扫描输出级电路原理图

当该机荧光屏幕上端有几根细密回扫线出现时,应首先将 C329 直接换新。换新后,屏幕上端细密回扫线消失,场输出集成电路不再击穿损坏。

小结 该机曾因水平亮线被他人修过,但更换场输出集成电路后,屏幕上始终有几根细密回扫线,在使用两天后场输出集成电路 IC302(TDA8177)又被击穿。此后还连续击穿过两次。这是因为,当场逆程供电电压因 C329 失效或容量减小而下降时,不仅会使场回扫时间变短,而且还易使场输出功率元件的导通电流增大,进而烧坏场输出功率元件。这一点在检修时很值得注意。

另外,在更换场输出集成电路时,一定注意这种场输出集成电路的型号。这种集成电路市场上常见的有两种型号:一种是 TDA8177 型,另一种是 TDA8177F 型。两者的供电方式不同,维修时不能相互代换。

【例 8】

故障现象 TCL-HiD29206 型机无规律自动关机。

检查与分析 无规律自动关机,一般有两种原因:一种是电路中有元件引脚氧化脱焊、开裂或印制线路有断裂等现象,这时可重点检查脱焊或断裂的部位并及时补焊;另一种是电路中的元件有不明显的不良或变值,引起保护功能动作。后一种原因的检修难度较大。检修成功的基础是要掌握整机线路的来龙去脉。

根据检修经验,当出现无规律自动关机时,应首先检查行输出管集电极和基极电压,然后再作出判断。经检测发现,在故障出现时,加到行输出管集电极的电压仍正常,但其基极电压为 0V。因而可初步判断行激励信号被中断,应进一步检查 IC301(TDA9116)㉖脚和㉕脚电压。结果发现,在故障出现时,IC301㉖脚无输出,而㉕脚呈现高电平,说明 X 射线保护功能动作。这时应重点检查 X 射线保护电路,如图 2-85 中所示。

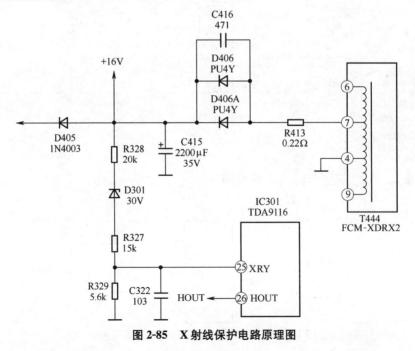

图 2-85 X 射线保护电路原理图

在图 2-85 所示电路中,由 R328、D301(30V 稳压管)、R327、R329、C322 及 IC301㉕脚等组成 X 射线保护电路,在正常情况下,D301 反向截止,IC301㉕脚为 0V 低电平,保护功能不动作,㉖脚有正常的行激励脉冲输出,行输出级正常工作。当市网电压过高或因某种原因(如行逆程电容变值)使行输出管集电极电压(或反峰脉冲)过高时,经 D406A 整流输出的+16V 电压也升高,当升高电压超过 30V 时,D301 反向击穿导通,IC301㉕脚有高电平输入,IC 内部的 X 射线(XRY)保护电路动作,切断㉖脚输出,从而起到保护作用。

经检查,是 D301 不良。将其换新后,故障彻底排除。

小结 在该机中,X 射线保护电路的动作原因比较复杂。检修时,应特别注意+16V 电压是否稳定正常。若+16V 电压正常而 IC301(TDA9116)㉕脚有高电平出现,一般是保护功能误动作,这时应重点检查或更换 D301 和 R328。若保护功能动作时,+16V 电压升高,则应重点检查行回扫电路,特别是行逆程电容,必要时将其换新。

【例 9】

故障现象 TCL-HiD29206 型机有时不能开机,遥控功能失效。

检查与分析 正常时,电源指示灯明亮,用遥控器和面板键都能正常开机。开机后工作正常,但无规律自动关机,关机后不能二次开机。这时关闭主电源开关,等待一段时间后,有时又能开机。有时接通电源后用遥控器和电视机面板控制键均不能二次开机。此时电源指示灯微红。该机经他人多次检修,故障均未排除。

由于他人检修仅限于遥控接收、键扫描控制及待机控制和待机保护控制等电路,根据故障现象及他人的检修经历,特别是故障时有一个电源指示灯微红的特征,检修应首先从 CPU 的+5V 电源开始,如图 2-86 所示。

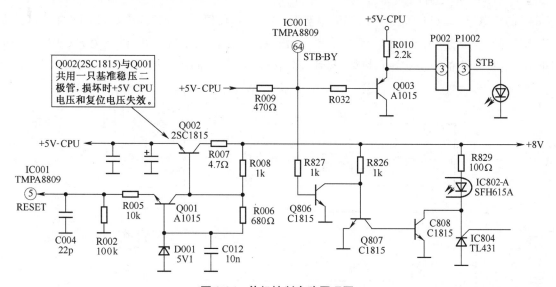

图 2-86 待机控制电路原理图

经检查,在故障出现时+5V-CPU 电压仅有 3.1V,而正常时应不低于 5.0V。试断开+5V供电负载,+5V 电压仍不很稳定,因而判断+5V-CPU 供电电路有故障。经检查未见有明显异常元件,但在代换 D001(5.1V 稳压二极管)后,故障彻底排除。

小结 从图 2-86 中可以看出,D001(5.1V 稳压二极管)既为 IC001(TMPA8809)⑤脚提供复位电压,又通过 Q001 的集电结和 R006 为 Q002 基极提供基准电压,以使 Q002 发射极输出+5V 电压为 CPU 及其控制系统供电,一旦 D001 不良或其稳压参数改变,不仅恢复位功能失效,同时会使+5V-CPU 电压下降,进而使电源指示灯的亮度因供电电压下降而呈现微红色。

本例的检修经验是,在检修一些疑难故障时,要首先检查供电电压是否正常,只有在确认供电电压正常后,才能够去进一步分析判断故障的产生原因。

【例 10】

故障现象 TCL-HiD38125 型机呈彩斑光栅。

检查与分析 呈现彩斑光栅的原因,一般是消磁电阻损坏显像管内部阴罩板严重磁化所致。但该机经两次更换消磁电阻后均未排除故障。

根据故障现象及该机自动消磁电路的特点,检修时不应简单地更换消磁电阻了事,而应首先检查自动消磁电路是否能够正常工作。该机自动消磁电路如图 2-87 所示。

在图 2-87 所示电路,C848 为定时电容,主要用于限制 Q809 的导通时间。在电路正常时,接通电源后有+12V 电压产生。+12V 电压通过 C848、R835、R836 以及 Q809 的发射结到地构成回路,使 Q809 正偏导通,D818 截止,C848 开始充电。在 Q809 导通时,+12V 电压通过 RL801 的线圈和 Q809 的 c、e 极到地构成回路,此时 RL801 线圈中有电流通过,吸动 RL801 内部的动触点闭合,使 220V 市网电压接通到由 RT801 等组成的自动消磁电路,从而使消磁线圈在每次开机时自动对阴罩板进行消磁。随着消磁进行,C848 的充电也在进行,并使其两端极板电荷逐渐增加,电势逐渐加大(极性为上正下负)。当消磁线圈中的电流衰变到近于零时,C848 的充电电流也近于零,其两端的电势最大。当其负值低于-0.7V 时,D818 导通,Q809 进入完全截止状态,RL801 内部动触点断开,消磁电路的供电压被切断,以减免 RT801 在整机正常工作时产生的无益功耗和热量,起到节能和省用消磁电阻的作用。

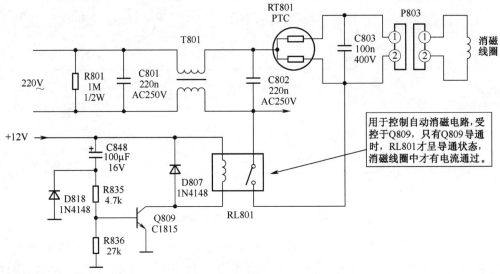

图 2-87 自动消磁电路原理图

因此,在该机出现消磁不良故障,除检查或更换 RT801 消磁电阻外,更重要的是,应注意检查由 Q809、RL801 以及 C848、D818 等组成的自动消磁控制电路。

经检查,是 D818(1N4148)反向漏阻增大所致。将其换新后,故障彻底排除。

小结　D818 短路后,RL801 中的绕组就没有电流通过,RL801 将永久性处于截止状态,消磁电路不工作,久而久之显像管内部的阴罩板上的剩磁就越积累越多,RGB 三条电子束就不能正常地穿过阴罩板上的栅孔,最终在屏幕上形成彩斑。

另外,在检修此类故障时,还应注意检查或更换 C848。C848 的容量不能过小,也不能过大。过小时会缩短 Q809 饱和导通时间,不能满足消磁电流衰变过程的需要;过大时会延长 Q809 饱和导通时间,不能有效限制 RT801 的热量。Q809 或 C848 击穿时,消磁电路将失去控制作用,其工作状态将与传统机型中的消磁电路相同。

【例 11】

故障现象　TCL-HiD38125 型机在正常收视状态下有时自动转入 AV 状态,且控制功能失效。

检查与分析　根据检修经验,应首先拔下插接件 P1001,断开键扫描控制电路。结果故障现象消失,所有遥控功能正常,证明故障点在键扫描控制电路。该机键扫描控制电路如图 2-88 所示。经逐一检查后,是 S1001(TV/AV)控制键内部触点开关连电,将其换新后,故障彻底排除。

小结　在该种故障的检修中,很多初学者极易误判为软件功能紊乱,使检修误入歧途。因此,断开键扫描控制电路,是正确判断故障原因的关键。

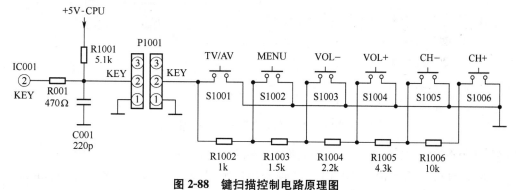

图 2-88　键扫描控制电路原理图

【例 12】

故障现象　TCL-HiD38125 型机光栅行场幅度胀缩变化,亮度、对比度也随之变化。

检查与分析　根据检修经验,可以初步判断是显像管束电流急剧变化所致。检修时应注意检查 ABL 亮度自动限制电路,如图 2-89 所示。

ABL 亮度自动限制电路,主要用于显像管束电流自动校正。在正常工作状态下,显像管阴极发射的电子束电流的大小,是由加到阴极上的信号电平及增益决定的。当信号电平或增益增大时,显像管阴极发射的电子束就增强,通过高压阳极的束电流就加大。束电流通过行输出变压器 T444 的高压线圈⑮～⑱脚和 R419、R424、R425 到＋12V 电源构成回路,并向 C423、C424 充电,在其两端形成一个不断变化的充电电压。该充电电压作为取样信号通过 P203⑨脚送入数字板中 UN401(KA2500)的⑫脚,如图 2-90 所示。

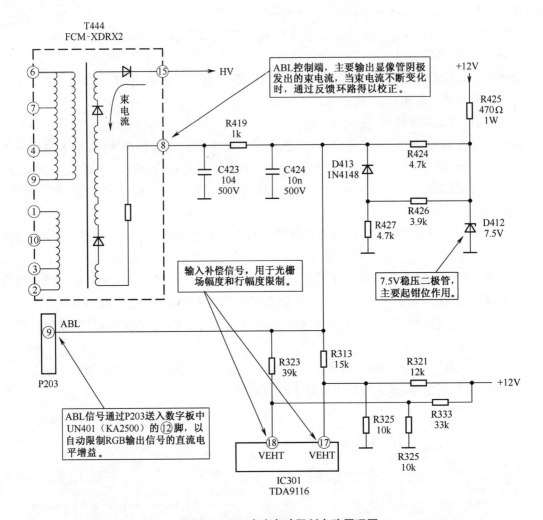

图 2-89 ABL 亮度自动限制电路原理图

当 RGB 信号的直流电平增益较高时,显像管阴极发射的电子束就较强,荧光屏也就较亮。但此时由于束电流增大,T444⑧脚输出电流也较大,C423、C424 上端电压就较负,ABL 的取样电压较负,QN400(见图 2-90)导通电流增大,+12V 通过 R428、RN403 加到 UN401⑫脚的电压下降,UN401 内部的亮度控制和对比度控制电压下降,进而控制 QN400、QN402、QN401 输出的 R、G、B 信号电平或增益下降,最终使图像亮度对比度得以限制,光栅也驱于稳定。反之,当荧光屏较暗时,上叙过程相反,也起到 ABL 亮度自动限制作用。

因此,当该机出现 ABL 亮度自动限制故障时,应重点检查 T444⑧脚的外接元件。经检查,最终是 R425 变值。将其换新后,故障排除。

小结 在图 2-89 所示电路中,ABL 除送入数字板用于亮度、对比度自动限制外,还送入 IC301(TDA9116)的⑰、⑱脚,用于补偿因高压变化引起的水平幅度和垂直幅度的变化,以消除光栅行幅和场幅的胀缩现象。

202

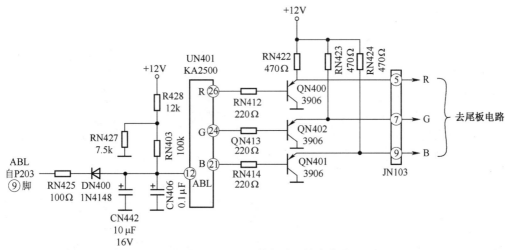

图 2-90　RGB 三基色信号输出电路

【例 13】

故障现象　TCL-HiD38125 型机不能二次开机。

检查与分析　首次通电后观察,整机处于待机状态,遥控开机无效,但电源指示灯仍亮。根据检修经验,可初步认定是行扫描电路没有工作。检修时应首先检查行输出管 Q403 集电极和基极电压,正常时其集电极电压为+135V,基极电压为-0.3V,如图 2-91 中所示。

经检查,Q403 的集电极有+135V 电压,但基极无电压,说明行激励信号传输电路有故障。进一步检查发现,是 C411 失效,呈开路状态。将其换新后,故障排除。

小结　在图 2-91 所示电路中,C411 用于交流耦合输出行激励开关脉冲。当有开关脉冲信号加到 Q402 行推动管基极时,Q402 开始导通,行输出级开始工作,并有+16V 电压输出,通过R417、T401 初级绕组加到 Q402 的 c 极。因此,在 Q402 工作时,其 c 极电压为+16V,不工作时 c 极电压为+12V。

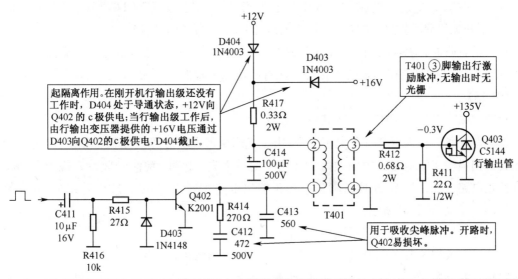

图 2-91　行扫描推动级电路原理图

【例 14】

故障现象 TCL-HiD38125 型机无伴音。

检查与分析 在检修经验中,无伴音的故障原因常有两种,一种是伴音功率输出级电路损坏,另一种是静音及开关机静噪电路中有不良元件。因此,检修时可首先从检测 IC602 (TDA7266)的引脚电压、电阻值入手。

经初步检查,IC602 的引脚阻值基本正常。再通电检查,IC602 的⑥、⑦脚电压始终为 0V 低电平,而正常时应有 3.4V 左右电压。说明⑥、⑦脚外接的静音及开关机静噪控制电路有故障,如图 2-92 所示。

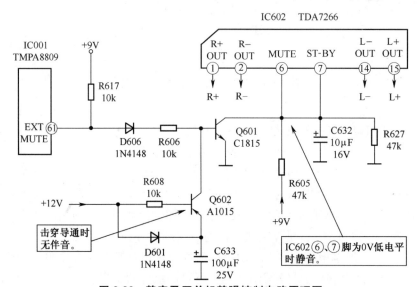

图 2-92 静音及开关机静噪控制电路原理图

经进一步检查发现,是 Q602 呈软击穿状态。将其换新后,故障排除。

小结 在图 2-92 所示电路中,Q601 用于静音控制,受控于 IC001(TMPA8809)的⑥①脚;Q602 用于开关机静噪控制,受控于+12V 电源和 C633 的充放电过程。

在正常收听时,均处于截止状态,IC602⑥、⑦脚呈高电平。因此,检修无伴音故障时首先检测 IC602⑥、⑦脚是否能够随着操作静音键有高低电平转换。

【例 15】

故障现象 TCL-HiD38125 型机光栅枕形失真。

检查与分析 在大屏幕彩色电视机中,出现光栅枕形失真故障是比较常见的,其主要原因是加到行扫描输出级电路中的场频抛物波调制信号丢失。因此,检修时应首先检查东西枕形失真校正电路。在该机中,东西枕形失真校正输出电路主要由 Q404、Q401 等组成,并受控于 IC301 的㉞脚,如图 2-93 所示。

检查发现 C403 失效。将其换新后,故障排除。

小结 在大屏幕彩色电视机光栅枕形失真的故障检修中,一般应先检查东西枕形失真校正电路是否有问题,然后进行其他方面的检查。而不要盲目地进行总线调整,结果不但不起作用,而且还可能将软件数据调乱。这是需要提醒初学者注意的。

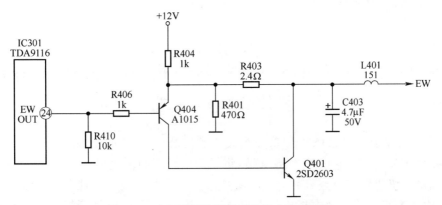

图 2-93 东西枕形失真校正输出电路原理图

第三章　TDA9370/TDA9373/TDA9383 系列超级芯片彩色电视机

TDA9370/TDA9373/TDA9383 等系列是飞利浦公司于 2000 年前后向市场推出的超级电视信号处理集成电路。它的最大特点是,将 I²C 总线控制彩色电视机中的中央微控制器集成电路和单片机心集成电路合并为一只集成电路。它的出现极大地推进了数字彩色电视机的发展,也为数字高清彩色电视机的出现奠定了基础。因此,清楚了解超级芯片彩色电视机的工作原理和熟练掌握该种机心彩电的维修技术,对掌握数字高清彩电维修技术就显得尤为重要。

我国引进该种系列芯片技术后生产的系列芯片有 OM8370/OM8373/OM9383 等。它们的基本功能均相同,只是在生产厂商具体应用时,芯片内部存储器拷入的维修软件不同。本章以长虹 SF2198(OM8370PS 芯片)、TCL 王牌 AT2575B(TDA9373 芯片)、TCL 王牌 2965U(TDA9383PS 芯片)等机型为例,解剖分析 TDA93×× 系列超级芯片彩色电视机的工作原理和故障检修技术。

第一节　长虹 SF2198(OM8370PS)超级芯片彩色电视机

长虹 SF2198(OM8370PS)超级芯片彩色电视机的整机电路,主要由 N100(OM8370PS)、N400(TDA8356)、N600(TDA8943SF)等组成,是一种比较经济的普通型彩色电视机。其机心板元件实物组装如图 3-1 所示,印制电路如图 3-2 所示。长虹采用 OM8370PS 芯片生产的系列产品还有 SF2183/SF2186/SF2199,采用 TDA9370 芯片生产的型号有 SF2119/SF2155 等。

一、OM8370PS 超级芯片电路

OM8370 是一种内含 MCU 控制器及电视信号处理器的超级芯片,适用于经济型彩色电视机。其主要功能及特性有:

1. MCU 控制器

在 MCU 控制器的核心是 80C51 单片机。MCU 控制器主要包括:32-55k×8 位的编程 ROM,3.5k×8 位辅助 RAM,带两级优先级的独立的使能/禁止控制器,两个 16 位的定时/计数寄存器,一个带 8 位预计数器的 16 位定时器,监视定时器,带 4 个复合输入端的 4 位 A/D 转换器等。

2. 电视信号处理器

在 OM8370PS 集成电路内部,设置有比较完善的电视信号处理器,主要包含图像和伴音中频信号处理电路、亮度信号处理电路、PAL/NTSC 色度信号处理电路、RGB 信号处理电路、黑电平延伸电路、图像清晰度增强电路、集成式的 TV/AV 开关电路、1H 基带延迟线电路、图像状态调整电路、免调试的行振荡电路、行场脉冲形成电路以及行场几何处理等电路。

OM8370PS 实物安装如图 3-3 所示,引脚印制电路及关键点信号波形如图 3-4 所示,引脚功能及维修数据见表 3-1。

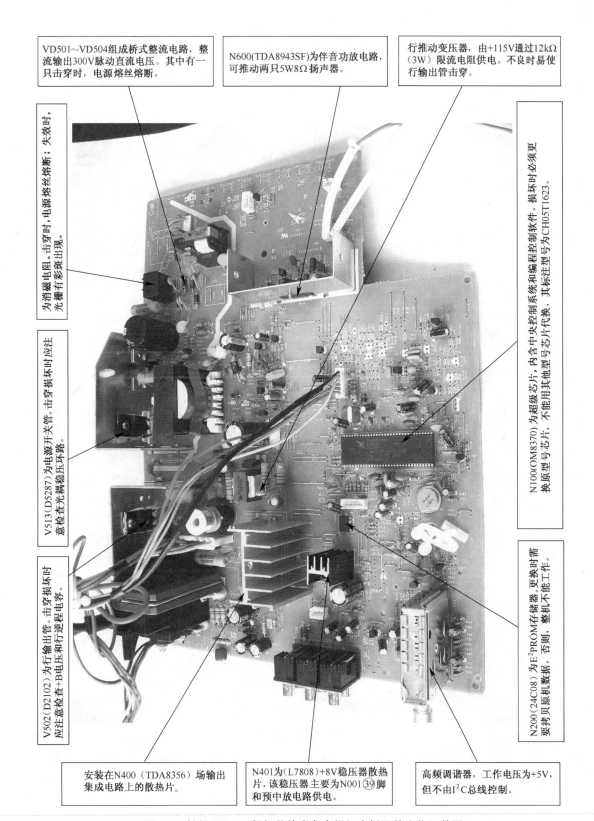

VD501~VD504组成桥式整流电路，整流输出300V脉动直流电压。其中有一只击穿时，电源熔丝熔断。

N600(TDA8943SF)为伴音功放电路，可推动两只5W8Ω扬声器。

行推动变压器，由+115V通过12kΩ（3W）限流电阻供电。不良时易使行输出管击穿。

为消磁电阻。击穿时，电源熔丝熔断；失效时，光栅查有彩斑出现。

V513（D5287）为电源开关管。击穿损坏时应注意检查光耦稳压环路。

N100(OM8370)为超级芯片，内含中央控制系统和编程控制软件。损坏时必须更换原型号芯片，不能用其他型号芯片代换，其他注型号为CH0ST1623。

V502（D2102）为行输出管。击穿损坏时应注意检查+B电压和行逆程电容。

N200（24C08）为E²PROM存储器。更换时需要拷贝原机数据，否则，整机不能工作。

安装在N400（TDA8356）场输出集成电路上的散热片。

N401为（L7808）+8V稳压器散热片，该稳压器主要为N001③⑨脚和预中放电路供电。

高频调谐器，工作电压为+5V，但不由I²C总线控制。

图 3-1　长虹 SF2198 超级芯片彩色电视机主板元件实物组装图

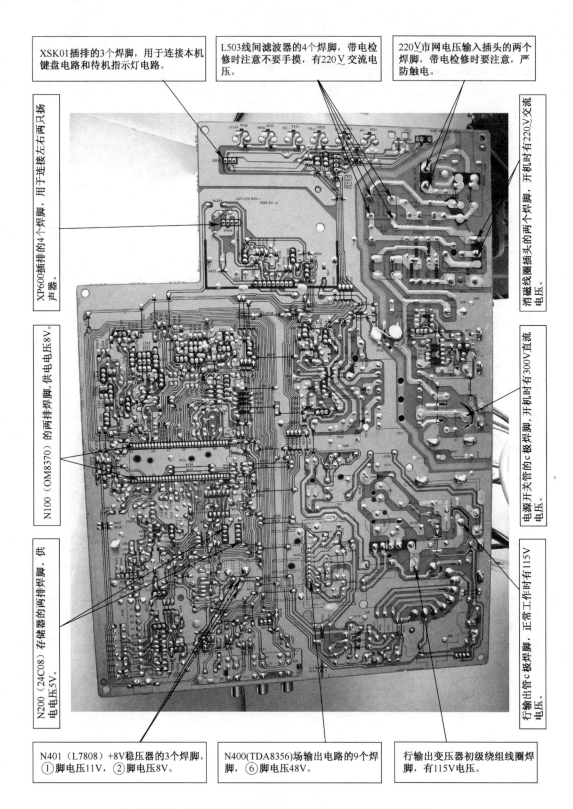

XSK01插排的3个焊脚，用于连接本机键盘电路和待机指示灯电路。

L503线间滤波器的4个焊脚，带电检修时注意不要手摸，有220V交流电压。

220V市网电压输入插头的两个焊脚，带电检修时要注意，严防触电。

XP600插排的4个焊脚，用于连接左右两只扬声器。

N100（OM8370）的两排焊脚。供电电压8V。

N200（24C08）存储器的两排焊脚。供电电压5V。

消磁线圈插头的两个焊脚，开机时有220V交流电压。

电源开关管的c极焊脚，开机时有300V直流电压。

行输出管c极焊脚，正常工作时有115V电压。

N401（L7808）+8V稳压器的3个焊脚，①脚电压11V，②脚电压8V。

N400(TDA8356)场输出电路的9个焊脚，⑥脚电压48V。

行输出变压器初级绕组线圈焊脚，有115V电压。

图 3-2　长虹 SF2198 超级芯片彩色电视机主板印制电路

㉞脚为沙堡脉冲输出和行逆程脉冲输入端。在TV动态时，该脚直流电压0.4V，静态电压为0.6V；待机时为0V。

㉝脚为行激励脉冲输出端。正常工作时该脚直流电压0.4V，待机时为0V。对地正向阻值8.0kΩ，反向阻值10.5kΩ。

声表面波滤波器，主要用于修正中频曲线，保证中频曲线在不同制式下都能有一定的频带宽度。

㉑、㉒脚为场扫描激励信号正反相输出端。正常工作时㉑、㉒脚的直流工作电压均为2.4V，待机时均为0V。

⑪脚为中频制式控制端。在PAL状态下，该脚输出5.0V高电平，NTSC制式时输出0V低电平。

④脚为调谐电压控制端，输出0.4～4.9V控制电压。在AV状态输出0.4V电压，在TV状态依频段而定。

C153用于N001（OM8370PS）⑭脚8V供电滤波。漏电或不良时整机不能正常工作。

XSA100插座主要用于生产线上调机。通过该插座可将标准数据拷入N200存储器。

N200为E²PROM存储器，其⑤、⑥脚分别为I²C总线数据线（SDA）和时钟线（SCL）。正常工作时两脚直流电压约3.0V。

②脚为I²C总线时钟线（SCL）接口，在待机状态下电压约为3.0V，在开机时电压约为2.8V。正向阻值7.5kΩ，反向阻值18.5kΩ。

③脚为I²C总线数据线（SDA）接口，在待机状态下电压约为3.2V，在开机时电压约为2.9V。

C125主要用于N200⑧脚5V供电源滤波。漏电或不良时，整机不工作或不能正常工作。

图 3-3 OM8370PS 超级芯片电路实物安装图

注：用1μs时基挡和0.2V电压挡测得N100（OM8370PS）㉒脚场驱动A输出信号波形。

㊳脚为TV视频信号检波输出端，其输出信号中包含有伴音中频信号（SIF）。其输出信号分为两路：一路通过V251（2SA1015）送回㊵脚和通过V391向机外输出；另一路通过V260、V261送回㉜脚。正常工作时 TV 状态电压为3.0V，AV状态电压为1.9V。

注：用5μs时基挡和0.1V电压挡测得N100(OM8370PS)㉝脚行激励信号波形。

注：用1μs时基挡和10mV电压挡测得N100㉑脚场驱动B输出信号波形。

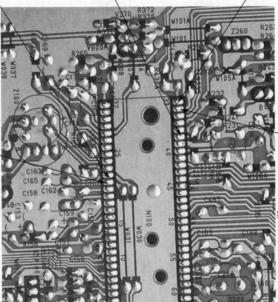

注：用5μs时基挡和0.5V电压挡测得N100（OM8370PS）㉞脚沙堡脉冲信号波形。

注：用2μs时基挡和1.0V电压挡测得N100（OM8370PS）②脚I²C总线时钟线信号波形。

㊽脚为待机控制端，其输出的控制信号通过V201加到行推动管的基极。在开机时，该脚输出0V低电平，V201截止，行推动管正常工作；在待机时输出2.4V高电平，V201导通，行推动管基极被钳位至地，行扫描电路不工作。

注：用2μs时基挡和1.0 V电压挡测得N100（OM8370PS）③脚I²C总线数据线信号波形。

图 3-4　OM8370PS引脚印制电路及关键点信号波形

表 3-1　N001(OM8370PS/N3 超级芯片电路)引脚功能及维修数据

引脚	符　号	功　　能	待机	AV	TV 静态	TV 动态	在线 正向	在线 反向
					$U(V)$		$R(k\Omega)$	
1	FM/TV	调频/TV 伴音控制	4.9	5.0	5.0	5.0	8.0	16.0↑
2	SCL	I²C 总线时钟信号输入端	3.0	2.9	2.9	2.9	7.5	18.5
3	SDA	I²C 总线数据输入/输出端	3.2	2.6	2.6	2.8	6.9	18.5
4	VT	调谐控制端	3.3	0.4	2.9	2.9	8.5	15.5
5	KEY1/LED/WR	键控 1 和指示灯控制端	3.2	0.1	0.1	0.1	8.0	16.5↑
6	KEY2	键控 2 控制端	3.3	3.4	3.4	3.4	8.0	17.0
7	BAND1/RESET	波段 1/复位端	2.7	0	4.4	4.4	8.1	14.9
8	BAND2	波段 2 端	2.7	4.4	4.4	4.4	8.5	14.9
9	GNDdig	数字电路接地端	0	0	0	0	0	0
10	LOWFREA ON/OFF	接低音开关	0	0	0	0	7.5	13.8
11	DK/M/FP+	伴音中频制式选择开关端	4.9	5.0	5.0	5.0	7.7	18.0
12	GNDtxt	接地端	0	0	0	0	0	0
13	SECPLL	锁相环滤波端	0	2.3	2.3	2.2	11.2	15.5
14	+8V	+8V 电源端	0.2	8.0	8.0	8.0	1.5↑	1.5↑
15	DECDIg	TV 部分去耦滤波端	0	5.1	5.1	5.1	8.0	16.0
16	PH2 LF	行自动频率控制端 2	0	2.8	2.8	2.8	11.0	17.0
17	PH1 LF	行自动频率控制端 1	0	2.7	2.7	2.7	11.1	17.5
18	GND ana	模拟电路接地端	0	0	0	0	0	0
19	DECBG	带隙去耦端	0	4.0	4.0	4.0	10.0	14.5
20	E-W/AVL	东西枕形失真校正/自动电平调节端	0	5.0	2.8	2.0	11.3	16.0
21	I—	负极性场激励信号输出端	0	2.4	2.4	2.4	11.0	17.0
22	I+	正极性场激励信号输出端	0	2.4	2.4	2.4	11.0	17.1
23	IFin1	中频载波信号输入端 1	0	1.9	1.9	1.9	11.5	16.0
24	IFin2	中频载波信号输入端 2	0	1.9	1.9	1.9	11.5	15.4
25	VSC	场锯齿波形成端	0.01	3.9	3.9	3.9	12.0	15.8
26	Iref	场基准电流端	0	2.7	2.7	2.7	11.5	16.5
27	TUner-AGC	高放 AGC 控制输出端	0.8	0.1	4.0	3.6	10.5	14.2
28	AUdio-DEEM	音频去加重及音频输出端	0	2.6	3.2	3.2	11.1	13.5
29	DECSDEM	伴音解调去耦端	0.2	2.3	2.4	2.4	12.0	16.5
30	GND ana	模拟电路接地端	0	0	0	0	0	0
31	SNDPLL	伴音窄带锁相环滤波端	0	2.2	2.2	2.4	12.0	16.5
32	SIF	伴音中频输入信号端	0	0.2	0.8		11.0	16.2
33	HOUT	行激励脉冲输出端	0	0.4	0.4	0.4	8.0	10.5↑
34	SAND	行逆程脉冲输入/沙堡脉冲输出端	0	0.6	0.6	0.4	11.0	15.0

续表 3-1

引脚	符号	功能	U(V)				R(kΩ)	
			待机	AV	TV		在线	
					静态	动态	正向	反向
35	AUdio-EXT	外部音频信号输入端	0	3.4	3.4	3.4	12.0	16.5
36	EHT	高压过压保护端	0	1.6	1.6	1.7	10.5	15.2
37	PLLIF	中频锁相环滤波端	0	1.8	2.2	2.4	11.5	17.0
38	IFVout	全电视信号输出端	0	1.9	3.9	3.0	11.5	14.0
39	+8V	+8V 电源端	0.1	8.0	8.0	8.0	1.5↑	1.5↑
40	CVBSint	TV 视频信号输入端	0	3.3	3.8	3.5	11.5	18.5↓
41	GNDana	模拟电路接地端	0	0	0	0	0	0
42	CVBS/Y	AV 视频/S 端子亮度信号输入端	0	3.4	3.3	3.3	11.1	16.0
43	Cin	S 端子色度信号输入端	0.1	1.0	0	0	12.0	16.5
44	AUdio-out	音频信号输出端	0	3.2	3.2	3.1	9.6	16.0
45	INSERT	RGB/YUV 信号切换输出端	0.8	1.6	1.6	1.6	11.0	14.5
46	R2/Vin	R2/V 分量输入端	0.1	2.4	2.4	2.4	11.5	17.8
47	G2/Yin	G2/Y 信号输入端	0.1	2.4	2.4	2.4	11.5	17.0
48	B2/Uin	B2/U 分量输入端	0.1	2.4	2.4	2.4	11.6	17.5
49	ABL	自动亮度限制端	0.1	2.8	2.8	2.8	11.0	9.8
50	Black-c	黑电流检测输入端	0	6.0	6.0	6.0	11.5	10.1
51	ROUT	红基色信号输出端	0	2.2	2.2	2.3	2.1	2.1
52	GOUT	绿基色信号输出端	0	2.0	2.0	2.2	2.1	2.1
53	BOUT	蓝基色信号输出端	0	2.9	2.9	2.2	2.1	2.1
54	+3.3Vana	+3.3V 电源端，用于模拟电路供电	3.4	3.2	3.2	3.2	5.9	10.1
55	GND	接地端	0	0	0	0	0	0
56	+3.3Vdig	+3.3V 电源端，用于数字电路供电	3.4	3.5	3.5	3.4	5.8	10.1
57	GNDosc	振荡器接地	0	0	0	0	0	0
58	XTAL in	12MHz 时钟振荡脉冲输入端	1.0	0.9	1.2	1.0	7.9	32.0
59	XTAL OUT	12MHz 时钟振荡脉冲输出端	1.6	—	—	1.6	8.0	28.0
60	RESET	复位端，接地	0	0	0	0	0	0
61	+3.3Vadc	+3.3V 电源端，用于周边数字电路供电	3.4	3.5	3.4	3.4	5.6	10.0
62	S-CTRL	静音控制端	0	3.6	0	3.6	8.5	15.0
63	H-OFF	待机控制端	2.4	0	0	0	8.5	11.0
64	REMOTE	遥控信号输入端	4.5	4.7	4.6	4.6	9.0	32.0

注：① (59)脚开机时不能测量。

②表中"↑"表示测量时阻值向增大的方向漂移，"↓"表示测量时阻值向减小的方向漂移。

二、中央控制系统

在长虹 SF2198 超级芯片彩色电视机中，中央控制系统主要由 N001(OM8370PS)集成电路及部分外围元件组成，如 N200(AT24C08)存储器、G200(12MHz)时钟晶体振荡器等。中央控制系统电路原理如图 3-5 所示。其中 N001 内部电路的功能由 I²C 总线调控,而基准时钟频率和存储记忆电视机当前工作的数据则主要由外部电路完成。

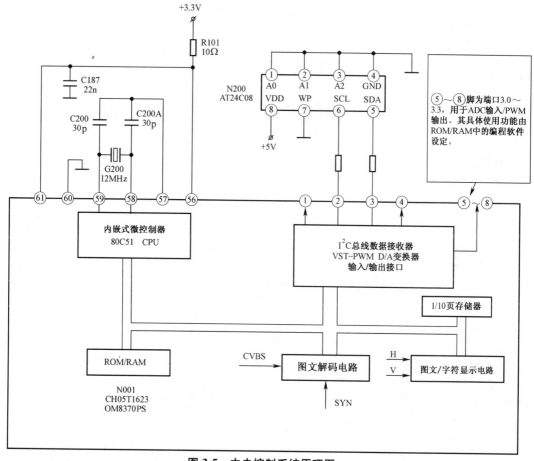

图 3-5 中央控制系统原理图

1. I²C 总线进入/退出及调整方法

在 OM8370PS 超级芯片彩色电视机的故障检修中,时常会遇到需要进入 I²C 总线对一些技术指标进行调整的问题。I²C 总线的进入/退出有两种方法:一种是使用生产商提供的专用遥控器;另一种是依靠随机配带的用户遥控器。这里主要介绍使用用户遥控器进入 I²C 总线的调控方法。

在长虹 SF2198 型超级芯片彩色电视机中,随机配带的遥控器型号为 K16N,用其进入/退出 I²C 总线和调整项目数据的方法如下:

①按电视机面板上的音量减键,使音量降到 0。

②按住遥控器上的静音键不放,再同时按电视机面板上的菜单键,便进入维修状态。此时屏幕上出现 S、TAB 等字符,如图 3-6 所示。

③按节目加键即可进入维修菜单,如表 3-2 所示。

S			
TAB			
3C	64	32	CE
18	OD	09	10
20	25	35	
1C	33	20	3F	3F
20	20	20	20	20

图 3-6 进入维修状态时的屏幕画面

213

④按节目加减键可正序或反序选择维修项目。

⑤按音量加减键可调整所选定项目的数据,表3-2中的出厂数据是相对机型中的工作数据,对不同机型只能作为参考数据。

⑥按待机键,即可退出维修状态。

在采用OM8370PS(或TDA9370)的超级芯片组装的彩色电视机中,不同品牌机型都有各自不同的编程软件及总线进入/退出方法,但使用的功能意义大致相同,有些机型的总线进入方法可以相互借鉴。

表3-2 长虹SF2198机型中维修软件的项目数据及调控功能

项　目	出厂数据	数据调整范围	备　　注
OP1	3C 0011 1100	0～FF	功能设置1,不可随意改动
OP2	64 0110 0100	0～FF	功能设置2,不可随意改动
OP3	32 0011 0010	0～FF	功能设置3,不可随意改动
OP4	CE 11001110	0～FF	功能设置4,不可随意改动
VAG	20 0010 0000	0～3F	测试信号,供调机用
VS	1F 0001 1111	0～3F	半场校正,进入该项时光栅下半部呈黑色
SC	20 0010 0000	0～3F	场S形失真校正
5VA	1D 0001 1101	0～3F	50Hz场幅度,适用PAL制调整
5VSH	1C 0001 1100	0～3F	50Hz行中心,适用PAL制调整
5HS	1B 0001 1011	0～3F	50Hz行幅度,适用PAL制调整
50V	35 0011 0101	0～3F	50Hz场中心,适用PAL制调整
RCUT	1C 0001 1100	0～3F	红截止,用于暗平衡调整
GCUT	13 0001 0011	0～3F	绿截止,用于暗平衡调整
RDRV	1F 0001 1111	0～3F	红激励,用于亮平衡调整
GDRV	1B 0001 1011	0～3F	绿激励,用于亮平衡调整
BDRV	20 0010 0000	0～3F	蓝激励,用于亮平衡调整
AGC	18 0001 1000	0～3F	自动增益控制
—	水平亮线	—	用于白平衡调整
音量00	25 0010 0101	0～3F	最小音量
音量25	35 0011 0101	0～3F	25%音量
亮50	1C 0001 1100	0～3F	50%亮度(中间值设定)
亮99	33 0011 0011	0～3F	99%亮度(最大值设定)
对50	20 0010 0000	0～3F	50%对比度(中间值设定)
对99	3F 0011 1111	0～3F	99%对比度(最大值设定)
色99	3F 0011 1111	0～3F	99%彩色(最大值设定)
YDEL	0D 0000 1101	0～3F	亮度信号延迟
CL	09 0000 1001	0～0F	彩色预置
PODE	10 0001 0000	0～1F	模式选择
INIT	—	—	初始化调整,不可进入

2. E²PROM 存储器

在长虹 SF2198 型彩色电视机中，E²PROM 存储器使用 AT24C08 型存储器。AT24C08 是一种非易失性只读存储器，可在断电情况下长期保存数据，并且可进行不少于 10 万次的数据擦除和写入。其内部有高压发生器、缓冲控制电路、参数比较器、数据存储器等电路。在长虹 SF2198 超级芯片彩色电视机中，AT24C08 用作中央控制系统的外部存储器，挂在 I²C 总线上，既用于存入控制系统输入的工作数据，又用于读出控制系统需要的记忆数据，以使整机各功能电路能够协调工作。其实物安装及总线接口波形如图 3-7 所示，内部地址记忆数据如图 3-8 所示，引脚功能及维修数据见表 3-3。

根据维修经验，N200（AT24C08）是控制系统中易损坏的器件之一。在换用新的存储器时，必须重新拷入数据。拷入数据常有两种方法，一种是将新的空白存储器直接上机，开机自动初始化后进入 I²C 总线，依照表 3-2 中的出厂数据逐一调整，但也要根据画面的实际情况，以人眼满意为标准；另一种是先在专用设备上使用专门软件将记忆数据拷贝到空白存储器中，再装在电视机上。

注：用 2μs 时基挡和 1.0V 电压挡测得 N200（AT24C08）⑤脚信号波形。

注：用 2μs 时基挡和 1.0V 电压挡测得 N200（AT24C08）⑥脚信号波形。

图 3-7　N200（AT24C08）存储器实物组装图

Addr	00	01	02	03	04	05	06	07	08	09	0A	0B	0C	0D	0E	0F
0000:	AD	03	93	71	05	3C	64	32	CE	4C	3C	64	32	CE	03	32
0010:	32	47	47	32	02	02	3C	64	32	CE	00	00	00	00	20	64
0020:	32	CE	20	22	20	11	12	24	21	15	20	37	1B	20	20	20
0030:	20	20	18	20	25	35	1C	33	3F	3F	0D	09	10	00	13	
0040:	70	00	00	00	00	00	00	00	00	00	00	00	00	00	00	00
0050:	00	00	00	00	00	46	18	66	39	1C	41	2E	5F	47	CE	49
0060:	B8	4D	50	50	98	53	80	6F	51	8A	80	96	AF	AB	A8	BD
0070:	DC	AB	A9	2E	63	8F	25	9D	DC	A7	4E	BB	EB	5D	97	5E
0080:	E5	60	31	61	79	62	BB	63	F9	65	34	66	6D	67	A3	68
0090:	D6	6A	07	6B	3A	6D	A4	72	EC	74	6D	76	1E	78	2F	80
00A0:	16	81	48	82	61	83	84	85	B5	86	E4	88	16	8A	77	8B
00B0:	A4	8C	D1	8D	FB	8F	25	90	4F	92	AC	98	DC	9A	5F	A1
00C0:	B4	A9	27	00	00	00	00	00	00	00	00	00	00	00	00	00
00D0:	00	00	00	00	00	00	00	00	00	00	00	00	00	00	00	00
00E0:	00	00	00	00	00	00	00	00	00	00	00	00	00	00	00	00
00F0:	00	00	00	00	00	00	00	00	00	00	00	00	00	00	00	00
0100:	00	00	00	00	00	00	00	00	00	00	00	00	00	00	00	00
0110:	00	00	00	00	00	00	00	00	00	00	00	00	00	00	00	00
0120:	00	00	00	00	00	00	00	00	00	00	00	00	00	00	00	00
0130:	00	00	00	00	00	00	00	00	00	00	00	00	00	00	00	00
0140:	00	00	00	00	00	00	00	00	00	00	00	00	00	00	00	00

图 3-8　N200（AT24C08）记忆数据

表 3-3　N200(AT24C08)存储器引脚功能及维修数据

引　脚	符　号	功　　能	U(V)		R(kΩ)	
			静态	动态	在　线	
					正向	反向
1	A0	地址端0,接地	0	0	0	0
2	A1	地址端1,接地	0	0	0	0
3	A2	地址端2,接地	0	0	0	0
4	GND	接地端	0	0	0	0
5	SDA	I^2C总线数据输入/输出端	3.0	3.0	6.9	18.9
6	SCL	I^2C总线时钟信号输入端	3.2	3.2	7.6	18.9
7	WP	页写保护端,接地	0	0	0	0
8	V_{DD}	+5V 电源端	5.1	5.1	6.7	12.3

3. 本机键盘扫描控制电路

在长虹 SF2198(OM8370PS)超级芯片彩色电视机中,本机键盘扫描控制电路主要由 KK01~KK06 和 RK01~RK06 组成,如图 3-9 所示。有关工作原理参见第二章第二节中的相关介绍,这里不再多述。

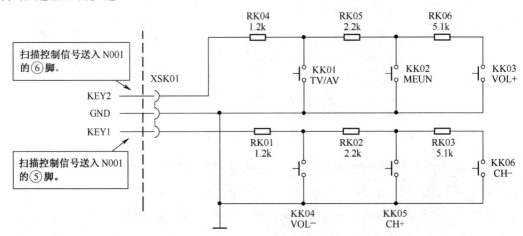

图 3-9　本机键扫描矩阵电路

三、高中频信号接收及处理电路

在长虹 SF2198(OM8370PS)超级芯片彩色电视机中,高中频信号接收及处理电路主要由 A100(TDQ5B6M)高频调谐器和 N001(OM8370PS)的 ㉑、㉒ 脚等组成。主要用于将接收的 TV 电视载波信号解调出视频信号和音频信号,然后分别通过图像通道和伴音通道输出图像信号和伴音信号。主要包括:高频调谐电路、预中频放大电路、图像检波及视频输出电路等。

1. 高频调谐电路

高频调谐电路主要由 A100(TDQ5B6M)、V102、R024、R025 等组成,如图 3-10 所示。其中 A100(TDQ5B6M)为高频调谐器,其实物安装如图 3-11 所示,引脚功能及维修数据见表 3-4。

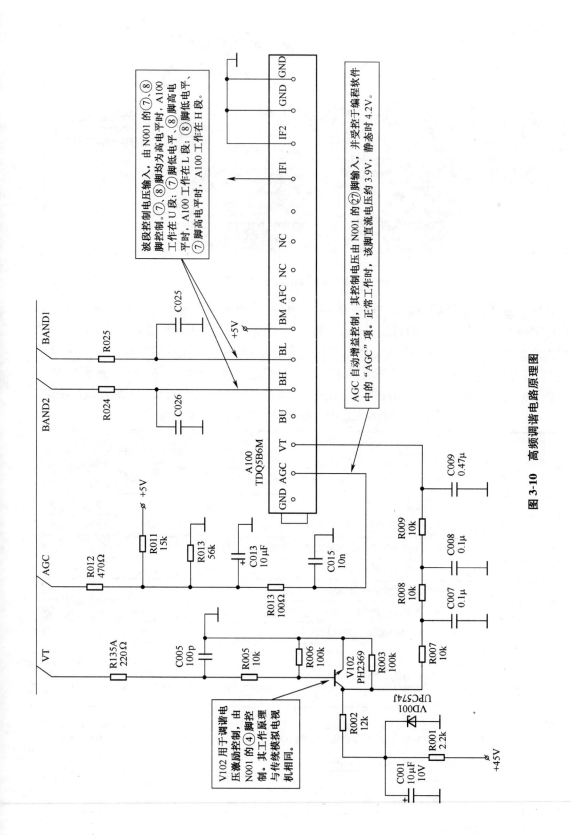

图 3-10 高频调谐电路原理图

波段控制电压输入，由 N001 的 ⑦、⑧ 脚控制。⑦、⑧ 脚均为高电平时，A100 工作在 U 段；⑦ 脚低电平、⑧ 脚高电平，A100 工作在 L 段；⑧ 脚低电平、⑦ 脚高电平，A100 工作在 H 段。

AGC 自动增益控制，其控制电压由 N001 的 ㉗ 脚输入，并受控于编程软件中的 "AGC" 项。正常工作时，该脚直流电压约 3.9V，静态时 4.2V。

V102 用于调谐电压激励控制，由 N001 的 ④ 脚控制。其工作原理与传统模拟电视机相同。

217

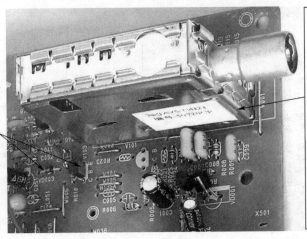

V103 与 VD003 等组成
+5V 稳压电路,主要产生
+5V-2 电压,为 A100
高频调谐器的 BM 端子
供电。当 V103、VD003
损坏时,电视机黑屏不
工作。正常时 V103 集电
极电压 8V,发射极电压
5V。

A100 为高频调谐器,由
+5V 电源供电,工作模
式与传统高频头基本相
同。

图 3-11 A100 高频调谐器实物安装图

在图 3-10 中,A100(TBQ5B6M)共有 15 个引脚。其中:AGC 端子外接电路用于平滑由 N001(OM8370PS)㉗脚输出的高放 AGC 控制电压,当 C013 或 C015 漏电时将会引起图像雪花增大或无图像,此时调整 I^2C 总线无效;VT 端子输入 16384 级 PWM 脉宽调制信号,用于选台控制,当 V102 或 VD001、R001 不良或损坏时将会引起逃台、无台或黑屏等故障;BH、BL 端用于输入来自 N001⑦、⑧脚的波段转换控制电压,但其控制电压的逻辑状态由编程软件决定。

表 3-4 A100(TDQ5B6M)高频调谐器引脚功能及维修数据

| 引 脚 | 符 号 | 功 能 | U(V) | | R(kΩ) | |
| | | | | | 在 线 | |
			静态	动态	正向	反向
1	GND	接地端	0	0	0	0
2	GND	接地端	0	0	0	0
3	AGC	高放 AGC 控制电压输入端	4.2	3.1	8.9	12.8
4	VT	调谐电压输入端	1.2	1.2	12.8	89.0
5	BU	U 波段控制端,本机未用	0	0	∞	∞
6	BH	H 波段控制端(U 段时)	5.0	5.0	8.4	27.8
7	BL	L 波段控制端(U 段时)	5.0	5.0	8.4	27.8
8	BM	+5V 电源端	5.1	5.1	7.0	15.1
9	AFC	自动频率微调端,本机未用	0	0	∞	∞
10	NC	空脚	—	—	—	—
11	NC	空脚	—	—	—	—
12	IF1	中频载波信号输出端 1	0	0	0	0
13	IF2	中频载波信号输出端 2,接地	0	0	0	0
14	GND	接地端	0	0	0	0
15	GND	接地端	0	0	0	0

注:引脚排列以天线输入端为第①脚。

2. 图像中频信号处理及视频检波电路

在长虹 SF2198 机型中,图像中频信号处理及视频检波电路主要由 N001 内电路和 V047、V048、声表面波滤波器等元件组成。其中:V047(2SC368)为预中频放大管,其与外围元件组成预中频放大电路,作用是使高频调谐器 IF 端子输出信号的电压增益适当提高,以补偿声表面波滤波器的插入损耗。预中频放大电路如图 3-12 所示。

图 3-13 为图像中频信号处理及视频检波电路。其中:V048 为伴音中频制式控制管。当其 c 极为低电平时,由 C061 耦合输出的 DK 制伴音中频信号被选通;当 c 极为高电平时,M 制伴音中频信号被选通。Z100 为 K6288K 型分离载波输入式声表面波滤波器。经过 C061 耦合的中频信号再经过 Z100 获得图像中频信号与伴音中频信号,分别送入 N001 的㉓脚和㉔脚。

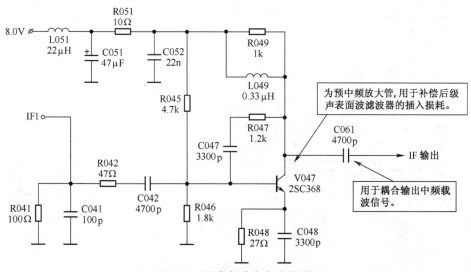

图 3-12　预中频放大电路原理图

由 N001 的㉓、㉔脚输入的 IF 载波信号,在 N001 的内部经 PLL 解调、图像中频放大、视频检波、AGC 控制等处理,取出全电视视频信号(CVBS)并从 N001㊳脚输出。

3. 视频输出电路

在长虹 SF2198 经济型彩色电视机中,全电视信号输出电路主要由 V241、V246、V247 以及 Z241、Z242、Z243 等组成。其电路原理如图 3-14 所示,引脚印制电路如图 3-15 所示。

在图 3-14 中,Z241(XTN6.5M)用于滤除 6.5MHz 伴音中频信号,以防止在收看 PAL-D 制电视节目时出现伴音干扰图像;Z242(XTN6.0M)用于滤除 6.0MHz 伴音中频信号,以防止在收看 PAL-I 制电视节目时出现伴音干扰图像;Z243(XTN4.5M)在 V246、V247 和 N001⑪脚的控制下用于滤除 4.5MHz 伴音中频信号,以防止在收看 NTSC 制电视节目时出现伴音干扰图像,但在长虹 SF2198 经济型彩色电视机中 Z243、V246、V247 未用,因此,使用该型电视机不能收视 NTSC 制视频节目,故在检修分析 SF2198 型经济型彩色电视机时可不必考虑 N001⑪脚的外接电路。

在图 3-14 中,V241 为缓冲放大管,用于放大由 N001㊳脚输出的全电视信号(波形见图 3-15),其输出分为两路:一路送入 6.5MHz 伴音中频电路,另一路经过 6.0MHz 和 6.5MHz 两级陷波后进入 V251。V251 为视频信号放大管,经过视频放大的信号分两路输出:一路送到机外,另一路全电视信号经 N001㊵脚送回 N001 内部。

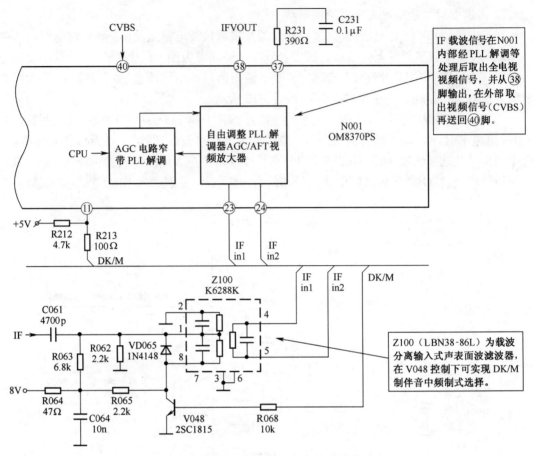

图 3-13　图像中频信号处理及视频检波输出电路

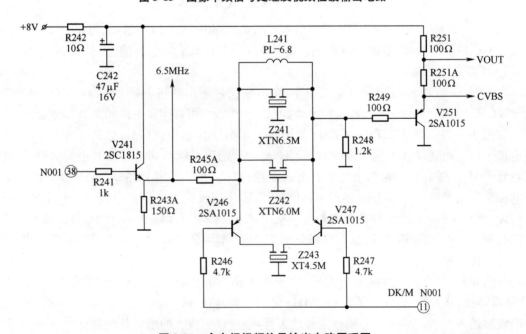

图 3-14　全电视视频信号输出电路原理图

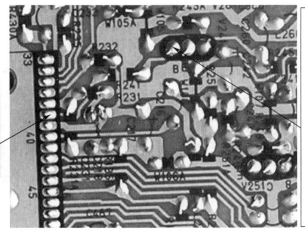

V241（2SC1815）全电视信号缓冲放大管，基极通过 R241 与 N001 ㉘脚相接，正常时也有如图所示的信号波形。有信号时 V241 基极电压约3.0V，无信号时约 3.9V。

注：用 5μs 时基挡和 0.5V 电压挡测得 N001㉘脚输出的全电视信号波形

图 3-15　全电视信号输出电路印制电路图

四、伴音电路

在长虹 SF2198 经济型彩色电视机中，伴音电路主要由伴音中频信号处理电路和功率输出电路两部分组成，前者主要包含在 N001(OM8370PS)的内部，后者主要由 N600（TDA8943SF）及少量外围元件等组成。

1. 伴音中频信号处理电路

伴音中频信号处理电路的作用是，从全电视信号中取出伴音第二中频信号（PLA-D 制6.5MHz 信号），再经解调等处理输出音频信号。伴音中频信号处理电路主要由 V260，V261，N001(OM8370PS)㉜、㉛、⑳、㉙脚内部电路及 C171，R271，C171A 等组成，如图 3-16 所示。从N001㉘脚输出的全电视信号经 V241 缓冲放大后，将其中一路全电视信号送入 6.5MHz 伴音中频信号处理电路，经 L260、C260、C261 组成的滤波电路，吸收 38MHz 视频图像信号，再经V260、V261 射极跟随和 Z260 鉴波后，再经 C262 耦合从 N001㉜脚输入。由㉜脚输入的电视伴音信号和由㉟脚输入的外部音频信号（AV）在 N001 内部经去加重、TV/AV 转换和音量控制，从 N001㊹脚输出音频信号，送入伴音功率放大电路。

2. 伴音功率输出电路

在长虹 SF2198 经济型彩色电视机中，伴音功率输出电路主要由 N600（TDA8943SF）及少量外围元件等组成，其电路原理如图 3-17 所示，引脚印制电路如图 3-18 所示。TDA8943SF 的引脚功能及维修数据见表 3-5。

在图 3-17 中，N600（TDA8943SF）是一种输出功率为 6W，负载为 8Ω，电压增益可达 32dB 的单声道功率放大器。其主要特点是在集成电路内部设置有过载过热保护功能和待机静音控制功能，并采用正反向极性输出。

在图 3-17 中，V601 和 V601A 与 N001 的㉢脚、N600 的⑦脚组成静音控制电路。当该电路正常工作时，N001㉢脚输出 3.6V 高电平，V601 导通，将 N600⑦脚钳位于 0V 低电平，N600正常输出。当收视者需要临时静音时，通过按动静音键使 N001㉢脚输出 0V 低电平，V601 截止，+12V 电压通过 R604 加到 N600⑦脚，使⑦脚获得 6.0V 高电平，N600 内部静音电路动作，使①、③脚无输出，扬声器静音。

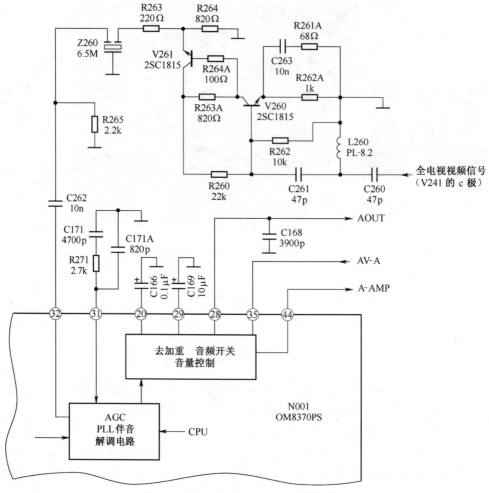

图 3-16　伴音中频信号处理电路原理图

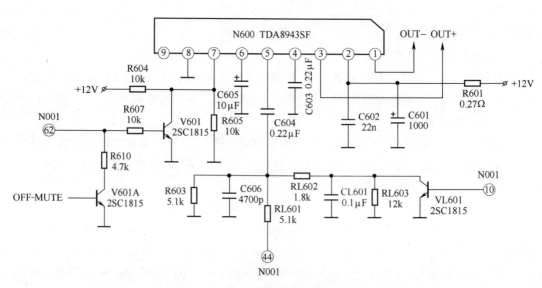

图 3-17　TDA8943SF 音频功放输出电路

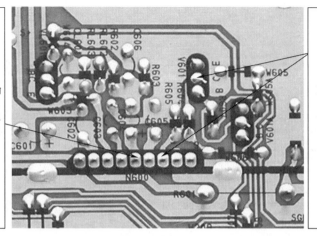

⑤脚为音频信号反向输入端。正常工作时该脚直流电压为4.6V,对地正向阻值11.5kΩ,反向阻值13.0kΩ。

N600⑦脚为静音和待机静噪控制端,与V601的c极直通。正常工作时为0V低电平,静音时为6.0V高电平。

图 3-18 N600(TDA8943SF)引脚印制电路图

在图 3-17 中由 V601、V601A、N600 的⑦脚和 V890、VD890(图中未绘出)组成的开关机静噪电路。当开关机时,由 V890、VD890 组成的开关机静噪检测电路会输出高电平,使 V601A 导通,V601 截止,N600⑦脚为高电平,扬声器无信号输出。

因此,当伴音功放输出级电路有故障时,若 N600①、②、③脚正常,注意检查⑦脚电压和 V601、V601A 的工作状态是很重要的。

表 3-5 N600(TDA8943SF)引脚功能及维修数据

引　脚	符　号	功　能	U(V)		R(kΩ)	
					在　线	
			静态	动态	正向	反向
1	OUT−	音频信号反向输出端	6.0	6.0	9.0	11.0
2	V$_{CC}$	+12V 电源端	12.0	12.0	0.8↑	0.8↑
3	OUT+	音频信号正向输出端	6.0	6.0	9.0	11.5
4	IN+	音频信号正向输入端	4.6	4.6	12.1	13.5
5	IN−	音频信号反向输入端	4.6	4.6	11.5	13.0
6	SVR	1/2 供电退耦端	5.8	5.8	12.0	12.1
7	MODE	模式选择输入端	6.0	0	4.6	4.9
8	GND	接地端	0	0	0	0
9	NC	空脚	0	0	∞	∞

注:同第 73 页中表注②。

五、AV 输入/输出电路

在长虹 SF2198(OM8370PS)系列彩色电视机中,AV 输入/输出电路由 AV 输入/输出插口、S 端子插口及 V370、V381、V391 等组成,如图 3-19 所示。但在不同机型中常有差异。在长虹 SF2198 机型中,AV 插口主要有两组,一组用于 AV 视音频信号输入,另一组用于 AV 视音频信号输出。AV 输入/输出插座实物安装如图 3-20 所示,引脚印制电路如图 3-21 所示。

1. AV 视频输入/输出电路

在长虹 SF2198(OM8370PS)型彩色电视机中,AV 视频信号输入主要有两路:一路从机壳后面板输入,另一路由机壳前面板输入。两路输入的 AV 视频信号均通过 R311、C311 耦合,送入 N001 的㊷脚,因此,AV1、AV2 两路视频信号不能同时输入。

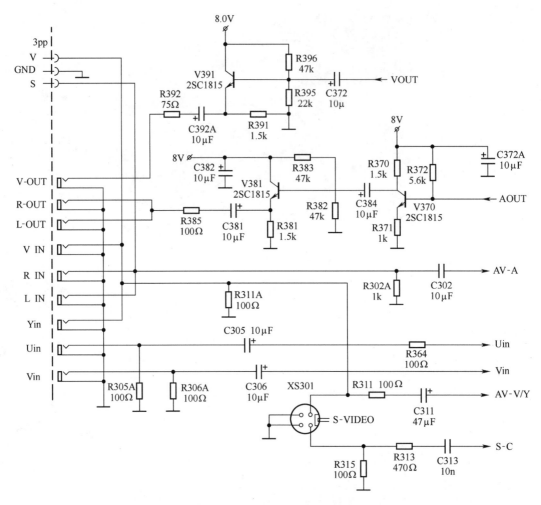

图 3-19　AV 输入/输出电路原理图

图 3-20　AV 输入/输出插座实物安装图

L OUT、R OUT 为 AV 音频输出焊脚，分为左右两路向机外音响设备提供音频信号。

V OUT 为 AV 视频输出焊脚，主要向机外显示设备等提供视频信号。

AV 音频信号输入焊脚。其中：L IN 和 R IN 为后面板 AV1 音频输入焊脚，XS500（S）为前面板 AV2 音频输入焊脚。

AV 视频信号输入焊脚。其中：V IN 为机壳后面板 AV1 视频输入焊脚，XS500（V）为前面板 AV2 视频输入焊脚。

图 3-21　AV 输入/输出插座引脚印制电路

在设置有 S 端子的机型中，Y（亮度）信号也与 AV1、AV2 视频信号共用一条输入电路（见图 3-19），但在该机中未用。

2. AV 音频输入/输出电路

在长虹 SF2198（OM8370PS）型彩色电视机中，AV 音频输入（左、右通道）信号主要有两路：一路从机壳后面板输入，另一路由机壳前面板输入。两路输入信号均通过 R302A、C302 耦合，送入 N001 的㉟脚。因此，AV1、AV2 两路音频信号也不能同时输入。

六、扫描电路

1. 行扫描输出电路

在长虹 SF2198 机型中，行扫描输出电路比较简单，主要由 V501、V502、T400 等组成，如图 3-22 所示。其中 V501（2SC2688）为行推动管，其基极的行激励信号由 N001（OM8370PS）的㉝脚提供，并受 V201（2SC1815）和 N001（OM8370PS）的㉓脚控制。在整机正常工作时，V501 基极电压为 0.4V，V201 截止。当遥控关机时，N001㉓脚输出 2.4V 高电平，使 V201 导通，V501 基极被钳位于低电平，同时 N001㉝脚也输出 0V 低电平，行扫描电路停止工作。

在图 3-22 中，行输出变压器除为显像管电路提供工作电压外，还通过 VD451、VD461 输出＋45V、＋16V 和＋8V 三组电压。其中：＋45V 主要供给场输出级电路；＋16V 供给伴音功放和场前置级电路；＋8V 供给整机小信号处理电路。因此，当行输出级有故障时，整机不工作。

2. 场扫描输出电路

在长虹 SF2198 机型中，场扫描输出级电路主要由 N400（TDA8356）及少量外围元件等组成。其电路原理如图 3-23 所示，实物印制线路如图 3-24 所示。

在图 3-23 中，N400（TDA8356）是直流耦合式场偏转集成电路，其引脚功能及维修数据见表 3-6。

另外，在该机中，开关稳压电源采用三洋 A3 机心，尾板末级视放电路采用分立元件，这两种电路在传统电视机中早就普遍应用，故这里不再介绍。

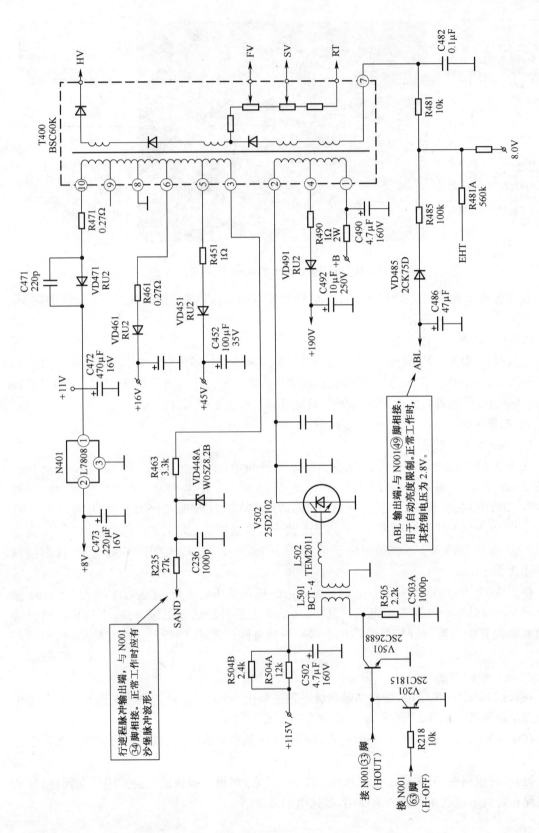

图 3-22　行扫描电路原理图

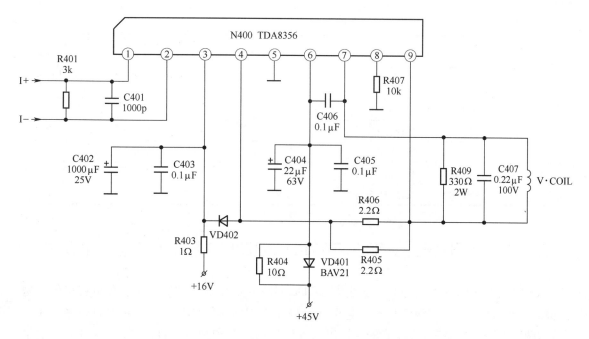

图 3-23 场扫描输出级电路原理图

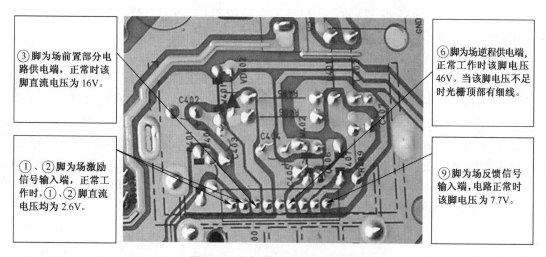

图 3-24 场扫描输出级印制电路

表 3-6 N400(TDA8356)场输出电路引脚功能及维修数据

引脚	符号	功能	$U(V)$		$R(k\Omega)$	
					在 线	
			静态	动态	正向	反向
1	INA	场激励信号正极性输入端	2.6	2.6	10.5	18.0
2	INB	场激励信号反极性输入端	2.6	2.6	10.5	18.0
3	V0	场信号前置处理电路供电端	16.1	16.1	6.2	15.0
4	OUTB	场功率负极性输出端	7.7	7.7	5.5	5.5

引 脚	符 号	功 能	U(V) 静态	U(V) 动态	R(kΩ) 在线 正向	R(kΩ) 在线 反向
5	GND	接地端	0	0	0	0
6	V_{FB}	场逆程供电端	46.0	46.0	6.4	98.0
7	OUT_A	场功率正极性输出端	7.8	7.8	5.5	5.5
8	GUARD	保护信号输出端	0.2	0.2	8.9	9.5
9	FEEDB	反馈信号输入端	7.7	7.7	5.5	5.5

第二节 TCL 王牌 AT2575B(TDA9373PS)超级芯片彩色电视机

TCL 王牌 AT2575B 是 TCL 公司采用 TDA9373 机心生产的超级芯片彩色电视机的典型机型。由于 TDA9373 超级芯片彩色电视机和 OM8370PS 超级芯片彩色电视机有较多的相同之处,两者可以相互参考,故本节重点指出两种机型的差异和独特之处。同时,尽可能多地给出一些维修数据和信号波形等资料,以指导维修实践。

与 TCL AT2575B 基本相同的机型还有:AT25211A/AT29187/AT34187/AT34276/NT25C41/NT25C81/NT34281 等。

一、TDA9373PS 超级芯片电路

TDA9373PS 与 TDA9370(OM8370)属于同一系列产品,内部都包含有电视信号处理器和中央微控制器,其基本特性和使用功能基本相同,只是在具体应用时引脚有些差异。即使均为采用 TDA9373PS 超级芯片组装的彩色电视机,也会因在不同机型中编程软件的不同而使引脚功能各有不同。因此,注意区别 TDA9373PS 在具体机型中引脚的差异,对全面掌握采用同一芯片的不同机型彩色电视的维修技术是很重要的。在 TCL 王牌 AT2575B 机型中,IC201(TDA9373PS)的实物安装如图 3-25 所示,引脚印制线路及关键点信号波形如图 3-26 所示,引脚功能及维修数据见表 3-7。

表 3-7 IC201(TDA9373)引脚功能及维修数据

引脚	符 号	功 能	U(V) 动态	R(kΩ) 在线 正反	R(kΩ) 在线 反向
1	STBY	待机控制端	0	8.0	12.0
2	SCL	I^2C 总线时钟信号输入端	3.6	7.8	18.0
3	SDA	I^2C 总线数据输入/输出端	3.7	7.6	18.0
4	VT	调谐电压控制端	1.4	9.5	30.0
5	P/N	制式指示灯控制端	0	7.5	9.5
6	KEY	键扫描控制端	3.4	8.0	11.0
7	A/D	模/数转换端,用于电子调谐或 AFT 控制	2.0	9.5	16.0
8	TILT	PWM 输出端外接 RC 滤波器	0	9.5	∞
9	V_{SS}	接地端	0	0	0
10	AT	待机控制端	0.1	6.0	8.5
11	BAND	波段控制端	0	3.5	3.5

引脚	符　号	功　　能	$U(V)$ 动态	$R(k\Omega)$ 在　线 正反	$R(k\Omega)$ 在　线 反向
12	V$_{SS}$	模拟电路接地端	0	0	0
13	SEC PLL	锁相环滤波端	2.3	10.8	14.0
14	VP2	+8V 电源端	8.2	0.2	0.4
15	DECDIG	处理数字电路供电端,外接滤波电容	5.1	7.5	12.5
16	PH2LF	锁相环鉴相滤波端 2	3.0	10.1	14.0
17	PH1LF	锁相环鉴相滤波端 1	2.7	10.2	14.0
18	GND3	接地端 3	0	0	0
19	DECBG	带隙去耦端	3.9	9.0	13.0
20	AVL	自动电平调节端	3.7	10.0	13.5
21	VDRB	场驱动输出端 B	0.7	1.2	1.5
22	VDRA	场驱动输出端 A	0.7	1.2	1.5
23	IF IN1	中频信号输入端 1	1.8	10.5	13.5
24	IF IN2	中频信号输入端 2	1.8	10.5	13.5
25	IREF	参考电流输入端	3.9	10.5	13.5
26	VSC	接锯齿波电容	2.6	10.5	14.0
27	RF AGC	高放 AGC 输出端	2.8	6.5	6.5
28	AUDEEM	音频去加重端	3.2	10.0	14.0
29	DECSDEM	去耦合音频解调器	2.4	10.5	14.0
30	GND2	接地端 2	0	0	0
31	SNDPLL	窄带锁相环滤波端	2.0	10.5	14.0
32	SNDIF	伴音中频输入端	0.1	10.0	14.0
33	H OUT	行激励信号输出端	0.6	0.2	0.4
34	FBISD	回扫输入/沙堡脉冲输出端	0.7	10.0	14.0
35	AUDEXT	外部音频信号输入端	3.4	11.0	14.0
36	EHTO	EHT/过压保护输入端	2.2	10.0	13.0
37	PLLIF	中频锁相环路滤波端	2.4	10.0	14.0
38	IFVO	TV 视频信号输出端	2.8	10.5	13.0
39	VPI	TV 处理器供电端,供电压 8V	8.2	0.2	0.4
40	CVBS IN	视频图像信号输入端	3.4	10.0	14.0
41	GND1	接地端 1	0	0	0
42	CVBS/Y	CVBS 视频信号/S 端子 Y 信号输入端	3.2	10.0	14.0
43	CHROMA	S 端子 C 信号输入端	1.0	10.0	14.0
44	AUD OUT	音频信号输出端	3.8	10.0	14.0
45	INSSW2	第二 RGB/YUV 插入开关信号输入端	1.4	3.5	3.9
46	R2/V IN	红基色信号 2/V 分量信号输入端	2.3	10.2	14.0
47	G2/Y IN	绿基色信号 2/亮度信号输入端	2.3	10.5	14.0
48	B2/U IN	蓝基色信号 2/U 分量信号输入端	2.3	10.5	14.0
49	BCL IN	束电流限制器输入端	2.8	10.0	11.5
50	BLK IN	黑电流输入/V-防护保护端	5.2	9.6	13.0
51	R OUT	红基色信号输出端	3.6	8.5	9.5
52	G OUT	绿基色信号输出端	3.6	8.6	9.5
53	B OUT	蓝基色信号输出端	3.6	8.6	9.5
54	V$_{DD}$A	模拟电路供电端,供电压 3.3V	3.3	4.8	6.0
55	VPE	OPT 编程电压端,接地	0	0	0
56	V$_{DD}$C	+3.3V 电源端,用于核心电路供电	3.4	4.8	6.0
57	OSC GND	振荡器电路接地端	0	0	0
58	XTAL IN	振荡器输入端,外接 12MHz 晶振	—	7.1	23.0
59	XTAL OUT	振荡器输出端,外接 12MHz 晶振	—	7.1	18.0

引脚	符　号	功　　能	$U(V)$ 动态	$R(k\Omega)$ 在　线 正反	反向
60	REST	复位端，接地	0	0	0
61	$V_{DD}P$	＋3.3V 电源端，用于外围数字电路供电	3.4	4.8	6.5
62	AV1	AV/TV 转换控制端	4.2	7.6	12.0
63	AV2	AV/TV 转换控制端	4.2	7.9	13.0
64	REMOTE	遥控信号输入端	4.4	8.8	30.0

注：用 10μs 时基挡和 1V 电压挡测得④脚 VT 控制信号波形。

㉖、㉓脚为通用端口 1.0 和 1.1，在该机中用于 TV/AV 转换控制。其信号分别通过驱动管控制电子开关电路，在 TV 状态时，两脚均为高电平。

注：10μs 时基挡和 1V 电压挡测得㊿脚 BLK 输入信号波形。

注：用 10μs 时基挡和 0.1V 电压挡测得⑯脚 PH2 LF 信号波形。

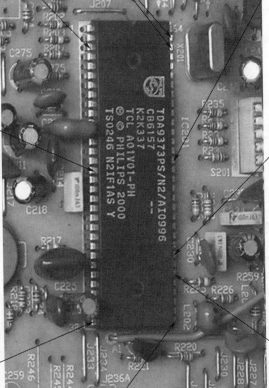

注：用 10μs 时基挡和 0.2V 电压挡测得㊵脚 CVBS 信号波形。

注：用 10μs 时基挡和 10mV 电压挡测得㉜脚信号波形。

㉝脚输出行激励信号，直接加到行推动管基极，在开机状态该脚为 0.6V 高电平。

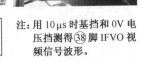

注：用 10μs 时基挡和 0V 电压挡测得㊳脚 IFVO 视频信号波形。

图 3-25　IC201(TDA9373PS)实物安装图

注：用 10μs 时基挡和 1V 电压挡测得 ③ 脚 SDA 数据线波形。

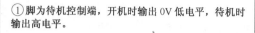

① 脚为待机控制端，开机时输出 0V 低电平，待机时输出高电平。

注：用 2μs 时基挡和 1V 电压挡测得 ② 脚 SCL 时钟线波形。

注：用 10μs 时基挡和 0.2V 电压挡测得 ㊾ 脚 B 基色信号波形。

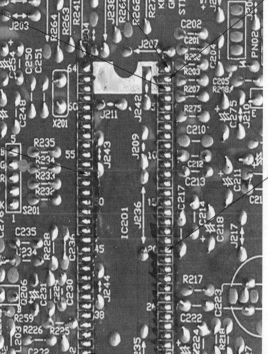

注：用 10μs 时基挡和 0.2V 电压挡测得 ㉝ 脚行激励信号波形。

Q917 为待机控制管，其基极受 IC201 ⑩ 脚控制。开机时 Q917 截止，Q401 行推动管不受影响；待机时 Q917 导通，Q401 基极被钳位于地，行电路不工作。

注：用 10μs 时基挡和 0.1V 电压挡测得 ⑳ 脚 AVL 信号波形。

注：用 10μs 时基挡和 0.5V 电压挡测得 ㉜ 脚沙堡脉冲波形。

图 3-26　IC201（TDA9373PS）引脚印制电路及关键点信号波形

1. 中央控制系统

在 TCL 王牌 AT2575B 机型中，中央控制系统主要由 IC201（TDA9373PS）及 IC202（24C16）等组成，其控制功能主要由拷贝到存储器中的编程软件决定。

(1) I²C 总线控制电路及其应用。

在 TCL 王牌 AT2575B 彩色电视机中 I²C 总线控制电路，主要通过 IC201（TDA9373PS）内部的 μ-控制器和 IC202（24C16）外部存储器来实现的。其中 IC201（TDA9373PS）内部的 μ-控制器通过 IC201 的 ②、③ 脚，一方面将整机工作数据通过 I²C 总线存入 IC202（24C16），另一方面又通过 I²C 总线从 IC202 中随机读取数据以控制当前工作状态。

IC202(24C16)是 E²PROM 存储器,与 24C08 存储器的引脚功能基本相同,只是存储容量较大。IC202(24C16)的引脚功能及维修数据见表 3-8。

表 3-8　IC202(24C16)存储器引脚功能及维修数据

引脚	符　号	功　　能	U(V) 动态	R(kΩ) 在　线 正反	R(kΩ) 在　线 反向
1	A0	地址端 0	0	0	0
2	A1	地址端 1	0	0	0
3	A2	地址端 2	5.1	11.0	13.0
4	GND	接地端	0	0	0
5	SDA	I²C 总线数据输入/输出端	3.6	7.5	18.0
6	SCL	I²C 总线时钟信号输入端	3.6	8.0	18.0
7	WP	写保护端	0	0	0
8	V_{DD}	+5V 电源端	5.2	5.5	8.0

I²C 总线进入/退出及项目数据的调整方法。首先按遥控器右下角的"工厂设定"键,然后在 2~3 s 内按"静音"键即可进入维修状态。此时即可调出维修调试菜单,按节目加减键可选定项目,按音量加减键可调整数据。调整完毕,按"显示"键即可退出维修状态。

(2)CPU 的外部控制电路。

在 TCL 王牌 AT2575B 型彩色电视机中,CPU 对外部控制主要有 10 条支路,其中:

①TV 控制电路。主要由 IC201(TDA9373PS)④脚、TU101(TELE48-011)②脚及外围电路组成,如图 3-27 所示。图中,Q201 为调谐扫描激励管。由 IC201④脚输出 16384 级(14 位)PWM 调宽脉冲,并通过 Q201 激励后去控制高频调谐器的 VT 端子。

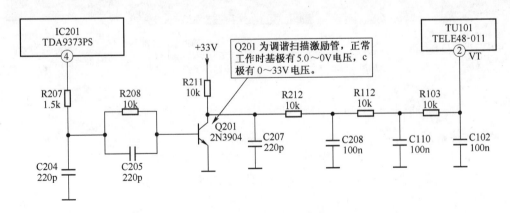

图 3-27　调谐选台控制电路

②P/N 制式指示灯控制电路。主要由 IC201(TDA9373PS)⑤脚、遥控接收头 IR001 的①

脚及外围电路组成,如图 3-28 所示。图中,Q001 为待机指示灯控制管。由 IC201⑤脚输出 ON/OFF 转换电平,并通过 Q203 控制前面板中的指示灯电路。在图 3-28 中,P/N 指示灯还作为待机指示灯显示。当待机时,Q001 导通,D001 内含的两只发光二极管同时点亮,其发出的混合色光作为待机指示。

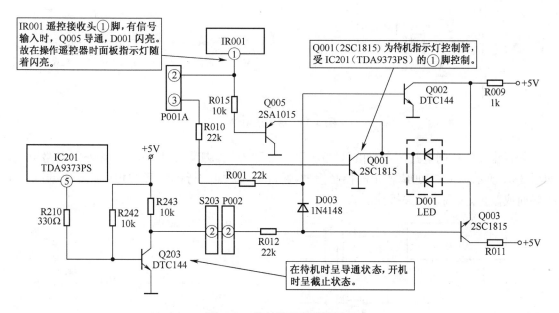

图 3-28　待机指示灯控制电路

③待机(STBY)控制电路。主要由 IC201 的①脚与 Q804、Q803、Q802 等外围电路组成,如图 3-29 所示。图中 Q802 为+11V 电源开关管。由 IC201①脚输出 ON/OFF 转换电平,通过 Q804、Q803、Q802 控制+8V 输出电路。

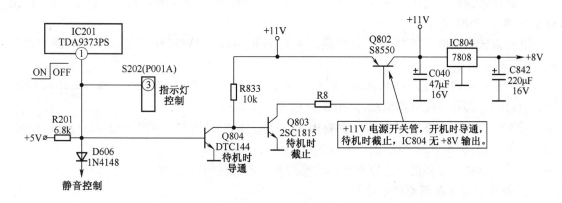

图 3-29　待机控制电路

④键扫描电路。主要由 IC201(TDA9373PS)⑥脚与安装在前面板的选择键组成,如图 3-30 所示。

⑤A/D 自动频率微调(AFT)控制电路。主要由 IC201(TDA9373PS)的⑦脚构成。其输出信号控制 Q1803 漏极。在 TCL 王牌 AT2575B 机型中 Q1803 等未用。

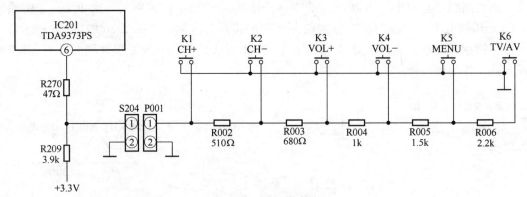

图 3-30　键扫描电路

⑥直流关机控制电路。主要由 IC201(TDA9373PS)⑩脚及 Q917、Q401 等外围电路组成,如图 3-31 所示。IC201⑩脚输出的控制信号,通过 Q917 加到行推动管 Q401 基极,控制 Q401 的导通或截止,实现直流关机控制。

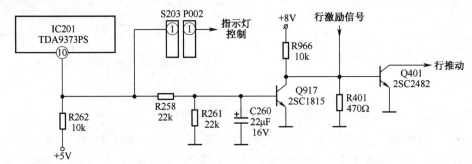

图 3-31　行推动直流关机控制电路

⑦波段转换控制电路。主要由 IC201(TDA9373PS)⑪脚和 Q104、Q102、Q103 等外围电路组成,如图 3-32 所示。

⑧行偏转自动电平控制(AVL)电路。主要由 IC201(TDA9373PS)的⑳脚和外围电路组成,如图 3-33 所示。

⑨高放自动增益控制(RF AGC)电路。主要由 IC201(TDA9373PS)㉗脚、TU101(TEL-E48-011)的①脚及外围电路组成,如图 3-34 所示。

⑩AV1/AV2 转换控制电路。主要由 IC201(TDA9373PS)㉖、㉓脚,Q913,Q914,IC901(4052)的⑨、⑩脚和 IC902 的⑥、⑩脚及内电路组成,如图 3-35 所示。

有关外部功能控制的工作原理与传统模拟彩色电视机相同,这里不多述。

2. 视音频信号解调处理电路

在 TCL 王牌 AT2575B 型彩色电视机中,TV 视音频信号解调处理电路由 IC201(TDA9373PS)内电路及少量外围分立元件组成。包括视频信号解调电路和音频信号解调电路两部分。

(1)视频信号解调处理电路。

视频信号解调处理电路主要由 IC201(TDA9373PS)的㉓、㉔、㊲、㊳、㊵脚内电路和外部元件组成。其工作原理与 OM8370PS 基本相同(参见图 3-14),这里不再重述。

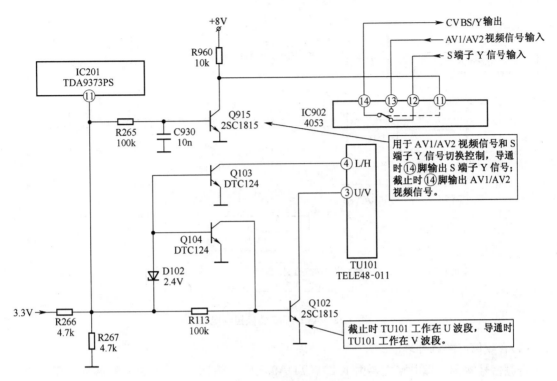

图 3-32 波段控制电路

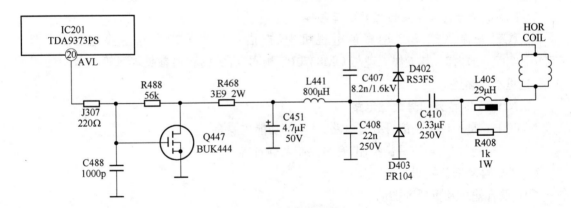

图 3-33 行偏转控制电路

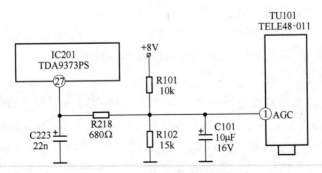

图 3-34 RF AGC 控制电路

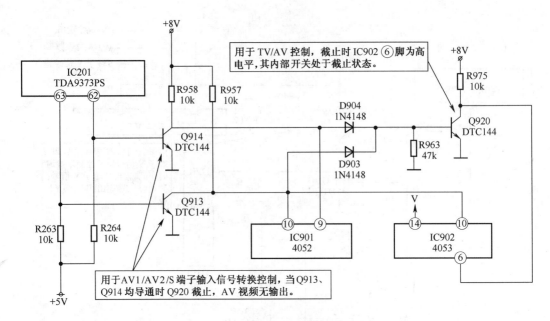

图 3-35　AV1/AV2 转换控制电路

（2）音频信号解调处理电路。

音频信号解调处理电路主要由 IC201（TDA9373PS）的㉘、㉙、㉛、㉜、㉟、㊸脚内电路及外部分立元件组成。其工作原理与 OM8370PS 基本相同（参见图 3-16），这里不再重述。

3. 扫描小信号处理及几何失真校正电路

在 TCL 王牌 AT2575B 型彩色电视机中，扫描小信号处理电路主要包含在 IC201（TDA9373PS）的内部，其工作原理与 OM8370PS 相同，有关内容可参见本章第一节中的相关介绍，这里不再多述。

二、NJW1136 音频信号处理电路

NJW1136 是一种音频信号处理电路，其内部功能主要有：

①音调控制、左右声道平衡控制、音量控制及静音等。

②AGC 自动增益控制。

③重低音输出及重低音推动。

④可再现自然环绕声。

所有的功能均由 I²C 总线控制。

在 TCL 王牌 AT2575B 机型中，IC601（NJW1136）主要用于重低音输出和音调等处理。其实物安装如图 3-36 所示，引脚印制电路如图 3-37 所示，引脚功能及维修数据见表 3-9，音频信号处理电路原理如图 3-38 所示。

在图 3-38 中，音频信号处理电路由 IC601（NJW1136）和少量外围元件组成。其中：⑥脚外接 C620（4.7μF/16V）为重低音信号耦合输出电容，当其开路或失效、变值时，会出现无重低音或重低音失真、音轻等故障现象；⑦脚和㉖脚分别外接 C621（4.7μF/16V）和 C622（4.7μF/16V），为双音频信号耦合输出电容，其输出信号主要供给主扬声器功率输出电路。

236

㉜脚为 B 通道输入端、输入右声道音频信号，由 IC901（4052）的 ③ 脚经 Q903 缓冲放大后送入该脚。正常工作时，该脚直流电压 3.7V，对地正向阻值约 10.8kΩ，反向阻值约 115.0kΩ。

㉖脚为 B 通道输出端、输出右声道音频信号，通过 R611、C611 送入 IC602（TDA8944）的 ⑧ 脚。正常工作时，该脚直流电压 5.4V，对地正向阻值约 95.0kΩ，反向阻值约 10.8kΩ。

图 3-36 IC601(NJW1136L)实物安装图

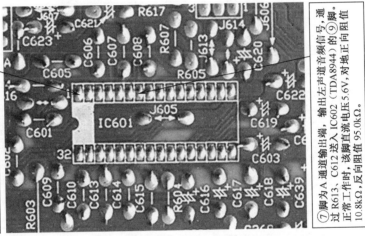

①脚为 A 通道输入端、输入左音频信号，由 IC901（4052）的 ③ 脚经 Q902 缓冲放大后送入该脚。正常工作时，该脚直流电压 3.6V，对地正向阻值 10.6kΩ，反向阻值 120.0kΩ。

⑦脚为 A 通道输出端、输出左声道音频信号，通过 R613、C612 送入 IC602（TDA8944）的 ⑨ 脚。正常工作时，该脚直流电压 5.6V，对地正向阻值 95.0kΩ，反向阻值 10.8kΩ。

图 3-37 IC60(NJW1136L)引脚印制电路

表 3-9 IC601(NJW1136 音频信号处理电路)引脚功能及维修数据

引 脚	符 号	功 能	U(V) 动态	R(kΩ) 在 线 正反	R(kΩ) 在 线 反向
1	INa	A 通道输入端	3.6	10.6	120.0
2	SR-FIL	内接环绕声滤波器，外接 100nF 电容	5.6	9.9	85.0
3	SS-FIL	内接模拟立体声滤波器，外接 100nF 电容	5.5	10.0	90.0
4	TONE-Ha	A 通道高音调控制端，外接 2.2nF 电容	5.0	10.6	110.0
5	TONE-La	A 通道低音调控制端，外接 100nF 电容	5.5	10.5	90.0
6	OUTW	重低音输出端	5.6	10.8	95.0
7	OUTa	A 通道输出端	5.6	10.8	95.0
8	AGC1	AGC 冲击及恢复时间设置端	1.4	10.1	80.0

引　脚	符　号	功　　能	$U(V)$ 动态	$R(k\Omega)$ 在　线 正反	$R(k\Omega)$ 在　线 反向
9	AUX0	辅助数值电压输出端,接地	0	9.5	160.0
10	AUX1	辅助数值电压输出端,未用	0	7.5	10.0
11	PORT0	辅助数值电压输出端,未用	0	10.3	16.0
12	PORT1	逻辑输入端,未用	0	11.0	18.0
13	ADR	从属地址设置端	0	0	0
14	SDA	I^2C 总线数据输入/输出端	3.6	7.5	14.5
15	SCL	I^2C 总线时钟信号输入端	3.6	7.6	15.5
16	GND	接地端	0	0	0
17	V+	+11V电源端	11.0	6.5	35.0
18	V_{ref}	参考电压端	3.6	10.0	120.0
19	CSR	环绕声控制的 DAC 输出端	0	10.0	15.0
20	CTL	音调(低)控制的 DAC 输出端	2.8	10.2	120.0
21	CTH	音调(高)控制的 DAC 输出端	3.0	10.2	120.0
22	CVW	低通滤波调整器的 B 通道 DAC 输出端	2.0	9.5	120.0
23	CVB	音量及平衡 B 通道 DAC 输出端	4.2	9.5	120.0
24	CVA	音量及平衡 A 通道 DAC 输出端	4.2	9.5	120.0
25	AGC2	AGC 推动级设置端	0.1	10.0	46.0
26	OUTb	B 通道输出端	5.4	10.8	95.0
27	TONE-Lb	B 通道低音调控制滤波端	5.4	10.8	95.0
28	TONE-Hb	B 通道高音调控制滤波端	5.0	10.8	110.0
29	LF3	内接低通滤波器 3	6.4	10.5	110.0
30	LF2	内接低通滤波器 2	5.8	10.5	110.0
31	LF1	内接低通滤波器 1	5.0	10.8	110.0
32	INb	B 通道输入端	3.7	10.8	115.0

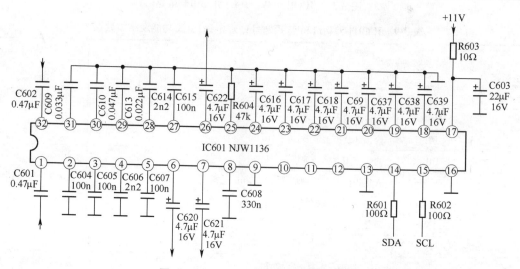

图 3-38　IC601(NJW1136)电路原理图

三、TDA8944J伴音功放电路

在 TCL 王牌 AT2575B 型彩色电视机中,伴音功放级电路主要由 IC602(TDA 8944J)及少量外围元件组成。其实物安装如图 3-39 所示,引脚印制电路如图 3-40 所示,引脚功能及维修数据见表 3-10 所示。伴音功放电路原理如图 3-41 所示。由于 TDA8944J 伴音功放电路工作原理比较简单,读者可根据引脚功能自行分析,此处不多叙述。

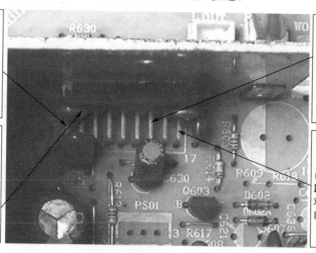

①脚为反向输出端1。电路正常时该脚电压 9.0V,对地正向阻值 8.1kΩ,反向阻值 3.0kΩ。

④脚为正向输出端1。电路正常时该脚对地电压9.0V, 对地正向阻值8.1kΩ, 反向阻值 ∞。

⑭脚为正向输出端2。电路正常时该脚电压 9.0V,对地正向阻值 8.5kΩ,反向阻值 200.0kΩ。

⑰脚为反向输出端2。电路正常时,该脚电压9.0V,对地正向阻值8.5kΩ,反向阻值4kΩ。

图 3-39　IC602(TDA8944J)实物安装图

⑫脚为正向输入端2。电路正常时该脚电压 8.5V,对地正向阻值10.8kΩ,反向阻值120.0kΩ。

⑯脚为+18V供电端。正常时该脚对地正向阻值7.0kΩ,反向阻值70.0kΩ。

⑥脚为正向输入端1。正常时该脚电压8.0V,对地正向阻值11.2kΩ,反向阻值120.0kΩ。

③脚为+18V电源端。正常时该脚对地正向阻值6.5kΩ,反向阻值70.0kΩ。

图 3-40　IC602(TDA8944J)引脚印制电路

表 3-10　IC602(TDA8944J伴音功放电路)引脚功能及维修数据

引　脚	符　号	功　　能	U(V)		R(kΩ) 在　线	
			静态	动态	正向	反向
1	OUT1−	反向输出端1	9.0	9.0	8.1	3.0
2	GND	接地端	0	0	0	0
3	V_{CC}	+18V 电源端	18.0	18.0	6.5	70.0

引　脚	符　号	功　　能	U(V) 静态	U(V) 动态	R(kΩ) 在　线 正向	R(kΩ) 在　线 反向
4	OUT1+	正向输出端 1	9.0	9.0	8.1	∞
5	NC	空脚	0	0	∞	∞
6	IN1+	正向输入端 1	8.0	8.0	11.2	120.0
7	NC	空脚	0	0	∞	∞
8	IN1-	反向输入端 1	8.0	8.0	11.2	120.0
9	IN2-	反向输入端 2	8.5	8.5	11.2	120.0
10	MODE	模式控制端	0.1	0.1	10.1	85.0
11	SVR	1/2 电源滤波端	9.0	9.0	10.5	45.0
12	IN2+	正向输入端 2	8.5	8.5	10.8	120.0
13	NC	空脚	0	0	∞	∞
14	OUT2+	正向输出端 2	9.0	9.0	8.5	200.0
15	GND	接地端	0	0	0	0
16	V_{CC}	+18V 电源端	18.0	18.0	7.0	70.0
17	OUT2-	反向输出端 2	9.0	9.0	8.5	4

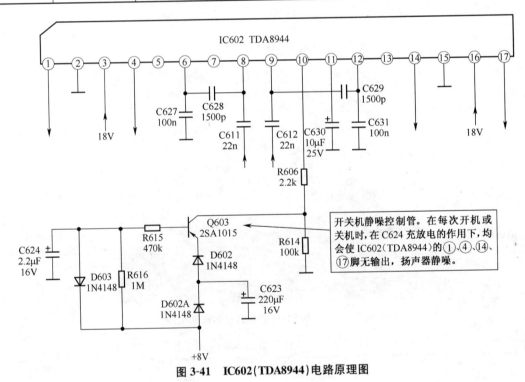

图 3-41　IC602(TDA8944)电路原理图

四、TDA8359 场扫描输出级电路

在 TCL 王牌 AT2575B 型彩色电视机中,场扫描输出级电路主要由 IC301(TDA8359)及少量的外围元件组成。其实物安装及引脚波形如图 3-42 所示,引脚印制电路及引脚波形如图 3-43 所示,引脚功能及维修数据见表 3-11。场扫描电路工作原理与 TDA8356 基本相同(参见图 3-23)这里不再重述。

注：用 2ms 时基挡、0.1V 电压挡、×10 探笔测得⑧脚场保护输出信号波形。

④脚为场功率输出端 B，通过 0.68Ω/1W 限流电阻与场偏转线圈相接。正常工作时，该脚直流电压 0.1V，对地正向阻值 5.5kΩ，反向阻值 30.0kΩ。

注：2ms 时基挡、20mV 电压挡、×10 探笔测得②脚场激励正极性信号波形。

注：用 2ms 时基挡、0.1V 电压挡、×10 探笔测得⑨脚反馈信号波形。

注：用 1ms 时基挡、20mV 电压挡、×10 探笔测得①脚场激励负极性信号波形。

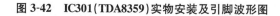

⑦脚为场功率输出端 A，直接与场偏转线圈相接。正常工作时该脚直流电压 0.1V，对地正向阻值 6.6kΩ，反向阻值 18.0kΩ。

图 3-42 IC301(TDA8359)实物安装及引脚波形图

注：用 2ms 时基挡、0.2V 电压挡、×10 探笔测得④脚场功率输出 B 信号波形。

⑥脚为场逆程回扫供电端，其供电电压为 45V。当该脚电压不足时，光栅顶部会有数根细密回扫线出现。

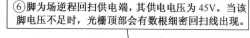

注：用 2ms 时基挡、0.2V 电压挡、×10 探笔测得⑥脚场回程工作波形。

注：用 2ms 时基挡、20mV 电压挡、×10 探笔测得①脚工作波形。

③脚为 +14V 电源端，主要为前置激励部分电路供电。正常时该脚对地正向阻值 4.5kΩ，反向阻值 8.0kΩ。

注：用 2ms 时基挡、0.2V 电压挡、×10 探笔测得⑦脚场功率输出 A 信号波形。

图 3-43 IC301(TDA8359)引脚印制电路及引脚波形

表 3-11　IC301(TDA8359J)引脚功能及维修数据

引脚	符号	功能	$U(V)$ 动态	$R(kΩ)$ 在线	
				正反	反向
1	V+	场激励信号正极性输入端	0.7	1.3	1.3
2	V−	场激励信号负极性输入端	0.7	1.3	1.3
3	VP	+14V 电源端	13.5	4.5	8.0
4	VO(B)	场功率输出端 B	0.1	5.5	30.0
5	GND	接地端	0	0	0
6	VFB	输入回程供电端	50.0	4.5	∞
7	VO(A)	场功率输出端 A	0.1	6.6	18.0
8	VO(GUard)	保护输出端	0.3	5.1	5.2
9	VI(fb)	反馈电压输入端	6.7	9.0	22.0

第三节　TCL 王牌 2965U(TDA9383PS)超级芯片彩色电视机

TCL 王牌 2965U 型是 TCL 集团生产的 29 英寸大屏幕彩色电视机,其机心采用了 TDA9383 超级芯片集成电路,在国产大屏幕彩电中具有代表性。由于 TDA9383 超级芯片与 OM8370/TDA9373 等基本相同,以它们为核心组成的电路可以相互参考,故在本节中对相同之处就不再重述,只在指出差异的同时给出相关的维修数据和信号波形,以指导实践维修。

与 TCL 王牌 2965U 基本相同的机型还有 AT2570UB/AT2570U1 等。

一、TDA9383PS 超级芯片电路

TDA9383PS 超级芯片电路与 TDA9370(OM8370)/TDA9373 等为同一系列产品,内部都包含有电视信号处理器和中央微控制器,其他的引脚功能基本相同,但由于软件版本不同,存储器中编程软件数据也不同,相关引脚的维修数据也不尽一致。在 TCL 王牌 2965U 机型中,IC201(TDA9383PS)的实物安装及关键引脚波形如图 3-44 所示,引脚印制电路及关键引脚波形如图 3-45 所示,引脚功能及维修数据见表 3-12。

表 3-12　IC201(TDA9383PS)引脚功能及维修数据

引脚	符号	功能	$U(V)$			$R(kΩ)$ 在线	
			待机状态	TV静态	TV动态	正向	反向
1	STBY	待机控制端	2.0	0	0	4.4	6.2
2	SCL	I^2C 总线时钟信号输入端	4.7	3.6	3.4	4.4	13.8
3	SDA	I^2C 总线数据输入/输出端	4.7	3.5	3.3	4.4	13.8
4	VT	调谐电压控制端	3.0	2.2	2.1	5.4	18.1

引脚	符 号	功 能	U(V)			R(kΩ)	
			待机状态	TV静态	TV动态	在 线	
						正向	反向
5	P/N	制式指示灯控制端	0	0	0	4.4	6.3
6	KEY	键扫描控制端	2.9	3.2	3.2	4.8	9.6↑
7	A/D	模/数转换端,用于调谐 AFT 控制	0	0	0	4.3	5.7
8	TILT	PWM 输出端,外接 RC 滤波器	0.1	0	0	4.0	4.8
9	V$_{SS}$ C/P	接地端	0	0	0	0	0
10	AT	待机控制端	4.7	0	0	4.2	13.5
11	BAND	波段控制端	1.4	1.5	1.5	2.5↑	2.5
12	V$_{SS}$A	接地端	0	0	0	0	0
13	SEC PLL	锁相环滤波端	0	2.3	2.2	5.7	7.1
14	VP2	＋8V 电源端	0	7.7	7.7	0	0
15	DECDIG	处理数字电路供电端,外接滤波电容	0	4.9	4.9	4.3	6.5
16	PH2 LF	锁相环鉴相滤波端 2	0	2.8	2.8	5.6	7.2
17	PH1 LF	锁相环鉴相滤波端 1	0	2.6	2.5	5.7	7.5
18	GND3	接地端 3	0	0	0	0	0
19	DECBG	带隙去耦端	0	3.9	3.9	5.1	6.8
20	AVL	自动电平调节端	0	3.6	3.5	5.7	7.2
21	VDRB	场驱动 B 输出端	0	0.6	0.6	1.0	1.0
22	VDRA	场驱动 A 输出端	0	0.6	0.6	1.0	1.0
23	IF IN1	IF 中频输入端 1	0	1.8	1.8	5.9	7.0
24	IF IN2	IF 中频输入端 2	0	1.8	1.8	5.9	7.0
25	IREF	参考电流输入端	0	1.8	3.8	6.0	7.1
26	VSC	接锯齿波电容	0	3.8	2.6	5.9	7.2
27	RF AGC	高放 AGC 输出端	0	2.6	4.5	4.5	4.5
28	AUDEEM	音频去加重端		4.5	3.1	5.6	7.1
29	DECSDEM	内接去耦合音频解调器	0.1	3.3	2.3	5.8	7.1
30	GND2	接地端 2	0	0	0	0	0
31	SNDPLL	内接窄带锁相环滤波器	0	2.2	2.2	5.9	7.1
32	SNDIF	伴音中频输入端	0	0.1	2.4	5.6	7.1
33	H OUT	行激励信号输出端	0	0.6	0.6	0.3	0.3
34	FBISO	行逆程脉冲输入/沙堡脉冲输出端	0	0.7	0.7	5.7	7.1

引脚	符号	功能	U(V)			R(kΩ)	
			待机状态	TV静态	TV动态	在线	
						正向	反向
35	AUDEXT	外部音频信号输入端	0	3.2	3.2	6.1	7.2
36	EHTO	EHT/过压保护输入端	0	1.7	1.7	5.7	6.8
37	PLLIF	中频锁相环路滤波端	0	1.3	2.4	5.8	7.1
38	IFVO	TV 视频信号输出端	0	3.7	2.6	5.9	6.7
39	VPI	+8V 电源端	0	7.7	7.7	—	—
40	CVBS IN	视频图像信号输入端	0	3.7	3.3	5.8	7.1
41	GND1	接地端 1	0	0	0	0	0
42	CVBS/Y	CVBS 视频信号/S 端子 Y 信号输入端	0	4.2	3.3	5.8	7.1
43	CHROMA	S 端子 C 信号输入端	0	0.9	1.9	6.0	7.1
44	AUD OUT	音频信号输出端	0	3.2	3.2	5.9	7.1
45	INS SW2	第二 RGB/YUV 插入开关信号输入端	0	1.3	1.3	2.6	2.5
46	R2/V IN	红基色信号 2/V 分量信号输入端	0	2.3	2.3	6.0	7.3
47	G2/Y IN	绿基色信号 2/亮度信号 Y 输入端	0	2.3	2.3	6.0	7.3
48	B2/U IN	蓝基色信号 2/U 分量信号输入端	0	2.3	2.3	6.0	7.3
49	BCL IN	束电流限制器输入端	0	2.7	2.7	5.6	7.1
50	BLK IN	黑电流输入/V-防护保护端	0	8.0	4.3	5.6	6.8
51	R OUT	红基色信号输出端	0	2.8	3.0	5.4	6.9
52	G OUT	绿基色信号输出端	0	2.6	3.0	5.4	5.9
53	B OUT	蓝基色信号输出端	0	2.8	3.4	5.4	6.0
54	$V_{DD}A$	+3.3V 电源端	2.8	3.2	3.2	3.0	4.3
55	VPE	OPT 编程电压端,接地	0	0	0	0	0
56	$V_{DD}C$	+3.3V 电源端	3.0	3.3	3.3	3.0	4.3
57	OSC GND	振荡器电路接地端	0	0	0	0	0
58	XTAL IN	振荡器输入端,外接 12MHz 晶振	0.8	2.1	※	4.3	11.5
59	XTAL OUT	振荡器输出端,外接 12MHz 晶振	1.4	1.6	1.6	4.4	9.5
60	REST	复位端,接地	0	0	0	0	0
61	$V_{DD}P$	+3.3V 电源端	3.0	3.4	3.4	3.0	4.3
62	AV1	用于 AV/TV 转换控制端	4.0	4.3	4.3	5.4	11.8
63	AV2	用于 AV/TV 转换控制端	4.0	4.3	4.3	5.0	11.5
64	REMOTE	遥控信号输入端	4.3	4.4	4.4	5.4	19.5

注:※正常工作时不能测量动态电压值,测量时需关机。

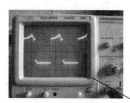

注：用20mV电压挡、5μs
时基挡、X10探笔测得
㉝脚行激励信号输出
波形。

㉝脚输出行激励开关脉冲电压。在开机时该脚电压0.6V，
待机时为0V，电路正常时㉝脚对地正向阻值约为0.3kΩ，
反向阻值约为0.3kΩ。当因某种原因保护动作时，该脚无
输出。

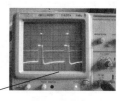

注：用5μs时基挡、0.1V
电压挡、X10探笔测
得㉞脚沙堡脉冲波
形。

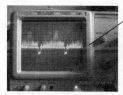

注：用5μs时基挡、0.5V
电压挡、X1探笔测得
㊳脚全电视视频信号
波形。

注：用5μs时基挡、0.2V电
压挡、X1探笔测得㊵
脚视频信号波形。

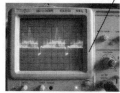

注：用5μs时基挡、0.2V
电压挡测得㊷脚视
频信号波形。

X201（12MHz）晶振与㊹、㊾脚组成时钟振荡电路。正常工作
时㊹脚电压不能测量，否则自动关动，但在待机时可以测量，
此时电压为0.8V；㊾脚电压可以测量，工作时电压1.6V，待
机时1.4V。

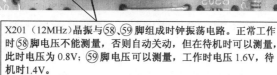

注：用5μs时基挡、20mV
电压挡测得㊸脚色
度信号波形。

图3-44　IC201（TDA9383PS）实物组装及关键引脚波形图

注：用2μs时基挡、1V电压档、X1探笔测得②脚SCL时钟线信号波形。

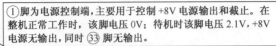

①脚为电源控制端,主要用于控制+8V电源输出和截止。在整机正常工作时,该脚电压0V；待机时该脚电压2.1V,+8V电源无输出,同时 �33 脚无输出。

注：用2μs时基挡、1V电压挡、X1探笔测得③脚SDA数据线信号波形。

注：用5μs时基挡、0.5V电压挡、X1探笔测得51、52、53脚RGB三基色信号波形。

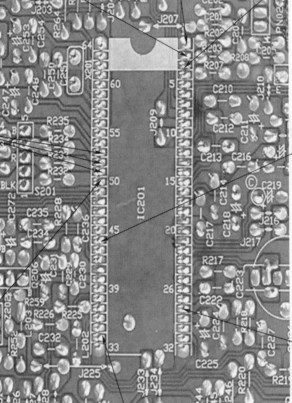

注：用50μs时基挡、0.1V电压挡、X1探笔测得㊹脚音频信号波形。

注：用5μs时基挡、1V电压挡、X1探笔测得50脚消隐信号波形。

㉞脚为沙堡脉冲输出/行逆程脉冲输入端,正常工作时电压为0.7V,待机时为0V。该脚沙堡脉冲波形或直流电压异常时,整机不工作或不能正常工作。

注：用20μs时基挡、0.1V电压挡、X1探笔测得㉘脚信号波形。

图 3-45　IC201(TDA9383PS)引脚印制电路及关键引脚波形

在 TCL 王牌 2965U 机型中 IC202(24C08)的引脚功能及维修数据见表 3-13。

表 3-13　IC202(24C08)引脚功能及维修数据

引　脚	符　号	功　　能	U(V)		R(kΩ)	
			静态	动态	在　线	
					正向	反向
1	A0	地址端 0,接地	0	0	0	0
2	A1	地址端 1,接地	0	0	0	0
3	A2	地址端 2,接+5V 电源	5.0	5.0	5.3	9.0
4	GND	接地端	0	0	0	0

引　脚	符　号	功　能	U(V)		R(kΩ)	
					在　线	
			静态	动态	正向	反向
5	SDA	I²C 总线数据输入/输出端	3.5	3.4	4.0	13.0
6	SCL	I²C 总线时钟信号输入/输出端	3.6	3.5	4.0	13.0
7	WP	写控制端,接地	0	0	0	0
8	V_{DD}	+5V 电源端	5.1	5.1	2.6	4.9

二、TDA9181P 多制式梳状滤波器电路

TDA9181 是一种多制式集成梳状滤波器。它通过外部控制可实现 1H、2H、4H 延时,是常与 TDA9383 超级芯片等配合使用的梳状滤波器。在 TCL 王牌 2965U 机型中,TDA9181P 主要用于 TV 视频信号 Y/C 分离。其实物安装如图 3-46 所示,引脚印制电路如图 3-47 所示,引脚功能及维修数据见表 3-14。由 TDA9181P 组成的梳状滤波器电路原理如图 3-48 所示。

图 3-46　IC203(TDA9181P)实物安装图

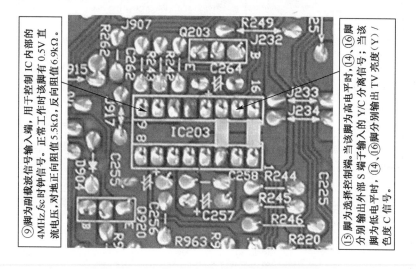

图 3-47　IC203(TDA9181P)引脚印制电路图

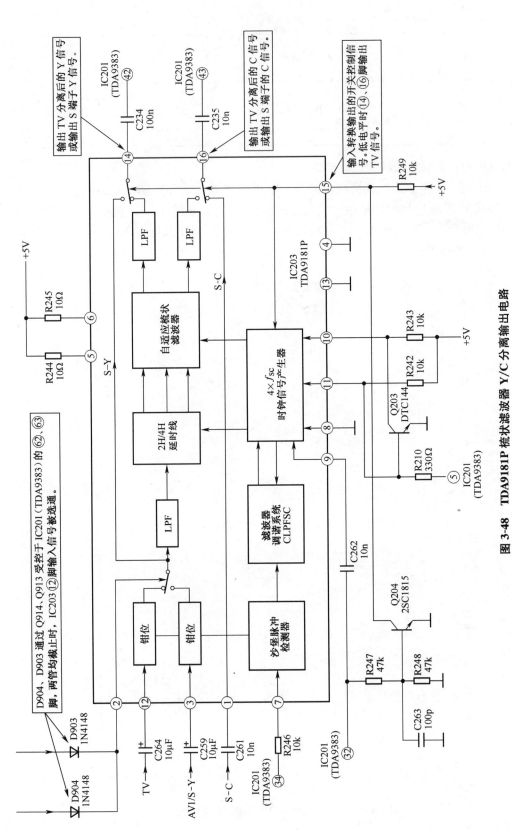

图 3-48 TDA9181P 梳状滤波器 Y/C 分离输出电路

表 3-14　IC203(TDA9181P)引脚功能及维修数据

引脚	符号	功能	U(V)		R(kΩ)	
			静态	动态	在线	
					正向	反向
1	CIN	色度信号输入端	0.7	0	5.5	6.9
2	INSEL	输入开关选择端	0	0	5.0	6.6
3	V2 IN	视频 2 输入端	0.7	0.7	5.5	7.0
4	DGND	数字电路接地端	0	0	0	0
5	V_{DD}	+5V 电源端,供给数字电路	4.9	4.8	0.1	0.1
6	V_{CC}	+5V 电源端,供给模拟电路	5.0	4.9	0.1	0.1
7	SC	沙堡脉冲信号输入端	0.6	0.6	5.5	7.0
8	FSC SEL	副载波选择输入端	0	0	0	0
9	FSC	副载波信号输入端	0.5	0.5	5.5	6.9
10	SYS2	制式选择 2 输入端	4.6	4.5	4.8	5.9
11	SYS1	制式选择 1 输入端	0.2	0.1	3.8	4.5
12	V1 IN	视频 1 输入端	1.9	0.9	5.5	7.0
13	AGND	模拟电路接地端	0	0	0	0
14	YOUT	亮度信号输出端	1.7	1.1	5.5	7.0
15	OUTSEL	输出开关选择输入端	4.6	1.4	4.8	6.0
16	COUT	色度信号输出端	1.4	1.4	5.6	7.0

在图 3-48 中,③脚和⑫脚分别输入 AV1 视频信号/S 端子亮度信号 Y 和 TV 视频信号,两脚输入信号在②脚控制下被送入 IC 内部的开关电路。当②脚为低电平时,⑫脚输入的 TV 视频信号被送入 LPF 电路,经延时和梳状滤波等处理后分离出 Y 信号和 C 信号。Y 信号从⑭脚输出经 C234(100nF)耦合送入 IC201(TDA9383)的⑫脚;C 信号从⑯脚输出经 C235(10nF)耦合送入 IC201(TDA9838)的⑬脚。当②脚为高电平时,从③脚输入 AV1 视频信号或 S 端子 Y 信号。其中,AV1 视频信号经 LPF 电路、延时线、梳状滤波器,分离出 Y/C 信号,分别从⑭、⑯脚输出;S 端子信号可直接从⑭脚输出。

三、AN5891K 音频信号处理电路

AN5891K 是一种由 I²C 总线控制的音频信号处理电路,其主要功能特点有:

①具有由 AGC 电路控制的伴音调整、声道调整、超重低音、静音与左右声道平衡调整等

功能。

②工作电压范围在 6～10V 之间。

③通过 I^2C 总线可以输出四种音频效果(直通、模拟立体声、环绕立体声、3D 环绕声)。

在 TCL 王牌 2965U 型彩色电视机中，IC601(AN5891)主要用于左右声道音频信号处理。其实物安装如图 3-49 所示，引脚印制电路如图 3-50 所示，引脚功能及维修数据见表 3-15。由 AN5891K 组成的音频信号处理电路原理如图 3-51 所示。

有关 IC601(AN5891)的工作原理可参见本章第二节中 NJW1136 音频信号处理电路的相关介绍，这里不再多述。

⑮脚为右声道音频信号输出端。正常工作时有3.7V 直流电压，对地正向阻值 5.5kΩ，反向阻值 7.0kΩ。
AN5891K
⑫脚为左声道音频信号输出端。正常工作时有3.7V 直流电压，对地正向阻值 5.5kΩ，反向阻值 7.0kΩ。

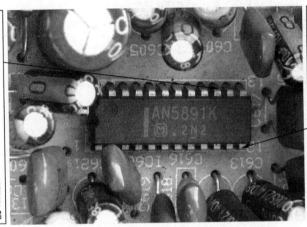

图 3-49　IC601(AN5891K)实物安装图

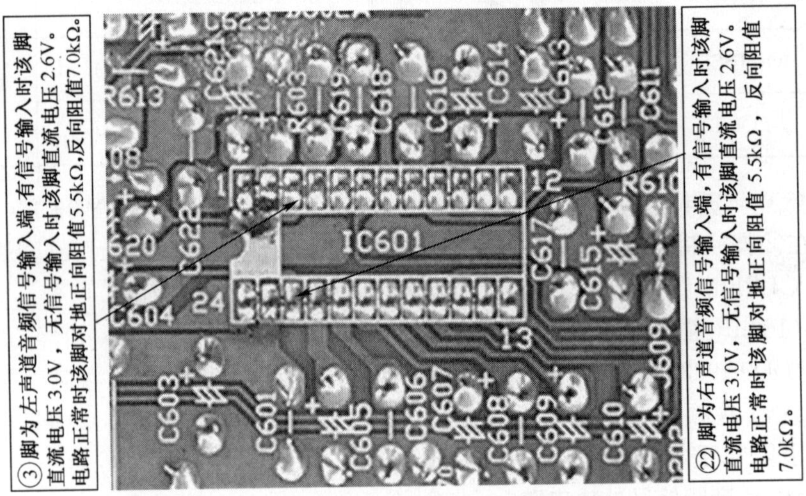
③脚为左声道音频信号输入端，有信号输入时该脚直流电压 3.0V，无信号输入时该脚直流电压 2.6V。电路正常时该脚对地正向阻值 5.5kΩ,反向阻值7.0kΩ。
IC601
1
12
24
13
㉒脚为右声道音频信号输入端，有信号输入时该脚直流电压 3.0V，无信号输入时该脚直流电压 2.6V。电路正常时该脚对地正向阻值 5.5kΩ，反向阻值 7.0kΩ。

图 3-50　IC601(AN5891K)引脚印制电路

表 3-15 IC601(AN5891)引脚功能及维修数据

引　脚	符　号	功　　能	U(V)		R(kΩ)	
			静态	动态	在　线	
					正向	反向
1	PF1	外接相位滤波器 1	3.6	3.7	5.5	7.0
2	AGC Level sensor	内接自动增益电平传感器	1.0	1.7	5.5	7.0
3	L IN	左声道音频信号输入端	2.6	3.0	5.5	7.0
4	PF2	外接相位滤波器 2	3.7	3.7	5.5	7.0
5	PF3	外接相位滤波器 3	3.7	3.7	5.5	7.0
6	PF4	外接相位滤波器 4	3.6	3.7	5.5	7.0
7	GND	接地端	0	0	0	0
8	LT	左声道高音调整端	3.6	3.7	5.5	7.0
9	LB	左声道低音调整端	3.6	3.6	5.5	7.0
10	BD	低音数字与模拟信号转换端	2.2	2.2	5.5	7.0
11	VD	高音数字与模拟信号转换端	3.7	3.0	5.5	7.0
12	L OUT	左声道音频信号输出端	3.7	3.7	5.5	7.0
13	SCL	I²C 总线时钟信号输入端	3.6	3.5	4.3	13.2
14	SDA	I²C 总线数据输入/输出端	3.5	3.4	4.3	13.2
15	R OUT	右声道音频信号输出端	3.7	3.7	5.5	7.0
16	TD	高音数字与模拟信号转换端	2.0	1.9	5.5	7.0
17	BLD	左右声道平衡数字与模拟信号转换端	2.9	2.9	5.5	7.0
18	RT	右声道高音变频校正端	3.7	3.7	5.5	7.0
19	RB	右声道低音变频校正端	3.6	3.7	5.5	7.0
20	BB	低音混频器校正端	3.7	3.7	5.5	7.0
21	V_{ref}	基准电压端	3.1	3.3	5.5	7.0
22	R IN	右声道音频信号输入端	2.6	3.0	3.5	7.0
23	V_{CC}	+8V 电源端	7.4	7.3	0.1	0.1
24	MODE	模式控制端	1.6	1.7	5.5	7.1

251

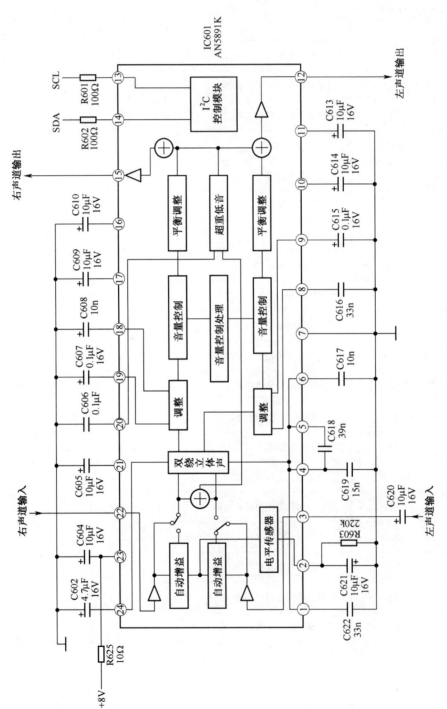

图 3-51 IC601(AN5891K)音频处理电路原理图

第四节　故障检修实例

超级芯片彩色电视机的故障可以分为两大类:一类是软件故障,另一类是硬件故障。检修时,应根据故障现象结合维修经验初步判断故障类型并找出突破口。一般而言,对于有光栅、有字符的故障检修,往往涉及图像画面、伴音声响、制式接收、AV/TV 转换电路等,应首先考虑存在软故障。此时一般要首先掌握 I²C 总线进入及调整方法,注意检查维修软件中一些相关的项目数据是否有所变化,并可有针对性的对一些项目数据进行试调整。调整前应将原项目数据记录下来,一旦试调整无效,必须将已调数据恢复原状。然后检查硬件电路。

对于无光栅故障检修,有两种情况:一种是无光栅、电源指示灯点亮的待机状态;另一种是既无光栅、电源指示灯又不点亮的"死"机状态。前者一般是机内硬件电路异常引起的待机保护或是行扫描输出级电路因某种原因没有工作;而后者一般是开关稳压电源电路故障。

超级芯片彩色电视机常见故障现象及原因见表 3-16。

表 3-16　超级芯片彩色电视机常见故障现象及原因

常见故障	检修部位	损坏元件
无光栅,电源指示灯不亮	开关稳压电源有故障元件,应检测电源开关管集电极对地正反向阻值。若为零,则电源开关管击穿损坏;若不为零,则可检测+300V 电压及启动电压等	电源开关管击穿(采用分立元件电源) 反馈环路光耦器件不良 稳压环路中的可调电阻不良 桥整流二极管击穿 5Q1265R 电源集成电路损坏
无光栅,电源指示灯点亮	一般是行输出二次电源没有建立。首先检测行输出管集电极是否有+B 电压。若+B 电压正常,则应进一步检查行激励信号电压和行启动工作电压。在 TDA9370 等系列芯片中,行激励脉冲一般由㉝脚输出,行振荡电路工作电压由㊴脚输入	行输出管损坏 行启动电压丢失 行推动管基极交流耦合电容失效 待机保护电路动作。待机保护电路动作涉及的元件比较广泛,但因丢失行场脉冲的原因较多,故此时应注意检查更换场输出集成电路
无光栅,红灯闪烁,不开机	一般是电路处于保护状态,检查时常有+B 电压(145V)抖动现象,这时应注意检查+3.3V 电压,一般会有电压不足且抖动现象	3.3V 稳压器不良或偏置电阻变值
光栅场幅略有压缩,且顶部伴有数根回扫线	一般是场扫描输出级电路的逆程回扫供电电压不足,应注意检查场扫描集成电路的引脚电压及外接元件	倍压电容(或称泵电容、自举电容)不良、失效或变值,严重时易使场输出集成电路击穿 场输出级供电滤波电容失效 场输出集成电路内部不良
键控功能紊乱或有时自动改变收视状态	注意检查键扫描输入电压及控制电路	键盘控制按钮不良,有漏电现象 键扫描矩阵电阻有变值现象

【例 1】

故障现象　长虹 SF2198 型机伴音正常,图像上有横条。

检查与分析:这是一种在传统模拟电视机中见不到的故障现象。根据检修经验,首先检测

253

N100(OM8370)的引脚电压,如图 3-52 所示。发现⑰脚电压约 2.5V,略低于正常值(2.7V)。考虑到在超级芯片彩色电视机中,芯片内部数字处理电路较多,且供电电压较低,故引脚电压异常时其变化量不很明显,有时只有零点几伏的变化。所以进一步围绕⑰脚检查。将外围元件逐一更换,当更换 C159 后故障排除。

小结　引脚电压异常时电压变化量小是超级芯片彩色电视机整机线路故障中的一个突出特点,检修时应特别注意。

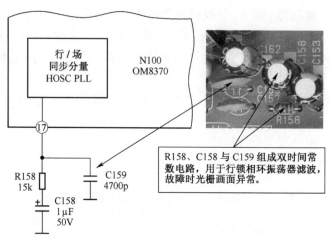

图 3-52　行 AFC 滤波电路故障检修图

【例 2】

故障现象　长虹 SF2198 型机电源指示灯亮,但不能开机。

检查与分析　首先注意观察,在二次开机时有时能够启动一下,但随后指示灯闪亮不开机,因而可初步判断行电路不能启动工作。这时应重点检查行激励电路,如图 3-53 所示。正常时 N001(OM8370PS)㉝脚有图 3-53 中所示信号波形,但用示波器监视发现在二次开机瞬间有波形出现,随着抖动几下立刻消失,检查㉝脚电压应为 0V 低电平。检测 N001㉝脚对地正反向阻值,发现均在 3.7kΩ 左右抖动,而正常时㉝脚正向阻值应在 8.0kΩ 左右,反向阻值在 10.5kΩ 左右。故怀疑 C430 漏电,将其换用新品后故障排除。

小结　在超级芯片彩色电视机中,造成疑难故障的原因往往是一些小的电容失效、漏电或变值,很少是集成电路内部故障。在模拟彩色电视机中,一些小电容失效、漏电或变值一般不会影响到二次开机,即使不能二次开机一般也都稳定在待机状态,而在超级芯片彩电中,小电容失效、漏电往往会伴有指示灯闪烁现象。

【例 3】

故障现象　三星 CS-21D8S 型机无规律黑屏,伴音时有时无。

检查与分析　首先注意观察故障的主要表现:刚开机时能够正常工作,持续一会后呈现黑屏,伴音时有时无,且有沙哑声,此时观察显像管灯丝已熄灭。检查 IC201 引脚电压发现,TDA9381P 的㉜脚行激励电压为正常值 0.4V。试遥控开关机,㉜脚和行推动管(型号为 C2331)的 b 极直流电压能在 0.4V/0V 间转换,但行推动管(型号为 C2331)的 c 极电压始终为 12V,行输出管 Q401(D2499)b 极电压也始终为 0V,说明行输出级不工作。因此,初步判断行推动级不良。该机行扫描电路如图 3-54 所示。经检查,未见异常元件。试将行推动管换用新品,仍未排除故障。

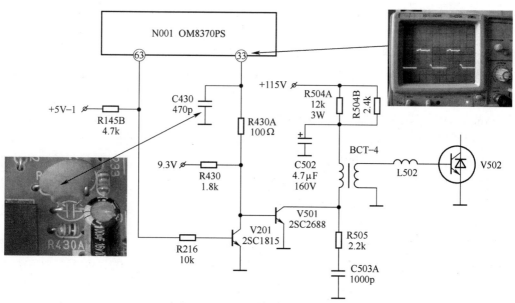

图 3-53 行激励电路故障检修图

　　根据故障特点,改用示波器观察 IC201㉜脚和行推动管的 b 极信号波形,发现在故障出现前后行推动管的 b 极信号波形如图 3-54 所示。试遥控关机时波形消失,再遥控开机时故障波形又出现。因而,怀疑行输出管 Q401(D2499)不良。试将其换用新品后,故障排除。

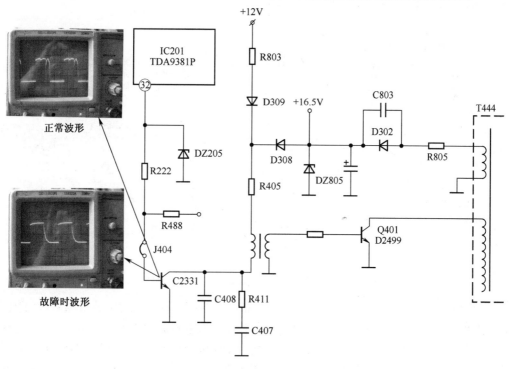

图 3-54　三星 CS-21D8S 型行扫描电路图

　　小结　在该机中,行推动级电压由开关稳压电源输出的＋12V 电压供给,待行输出级正常工作时,D302整流输出+16.5V电压,使D309截止,此时行推动管(型号为C2331)的c极工作电压为16V,由T444行输出变压器供电。在正常待机状态下,IC201㉜脚输出0V电压,行推动管截止,其c极电压为12V。

在本例中,由于行输出管Q401不良,不能使行输出级进入工作状态,故灯丝熄灭,屏幕呈黑色。同时因D302无输出,行推动管的c极电压便下降到+12V。此时,由于IC201仍处于工作状态,故IC201㉜脚仍有正常的直流电压输出,但加到行推动管b极波形改变。这是超级芯片彩色电视机行输出级电路异常时的一种特殊表现,检修时很值得注意。

在该机中,整机小信号处理等电路的工作电压由开关稳压电源提供,不受行输出二次电源影响。但由于行输出级不工作,无行逆程脉冲产生,TDA9381P的㉛脚无沙堡脉冲形成,故图像检波异常,伴音也就时有时无,且有沙哑声。

【例4】

故障现象 长虹SF2539型机二次开机不启动,红灯闪烁。

检查与分析 按下主电源开关,电源指示灯红灯亮。此时检测IC001(OM8373PS)⑤脚电压为3.3V,⑩脚电压为0V,㉝脚行输出激励信号输出端电压为7.2V,加到行输出管集电极的+B电压为125V。当按下二次开机键时,电源指示灯红灯闪烁不停,测量IC001⑩脚电压在0V/2.0V间跳变,㉝脚电压在7.1V/3.1V间跳变,+B电压也随着在145～135V间波动,而行输出管基极电压始终为0V。在正常状态下,整机启动工作后,+B电压应稳定在145V,IC001⑩脚应为2.0V,㉝脚应为3.1V。因此说明机内有不良元件存在。根据检修经验,应检查待机控制及行推动、行输出级电路,如图3-55所示。

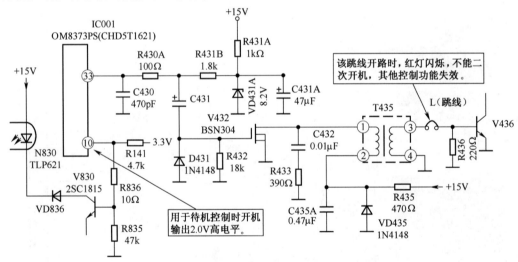

图3-55 行激励信号输出及待机控制电路原理图

经检查未见有明显不良元件。改用示波器观察,发现IC001㉝脚输出波形随着红灯闪烁时有时无,在红灯亮时约有0.8s的波形出现,随即消失。沿着行激励信号输出线路继续观察,行推动管基极、集电极及行推动变压器输出端,均有时隐时现的行激励脉冲波形,但行输出管V436基极始终无波形。用万用表R×1Ω挡测量行推动变压器T435的③脚至行输出管V436基极间的阻值约有23Ω,且不稳定。进一步检查发现,T435③脚至行输出管基极之间的跳线脱焊。将其补焊后,故障彻底排除。

256

小结 在该机中,保护功能是通过 I²C 总线来实观的,系统正常时,IC001⑩脚、㉝脚正常输出。当系统负载过重、开路或有其他故障时,通过 I²C 总线均会关闭 IC001⑩脚、㉝脚输出,并使系统的其他操作功能均失效,此时＋B 电压为 135V。该例是由于行输出管基极开路,导致行扫描输出级未能启动,而保护动作结束后,系统重新启动;IC001⑩脚、㉝脚的控制输出,随使保护功能又动作,进而形成前面所述的故障现象。

【例 5】

故障现象 长虹 PF29118 型机光栅左侧有约 3cm 宽竖直黑带,但图像稳定。

检查与分析 根据检修经验,是沙堡脉冲形成电路有问题。在该机中,沙堡脉冲形成电路主要设置在 N100(OM8373PS)集成电路内部,如图 3-56 所示。㉞脚内接 AFC-2 行移相电路,并由 C446、R447 等提供行扫描逆程脉冲,同时在芯片内部电路提供同步信号脉冲和色同步信号脉冲,在㉞脚形成沙堡脉冲。因此,㉞脚为功能复用端,它既作为行逆程脉冲输入,又作为沙堡脉冲输出。

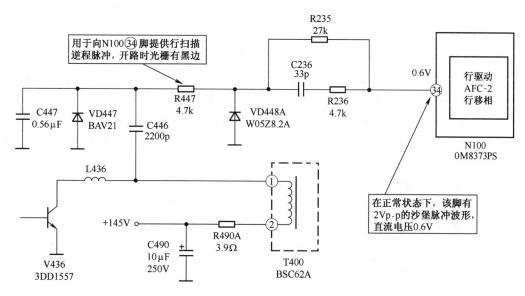

图 3-56 行移相电路原理图

根据综合检查及内部电路分析,首先检查 N100(OM8373PS)㉞脚直流电压为 0.8V,而正常值应为 0.6V,但检查外围元件均未见异常,试将 N100(OM8373PS)换新后,故障依旧。再用示波器观察,发现 N100(OM8373PS)㉞脚波形异常,正常时应有 $2V_{PP}$ 沙堡脉冲。这时应进一步检查行逆程脉冲输入电路,结果是 R447 开路。将其换新后,故障排除。

小结 在该种机型中,沙堡脉冲故障时,会引起多种不同的故障现象,如无彩色、搜台不记忆,无光栅等。本例因 R447 开路引起的故障,仅是㉞脚沙堡脉冲异常引起的故障现象的一种。因此,在采用 OM8373PS 芯片的彩色电视机出现奇异故障时,应注意检查㉞脚沙堡脉冲波形是否正常。若发现其引脚直流电压有微小变化,对于查找故障原因都是很重要的。

【例 6】

故障现象 TCL-AT29286F 型机不能二次开机,但＋B 电压正常。

检查与分析 在 TCL-AT29286F 型机中,二次开关机的控制功能是由 IC201(TDA9373)

⑩脚及外部接口电路完成的。但其接口电路的具体运用形式与长虹等一些机型不大一样。在长虹等一些机型中,IC201(TDA9373)⑩脚及其外部接口电路主要用于控制开关稳压电源或电源输出,而在TCL-AT29286F机型中,则用于控制行推动级电路,如图3-57中所示。

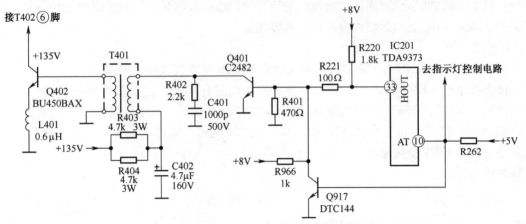

图3-57 行扫描输出及待机控制电路原理图

在图3-57中,IC201⑩脚输出高电平时,Q917导通,Q401(C2482)行推动管基极被钳位于地,Q401截止,行输出级电路不工作。此时整机处于待机状态,红色指示灯点亮。当IC201⑩脚输出0V低电平时,Q917截止,由㉝脚输出的行激励脉冲加到Q401基极,行扫描电路工作。根据该机中二次开关机控制电路的应用特点,检修时应重点检查IC201⑩脚输出的转换电平及Q917工作是否正常。

检查发现Q917软击穿损坏,将其换新后,故障排除。

小结 在超级芯片电路中,OM8373PS与TDA9373是同一种集成电路(前者为国产型号,后者为飞利浦公司型号),只是编程软件及一些引脚的自定义不同。因此,在不同型号的彩色电视机电路中的实际应用也有一些差异,检修时应根据它们的差异,具体分析判断故障原因。

【例7】

故障现象 TCL-AF25286F型机不能开机,但电源指示灯亮。

检查与分析 根据检修经验,该机电源指示灯点亮,说明+5V电压正常,开关稳压电源也基本正常,因此检修时应重点检查开/关机控制电路,如图3-58所示。

在图3-58所示电路,IC201(TDA9373)和Q804、Q803、Q802等组成开/关机控制电路。当电路正常时,IC201①脚可输出高/低转换电平。当输出高电平时,Q804导通,Q803截止,Q802截止,IC804无输出,IC201(TDA9373)⑭脚无电压,行场扫描等小信号处理电路不工作,整机处于等待状态,此时电源指示灯红灯点亮;当输出低电平时,上述过程相反,整机进入工作状态,此时红色指示灯熄灭,绿色指示灯点亮。

根据该机开/关机电路的工作特点,检修时,应重点检查IC201①脚输出电压及Q804、Q803、Q802是否正常工作。检查结果是R834开路,将其换新后,故障排除。

小结 在图3-58所示电路中,R834为Q802基极偏置电阻,在Q803导通时为Q802提供正向偏流,该电阻一旦损坏,Q803c-e极间和Q802发射结必有过流现象。因此,更换R834时,不管Q802和Q803是否损坏,都应将其同时换新,以避免留下隐患。

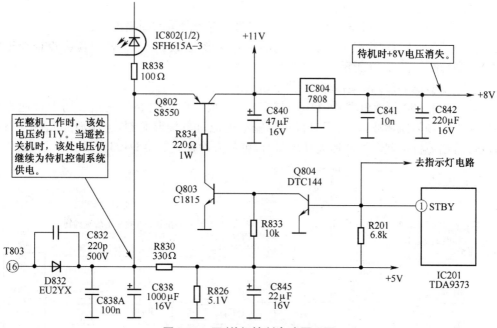

图 3-58 开/关机控制电路原理图

【例 8】

故障现象 TCL-AF25286F 型机不能开机,控制功能失效。

检查与分析 根据检修经验,开机控制功能失效,一般是 MCU 微控制器的控制系统有故障,但检修时应首先从检查+3.3V 供电电源开始,如图 3-59 中所示。

经检查发现,是 D202(3.9V 稳压二极管)软击穿损坏。将其换新后,故障排除。

小结 在图 3-59 所示电路中,D202 与 Q207 等组成+3.3V 稳压电路,主要为 IC201 内部包含的 MCU 控制系统及一些数字处理电路供电。因此,当该机出现不能开机、控制功能失效等故障时,注意检查+3.3V 稳压电源是很重要的。

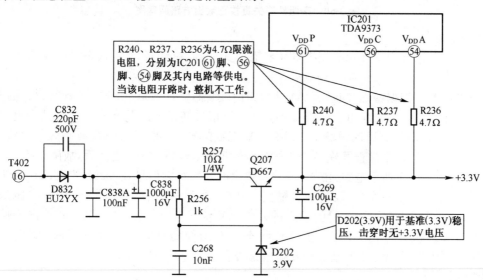

图 3-59 +3.3V 供电电源电路原理图

【例 9】

故障现象　TCL-AT2570U1 型机光栅左右两侧有较严重的凹陷现象。

检查与分析　从故障现象看,属于典型的东西枕形失真故障。检修时应重点检查东西枕形失真校正电路,如图 3-60 所示。

经检查发现,是 D403 击穿损坏,将其换新后故障排除。

小结　在图 3-60 所示电路中,D403 与 D402 组成双阻尼电路。它除了用于行逆程控制外,还用于引入场频抛物波,以实现对行扫描输出电流进行桶形调制,进而消除光栅左右枕形失真。因此,当该机出现严重枕形失真故障时,可首先检查或更换 D403。

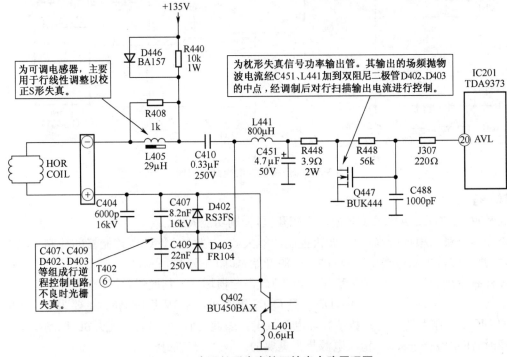

图 3-60　东西枕形失真校正输出电路原理图

【例 10】

故障现象　康佳 P29SK061 型机 TV 状态时无图像、有伴音,AV 状态时图像和伴音均正常。

检查与分析　根据检修经验,有 AV 状态时有图像,说明视频信号处理电路、行场扫描电路等基本是正常的。这时应重点检查 TV/AV 视频信号转换电路及高中频信号处理电路。经检查均未见异常,而且 AV 视频输出端口有 TV 视频信号,说明 N103㊳脚有视频信号输出,如图 3-61 中所示。进一步检查发现,V254 呈开路性损坏,用 2SC1815 更换后,故障排除。

小结　在图 3-61 所示电路中,由 N103㊳脚输出的 TV 视频信号经 V251 放大、Z166 和 Z167 陷波后,再通过 V254 和 V256 缓冲放大输出。其中,由 V254 输出的信号经 N103㊵脚送回到 IC 内部的视频开关电路,与㊷、㊸脚输入的外部 AV 信号进行切换;而由 V256 输出的信号则通过 AV 插口向机外输出。因此,当 AV 状态时有图像而 TV 状态无图像时,应重点检查 N103㊳脚和㊵脚以及 V254 的基极和发射极是否有信号电压(或波形)。

【例 11】

故障现象　康佳 P29SK061 型机开机后处于待机保护状态。

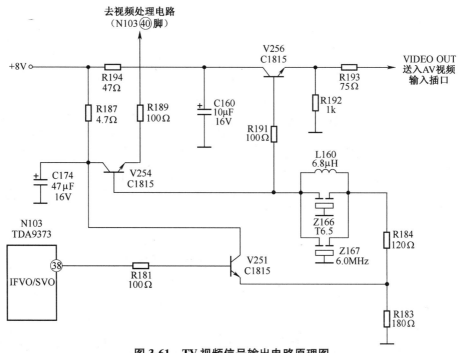

图 3-61 TV 视频信号输出电路原理图

检查与分析 康佳 P29SK061 型彩色电视机的主机心线路采用了 TDA9373 超级芯片。当其出现待机保护故障时,应首先检查 N103(TDA9373)㊱脚及其外接 X 射线保护电路,如图 3-62 所示。

在图 3-62 所示电路中,N103(TDA9373)㊱脚是一个多功能复用端。它既可以用于超高压控制,又可以用于过压保护输入。在正常情况下㊱脚工作在低电平,主要输入由 T402⑦脚提供的超高压信号,以实现对光栅行幅的补偿校正。当行高压过高时㊱脚呈现为高电平,工作在保护状态。其控制功能主要由 V109、V108 来完成。在电路正常时,V109 处于截止状态。当电路出现故障,T402 行输出变压器⑧脚输出的脉冲电压(主要用作显像管灯丝电压)升高,该电压由 VD116 整流、C167 滤波后加到 V108 基极,使 V108 基极电压也升高,从而使 V108 反偏截止(正常时 V108 正偏导通)、V109 正偏导通,进而使 N103㊱脚电压升高,IC 内部的保护功能动作,通过 I²C 总线控制,切断 N103㉝脚输出的行激励信号,使整机处于待机保护状态。

经检查发现,R172 一端脚脱焊,补焊后故障排除。

小结 在图 3-62 所示电路中,R172 为 V108 的下偏置电阻,主要用于将 V108 基极电位下拉,以保证 V108 在电路正常时处于导通状态。当 R172 脱焊开路时,V108 基极电位上升,从而使其反偏截止,V109 导通,造成保护功能误动作。

【例 12】

故障现象 康佳 T2168K 型机烧行输出管,B+电压升高。

检查与分析 在彩色电视机检修中,烧行输出管常常是一件较麻烦的故障现象。因为造成这种故障现象的原因较多,也比较隐蔽。从检修经验分析,烧行输出管的常见原因有三种,一是行推动变压器不良或虚焊,造成过激励或欠激励;二是行逆程电容异常,造成行输出管的集电极激起的逆程反峰脉冲过高;三是负载过重或 B+电压过高。因此,从故障现象判断,该机烧行输出管的原因主要是 B+电压升高,应重点检查电源自动稳压电路,如图 3-63 所示。

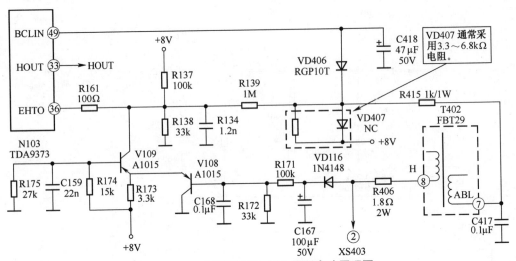

图 3-62　X 射线保护及 ABL 控制电路原理图

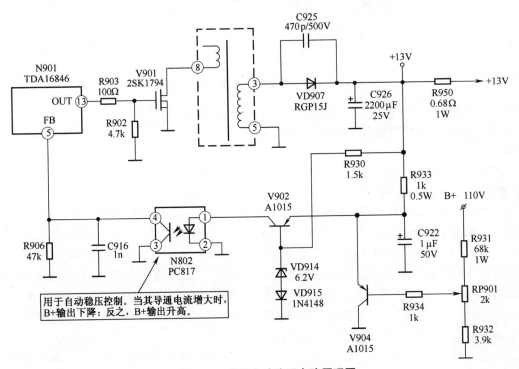

图 3-63　电源自动稳压电路原理图

在图 3-63 所示电路中，R931、RP901、R932、V904、V902 等组成自动稳压电路。在电路正常状态下，当市网电压波动造成 B+电压下降时，通过 R931、RP901、R932 分压后加到 V904 基极的取样电压也下降，从而使 V904 导通阻值减小，由 R933 输出的电流被分流至地的部分增大，而通过 V902 的电流减小，N802 导通电流减小，N901⑤脚电位上升，经 IC 内部处理后，由⑬脚输出的开关激励脉冲的占空比增大，V901 导通时间增长，B+电压上升，起到自动调整输出电压的作用。当 B+电压上升时，上述过程相反，也起到稳压作用。

根据上述分析，检修时可重点检查或更换 RP901、N802、V902、V904 等。但换用新品后，故障依旧。进一步检查发现，是 R931 阻值增大引起的。将其换新后，故障彻底排除。

小结　本例需要注意的问题是,B+电压升高主要表现为开机瞬间的冲击电压。在一般情况下,如果被监测的 B+电压(+110V)在开机瞬间不超过 120V,而且又能很快稳定在+110V,就说明开关稳压电源基本是正常的;如果 B+电压在开机瞬间超过 150V,并且能够缓慢回落到 115V 左右,则说明自动稳压取样电路有故障,常见原因是 RP901 失效或定时电容不良,在此情况下极易击穿行输出管;若 B+电压在开机时高达 200V 以上,则说明稳压环路开环或光电耦合器损坏,此时必定烧坏行输出管。因此,在检修因 B+升高而击穿行输出管的故障时,应注意两点:其一,一定脱开负载,配带假负载,直到开机瞬间的冲击电压正常时方可接入负载试机;其二,应监测开机瞬间 B+的电压值,并根据 B+电压的高低分析故障原因和故障部位。

【例 13】

故障现象　海尔 29F3A-P 型机不能二次开机。

检查与分析　对于不能二次开机的故障检修,一般应首先检查 B+电压是否正常,以区别是电源故障还是行输出电路故障。该机检修中可首先检测 V402 集电极电压,即可区别故障的大致原因。该机行推动级电路如图 3-64 所示。

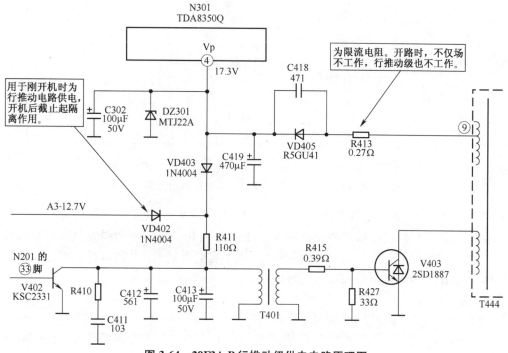

图 3-64　29F3A-P 行推动级供电电路原理图

在图 3-64 所示电路中,V402(KSC2331)为行推动管。其基极受控于超级芯片 N201 的㉝脚。在刚开机时,其集电极由开关稳压电源的 A3-12.7V 电压供电。在启动后,由 VD403 输出的 17.3V 电压供电。此时 VD402 反偏截止。以上分析说明,若检测到 V402 集电极电压为12V,则说明行电路没工作;若无电压,则是开关电源故障或是 R411 烧断。

经检查,发现是 N301④脚对地严重漏电。将其焊下检查,基本正常。进一步检查发现,是DZ301 反向击穿损坏。将其换新后,故障排除。

小结　在该机中,行推动管 V402 集电极与 N301(TDA8350Q)④脚供用一组供电电压,且由 T444 行输出变压器⑨脚提供,这是该种机型电路的一个主要特点。这种供电设计可以有效防止因场输出电路 N301 击穿损坏而造成的水平亮线。因此,当检查行推动管 V402 集电极电压仅为启动电压时,应进一步检查其工作电压(即由 VD405 整流输出电压)的负载电路。

【例 14】

故障现象 创维 21ND9000A 型机无光栅,行输出管易击穿损坏。

检查与分析 该机无光栅的故障原因是行输出管击穿损坏,而且更换后不久又重复击穿损坏。依据检修经验,首先检查行逆程电容、行推动变压器以及供电源电压等均未见异常,然后改用示波器跟踪监测,发现加到行推动管基极的方波脉冲偶尔出现抖动现象,即行频不稳定(其持续时间不定)。这时可初步认定,造成行输出管击穿的原因是行频异常所致,应重点检查行振荡电路相关元件,如图 3-65 所示。

经反复检查,结果是 ZD301 软击穿损坏。将其换新后,故障彻底排除。

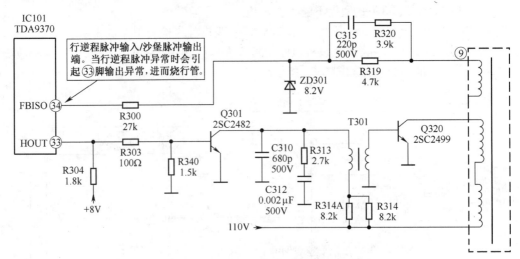

图 3-65 行激励及沙堡脉冲形成电路原理图

小结 在图 3-65 所示电路中,稳压二极管 ZD301(8.2V)主要起保护作用,用于钳位加到 IC101㉞脚的行逆程脉冲幅度,以防止有尖峰脉冲进入 IC101㉞脚,进而损坏 IC 内部电路。当其反向漏阻增大时(即软击穿状态),会不同程度地影响输入到 IC101㉞脚行逆程脉冲的幅度,进而影响行激励信号的频率,并直接危害行输出管。

【例 15】

故障现象 创维 21TH9000 型机不能开机。

检查与分析 创维 21TH9000 采用创维 3P30 机心,其系列产品主要有 14NS9000、21N61AA、21ND9000、21ND9000A、21NI9000、21NK9000、21MS9000 等。不开机的故障原因,常是开关稳压电源的初级电路中有故障,如图 3-66 所示。

在图 3-66 所示电路中,咋一看 SP30 机心的开关稳压电源与三洋 A3 机心相似,但仔细分析则有较多不同。主要区别是没有光电耦合反馈环路,误差调整管 Q601 也未用 PNP 型管,而是采用 VR601 直接调整 Q601(NPN 型管)基极偏置电压的稳压取样方式。在电路正常时,调整 VR601 并使其中点上端阻值减小,Q601 的导通电流增大,Q602 的正偏电流增大,Q603 导通电流增大,C610 负极电位下拉,充电电流加大,Q604 基极偏流减小,其导通时间减小,B+电压输出下降。反之,当调整 VR601 中点与下端阻值减小时,上述过程相反。因此在检修该机因开关电源故障引起的不启动时,应首先检查 VR601、Q601、Q602、Q603 以及 C610 是否完

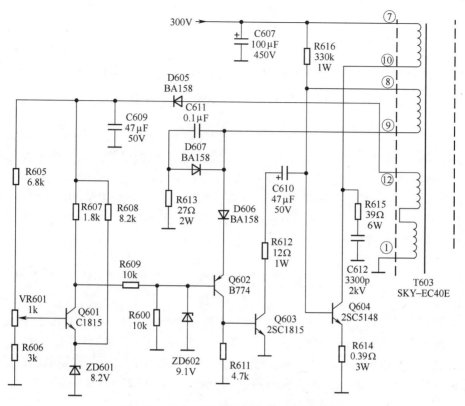

图 3-66　开关稳压电源初级电路原理图(部分)

好。

　　经检查,均未见异常。进一步检查发现 C611 失效,将其用 104 金属膜电容更换后,故障排除。

　　小结　在图 3-66 所示电路中,C611 与 R613 串联组成定时电路,D607 为 C611 提供放电回路。C611 失效或不良引起的不开机故障,是该种开关电源电路常有的一个现象,检修时应加以注意。

第四章　TMPA8809/TMPA8829/TMPA8823 系列超级芯片彩色电视机

TMPA8809/TMPA8829/TMPA8823 等是东芝公司于 2000 年前后向市场推出的电视信号处理集成电路。它的最大特点是,将 I^2C 总线控制彩色电视机中的中央微控制器与单片机心合并为一只集成电路。其功能和作用与 TDA9370/TDA9373/TDA9383 等系列芯片基本相同,但引脚功能有较大不同。本章以 TCL 王牌 AT25211(TMPA8809CSB 芯片)型、TCL 王牌 AT25288(TMPA8829 芯片)型彩色电视机为例,解剖分析 TMPA88×× 系列超级芯片彩色电视的工作原理和故障检修技术。

第一节　TCL 王牌 AT25211(TMPA8809CSB)超级芯片彩色电视机

TCL 王牌 AT25211(TMPA8809CSB)超级芯片彩色电视机的机心电路,主要由 IC101(TMPA8809CSB)、IC601(TA1343N)、IC602(TDA7266)、IC301(TDA8172)等组成,是一种比较经济的普通型彩色电视机。其机心主板元件的实物组装如图 4-1 所示,印制电路如图 4-2 所示。与 TCL 王牌 AT25211 机型基本相同的系列产品有 AT25S135/AT25230/AT25281/AT29211/AT29281/AT29S168B 等。

一、TMPA8809CSBNG4F10 超级芯片电路

TMPA8809CSBNG4F10 超级芯片电路是一种内含 MCU 控制器的电视信号处理器,适用于经济型彩色电视机。

1. 基本组成和功能

(1)MCU 控制器。

MCU 控制器是由 TLCS-870/X 系列高速 8 位 CPU 等组成,其主要性能是:

①指令执行时间为 $0.5\mu s$(@8MHz)。

②设有 48KB ROM 和 2KB RAM 以及 ROM 校正单元。

③设有 12 路输入/输出(I/O)端口。

④设有一个 14 位脉宽调制(PWM)输出和一个 7 位脉宽调制(PWM)输出端口。

⑤具有双路 16 位内部定时器/计数器。

⑥具有 16 路中断源(外部 5 路、内部 11 路)。

⑦具有 I^2C 总线接口。

⑧内设频率合成器。

⑨设有两路 8bit A/D 变换器,用于启动电路的触摸键输入。

⑩具有停止和空闲电源辅助功能。

(2)CCD(电荷耦合)解码器。

CCD 解码器主要用于 NTSC 制式数字限幅器。

(3)OSD(屏显)字符处理电路。

在芯片内部控制系统中,OSD 字符处理电路采用了 PLL(数字锁相环)技术。其字符配置为

IC001（24C16）为 E²PROM 存储器，不良或损坏时整机不工作或不能正常工作。

IC101(TMPA8809 CBS)为超级芯片电路，包含 MCU 微控制器和 TV 处理器等。

声表面波滤波器，不良时图像噪波增大。

IC901、IC 902（HEF 4052）为电子开电路，用于 AV 输入转换。

IC601（TA1343N）为音频处理电路，故障时无伴音或伴音异常。

IC602（TDA7266）为双音频功率放大输出电路。

IC801(MC 44608)为电源控制电路，不良时开关电源不工作。

IC301(TDA 8172)为场扫描输出电路。

Q411(2SD2539)为行输出管，击穿损坏时行电路不工作。

电源开关变压器，不良时无稳压电源输出。

行推动变压器，不良时易损坏行输出管。

行输出变压器，不良时整机不工作。

图 4-1　TCL 王牌 AT25211 超级芯片彩色电视机主板元件实物组装图

384 个字符，字符显示为 32 列×12 行。字符组成为 16×18 点，字符尺寸有 3 种，色彩有 8 种，显示位置为 H256/V512 步级，并且具有箱式功能和花边、平滑、斜体、下线等字符显示方式。

（4)TV 处理器。

在芯片内部的 TV 信号处理电路中，主要包含有中频、色度、RGB 矩阵、扫描小信号处理以及 AV 切换等几个部分。其中：

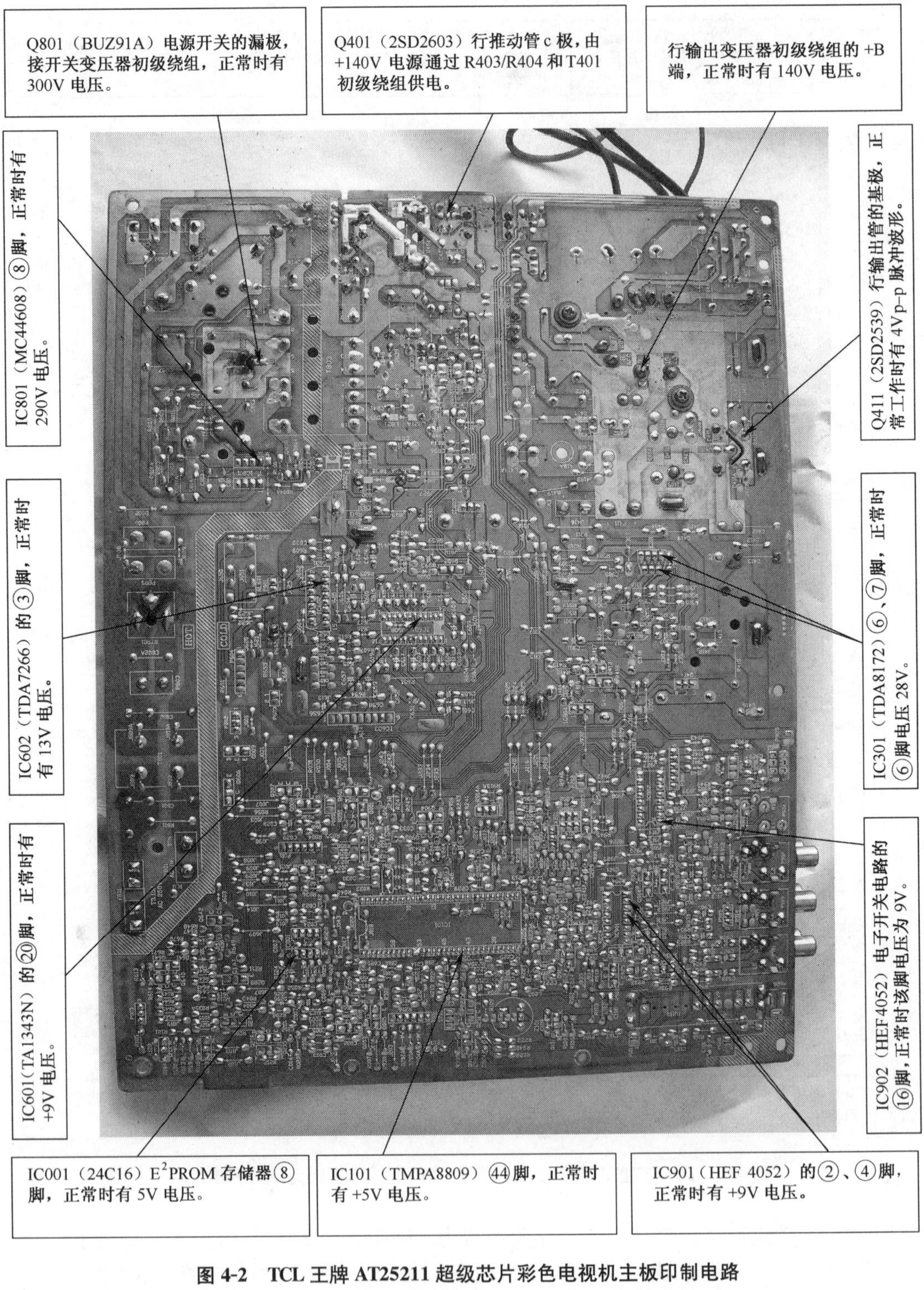

Q801（BUZ91A）电源开关的漏极，接开关变压器初级绕组，正常时有300V电压。

Q401（2SD2603）行推动管c极，由+140V电源通过R403/R404和T401初级绕组供电。

行输出变压器初级绕组的+B端，正常时有140V电压。

IC801（MC44608）⑧脚，正常时有290V电压。

Q411（2SD2539）行输出管的基极，正常工作时有4Vp-p脉冲波形。

IC602（TDA7266）的③脚，正常时有13V电压。

IC301（TDA8172）⑥、⑦脚，正常时⑥脚电压28V。

IC601（TA1343N）的⑳脚，正常时有+9V电压。

IC902（HEF4052）电子开关电路的⑯脚，正常时该脚电压为9V。

IC001（24C16）E²PROM存储器⑧脚，正常时有5V电压。

IC101（TMPA8809）㊹脚，正常时有+5V电压。

IC901（HEF 4052）的②、④脚，正常时有+9V电压。

图4-2　TCL王牌AT25211超级芯片彩色电视机主板印制电路

①中频部分。主要集成了图像中频压控振荡器（VCO）自动调节电路和负极性图像中频（PIF）解调电路，无需再设置伴音中频（SIF）解调电路。

268

②色度部分。主要集成了色度高通滤波器和 PAL/NTSC 制式解调器。

③RGB 矩阵部分。包含有 1 行基带延时线和基带色调控制电路,并能够利用 I^2C 总线控制 RGB 截止和驱动电压。

④扫描小信号处理部分。主要是由 10MHz 的压控振荡器(VCO)等组成,能够提供行开关脉冲和单端直流耦合的场激励脉冲输出,并提供带有超高压输入的东西枕形校正控制信号。

IC101(TMPA8809CSBNG4F10)安装位置及引脚波形如图 4-3 所示,印制电路及引脚波形如图 4-4 所示,引脚功能及维修数据见表 4-1。

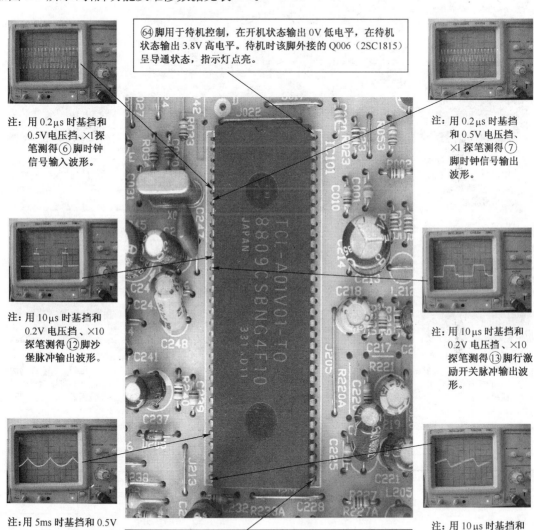

64 脚用于待机控制,在开机状态输出 0V 低电平,在待机状态输出 3.8V 高电平。待机时该脚外接的 Q006(2SC1815)呈导通状态,指示灯点亮。

注:用 0.2μs 时基挡和 0.5V 电压挡、×1 探笔测得⑥脚时钟信号输入波形。

注:用 0.2μs 时基挡和 0.5V 电压挡、×1 探笔测得⑦脚时钟信号输出波形。

注:用 10μs 时基挡和 0.2V 电压挡、×10 探笔测得⑫脚沙堡脉冲输出波形。

注:用 10μs 时基挡和 0.2V 电压挡、×10 探笔测得⑬脚行激励开关脉冲输出波形。

注:用 5ms 时基挡和 0.5V 电压挡、×1 探笔测得㉘脚东西枕形失真校正信号输出波形。

33 脚用于伴音中频信号输入,有信号输入时,该脚直流电压 1.4V。该信号由㉛脚输出,正常时㉛脚有信号电压 1.8V。两脚间由电容耦合。

注:用 10μs 时基挡和 0.1V 电压挡、×1 探笔测得㉜脚高压检测信号输入波形。

图 4-3 TMPA8809CSBNG4F10 超级芯片安装位置及引脚波形

在国产超级芯片彩色电视机中,与 TMPA8809 功能及结构基本相同的系列芯片有:TMPA8801/TMPA8802/TMPA8803/TMPA8807/TMPA8823/TMPA8829 等。

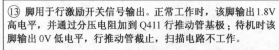

⑬ 脚用于行激励开关信号输出。正常工作时，该脚输出 1.8V 高电平，并通过分压电阻加到 Q411 行推动管基极；待机时该脚输出 0V 低电平，行推动管截止，扫描电路不工作。

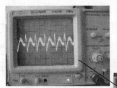

注：用 20μs 时基挡和 50mV 电压挡、×1 探笔测得 ⑥③ 脚遥控信号输入波形。

注：用 0μs 时基挡和 2V 电压挡、×1 探笔测得 ⑥② 脚 TV 同步信号输入波形。

注：用 10μs 时基挡和 2V 电压挡、×1 探笔测得 ⑥⓪ 脚调谐电压控制信号波形。

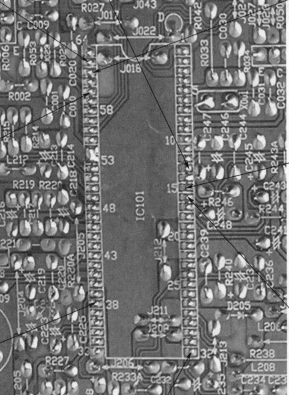

注：用 2ms 时基挡和 0.1V 电压挡、×10 探笔测得 ⑮ 脚场锯齿形成信号波形。

注：用 1ms 时基挡和 0.2V 电压挡、×1 探笔测得 ㉘ 脚伴音信号输出波形。

注：用 2ms 时基挡和 0.1V 电压挡、×10 探笔测得 ⑯ 脚场激励信号输出波形。

㉜ 脚为 EHT 检测信号输入端，外接保护检测电路。在正常工作时，该脚直流电压 4.0V，待机时为 0V，对地正向阻值 7.5kΩ，反向阻值 6.5kΩ。

图 4-4 TMPA8809CSBNG4F10 印制电路及引脚波形

表 4-1 IC101(TMPA8809)引脚功能及维修数据

引 脚	符 号	功 能	U(V) 待机状态	U(V) TV 动态	R(kΩ) 在线 正向	R(kΩ) 在线 反向
1	Adet	音频检测信号输入端	0	0.8	12.5	7.1
2	KEY	键扫描信号控制端	4.8	5.0	12.5	6.8
3	C·C	自动暗平衡控制端	0	0	13.0	7.1
4	GND	接地端	0	0	0	0
5	RESET	复位端	5.0	5.2	12.5	7.1
6	X-TAL	时钟振荡端	2.2	※	13.0	7.1
7	X-TAL	时钟振荡端	0.7	※	13.0	6.9

引 脚	符 号	功 能	$U(V)$		$R(k\Omega)$	
			待机状态	TV动态	在 线	
					正向	反向
8	TEST	测试端,接地	0	0	0	0
9	5V	+5V 电源端	5.0	5.2	3.5	3.3
10	GND	接地端	0	0	0	0
11	TV GND	接地端	0	0	0	0
12	FBP-IN/SCP-OUT	行回扫脉冲输入/沙堡脉冲输出端	0	1.2	10.8	9.4
13	H-OUT	行激励脉冲输出端	0	1.8	0.4	0.4
14	H-AFC	行自动频率控制端	0	6.2	10.8	9.2
15	V-SAW	场锯齿波形成端	0		10.8	9.2
16	V-OUT	场激励输出端	0.1	4.8	9.1	8.1
17	H-V_{CC}	行供电电源端,+9V	0	9.3	0.3	0.3
18	Ys-IN	消隐信号输入端	0	0	0.8	0.8
19	Cb-IN	色度蓝分量信号(U)输入端	0.1	0.6	12.1	9.5
20	Y-IN	亮度信号(Y)输入端	0	0.8	13.0	9.2
21	Cr-IN	色度红分量信号(V)输入端	0	0.5	12.1	9.5
22	TV-DGND	接地端	0	0	0	0
23	C-IN	色度(C)信号输入端	0		12.0	8.9
24	V2-IN	AV2 视频信号输入端	0	2.5	12.0	9.1
25	DV_{CC}(3V3)	+3.3V 电源端	0	3.3	11.0	6.5
26	FSC OUT	副载波输出端	0	1.4	12.0	9.1
27	ABCL-IN	自动亮色度控制输入端	0	4.2	11.5	9.1
28	EW-OUT	东西枕形校正信号输出端	0	4.2	10.5	9.0
29	IF-V_{CC}(9V)	+9V 电源端,主要为中频电路供电	0	9.3	0.3	0.3
30	TV-OUT	TV 视频信号输出端	0	3.3	3.0	3.0
31	SIF-OUT	TV 伴音中频信号输出端	0	1.8	3.0	3.0
32	EHT-IN	高压检测信号输入端	0	4.0	7.5	6.5
33	SIF-IN	伴音中频信号输入端	0	1.4	12.5	9.0
34	DC NF	伴音直流负反馈端	0.1	2.3	10.8	9.1
35	PIF PLL	图像中频环路滤波端	0.1	2.5	12.1	9.1
36	IF V_{CC}	+5V 电源端,中频电路供电	0.1	5.1	1.3	1.3
37	S-Reg	外接滤波电容	0.1	2.2	10.8	9.0
38	SF OUT	伴音信号输出端	0.1	4.4	10.0	9.1
39	IF AGC	中频自动增益控制端	0.1	2.0	12.5	9.4
40	IF GND	中频电路接地端	0	0	0	0
41	IF IN	中频输入端	0	0	12.1	8.5

续表 4-1

引脚	符号	功能	U(V)		R(kΩ)	
			待机状态	TV动态	在线	
					正向	反向
42	IF IN	中频输入端	0	0	12.1	8.5
43	RF AGC	高放自动增益控制端	0	2.6	9.5	8.3
44	Y/C(5V)	+5V 电源端,为 Y/C 通道供电	0	5.2	1.3	1.3
45	SVM OUT	速度调制输出端	0	2.8	12.5	9.4
46	BLACK DET	黑电平检测端	0	0	12.5	9.4
47	APC FIL	自动相位控制滤波端	0	2.1	12.5	9.1
48	IK-IN	束电流输入端,接地	0	0	0	0
49	RGB 9V	+9V 电源端,用于 RGB 电路供电	0	9.3	0.3	0.3
50	R-OUT	红基色信号输出端	0	2.7	10.0	9.1
51	G-OUT	绿基色信号输出端	0	2.5	10.0	9.1
52	B-OUT	蓝基色信号输出端	0	2.1	10.0	9.1
53	TV-AGND	TV 电路接地端	0	0	0	0
54	GND	接地端	0	0	0	0
55	5V	+5V 电源端	5.1	5.4	3.5	3.0
56	BAND	波段控制端	2.0	2.2	2.4	2.4
57	SDA	I^2C 总线数据输入/输出端	5.0	5.2	8.2	5.9
58	SCL	I^2C 总线时钟信号端	5.1	5.1	8.2	6.1
59	AV SW	AV 开关	0.1	0.1	3.6	3.7
60	VT	调谐电压控制端	4.3	4.8	12.5	7.1
61	EXT MUTE	外部静音控制端	0.1	0.1	13.1	7.1
62	TV SYNC	TV 同步信号输入端	4.5	4.1	13.1	7.1
63	RMT-IN	遥控信号输入端	4.3	4.4	13.1	7.0
64	STD BY	待机控制端	3.8	0	6.1	5.4

注:※表示不宜测量,测量时应关机。

2. 工作原理

(1)中央控制系统。

在 TCL 王牌 AT25211 型机中,中央控制系统主要由 IC101(TMPA8809)内部微控制器及 IC001(24C16)等组成,其控制功能主要由拷贝到存储器中的编程软件来实现。

①I^2C 总线控制。在 TCL 王牌 AT25211 彩色电视机中,I^2C 总线的控制功能主要是 IC101(TMPA8809)内部的 MCU 控制器通过其(57)、(58)脚与外部 E^2PROM 存储器 IC001(24C16)来实现的。一方面将整机工作数据通过 I^2C 总线存入 IC001(24C16)外部存储器,另一方面又通过 I^2C 总线从 IC001(24C16)中随机读取数据以控制当前工作状态。因此,在该种机型中,掌握 I^2C 总线控制技术和编程软件的项目数据,对整机维修仍然显得十分重要。

I^2C 总线进入/退出及项目数据的调整方法。首先按电视机前面板上的音量减键,将音量调到 0,按住不放,同时在 1.5s 内连续按遥控器上的“0”键,此时屏幕左上角会出现绿色的“D”字符,即表示整机进入维修状态。在维修状态下分别按“1”、“2”、“3”号键,可进入不同功能的调整菜单。选定菜单后,按节目加减键即可选择项目,按音量加减键即可调整数据。调整完毕,按遥控关机键即可退出维修状态。按"显示"键也可退出维修状态。图4-5为随机遥控器外形及各键在总线调整中的作用,表4-2为屏显调整菜单及功能。

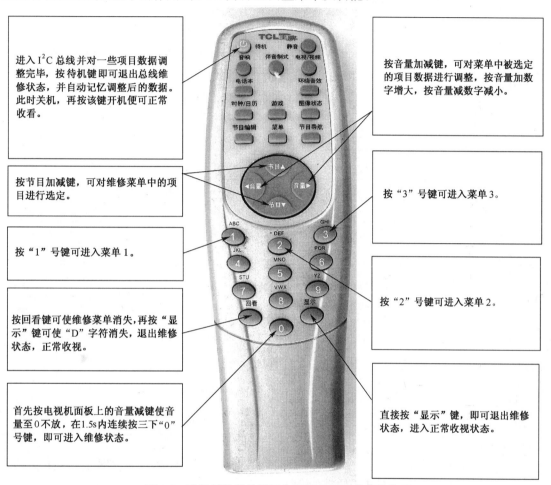

进入I²C总线并对一些项目数据调整完毕,按待机键即可退出总线维修状态,并自动记忆调整后的数据。此时关机,再按该键开机便可正常收看。

按节目加减键,可对维修菜单中的项目进行选定。

按"1"号键可进入菜单1。

按回看键可使维修菜单消失,再按"显示"键可使"D"字符消失,退出维修状态,正常收视。

首先按电视机面板上的音量减键使音量至0不放,在1.5s内连续按三下"0"号键,即可进入维修状态。

按音量加减键,可对菜单中被选定的项目数据进行调整,按音量加数字增大,按音量减数字减小。

按"3"号键可进入菜单3。

按"2"号键可进入菜单2。

直接按"显示"键,即可退出维修状态,进入正常收视状态。

图4-5 随机遥控器外形及各键在总线调整中的作用

表4-2 TCL王牌AT25211机型中维修软件的项目数据及调控功能

项 目	出厂数据	数据调整范围	备 注
			按"1"号键进入
RFAGC	24	00~3F	调到"00"时黑光栅,"00~0F"时有雪花
BRTC	44	00~7F	调到"00"时黑光栅,调到"7F"时过亮
SCOL	04	00~07	调整时无变化
COLP	31	00~7F	调到"00"时无彩色,PAL制色度中间值
TNTC	35	00~7F	调整时无变化
CNTC	5A	00~7F	调到"00"时黑光栅,对比度中间值调整
SCNT	08	00~0F	副对比度最小调整
CNTN	08	00~7F	对比度最小调整
CNTX	7F	00~7F	对比度最大调整
LEVEL	15	00~7F	调整时无变化

项　目	出厂数据	数据调整范围	备　注
按"2"号键进入			
VCEN	12	00～3F	调整时图像抖动
VP50	05	00～07	调整时画面上下窜动
H1T	14	00～3F	调到"00"时场中间有 3/5 光栅,调到"3F"时场幅度拉大
VL1N	02	00～0F	调到"0F"时光栅顶部压缩约 2cm
VSC	03	00～0F	调到"00"时场幅略大,调到"0F"时场幅略有压缩
OSD	20	00～FF	字符中心调节
DLAY	03	00～0F	延时线调整
BLUE	开	开/关	蓝背景开关
ENG	关	开/关	ENG 开关
FACT	关	开/关	工厂设置
按"3"号键进入			
HPOS	0F	00～1F	行中心调节
DPC	15	00～3F	调到"00"时枕形失真,调到"3F"时四角失真
KEY	25	00～3F	键扫描键钮设定
WID	1C	00～3F	调整时行幅度变化(粗调)
ECCT	0C	00～1F	上两角调整
ECCB	0B	00～1F	下两角调整
VEHT	06	00～07	场幅度调整
HEHT	03	00～07	行幅度微调(细调)

②E^2PROM 存储器。在 TCL 王牌 AT25211 机型中,IC001(24C16)E^2PROM 存储器主要与 IC101(TMPA8809)配合使用,用于存储整机正常工作的数据信息。一旦不良或丢失储存的数据信息,整机便不能工作或不能正常工作。IC001(24C16)内部地址储存的 16 进制编程数据通过电脑和专用设备可直接拷贝到空白存储器(24C16)中,上机后不需任何调整就可使整机正常工作。

③MCU 的控制功能。在 TCL 王牌 AT25211 型彩色电视机中,MCU 有 5 种控制功能。

a. 键盘扫描控制功能。主要是通过键控电阻矩阵电路向 IC101(TMPA8809)②脚输入阶梯式信号电压来实现,如图 4-6 中所示。每按一下 S1001～S1006 按键,通过 P003(P1005)插件②脚便向 IC101(TMPA8809)②脚输入一个不同等级的电压信号。IC101②脚接到电压信号后,MCU 控制器便会输出一个相应指令的控制信号,使整机中的关联电路工作在智能化状态。键控电阻矩阵电路组装在一小块线路板上,并安装在前面机壳内。按键 S1001～S1006 控制功能及按下时 IC101②脚和 P003③脚的电压值、电阻值见表 4-3。

b. 待机控制功能。该功能主要是由 IC101(TMPA8809)⑭脚及外接电路来完成,如图4-6所示。

在图 4-6 中,当 IC101(TMPA8809)⑭脚输出 3.8V 高电平时,Q006 导通,Q837 截止,开关电源处于低频间歇状态。与此同时,由于 Q006 导通,D1031(LED)发光,以指示整机正处于等待状态。当 IC101⑭脚输出 0V 低电平时,Q006 截止,+5V 电压通过 D1031、R1030 给 Q837 提供一个正偏电压,使 Q837 导通,Q832 开关稳压电源进入工作状态。因此,在该机中,一旦 D1031、R1030 开路,整机就不能工作。

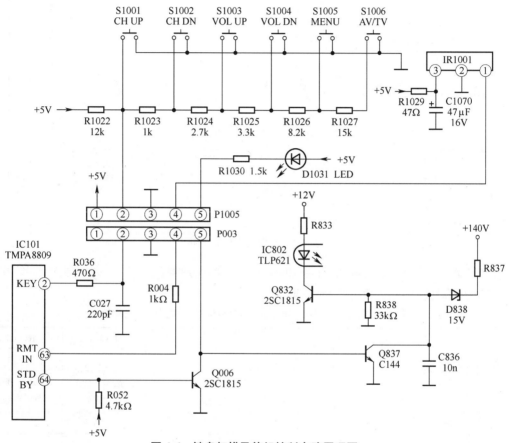

图 4-6　键盘扫描及待机控制电路原理图

c. 静音控制功能。该功能是由 IC101(TMPA8809)的㉛脚,通过 Q916 控制加到 IC902(HEF4052)④、⑪脚的 TV 音频信号来实现的,如图 4-7 所示。在正常工作时,IC101㉛脚输出 0.1V 低电平,Q916 截止,加到 IC902(HEF4052)④、⑪脚的 TV 音频信号在 TV/AV 转换功能控制下,可由④、⑪脚正常输出。当按动遥控器静音键时,IC101㉛脚将输出高电平,使 Q916 导通,由 C241A 输出的音频信号被弯路于地,从而起到静音控制作用。由 C241A 耦合输出的音频信号是由 IC101(TMPA8809)㊳脚输出、经 Q204 缓冲放大提供的。因此图 4-7 中的静音控制功能仅对 TV 状态的音频信号有效。

d. 无信号静音识别控制功能。如图 4-8 所示。在有伴音信号时 IC902(HEF4052)③、⑬脚有伴音信号输出,Q641、Q640 呈导通状态,+9V 电压通过 C640、D641 在 C641 两端形成充电电压。由于 C640 左端负、右端正,故 D640 呈截止状态。此时 IC101①脚在 R646、R647 的分压作用下获有 0.8V 电压,从而使 MCU 发出指令,IC101 的㉛脚输出低电平,Q916 截止(见图

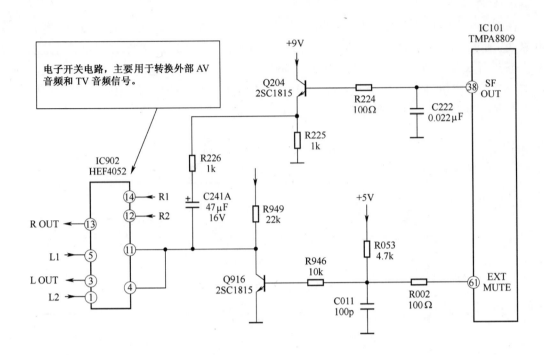

图 4-7　音频静噪控制电路

4-7),IC902③、⑬脚保持继续输出,并经 C602、C601 耦合分别将左声道音频信号送入 IC601 的⑥脚,右声道音频信号送入 IC601 的⑧脚。

表 4-3　按下键钮时 IC101②脚和 P003②脚的电压值、电阻值

按键 序号	符 号	功 能	U(V)		R(kΩ)	
					在　线	
			IC101 ②脚	P003 ②脚	IC101 ②脚	P003 ②脚
S1001	CH UP	节目加控制	0	0	1.0	0.5
S1002	CH DN	节目减控制	0.4	0.4	1.4	1.0
S1003	VOL UP	音量加控制	1.2	1.2	3.5	3.0
S1004	VOL DN	音量减控制	1.9	1.9	5.5	5.0
S1005	MENU	菜单选择	2.8	2.8	6.7	6.7
S1006	AV/TV	AV/TV 选择	3.6	3.6	7.1	7.2
		不按任何按键时	5.0	5.0	7.3	7.8

　　当无伴音信号时,Q641 和 Q640 无输出,C640 也无输出,D640 导通,+9V 电压通过 D640、D641,并经 R646、R647 分压后使 IC101①脚电压升高,MCU 指令⑥脚输出高电平,从而实现了无音频信号静噪功能。

　　e.AV 转换控制功能。该功能主要是通过 IC101⑨脚及其外接的 Q001、Q002 和 IC901、IC902 等完成,如图 4-9 所示。

　　在图 4-9 中,IC901、IC902 均为 HCF4052 型电子开关集成电路,分别用于 TV/AV 视频转

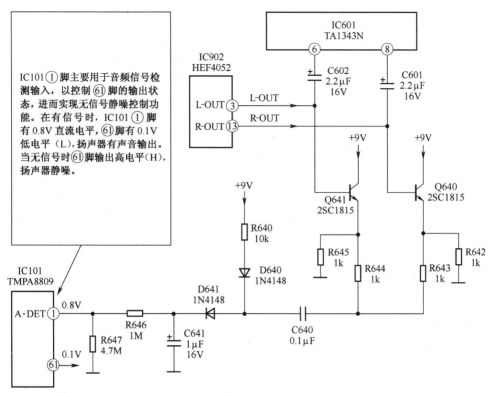

图 4-8　无信号静噪控制电路

换和 TV/AV 音频转换,并受 Q001、Q002 和 IC101⑤脚控制。IC901 的引脚印制电路如图4-10所示,其引脚功能及维修数据见表 4-4;IC902 的引脚印制电路如图 4-11 所示,其引脚功能及维修数据见表 4-5。

当 IC101(TMPA8809)⑤脚输出小于 0.1V 的低电平时,Q001、Q002 均截止,IC901、IC902 的⑨、⑩脚均为高电平,IC901、IC902 的③脚与④脚接通,⑪脚和⑬脚接通。此时 IC901③脚输出 9V 电压,将③脚外接的 Q905(2SA1015)截止,IC901⑬脚输出 TV 视频信号,并径 Q901 缓冲放大后送入 IC101㉔脚内部做进一步处理。同时又通过 Q902、Q915 等取出同步信号送入 IC101 的㉒脚和经 Q911、Q912 缓冲放大后从 AV 视频输出插口向机外的其他视频显示设备提供视频信号源;IC902③脚和⑬脚输出 TV 音频信号,分为 L(左)、R(右)两路送入 IC601(TA1343N)的⑥脚和⑧脚,同时又分别经 Q914 和 Q913 经 AV 音频 L、R 输出插口向机外输出(文中部分元件图 4-9 中未绘出)。

当 IC101⑤脚输出小于 3.9V 高电平时,Q002 导通,Q001 因基极接有 3.9V 稳压二极管而反偏截止。此时,IC901、IC902 的⑨脚为高电平、⑩脚为低电平,③脚与⑤脚接通,⑬脚与⑭脚接通。IC901③脚转换输出 AV2 视频信号,IC901⑬脚输出 9V 电压,将⑬脚外接 Q901 截止;IC902③脚和⑬脚输出 AV2 左右声道音频信号。

当 IC101(TMPA8809)⑤脚输出大于 3.9V 的高电平时,Q001、Q002 均导通,IC901、IC902 的⑨、⑩脚均呈 0V 低电平,此时 IC901、IC902 的③脚与①脚接通,⑬通与⑫脚接通。IC901③脚转换输出 AV1 视频信号或 S 端子的 Y 信号,IC901⑬脚输出 9V 电压将 Q901 截止;IC902③脚和⑬脚输出 AV1 左右声道音频信号。

(2)视音频信号解调处理电路。

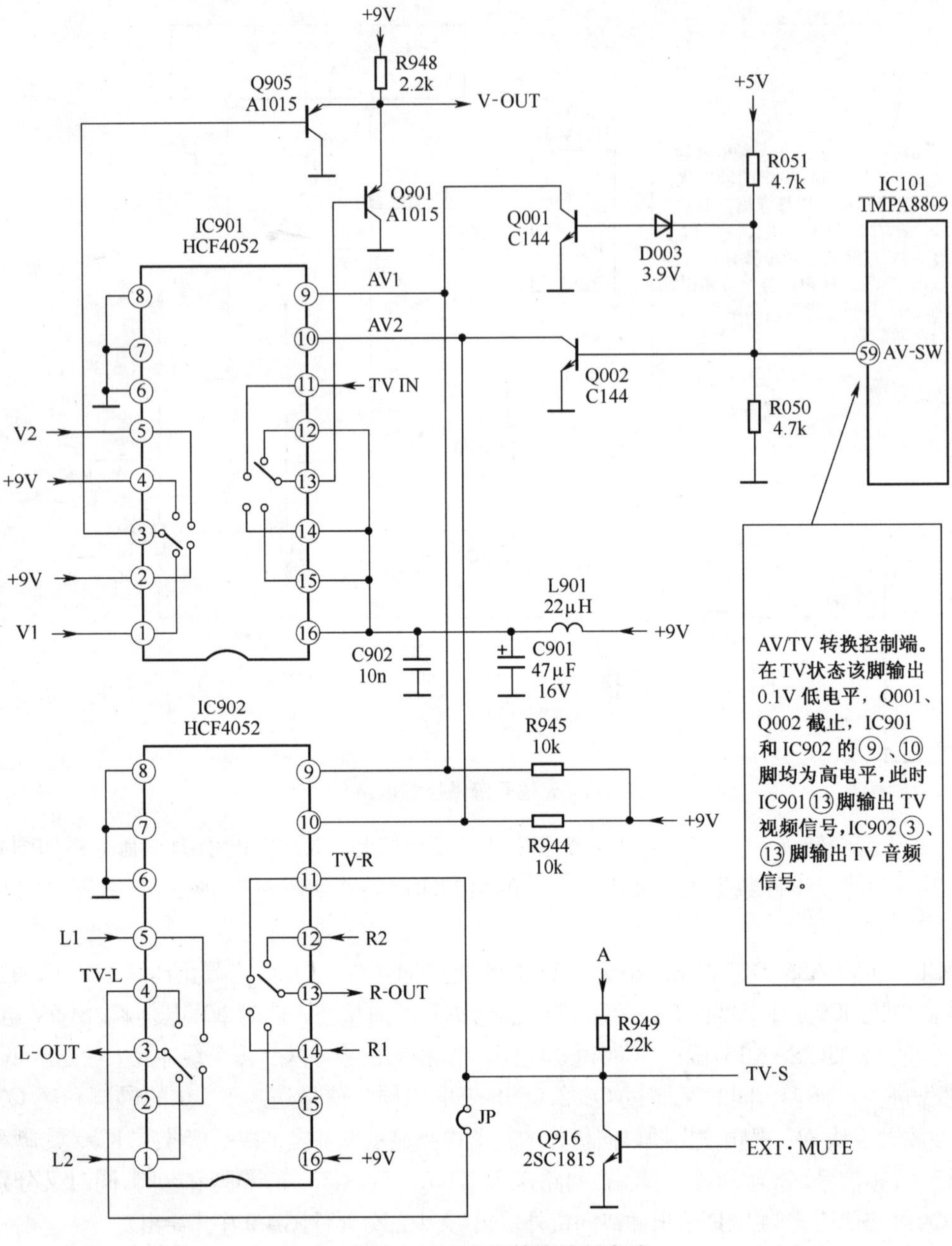

图 4-9　AV/TV 转换控制电路

在 TCL 王牌 AT25211 机型中，视音频信号解调处理电路主要包含在 TMPA8809 超级芯片内部，仅有极少量的外围分立元件。因此，在分析该种机型的视音频信号处理电路的工作原理时，主要是介绍相关引脚的工作电压、信号波形及外部接口电路的工作状态。

①视频图像信号处理电路。在该机中，视频图像信号处理电路，主要由 IC101（TMPA8809）的㊶、㊷、㉟、㊴、㉚、㉔、(50)、(51)、(52)脚及其外接元件等组成，如图 4-12 所示。

在图 4-12 所示的视频图像信号处理电路中，主要分为图像中频处理、色度解码和基色矩阵输出三个部分。

IC901（HCF4052）的⑨、⑩脚用于TV/AV转换控制。在TV状态两脚均为高电平；在AV1或S端子输入状态两脚均为0V低电平，但S端子与AV1视频信号不能同时输入。

IC901（HCF4052）的⑬脚用于转换输出TV视频信号。在TV状态时该脚的直流电压为4.3V；在AV1或AV2状态时该脚电压为9V，以截止外接缓冲放大管。

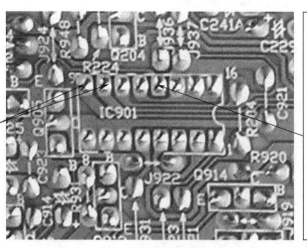

图 4-10　IC901（HCF4052）引脚印制电路

表 4-4　IC901（HCF4052）引脚功能及维修数据

引　脚	符　号	功　　能	U(V) TV 状态	R(kΩ) 在　线 正向	R(kΩ) 在　线 反向
1	V1	外部 AV1 视频信号或 S 端子 Y 信号输入端	4.1	10.0	9.0
2	+9V	+9V 电源端	9.3	0.3	0.3
3	V-OUT	AV 视频信号选择输出端	9.3	10.0	8.4
4	+9V	+9V 电源端	9.3	0.3	0.3
5	V2	AV2 视频信号输入端	4.1	10.0	9.1
6	—	接地端	0	0	0
7	—	接地端	0	0	0
8	—	接地端	0	0	0
9	AV1	AV1 控制信号输入端	8.9	8.4	8.8
10	AV2	AV2 控制信号输入端	7.4	7.8	8.5
11	TV IN	TV 视频信号输入端	4.3	10.0	9.0
12	+9V	+9V 电源端	9.3	0.3	0.3
13	TV-OUT	TV 视频信号输出端	4.3	9.9	8.5
14	+9V	+9V 电源端	9.3	0.3	0.3
15	+9V	+9V 电源端	9.3	0.3	0.3
16	V_{CC}	+9V 电源端	9.3	0.3	0.3

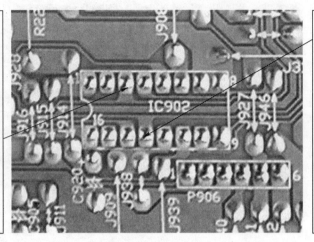

IC902（HCF4052）的③脚用于转换输出TV/AV1/AV2左声道音频信号。有信号输出时该脚直流电压4.4V，电路正常时该脚对地正向阻值9.0kΩ，反向阻值7.5kΩ。

IC902（HCF4052）的⑬脚用于转换输出TV/AV1/AV2右声道音频信号。有信号输出时该脚直流电压4.4V，电路正常时该脚对地正向阻值9.0kΩ，反向阻值7.5kΩ。

图4-11　IC902(HCF4052)引脚印制电路

表4-5　IC902(HCF4052)引脚功能、电压值、电阻值

引脚	符号	功能	U(V) TV 动态	R(kΩ) 在线	
				正向	反向
1	L2	左声道输入端2	4.0	10.0	9.0
2	—	未用	0	10.2	9.2
3	L-OUT	左声道选择输出端	4.4	9.0	7.5
4	TV-LIN	TV左声道输入端	4.4	9.5	8.5
5	L1	左声道输入端1	4.1	10.0	9.0
6	—	接地端	0	0	0
7	—	接地端	0	0	0
8	—	接地端	0	0	0
9	AV1	AV1控制信号输入端	8.9	8.5	8.8
10	AV2	AV2控制信号输入端	7.4	8.0	8.4
11	TV-RIN	TV右声道输入端	4.4	9.5	8.5
12	R2	右声道输入端2	4.0	10.0	8.9
13	R-OUT	右声道选择输出端	4.4	9.0	7.5
14	R1	右声道选择输入端1	4.0	10.0	8.9
15	—	未用	0	10.5	9.3
16	V$_{CC}$	＋9V电源端	9.3	0.3	0.3

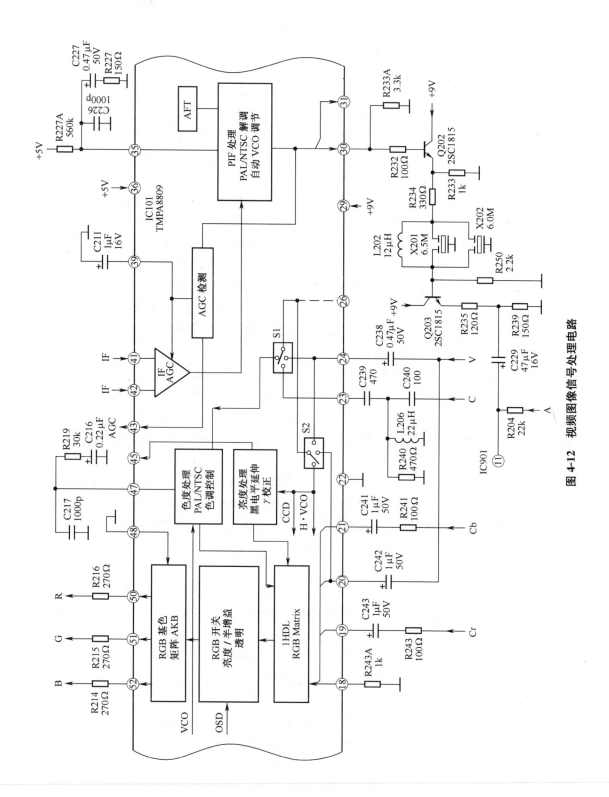

图 4-12 视频图像信号处理电路

281

a. 图像中频处理。图像中频处理是在IC101(TMPA8809)内部完成的。由㊶、㊷脚输入的中频载波信号(IF),首先经中频放大及自动增益控制(AGC)后,再送入图像中频(PIF)处理器,并在㉟脚外接RC双时间常数滤波环路的作用下,自动调节出全电视视频信号,分别从㉚脚㉛脚输出。由㉚脚输出的全电视视频信号经Q202缓冲放大后,由X201(6.5MHz)、X202(6.0MHz)滤除伴音中频信号,由L202输出CVBS视频信号,再由Q203射随输出送入IC901(HCF4052)的⑪脚。由㉛脚输出的全电视信号送入伴音中频处理电路。

b. 色度解码。色度解码主要由1H延迟线、亮度处理和色度处理等几部分组成,它们也是在IC101(TMPA8809)内部完成的。其输入信号有Y、Cr、Cb信号,Y/C信号和V信号,经色度解码电路解调出Y、U、V三种分量信号。其中,Y、Cr、Cb为隔行扫描信号,主要由AV板输入。该信号中的亮度信号由⑳脚输入、Cr信号由⑲脚输入、Cb信号由㉑脚输入,并直接送入1H延迟电路。Y/C为S端子信号,主要由AV板输入。该信号中的Y信号经C242耦合送入⑳脚内部,并加到1H延迟电路。该信号中的C信号经㉓脚和IC内部的S1开关送入色度处理电路,解调出U、V分量信号后送入1HDL电路。V信号主要是由IC901转换输出的彩色全视频信号(CVBS),它包括有TV、AV1、AV2视频信号。该信号经㉔脚、IC内部S1和S2开关送入色度处理电路和亮度处理电路,分离出Y、U、V分量信号后送入1H延迟电路。送入到1H延迟电路中不同信号源的YUV信号经进一步处理后,送入RGB开关电路与字符信号切换输出,再送入RGB基色矩阵电路。

c. RGB基色矩阵。RGB基色矩阵主要由IC101的㊿、(51)、(52)脚内电路组成,并受暗电流检测(AKB)控制。后者能自动校正㊿、(51)、(52)脚的输出电流,使白平衡得到自动调节。在IC101(TMPA8809)内部,由RGB字符开关电路输出的Y、U、V分量信号直接送入RGB基色矩阵电路,经基色矩阵处理后产生的R、G、B三基色信号,分别经㊿、(51)、(52)脚送入尾板末级视放电路。

②音频解调处理电路。在TCL王牌AT25211机型中,音频解调处理电路由IC101(TMPA8809)的㉝、㉞脚内电路和少量外围元件组成,如图4-13所示,由IC101㉛脚输出的TV全电视伴音中频信号,经C232、R230A耦合送入IC101的㉝脚,经其内电路带通滤波、FM解调后,从㊳脚输出TV伴音信号,再由Q204缓冲放大,经R226、C241A耦合送入IC902的④脚和⑪脚。

(3)行场扫描小信号处理电路。

在TCL王牌AT25211型彩色电视机中,行场扫描小信号处理电路主要由IC101(TMPA8809)的⑫、⑬、⑭、⑮、⑯、⑰、㉘、㉜脚的内电路和部分外围元件组成,如图4-14所示。其中⑬脚用于输出行扫描激励脉冲,⑯脚用于输出场扫描激励脉冲,㉘脚用于输出东西枕形失真校正(EW)控制信号。有关工作原理参见第三章中的扫描电路。

二、TDA8172场扫描输出电路

在TCL王牌AT25211机型中,场扫描输出级电路主要由TDA8172型场输出集成电路及部分独立元器件组成。其引脚印制电路及关键脚信号波形如图4-15所示,引脚功能及维修数据见表4-6,电路原理如图4-16所示。有关工作原理参考第一章中的TDA8177场扫描输出级电路。

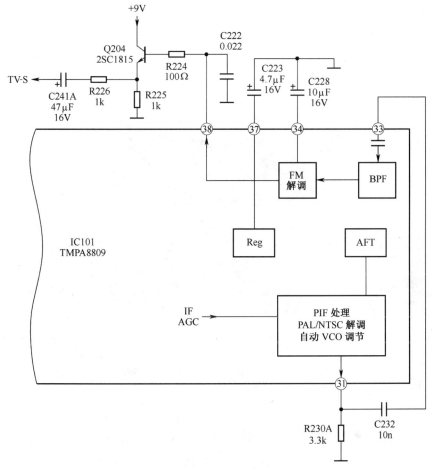

图 4-13　音频信号解调处理电路

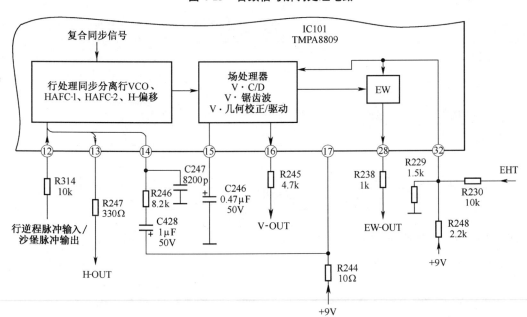

图 4-14　行场扫描小信号处理电路

注：用 0.1ms 时基挡和0.5V
电压挡、×1探笔测得①
脚信号波形。

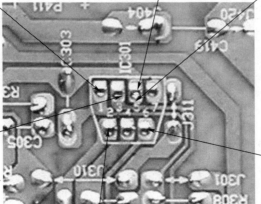

⑤脚为场功率输出端，直接与场偏转线圈连接。正常工
作时该脚直流电压 28V，对地正向阻值6.7kΩ，反向阻值
26kΩ。

注：用10μs时基挡和1V电压
挡、×1探笔测得⑤脚信
号波形。

注：用2ms时基挡和0.5V
电压挡、×1探笔测得
③脚信号波形。

②脚为+28V电源端。电路正常时该脚对地正向阻值
5.2kΩ，反向阻值26kΩ。

注：用2ms时基挡和0.5V电
压挡、×1探笔测得⑥
脚信号波形。

图 4-15　IC301(TDA8172)引脚印制电路及关键脚信号波形

表 4-6　IC301(TDA8172)引脚功能及维修数据

引脚	符　号	功　　能	U(V)		R(kΩ)	
			静态	动态	在　线	
					正向	反向
1	INPUT	场激励信号输入端(反相输入)	—	4.4	6.4	8.0
2	V_{CC}	+28V电源端	28.0	5.2	26.0	
3	PUMPUP	泵电源端(回扫振荡器)	—	1.8	7.3	80.0
4	GND	接地端	0	0	0	
5	OUT	场功率输出端	—	28.0	6.7	26.0
6	V_p	回扫电源端	28.0	7.0	∞	
7	V_{ref}	场激励信号输入端(正相输入)	—	4.3	1.8	1.8

三、TA1343N 音频处理电路

在 TCL 王牌 AT25211 机型中，音频处理电路主要由 IC601(TA1343N)及少量的外围元件等组成。TA1343N 是一种具有 I^2C 总线控制功能的两通道三输出的环绕声处理电路。它在 I^2C 总线控制下可完成音量控制、低音控制、高音控制、平衡控制、重低音电平和环绕声效果电平自动调整等功能，并且可输出左右声道音频信号和重低音信号，直接驱动双声道音频功率

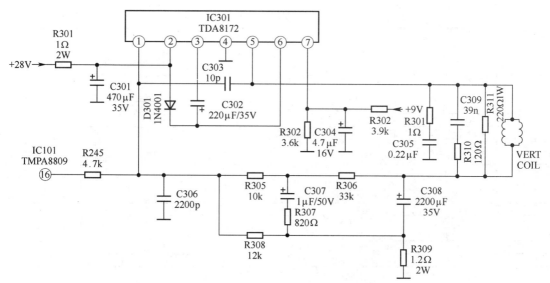

图 4-16　TDA8172 场输出电路原理图

放大器和重低音功率放大器。但在该机中重低音功率放大器未用。其实物引脚印制电路如图4-17所示,引脚功能及维修数据见表4-7,电路原理如图4-18所示。

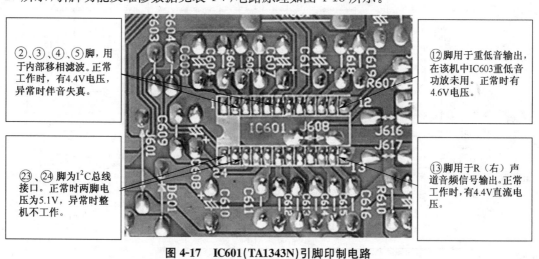

②、③、④、⑤脚,用于内部移相滤波。正常工作时,有4.4V电压,异常时伴音失真。

⑫脚用于重低音输出,在该机中IC603重低音功放未用。正常时有4.6V电压。

㉓、㉔脚为I²C总线接口。正常时两脚电压为5.1V,异常时整机不工作。

⑬脚用于R(右)声道音频信号输出。正常工作时,有4.4V直流电压。

图 4-17　IC601(TA1343N)引脚印制电路

表 4-7　IC601(TA1343N)引脚功能及维修数据

引　脚	符　号	功　　能	U(V)		R(kΩ)	
					在　线	
			静态	动态	正向	反向
1	0·C	低音提升电路中直流偏置去耦端	0	4.0	9.1	10.2
2	φ_4	移相器外接电容4	4.4	4.4	9.1	10.2
3	φ_3	移相器外接电容3	4.4	4.4	9.1	10.2
4	φ_2	移相器外接电容2	4.4	4.4	9.1	10.2
5	φ_1	移相器外接电容1	4.4	4.4	9.1	10.2
6	L·IN	左声道音频信号输入端	3.8	3.8	9.1	10.2
7	GND	接地端	0	0	0	0
8	R·IN	右声道音频信号输入端	3.8	3.8	9.0	10.1
9	BIASF	偏置电路噪声检测滤波端	5.8	5.9	9.1	10.2

引 脚	符 号	功 能	U(V)		R(kΩ)	
					在 线	
			静态	动态	正向	反向
10	BASSR	右(R)路低音控制电路滤波端	4.4	4.4	9.0	10.0
11	TREBLER	右(R)路高音控制电路滤波端	4.6	4.6	9.0	10.1
12	WOOF	重低音输出端	4.6	4.6	9.0	10.1
13	R·OUT	右路音频信号输出端	4.4	4.4	4.9	4.9
14	TREBLEL	左(L)路高音控制电路滤波端	4.6	4.6	9.1	10.1
15	BASSL	左(L)路低音控制电路滤波端	4.4	4.4	9.0	10.0
16	L·OUT	左路音频信号输出端	0	4.4	4.9	4.9
17	LPF1	重低音电路低通滤波端1	4.0	4.1	9.0	10.2
18	LPF2	重低音电路低通滤波端2	4.6	4.6	9.0	10.2
19	LPF3	重低音电路低通滤波端3	5.2	5.3	9.1	10.2
20	V_{CC}	+9V 电源端	9.0	9.3	0.3	0.3
21	VOLF	音量控制电路滤波端	0	0.1	9.0	10.2
22	W·F	重低音音量控制电路滤波端	1.0	1.0	9.0	10.2
23	SCL	I^2C 总线时钟信号输入端	5.1	5.2	6.4	8.4
24	SDA	I^2C 总线数据输入/输出端	5.1	5.2	6.0	8.4

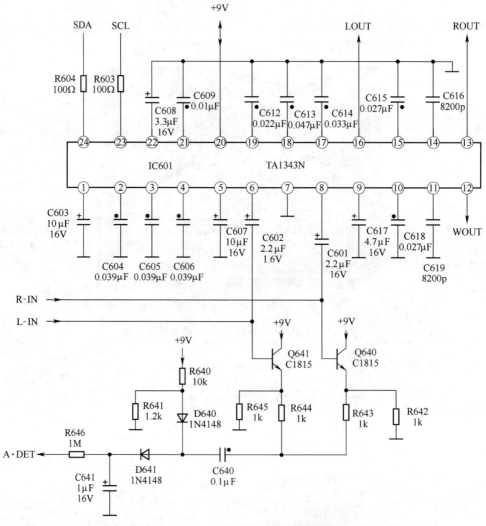

图 4-18 TA1343N 音频处理电路原理图

四、TDA7266 伴音功放电路

在 TCL 王牌 AT25211 机型中,伴音功放电路主要由 IC602(TDA7266)及少量外围元件等组成。IC602 的④、⑫脚为音频信号输入端,①、②、⑭、⑮脚为音频功率输出端,⑥、⑦脚为静音和开关机控制端。其实物引脚印制电路及关键引脚波形如图 4-19 所示,引脚功能及维修数据见表 4-8,电路原理如图 4-20 所示。

在图 4-20 中,IC602(TDA7266)在⑥、⑦脚的控制下工作,外接 Q601(参见图 4-20)为静音控制管,它受 IC101(TMPA8809)的㉒脚和由 Q602(参见图 4-20)组成的开关机静噪电路控制。其工作原理与传统机型中常见的静噪电路相同,这里就不必多述。

注：用0.1ms时基挡和50mV电压挡、×1探笔测得⑫脚信号波形。

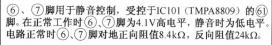

⑥、⑦脚用于静音控制,受控于 IC101(TMPA8809)的㉒脚。在正常工作时⑥、⑦脚为4.1V高电平,静音时为低电平。电路正常时⑥、⑦脚对地正向阻值8.4kΩ,反向阻值24kΩ。

注：用0.1ms时基挡和50mV电压挡、×1探笔测得④脚信号波形。

注：用0.1ms时基挡和50mV电压挡、×1探笔测得⑮脚信号波形。

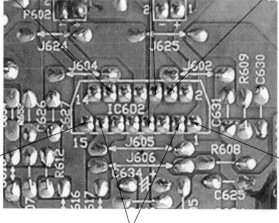

③、⑬脚为+13V电源输入端。正常时该两脚有13V直流电压,对地正向阻值5.0kΩ,反向阻值300kΩ。

注：用0.1ms时基挡和50mV电压挡、×1探笔测得①脚信号波形。

图 4-19 IC602(TDA7266)引脚印制电路及关键引脚波形

表 4-8 IC602(TDA7266)引脚功能及维修数据

引 脚	符 号	功 能	U(V) 静态	U(V) 动态	R(kΩ) 在线 正向	R(kΩ) 在线 反向
1	LOUT＋	左声道音频功率正极性输出端	6.8	6.8	6.5	11.0
2	LOUT－	左声道音频功率负极性输出端	6.8	6.8	6.5	11.0
3	V$_{CC}$1	＋13V电源端1	13.0	13.0	15.0	300.0
4	RIN	右声道音频信号输入端	1.3	1.3	12.0	80.0
5	NC	未用	0	0	∞	∞

引脚	符　号	功　　能	U(V)		R(kΩ)	
			静态	动态	在　线	
					正向	反向
6	MUTE	静音控制端	4.0	4.1	8.4	24.0
7	ST-BY	待机控制端	4.0	4.1	8.5	24.0
8	P-GND	接地端	0	0	0	0
9	S-GND	接地端	0	0	0	0
10	NC	未用	0	0	∞	∞
11	NC	未用	0	0	∞	∞
12	LIN	左声道音频信号输入端	1.3	1.3	12.0	80.0
13	$V_{CC}2$	+13V 电源端 2	13.0	13.0	5.0	300.0
14	ROUT−	右声道音频功率负极性输出端	6.8	6.8	6.9	11.0
15	ROUT+	右声道音频功率正极性输出端	6.8	6.8	6.9	11.0

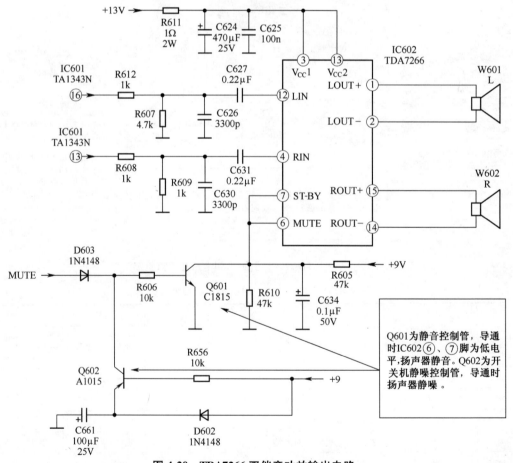

图 4-20　TDA7266 双伴音功放输出电路

五、MC44608 电源控制电路

在 TCL 王牌 AT25211 机型中,开关稳压电源主要由 IC801(MC44608)及少量外围元件等组成。其实物引脚印制电路如图 4-21 所示,引脚功能及维修数据见表 4-9,电路原理如图 4-22 所示。有关工作原理分析可参考第二章中的 TDA16846-2 开关电源电路。

MC44608 是 MOTOROLA 公司开发研制的环保型开关稳压电源的电压模式控制器。其主要特点是:

①在待机时采用间歇脉冲方式供电,功耗可低于 3.5W。

②具有多组振荡频率,可在 40kHz、75kHz、100kHz 之间转换。故适用于变频式开关电源。

③内部设有过流过热保护功能。

图 4-21　IC801(MC44608)引脚印制电路

表 4-9　IC801(MC44608 电源控制电路)引脚功能及维修数据

引 脚	符 号	功 能	U(V) 待机状态	U(V) 开机状态	R(kΩ) 在线 正向	R(kΩ) 在线 反向
1	Demag	去磁,退耦端(用于过流过零检测)	0	0	10.0	100.0
2	Isense	过流保护端,内接待机处理电路	0	0.3	4.0	4.2
3	Control input	控制信号输入端	5.1	3.9	4.2	4.5
4	Ground	接地端	0	0	0	0
5	Drive	激励开关信号输出端	0.4	0.01	1.0	1.0
6	V_{CC}	工作电源端	2.8	9.2	5.7	130.0
7	N·C	空脚	0	0	∞	∞
8	Vi	启动电压输入端	280.0	290.0	6.5	300.0

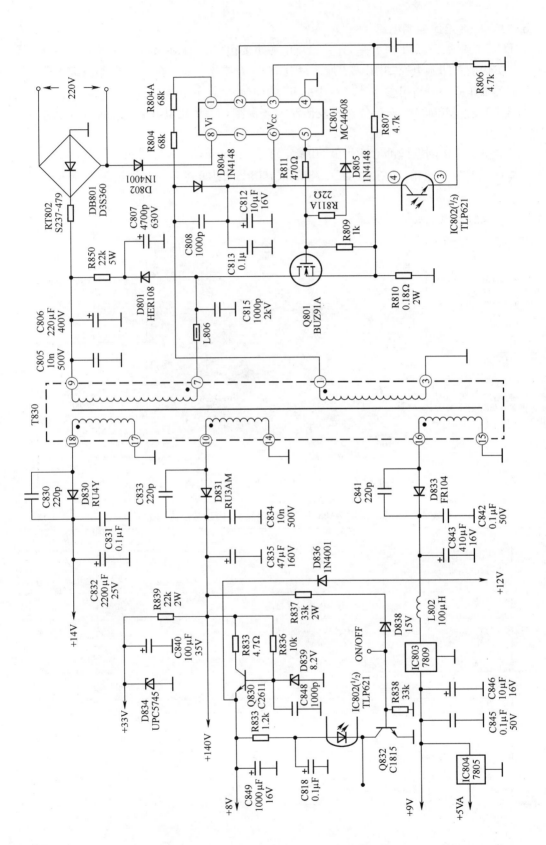

图4-22 MC44608开关稳压电源电路原理图

第二节　TCL 王牌 AT25288(TMPA8829)超级芯片彩色电视机

TCL 王牌 AT25288 是 TCL 集团公司生产的 S22 机心系列产品之一,其机心采用了 TM-PA8829 超级芯片和 NJW1168 音频处理等集成电路,整机电路结构与采用 TMPA8809 机心彩电基本相同,只是在一些功能的具体应用上略有差异。本节重点介绍两种机心在功能和维修数据方面的差异,其余部分电路可参考本章第一节中 TCL 王牌 AT25211 型电视机的相关内容。

与该种机型基本相同的系列产品还有 AT25228、N25B2、NT25B06、N25K1、N25K2、N25K3、NT25281C、25V1、NT25A61、29V1、NT29A51、34V1、AT29228、AT29281、S29B2、S29K1、S34A1 等。

一、TMPA8829CSNG4V74 超级芯片电路

在 TCL 王牌 AT25288 机型中,TMPA8829CSNG4V74 超级芯片集成电路的实物组装及部分引脚信号波形如图 4-23 所示,引脚印制电路及部分引脚信号波形如图 4-24 所示。其引脚功能及维修数据可参见表 4-1,但由于 TMPA8829 的版本型号不同,I^2C 总线调控的软件项目及部分引脚功能运用也有所不同。

1. I^2C 总线控制功能

(1) I^2C 总线进入/退出方法。

①按住电视机前面板上的音量减键,使音量至 0。

②按住电视机前面板上的音量减键不放,同时连续按三下"0"键,即可进入维修状态。

③按 1～9 键可选择维修菜单,调整项目和数据见表 4-10。进入菜单后,按节目加减键可以选择调整项目,按音量加减键可以调整数据。

④按"回看"键进入工厂模式,再按"显示"键设置"FACTORY"项为"关",直接关机后,即可退出维修状态。如果在进入"D-MODE"后,按显示键,设置"FACTORY"项为开,以后按回看键就可直接进入或退出工厂菜单。

(2)常用功能的调整方法。

①RF AGC 调整。首先进入 I^2C 总线调出"RF AGC"项,该项数据在 18～24 之间调整。同时监测 IC101(TMPA8829)㊸脚电压,应稳定在 2.6V 左右。此时㊸脚信号波形如图 4-24 中所示。检测时要注意观察图像质量,使感观效果达到最佳。

②白平衡调整。在没有八级灰度信号做标准的条件下调整白平衡,只能直接观察图像。可先将色饱和度调到 0,然后分别调整 RCUT、GCUT、BCUT、GDRV、BDRV 项数据,直到使屏幕在最暗到最亮时都能显示黑白图像为止。

③图像几何参数调整。图像几何参数调整,主要是对行场线性失真进行校正,在没有标准方格信号做参考依据的条件下,维修人员一般利用电视台开播节目前播发的电视测试卡进行调整(可用录像机录制下来随时使用)。调整几何参数时,主要是逐一调整菜单 1 和菜单 2 中的项目数据,直至达到电视测试卡的标准为止。

注：用10μs时基挡和0.5V
电压挡测得㉚脚信
号波形。

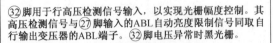

㉜脚用于行高压检测信号输入，以实现光栅幅度控制。其
高压检测信号与㉗脚输入的ABL自动亮度限制信号同取自
行输出变压器的ABL端子。㉜脚电压异常时黑光栅。

注：用20μs时基挡和0.5V
电压挡测得㉔脚信
号波形。

注：用10μs时基挡和0.1V
电压挡测得㉝脚信
号波形。

注：用10μs时基挡和0.2V
电压挡测得⑳脚信
号波形。

注：用50μs时基挡和0.2V
电压挡测得㊼脚信
号波形。

IC001(24C16)为E²PROM存储器。其不良或损坏，整机工作异
常或不能开机。更换时需重新拷入I²C总线数据。

注：用10μs时基挡和
20mV电压挡测得
⑭脚信号波形。

图 4-23　TMPA8829CSNG4V74 超级芯片电路实物组装及部分引脚信号波形图

表 4-10　TCL 王牌 S22 机心维修软件的项目数据及调控功能

项　目	数　据	备　　　注
按 1 键		
VCEN	1E	场中心调整，用于轮廓校正
VP50	02	PAL50Hz 场中心
HIT	19	场幅度
VLIN	09	场线性
VSC	09	场 S 校正
VEHT	06	场高度（场高压调整）
VTEST	开	场保护功能开关

续表 4-10

项 目	数 据	备 注
		按 2 键
HPOS	10	50Hz 时行中心调整
DPC	15	四角失真校正
KEY	26	梯形失真校正
WID	26	行宽度
ECCT	10	上边角校正
ECCB	0A	下边角校正
HEHT	03	行高压调整,用于行幅度变化限制
		按 3 键
RCUT	60	红截止,用于暗平衡控制
GCUT	60	绿截止,用于暗平衡调整
BCUT	60	蓝截止,用于暗平衡调整
GDRV	40	绿激励,用于亮平衡调整
BDRV	40	蓝激励,用于亮平衡调整
		按 4 键
ABL	3F	自动亮度限制
BRTC	35	亮度电平中间值设定
SCOL	04	副饱和度控制
COLP	30	PAL 制彩色调整
CLPD	60	彩色控制
TNTC	3D	色度中间值
CNTC	50	副对比度调整
LEVEL	10	AT 状态动态频谱起始值
		按 5 键
BG	00	5.5MHz 伴音中频设置
I	01	6.0MHz 伴音中频设置
DK	01	6.5MHz 伴音中频设置
M	00	4.5MHz 伴音中频设置
		按 5 键
DEFAULT	0K	系统默认伴音中频制式
VOL	0A	音量控制
V25	52	音量 25% 设置
V50	64	音量 50% 设置
		按 6 键
RF AGC	20	高放 AGC 调整
OSD	13	字符水平位置

续表 4-10

项　目	数　据	备　注
OSDF	67	字符控制
OPT	20	选项
DCBS	13	直流恢复设定
MODEO	42	工作方式选择
ASSH	04	调整时无变化
ST3	20	TV3.58 清晰度
SV3	20	视频(AV)3.58 清晰度
ST4	20	TV4.43 清晰度
按 7 键		
SV4	20	视频(AV)4.43 清晰度
SVD	19	副锐度中心(DVD)
SVM	05	速度模式调整
SVM1	05	速度模式调整 1
SVM2	05	速度模式调整 2
SVM3	05	速度模式调整 3
PYNX	28	行同步设定最大值
PYNN	18	行同步设定最小值
PYXS	22	搜台时行同步设定最大值
PYNS	1E	搜台时行同步设定最小值
按 8 键		
FS	ALPS	
SCNT	08	副对比度调整
CNTN	05	副对比度最小
CNTX	7F	副对比度最大
BRTX	20	亮度最大
CLTO	0B	其他色度模式设置(TV)
CLTM	0C	TV SECAM 色度模式设置
CLVO	0D	其他色度模式设置(AV)
按 8 键		
CLVD	08	其他色度模式设置(DVD)
按 9 键		
POWER	LAST	待机方式设定
LOGO	开	蓝屏时字符选择开/关(商标设定)
视频	2 视频-DVD	选择视频输入端子数
KEY	6KEY	键盘数量选择设定
CURTAIN	开	开机拉幕选择设定
BLUE	开	蓝屏设定
VMUTE	关	视频静噪(换台黑屏)设定
REALTIME	开	时钟功能设定
超强接收	关	超强接收功能设定
INITIAL	START	出厂初始化

注：用10μs时基挡和1V电压挡、×1探笔测得51脚基色信号波形。

注：用10μs时基挡和1V电压挡、×1探笔测得50脚基色信号波形。

⑥④脚用于待机控制。待机时为高电平，指示灯点亮，开关电源处于间歇振荡状态；开机时为低电平，指示灯熄灭。

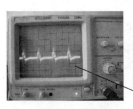

注：用20μs时基挡和5mV电压挡、×1探笔测得43脚信号波形。

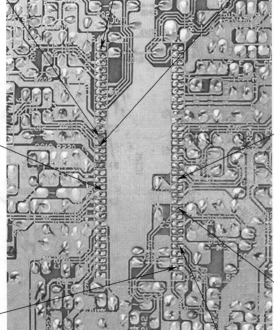

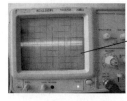

注：用10μs时基挡和0.2V电压挡、×1探笔测得31脚信号波形。

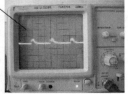

注：用10μs时基挡和5mV电压挡、×1探笔测得19脚信号波形。

注：用20μs时基挡和5mV电压挡、×1探笔测得23脚信号波形。

②⑧脚用于EW东西枕形失真校正输出。正常工作时，该脚有4.2V直流电压。当该脚电压有较大变化时，光栅左右两侧会有不同程度失真。

图 4-24 TMPA8829CSNG4V74 引脚印制电路及部分引脚信号波形图

2. 整机小信号控制功能

在 TCL 王牌 AT25288 机型中，整机小信号控制功能，主要由 IC101（TMPA8829）内部电路和部分引脚来完成。其应用电路可参考 TCL 王牌 AT25211 机型。这里不再多述。

二、NJW1166 音频处理电路

NJW1166 是一种具有 I²C 总线控制功能的音频信号处理电路，其主要功能有：

①具有音调、平衡、音量、静音等控制功能。

②可输出左右声道和重低音音频信号。

③具有低通滤波、环绕声控制和模拟立体声控制功能。

在 TCL 王牌 AT25288 机型中，NJW1166 主要用于左右声道音频信号处理，而重低音输出

功能未用。其实物组装如图 4-25 所示,引脚印制电路如图 4-26 所示。电路工作原理参见 TCL 王牌 AT25211 机型中的 TA1343 音频处理电路。

㉜脚用于 R(右)声道音频信号输入。其输入信号由 IC902(HEF4052)的⑬脚提供。

①脚用于 L(左)声道音频信号输入。其输入信号由 IC902(HEF-4052)的③脚提供。

图 4-25　IC601(NJW1166)实物组装图

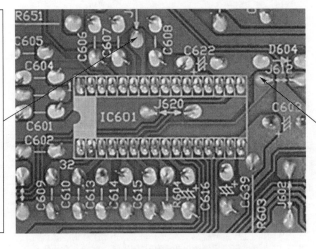

⑦脚用于 R(右)声道音频信号输出。其输出信号经 R608、C631 耦合送入 IC602 的④脚。

㉖脚用于 L(左)声道音频信号输出。其输出信号经R612、C626耦合送入 IC601 的⑫脚。

图 4-26　IC601(NJW1166)引脚印制电路

第三节　海尔 21FV6H-B(TMPA8823)超级芯片彩色电视机

海尔 21FV6H-B 是海尔集团生产的 8823 系列机心产品之一,其机心采用了 TMPA8823 超级芯片和 CD2611GS(伴音功放)、LA7840(场输出)等集成电路,整机线路结构与采用 TM-PA8809/TMPA8829 等芯片的彩色电视机基本相同,只是因采用的芯片型号及软件版本不同,使具体应用上有些差异。因此,本节重点介绍该类机心与 TMPA8809/8829 机心在功能及维修数据方面存在的差异。

一、I²C 总线进入/退出方法及维修软件中的项目数据

1.D 状态进入方法

按下遥控器上的 D-MODE"ON/OFF"键(使用工厂遥控器),即可进入 D-MODE 维修状态。此时屏幕右上角显示"D"字符,右上部分显示"RCUT"字符,中间上部显示"20"数据。然后按动"↓"或"↑"键可选择调整项目,按动"→"或"←"键调整数据。调整项目及数据见表4-11。

2. S状态进入方法

首先按住面板音量减键至0不放,同时按动用户遥控器的"DISP"键,此时屏幕右上角显示"S"字符,即进入S-MODE维修状态。进入S-MODE维修状态后,按节目加减键可选择调整项目,按音量加减键可调整数据。在S状态下按屏显键,同时按电视机面板上的音量减键和屏显键即可进入D-MODE维修状态。按待机键即可退出维修状态。

3. 退出方法

按遥控器关机键,即可退出维修状态。再用遥控器开机,即可正常收看电视节目。

表4-11　海尔8823机心V4.0版本维修软件项目及参考数据

项　　目	参考数据	备　　注
OSD	10	字符显示位置
OPT	FC	选择设定
RCUT	20	红截止,用于暗平衡调整
GCUT	20	绿截止,用于暗平衡调整
BCUT	20	蓝截止,用于暗平衡调整
GDRV	40	绿激励,用于亮平衡调整
BDRV	40	蓝激励,用于亮平衡调整
CNTX	7F	副对比度最大值
BRTC	50	副亮度中间值
COLC	40	副彩色中间值(NTSC)
TNTC	40	副色调中间值
COLP	20	副色度中间值(PAL)
COLS	40	副色度中间值(SECAM)
SCOL	07	副彩色
SCNT	0E	副对比度
CNTC	50	副对比度中间值
CNTN	01	副对比度最小值
BRTX	35	副亮度最大值
BRTN	35	副亮度最小值
COLX	7F	副色度最大值
COLN	00	副色度最小值
TNTX	40	副色调最大值
TNTN	40	副色调最小值
ST3	25	NTSC3.58制TV副画质中间值
SV3	25	NTSC3.58制AV副画质中间值
ST4	25	4.43制TV副画质中间值

项 目	参考数据	备 注
SV4	25	4.43 制 AV 副画质中间值
SVD	26	DVD 副画质
ASSH	07	不对称
SHPX	38	副画质最大值
SHPN	15	副画质最小值
TXCX	1F	OSD 字符对比度最大值
BGCN	1F	OSD 字符对比度最小值
ABL	37	自动亮度限制
DCBS	33	DCBS 相关项目有无及状态设定
CLTO	0B	项目状态设定
CLTM	4B	项目状态设定
CLVO	4B	项目状态设定
CLVD	4B	项目状态设定
DEF	01	延迟调整
AKB	00	暗电流调整
SECD	18	SECAM 制方式
HP50	11	50Hz 行中心
VP50	10	50Hz 场中心
HIT	20	50Hz 场幅度
HPS	04	行中心偏移(50/60Hz)
VP60	01	60Hz 场中心
HITS	02	场中心偏移(50/60Hz)
VLIN	08	50Hz 场线性
VSC	60	50Hz 场幅度
VLIS	FF	60Hz 场线性
V_{ss}	00	60Hz 场幅度
SBY	08	SECAM 制 B−Y
SRY	08	SECAM 制 R−Y
BRTS	06	副亮度
AGC	30	射频 AGC 调整
HAFC	09	行 AFC 调整
V25	3F	25% 音量
V50	57	50% 音量
V100	7F	100% 音量
MUTT	00	Y-MUTE 视频静噪
STAT	00	静会聚
FLG0	52	屏幕保护开关 0
FLG1	04	屏幕保护开关 1
REFP	00	AKB 参考脉冲选择

项　目	参考数据	备　注
RSNS	00	红基色信号检测
GSNS	00	绿基色信号检测
BSNS	00	蓝基色信号检测
MOD	40	工作方式设定
STBY	00	关机方式设定
SVM	60	速度模式调整
VBLK	00	场消隐
VCEN	27	场中心调整
HSIZ	20	行幅度
PRBR	20	东西抛物波校正
TRUM	10	梯形波校正
ECCT	00	上边角校正
ECCB	00	下边角校正
EHT	24	高压调整
UCOM	00	模式设定,00 时接地
PYNX	28	行同步设定最大值
PYNN	18	行同步设定最小值
PYXS	22	搜台时行同步设定最大值
PYNS	1E	搜台时行同步设定最小值
RCUTS	10	红截止(S)
GCUTS	00	绿截止(S)
BCUTS	10	蓝截止(S)
GDRVS	00	绿激励(S)
BDRVS	00	蓝激励(S)
N01S	01	信号强弱界限设定
ABK OPTION	00	ABK 设置
AV OPT	04	AV 设置
OPT2	09	项目设定
WAIT TIME	3F	开机待机时间设定
CUR-CEN	A5	拉幕位置设定
CUR-STEP	01	拉幕速度设定
PBRI	—	连续按"0"键时,图像所恢复的亮度数值
PCOL	—	连续按"0"键时,图像所恢复的彩色数值
PCON	—	连续按"0"键时,图像所恢复的对比度数值
PSHP	—	连续按"0"键时,图像所恢复的清晰度数值
PTIN	—	连续按"0"键时,图像所恢复的色调数值
VPOL	—	不起作用
AUSTP	04	不起作用
MODE0	3F	模式选择 0
MODE1	—	模式选择 1
OSDF	65	字符频率调整,数值越大字符越小

二、整机中主要集成电路的引脚功能及维修数据

在海尔 21FV6H-B 机型中,整机中主要集成电路的引脚功能及维修数据分别见表 4-12、表 4-13、表 4-14。

表 4-12 N204(HA1ER8823-V4.0)引脚功能及维修数据

| 引脚 | 符 号 | 功 能 | U(V) | | | | | R(kΩ) | |
| | | | 待机状态 | AV1 | | TV | | 在 线 | |
				静态	动态	静态	动态	正向	反向
1	FM	伴音中频制式切换端	0	0	0	0	0	9.6	39.0
2	AFT	自动频率微调端	0	0	0	0	0	9.6	39.0
3	KEY	键扫描信号输出端	4.2	4.4	4.4	4.4	4.4	9.5	39.0
4	GND	接地端	0	0	0	0	0	0	0
5	RESET	复位端	4.9	5.1	5.2	5.2	5.2	4.9	4.9
6	X-TAL	接晶体振荡器	2.2	2.2	2.3	2.3	2.2	9.6	39.0
7	X-TAL	接晶体振荡器	0.5	0.5	0.5	0.5	0.5	9.6	42.0
8	TEST	测试端,接地	0	0	0	0	0	0	0
9	5V	+5V电源端	4.9	5.2	5.2	5.2	5.2	6.0	14.5
10	GND	接地端	0	0	0	0	0	0	0
11	GND	接地端	0	0	0	0	0	0	0
12	FBP-IN SCP-OUT	行逆程脉冲输入 沙堡脉冲输出端	0	1.2	1.1	1.1	1.1	12.0	14.5
13	HOUT	行激励信号输出端		1.8	1.8	1.8	1.8	0.4	0.4
14	H AFC	行自动频率控制端	0	6.2	6.2	6.2	6.0	12.0	14.5
15	V SAW	场锯齿波形成端	0	4.2	4.3	4.2	4.2	12.0	14.9
16	V OUT	场激励信号输出端	0	5.2	5.2	5.2	5.2	11.0	12.0
17	H VCC	+9V行电源端		9.4	9.4	9.4	9.4	0.6	0.6
18	NC	空脚	0	0.3	0.3	0.3	0.3	0.8	0.8
19	Cb	B分量信号输入端	0	0.6	0.6	0.6	0.6	12.1	15.5
20	Y IN	Y信号输入端	0	0.6	0.7	1.0	0.8	12.1	16.3
21	Cr	R分量信号输入端	0	0.6	0.6	0.6	0.6	12.1	16.3
22	TVGND	接地端	0	0	0	0	0	0	0
23	C IN	S端子C信号输入端,接地	0	0	0	0	0	0	0
24	EXT-IN	外部视频信号输入端	0	2.4	2.7	2.4	2.4	12.0	15.5
25	DIG3V3	3.3V电源端	0	3.5	3.5	3.5	3.5	0.9	0.9
26	TVIN	电视信号输入端	0	2.4	2.5	2.8	2.6	12.0	15.5
27	ABCL	自动亮度对比度限制端	0	4.4	4.4	4.4	4.4	12.0	15.5
28	AUDIO OUT	音频信号输出端	0	3.6	3.6	3.7	3.7	11.5	13.5
29	IF VCC	中频电路+9V电源端	0	9.4	9.4	9.4	9.4	0.6	0.6
30	TV OUT	电视信号输出端	0	3.4	3.4	4.9	3.7	3.0	3.0
31	SIF OUT	伴音中频信号输出端	0	1.9	1.9	1.9	1.9	3.0	3.0
32	EXT-AUDIO	外部音频信号输入端	0	3.5	3.5	3.4	3.4	12.2	14.5
33	SIF IN	伴音中频信号输入端	0	1.6	1.6	1.5	1.5	12.0	15.0

引脚	符号	功能	U(V)					R(kΩ)	
			待机状态	AV1		TV		在线	
				静态	动态	静态	动态	正向	反向
34	DC NF	直流负反馈滤波端	0	2.2	2.2	2.3	2.2	12.5	14.5
35	OIF PLL	锁相环滤波端	0	2.6	2.6	2.8	2.6	12.1	17.0
36	IF V$_{CC}$	中频电路 5V 电源端	0	5.2	5.2	5.2	5.2	1.9	1.9
37	S-Reg	外接滤波电容	0	2.3	2.3	2.3	2.3	11.5	13.0
38	Deepmph	伴音去加重端	0	4.6	4.6	4.6	4.5	12.0	14.5
39	IF AGC	中频 AGC 滤波端	0	1.6	1.6	2.3	1.6	12.3	15.0
40	IF GND	中频电路接地端	0	0	0	0	0	0	0
41	IF IN	中频信号输入端	0	0	0	0.5	0	11.0	15.5
42	IF IN	中频信号输入端	0	0	0	0.4	0	11.0	15.5
43	RF AGC	射频 AGC 输出端	0	2.0	2.0	4.4	2.0	10.5	12.0
44	Y/C 5V	Y/C 分离电路 5V 电源端	0	5.2	5.2	5.2	5.2	1.9	1.9
45	AVOUT	视频输出端	0	1.3	2.3	2.6	2.1	3.0	3.0
46	BLACKDET	黑电平检测端	0	3.4	2.0	3.6	2.0	12.1	15.5
47	APC FiL	自动相位控制滤波端	0	2.1	2.2	2.1	2.1	2.1	15.5
48	IKIN	束电流输入端	0	0	0	0	0	0	0
49	RGB 9V	RGB 电路 9V 电源端	0	9.4	9.4	9.4	9.4	0.7	0.7
50	R-OUT	红基色信号输出端	0	2.1	2.8	2.1	3.9	12.0	12.1
51	G-OUT	绿基色信号输出端	0	2.2	2.8	2.2	2.6	12.0	12.1
52	B-OUT	蓝基色信号输出端	0	2.3	3.6	2.4	2.6	12.0	12.1
53	GND	接地端	0	0	0	0	0	0	0
54	GND	接地端	0	0	0	0	0	0	0
55	5V	+5V 电源端	4.9	5.2	5.2	5.1	5.2	6.1	15.1
56	MUTE	静噪控制端	4.8	0	0	5.1	0	9.8	40.0
57	SDA	I^{2}C 总线数据输入/输出端	4.8	5.1	5.2	5.1	5.1	8.6	20.5
58	SCL	I^{2}C 总线时钟信号端	4.8	5.1	5.1	5.1	5.1	8.0	20.1
59	P/N	PAL/NTSC 控制端	0	0.2	0.2	0.7	0.1	9.8	42.0
60	AV1	TV/AV 切换控制端 1	4.9	5.2	5.2	5.2	5.2	9.8	40.0
61	AV2	TV/AV 切换控制端 2	0	0.1	0.1	5.8	5.8	8.3	10.2
62	TVSYNC	TV 同步信号输入端	4.2	4.5	4.0	4.4	4.0	9.5	44.0
63	RMT-IN	遥控信号输入端	4.2	4.5	4.3	4.4	4.4	9.5	46.0
64	STD-BY	待机控制端	0	4.2	4.2	4.2	4.2	9.0	18.0

表 4-13　N701(CD2611GS 伴音功放)引脚功能及维修数据

引脚	符号	功能	U(V) 静态	U(V) 动态	R(kΩ) 在线 正向	R(kΩ) 在线 反向
1	V$_{CC}$	电源端	18.5	18.5	5.9	8.5
2	OUT	伴音功放输出端	9.1	9.1	4.4	4.4
3	NC	空脚	0	0	∞	∞
4	GND	接地端	0	0	0	0
5	NC	空脚	1.2	1.2	35.0	13.8
6	GND	接地端	0	0	0	0
7	IN	音频信号输入端	1.1	1.1	75.0	13.9
8	FILTER	去耦滤波端	9.0	9.0	3.8	3.8
9	FCCOUT	反馈信号输出端(接地)	0	0	0	0

表 4-14　LA7840 场输出电路引脚功能及维修数据

引脚	符号	功能	U(V) 静态	U(V) 动态	R(kΩ) 在线 正向	R(kΩ) 在线 反向
1	GND	接地端	0	0	0	0
2	VER OUT	场激励信号输出端	13.5	13.5	0.4	0.4
3	V$_{CC}$2	电源端 2	24.0	24.0	8.5	500.0↑
4	NON INV·INPUT	参考电压输入端	2.1	2.1	1.8	1.8
5	INVERTING INPUT	倒相输入端	2.1	2.1	4.3	4.3
6	V$_{CC}$	高压供电端	24.0	24.0	1.2	1.2
7	PUMP UP OUT	泵脉冲输出端	2.1	2.1	10.8	12.0

注:同第 73 页中表注②。

第四节　故障检修实例

【例1】

故障现象　TCL AT25211 型机有光栅,遥控无效,电视机面板按键功能紊乱。

检查与分析　根据故障现象,可初步判断键盘扫描电路有故障。该机键盘扫描电路如图 4-27 所示。首先检查面板按键,发现面板按键的标注功能与实际功能不一致。拆下扫描键盘,测量触发键两极间有 100kΩ 左右的不稳定阻值。逐一焊下触发键检查,结果是音量加键漏电。将其换新后故障彻底排除。

小结　在超级芯片彩色电视机中,键盘控制电路一般都是由键控开关和矩阵电阻组成。该种电路易出现两种故障:一种是键控开关短路或漏电;另一种是矩阵电阻开路或变值。两种电路故障的故障现象是不一样的,前者会使遥控失效,而后者只会使键控功能紊乱,但遥控功能仍可正常进行。因为中央微处理器是分时工作的,当某键控开关短路或漏电时,CPU 就会接到一个移位的键控信号,因而发出一个错误指令,使功能紊乱。同时又因故障点不能排除,始终有键控信号送入 CPU,CPU 在分时程序下就不能再接收遥控信号。

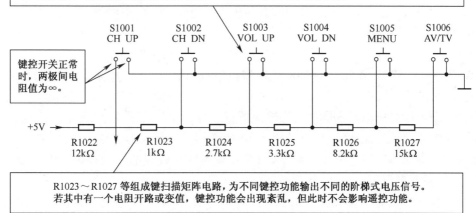

S1003（VOL UP）为音量加控制键。当其内部极间漏电时，将依漏电程度，出现一些异常的现象。如：音量增大、菜单功能出现、突然转换成 AV 状态等。此时遥控功能失效。

键控开关正常时，两极间电阻值为∞。

R1023～R1027 等组成键扫描矩阵电路，为不同键控功能输出不同的阶梯式电压信号。若其中有一个电阻开路或变值，键控功能会出现紊乱，但此时不会影响遥控功能。

图 4-27　键扫描电路及故障检修

【例 2】

故障现象　TCL AT25288 型机光栅顶部总有几根细密回扫线。

检查与分析　在彩色电视机的偏转扫描过程中,对于场扫描输出级电路,要做到既能满足功率输出级的做功需要,又能减少不必要的功率损耗,在场扫描正程期间和场扫描回扫期间采取两种不同方式的供电。其中,在场扫描回扫期间,要求电子束的回扫速度较快,故需要高电压供电,而高电压通常是通过自举方式获得的。因此,当高电压下降时,场回扫期间的电子束扫描速度减慢,致使电子束在场回扫规定的时间内不能回到每场扫描的起始位置,进而使场扫描逆程的后半段消隐不良。而场扫描逆程的后半段对应于荧光屏的上部,其故障表现就总是光栅顶部有回扫线出现。

在 TCL AT25288 机型中,场扫描输出级电路主要由 IC301（TDA8177)及少量的外围元件等组成,如图 4-28 所示。故检修时,应首先检查自举电容 C304（220μF/35V)。经检查发现

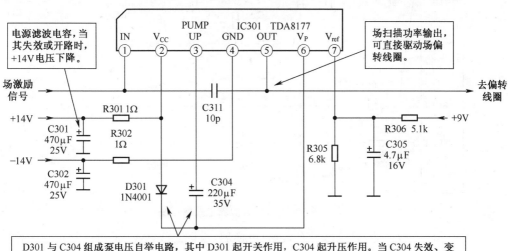

电源滤波电容,当其失效或开路时,+14V 电压下降。

场扫描功率输出,可直接驱动场偏转线圈。

D301 与 C304 组成泵电压自举电路,其中 D301 起开关作用, C304 起升压作用。当 C304 失效、变值、开路时,场逆程期间的供电电压会有不同程度下降,光栅顶部也就会出现不同程度的回扫线。

图 4-28　场扫描电路及故障检修

C304 已失效。将 C304 换新后,故障排除。

小结　当该机型出现场回扫线的故障时,除注意检查自举电容 C304 外,还应注意检查供电电压是否为 +14V,若不为 +14V,则应进一步检查更换 C301、C302 或是 TDA8177 等。

【例 3】

故障现象　TCL AT25288 型机频繁损坏场扫描输出级电路。

检查与分析　TCL AT25288 型彩色电视机中,场扫描输出级电路主要由 TDA8177 等组成,参见图 4-28。

在图 4-28 中,TDA8177⑤脚的功率输出端直接与场偏转线圈相接,属于直接流耦合,因此一旦场偏转电路出现过流现象,就很易使 TDA8177 因功率放大器过流而造成击穿损坏。但经检查场偏转线圈及偏转回路中未见异常,只是发现场偏转线圈的接线柱焊脚有裂纹黑圈。将其补焊后,故障不再重现。

小结　在频繁击穿 TDA8177 的故障中,常有两种原因:一种是功率输出端线路有接触不良现象;另一种是自举电容 C304 不良,尽管此时还不能看到光栅顶部有回扫线出现。因此,在频繁击穿场扫描输出集成电路 TDA8177 的故障检修中,除检查补焊一些关键焊脚外,还要注意检查更换自举电容 C304 等。

【例 4】

故障现象　康佳 P25TE282 型机无图像,自动搜索时能偶尔看到强电台信号,但不记忆。

检查与分析　根据检修经验,无图像,自动搜索无节目,一般是高中频通道有故障。但高中频通道有故障时一个电台信号也看不到,而该机在有强电台信号输入时有反应,就说明高中频通道是基本正常的。在此情况下检修时,可首先检查或更换存储器,电路如图 4-29 所示。

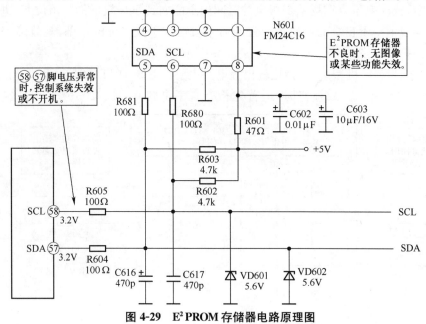

图 4-29　E^2 PROM 存储器电路原理图

试用 FM24C16 型存储器(已拷贝有数据)更换后,重调总线数据,整机恢复正常工作,故障彻底排除。

小结　在超级芯片彩色电视机的存储器故障检修中,关键问题是能否确认存储器有故障,而不是存储器的调整问题。存储器的调整问题是进入维修状态的方法和调整方法以及维修软件中的项目功能和项目数据。该机维修状态的进入方法是,按下遥控器的 MENU 键,在字符菜单(OSD MENU)的主菜单未消失前,连续按信息键 5 次,即可进入维修状态。至于软件中的调整数据可根据屏显实际情况设定,以感观满意为标准。

【例 5】

故障现象 康佳 P25TE282 型机无光栅,待机指示灯亮。

检查与分析 首先用遥控器二次开机,结果无效,检查遥控器正常,再操作电视机面板键,仍不能开机,因而可初步判断该机处于待机保护状态。检修时应重点检测 N301(TMPA8879PSBNG)的㊿脚及其外接电路,如图 4-30 中所示。

在图 4-30 所示电路中,N301㊿脚用于保护信号输入,正常工作时有 4.8V 电压,待机时有约 5.0V 电压。它受控于 5 条支路。其中:

第 1 条支路由 VD470 控制,主要用于监测 5V-2 供电压的负载电路。正常时 VD470 处于截止状态,当 5V-2 电压过流或其负载有短路故障时,VD470 导通,N301㊿脚为低电平,IC 内部保护功能动作,切断行激励脉冲输出信号,整机处于保护状态。

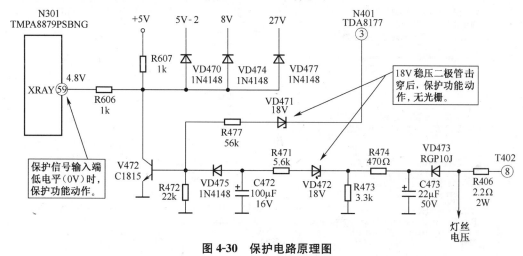

图 4-30 保护电路原理图

第 2 条支路由 VD474 控制,用于监测 8V 电源负载电路。当 8V 电源过流或其负载有短路故障时,VD474 导通,N301㊿脚为低电平,保护功能动作。

第 3 条支路由 VD477 控制,用于监测 27V 电源负载电路。当 27V 电源过流或其负载有短路故障时,VD477 导通,N301㊿脚为低电平,保护功能动作。

第 4 条支路由 VD471 控制,主要用于监测 N401(TDA8177)场输出逆程脉冲,以保护场输出级电路。当 N401③脚场逆程脉冲过高时,VD471 导通,V472 导通,N301㊿为低电平,保护功能动作。

第 5 条支路由 VD472 控制,用于监测行扫描逆程脉冲,以保护行输出管及其输出级电路和 B+供电源电路。当 T402 行输出变压器⑧脚输出的灯丝脉冲电压过高时,经 VD473 整流、C473 滤波输出的直流电压也升高。当电压超过 18V 时,VD472 反向击穿导通,N301㊿脚为低电平,保护功能动作。

经检查,N301㊿电压约有 0.7V 左右,故保护功能动作。进一步检查发现,是 VD472 软击穿损坏。用 18V 稳压二极管更换后,故障彻底排除。

305

小结　在保护功能动作的故障检修中,为区别故障原因,可逐一断开监测二极管。当断开某一路时 N301○59脚恢复高电平,则相应一路的负载电路有短路故障。另外根据保护动作的基本原理,检修时也可采用电阻测量法逐一检测稳压二极管负极端对地正反向阻值。若测得某一稳压管负极端对地正反向阻值均为 0 或接近于 0,则相应一路中有故障。

【例 6】

故障现象　康佳 P25TE282 型机红色指示灯亮,不开机。

检查与分析　红色指示灯亮不开机,说明开关稳压电源基本正常,检修时可首先检查 N301○56脚及待机控制电路,如图 4-31 中所示。

检查结果是 N952(7808)击穿损坏,将其换新后,故障排除。

小结　在图 4-31 所示电路中,N952 击穿后,将引起保护功能动作(可参考本章【例 5】的相关内容)。

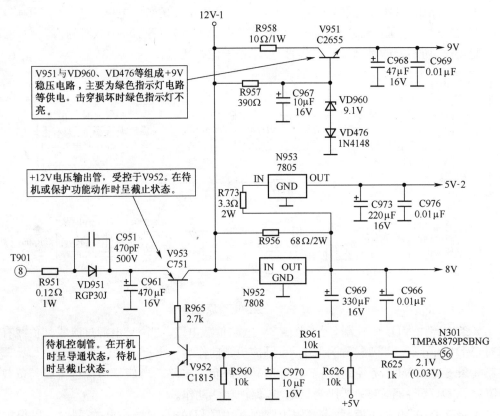

图 4-31　待机控制及低电压输出电路原理图

【例 7】

故障现象　创维 5T36 型机心彩色电视机自动搜索时弱信号不记忆。

检查与分析　在该机中,主电路采用 TMPA8809 型芯片。其○45脚输出的亮度信号(Y),经同步分离等处理取出复合同步信号,送入○62脚,作为 CPU 判断是否有电视节目的识别信号,如图 4-32 所示。因此,当该机自动搜索不记忆时,应重点检查 TMPA8809○45脚的外接元件。

检查结果是 C111(1μF/50V)电容失效,将其换新后,故障排除。

小结　在图 4-32 所示电路中,C111 主要起钳位作用,利用其充放电特性使幅度分离管

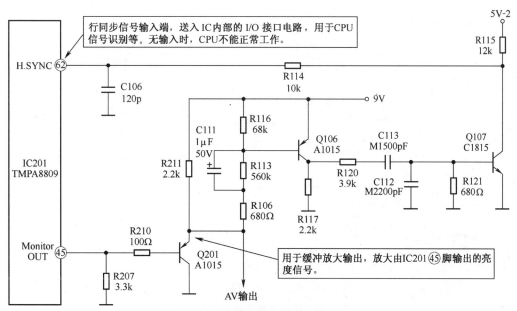

图 4-32　行同步信号输出电路原理图

图中文字说明：
- 行同步信号输入端，送入 IC 内部的 I/O 接口电路，用于 CPU 信号识别等。无输入时，CPU 不能正常工作。
- 用于缓冲放大输出，放大由 IC201 ㊺ 脚输出的亮度信号。

Q106 导通或截止，通过 R120 输出复合同步信号。因此，当 C111 失效时，Q106 集电极就不会有正常的复合同步信号或没有复合同步信号输出，进而引起行场扫描不同步、搜台不记忆等故障。C111 失效程度不同，故障现象及故障严重程度也会不同。同时由于 IC201（TMPA8809）内部具有较强的数字化锁相环处理功能，有时故障表现得不是很明显。

【例 8】

故障现象　创维 5T36 型机心彩色电视机光栅枕形失真。

检查与分析　在该机中，光栅枕形失真信号驱动电路较其他机型有所不同。其枕形失真控制信号不是由 TMPA8809 的㉘脚输出，而是利用 ABL 信号及 Q305、Q306、Q304 等形成，如图 4-33 所示。

经检查发现，是 C305 失效，将其换新后，故障排除。

小结　在图 4-33 所示电路中，C305 与 L302 组成抛物波形成输出电路，其输出信号直接加到行扫描输出级双阻尼二极管的中点，以实现对行扫描锯齿波电流进行桶形调制。这一点与其他机型基本相同。而抛物波形成则与其他机型不同。

【例 9】

故障现象　熊猫 12M 系列彩色电视机红色指示灯亮，不开机。

检查与分析　根据检修经验，当该机红色指示灯亮而不开机时，应首先注意检查待机控制电路，如图 4-34 所示。

经检查，TMPA8821 的㉔脚有高低转换电平，而⑰脚始终无电压，但 V899 集电极能够输出 13V 电压，因而说明由 V855 等组成的稳压电路有故障。经进一步检查，结果是 VD870 击穿损坏。将其换新后，故障排除。

小结　在图 4-34 所示电路中，VD870 为 10V 稳压二极管，主要为 V855 基极提供基准电压，以使 V855 能有稳定的输出，为 TMPA8821⑰脚供电。TMPA8821 是 TMPA8809 等超级芯片的系列产品之一，其工作原理与 TMPA8809 基本相同，但引脚功能有较大差距。

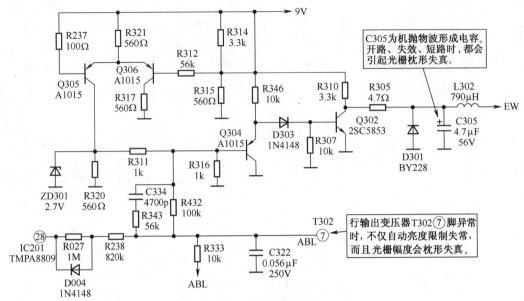

图 4-33　枕形失真控制电路原理图

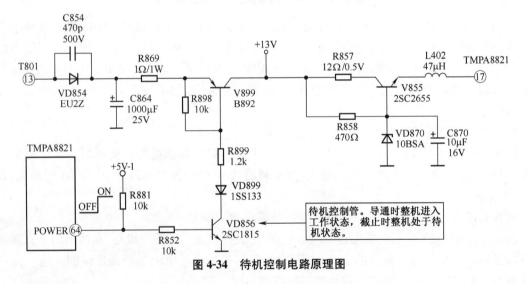

图 4-34　待机控制电路原理图

【例 10】

故障现象　熊猫 21M 系列彩色电视机红光栅中有较粗回扫线。

检查与分析　根据检修经验,该种故障现象一般是显像管尾板中的红基色信号激励电路有故障,导致显像管 KR 极电压较低造成的,检修时应首先检查红基色信号激励输出电路,如图 4-35 所示。

检查结果是 R215 开路。用 1.2kΩ/2W 电阻更换后,故障排除。

小结　在该机中,由于采用 TMPA8821 型主芯片,故其 RGB 输出信号激励电路较简单,在尾板中只使用了单只激励管。

【例 11】

故障现象　海信 HDP2908D 型机无伴音,但图像正常。

检查与分析　根据检修经验,无伴音、图像正常,一般是静噪控制或伴音功放输出电路有

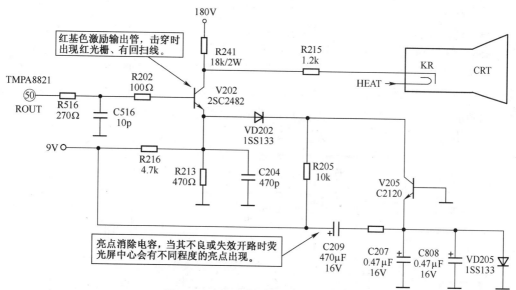

图 4-35　红基色信号激励电路原理图

故障。检修时应重点检查静噪控制电路,如图 4-36 所示。

经检查发现 C622 漏电。将其换新后,故障排除。

小结　在图 4-36 所示电路中,C622 主要用于控制 V621 导通或截止。当刚开机时,+13V 电流通过 C622 的充电电流较大,VD625 导通,V621 导通,V602、V603 导通,随着充电进行,C622 两端电压逐渐升高、VD625 截止、V621 截止、伴音功放电路开始工作。因此当发出无伴音而图像正常故障时,首先检查更换 C622 是很必要的。

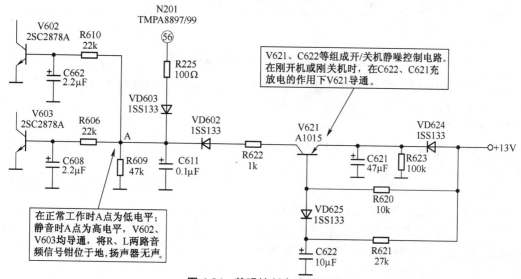

图 4-36　静噪控制电路原理图

【例 12】

故障现象　海信 HDP2908D 型机光栅枕形失真。

检查与分析　在海信 HDP2908D 型机中,枕形失真校正电路主要由 V302 和 V435、V436、V437、V440 等组成,如图 4-37 中所示。

309

经检查发现 V440 击穿损坏,将其换新后,故障排除。

小结　在图 4-37 所示电路中,V440 用于跟踪光栅行幅度变化。在正常情况下,由 N201 (TMPA8897/99)⑳脚输出的东西枕形失真控制信号经 V435、V436 加到 V440 的基极,经激励放大后再通过 VD422 推动功率输出管 V302。为使光栅行幅度变化时仍能保持有效地校正东西枕形失真,V440 基极便通过 R453、C451、R454,从行输出变压器 T402⑩脚输出的变化电流中引入控制信号,以使 V440 的基极电流随着 T402⑩脚电流变化而变化,进而使 V302 在当前行幅度的光栅情况下实现即时东西枕形失真校正。

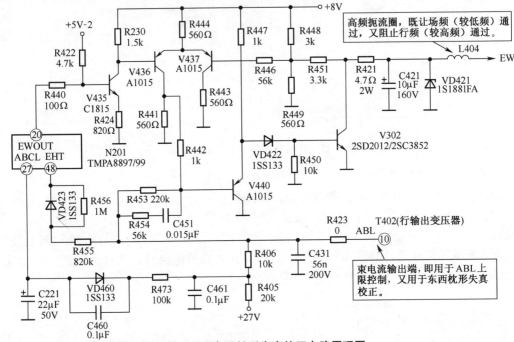

图 4-37　东西枕形失真校正电路原理图

因此,T402⑩脚输出的变化电流,还分别送入 N201 的⑱脚和⑳脚,既用于东西枕形失真校正,又用于超高压和亮度/对比度自动控制。

【例 13】

故障现象　海信 HDP2908D 型机起初屏幕有约 6cm 宽不稳定的水平亮带,然后逐渐形成水平亮线。

检查与分析　这是一种比较典型的场偏转回路电容失效的故障现象,因此,检修时可首先将 C306 换新,结果故障排除。如图 4-38 所示。

小结　一般情况下,该机出现水平亮线故障,可逐一检测 N301(LA78041)①、②、⑤脚对地正反向电阻值,若无异常则可将 C306 和 R305 拆下检查。在该种场扫描输出级电路中,C306、R305 是易损元件,检修时应特别注意。

【例 14】

故障现象　海尔 21FA10 型机无光栅、无伴音。

检查与分析　在传统机型中,无光栅、无伴音的故障现象,一般与开关电源及待机控制或行输出级电路有关。但在该机中还有另外一种可能,即静噪功能误动作,如图 4-39 所示。因此,在检修时,在确认开关电源、行输出级等电路无异常后,可注意检测显像管尾板中红绿蓝三

310

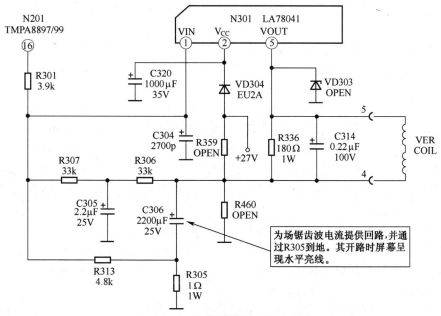

图 4-38 场扫描输出电路原理图

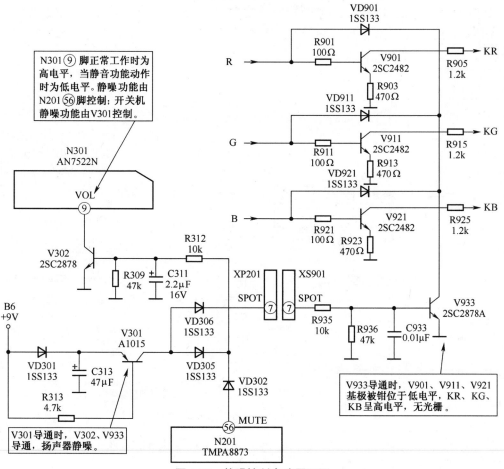

图 4-39 静噪控制电路原理图

311

基色阴极 KR、KG、KB 的电压。经检查,发现 KR、KG、KB 阴极电压均在 200V 左右,因而说明显像管是处于截止状态。

在图 4-39 所示电路中,当显像管处于截止状态时,应重点检查 V933,结果正常,试拆下 V933 后开机检验,光栅和图像正常,但仍无伴音,说明开/关机静噪电路有故障。经进一步检查,是 V301 软击穿损坏。将其换新后,故障排除。

小结　在图 4-39 所示电路中,V301 与 C313、VD301、R313 等组成开关机静噪电路。在开/关机时,V301 呈导通状态,其导通电流同时通过 VD305 和 VD306,使 V302 和 V933 导通。V302 导通时,将 N301(AN7522N)伴音功放电路的⑨脚钳位于 0V 低电平,使伴音静噪;V933 导通时,将 V901、V911、V921 截止,使荧光屏静噪(黑屏)。因此,当出现开/关机静噪控制电路误动作时,将形成无光栅、无伴音故障,这是该种机型电路的特点之一,检修时很值得注意。

【例 15】

故障现象　长虹 PF21600 型机屏幕呈绿光栅,并伴有回扫线。

检查与分析　在检修经验中,屏幕呈绿光栅,有回扫线,一般是尾板电路中绿阴极驱动级有过流或开路元件,使显像管的绿基色阴极 KG 电位过低所致,如图 4-40 中所示。经检查,发现 VD205 反向严重漏电。将其换新后,故障排除。

小结　在图 4-40 所示电路中,VD205 主要起钳位作用,用于保护 N201 51脚。同时,N201 51脚也受 VD208 控制,在开/关机静噪电路动作时,VD208 导通,N201 51脚呈高电平,用于输出 R、B 信号的50脚和52脚也为高电平。此时50、51、52脚电压约为 2.5V,荧光屏静噪(黑屏),同时无伴音。因此,在该机中显像管阴极工作电压受 V601 导通电压的影响很大。当 V601 发生故障时,也会引起多种异常现象。

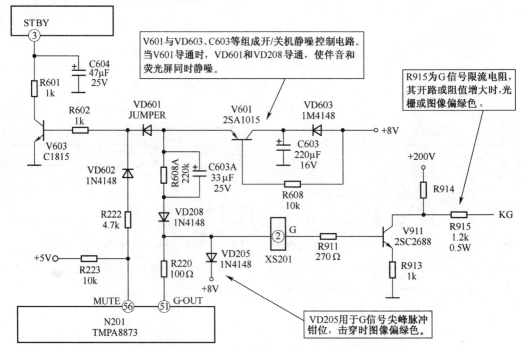

图 4-40　开/关机静噪电路原理图(部分)

图 4-40 所示电路中,没有给出 R、B 信号输出电路,但其电路模式及工作原理与 G 信号相同,检修时可相互参考。

第五章 I²C 单片机心彩色电视机

I²C 单片机心彩色电视机是随着数字技术深入发展推出的一种换代产品。其主要特点是采用了 I²C 总线技术,通过串行通信技术将整机各部分置于微处理器和软件数据的控制之下,从而大大提升了彩色电视机的品质,也使维修工作更加方便直观。

在我国,I²C 单片机心的核心技术普遍采用由日本三洋公司研制的 LA768×× 系列、由东芝公司研制的 TB12×× 系列和由荷兰飞利浦公司研制的 TDA88×× 系列等超大规模集成电路。但由于篇幅所限,本章只介绍 LA768×× 系列机心彩色电视机的维修技术。

第一节 金星 D2130(LA76810A)I²C 总线单片机心彩色电视机

金星 D2130 是上海广电金星电子有限公司生产的 I²C 单片机心彩色电视机。其机心主要由 LA76810A 和 LC863320A 两片超大规模集成电路组成。其主板电路实物组装如图 5-1 所示,主板印制电路如图 5-2 所示。与该种机型基本相同的系列产品还有金星 D2122/金星 D2137 等。由 LA76810A 型集成电路组成的彩色电视机整机线路,常被称为三洋 A10 机心。

一、LA76810A 型集成电路

LA76810A 型集成电路是日本三洋公司开发的具有 I²C 总线控制功能的电视信号处理电路。其主要特点是:

①其内部设有中频放大器和锁相环视频检波、AGC 形成、AFT 检测等电路。

②能够进行视频信号钳位和亮色分离。

③具有黑电平扩展、白峰切割和直流恢复功能。

④能够自动识别接收彩色信号的制式。

⑤具有基色矩阵功能,能够分解出 R、G、B 三基色信号,并且在 I²C 总线控制下自动调整三基色信号的输出增益,实现白平衡调整。

⑥能够从视频信号中分离出复合同步信号,并通过脉冲整形等处理,分离出行场同步信号。

⑦内置行振荡和行场分频电路,能够产生行场驱动信号。

⑧在 IC 内部,中频信号经视频检波后,可分离输出伴音第二中频信号。

在金星 D2130 机型中,LA76810A 是整机小信号处理的核心电路。其实物组装及关键引脚信号波形如图 5-3 所示,引脚印制电路及关键脚信号波形如图 5-4 所示,引脚功能及维修数据见表 5-1。

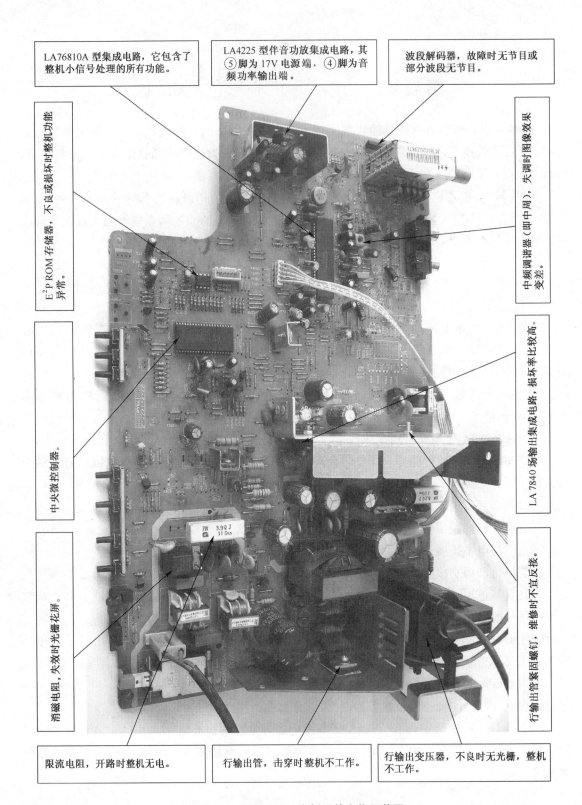

LA76810A 型集成电路，它包含了整机小信号处理的所有功能。

LA4225 型伴音功放集成电路，其⑤脚为 17V 电源端，④脚为音频功率输出端。

波段解码器，故障时无节目或部分波段无节目。

E²PROM 存储器，不良或损坏时整机功能异常。

中频调谐器（即中周），失调时图像效果变差。

中央微控制器。

LA7840 场输出集成电路，损坏率比较高。

消磁电阻，失效时光栅花屏。

行输出管紧固螺钉，维修时不宜反接。

限流电阻，开路时整机无电。

行输出管，击穿时整机不工作。

行输出变压器，不良时无光栅，整机不工作。

图 5-1　金星 D2130 主板元件实物组装图

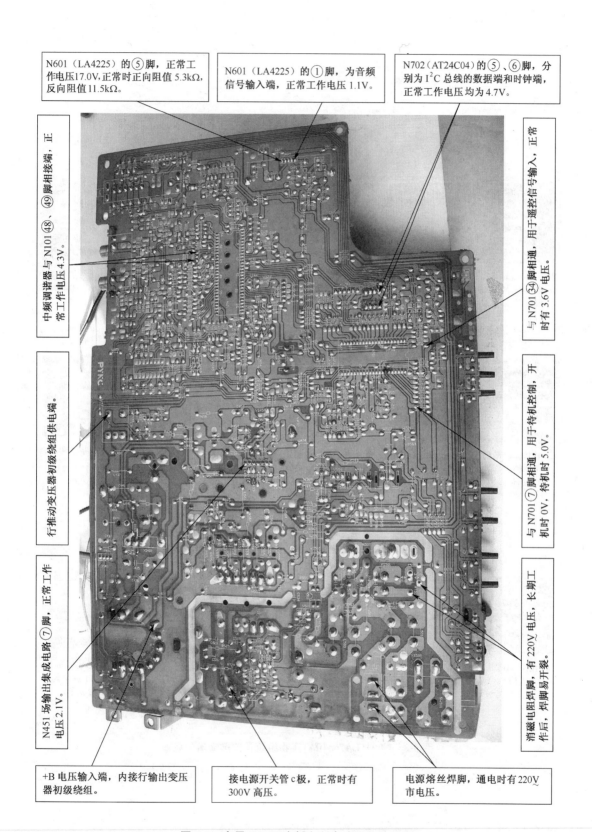

N601（LA4225）的⑤脚，正常工作电压17.0V，正常时正向阻值5.3kΩ，反向阻值11.5kΩ。

N601（LA4225）的①脚，为音频信号输入端，正常工作电压1.1V。

N702（AT24C04）的⑤、⑥脚，分别为I^2C总线的数据端和时钟端，正常工作电压均为4.7V。

中频调谐器与N101⑱、⑲脚相接端，正常工作电压4.3V。

与N701㉞脚相通，用于遥控信号输入，正常时有3.6V电压。

行推动变压器初级绕组供电端。

与N701⑦脚相通，用于待机控制，开机时0V，待机时5.0V。

N451场输出集成电路⑦脚，正常工作电压2.1V。

消磁电阻焊脚，有220V电压，长期工作后，焊脚易开裂。

+B电压输入端，内接行输出变压器初级绕组。

接电源开关管c极，正常时有300V高压。

电源熔丝焊脚，通电时有220V市电压。

图5-2　金星D2130主板印制电路及关键引脚

315

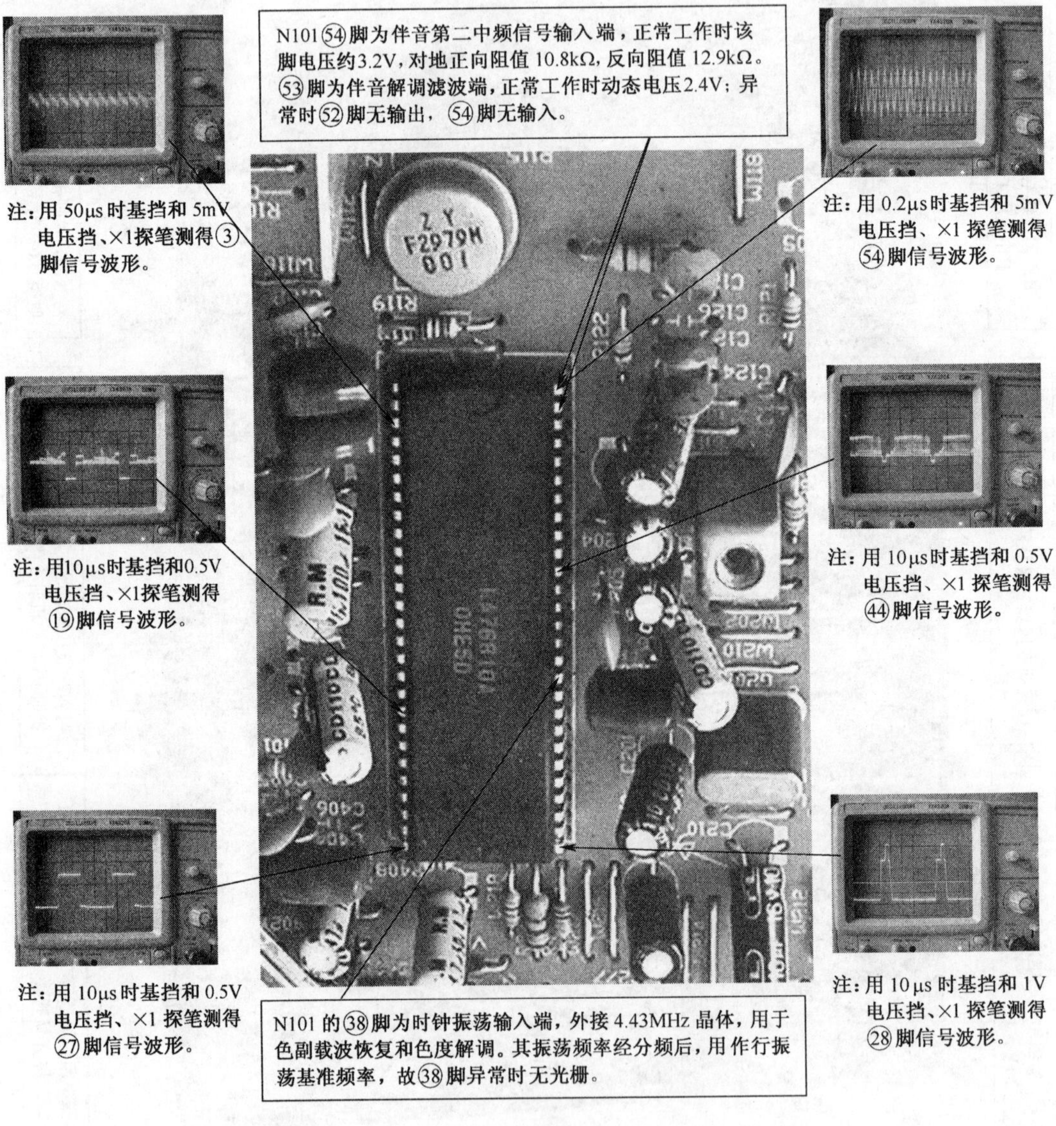
N101(54)脚为伴音第二中频信号输入端，正常工作时该脚电压约3.2V，对地正向阻值10.8kΩ，反向阻值12.9kΩ。(53)脚为伴音解调滤波端，正常工作时动态电压2.4V；异常时(52)脚无输出，(54)脚无输入。
注：用50μs时基挡和5mV电压挡、×1探笔测得③脚信号波形。
注：用0.2μs时基挡和5mV电压挡、×1探笔测得(54)脚信号波形。
注：用10μs时基挡和0.5V电压挡、×1探笔测得⑲脚信号波形。
注：用10μs时基挡和0.5V电压挡、×1探笔测得㊹脚信号波形。
注：用10μs时基挡和0.5V电压挡、×1探笔测得㉗脚信号波形。
注：用10μs时基挡和1V电压挡、×1探笔测得㉘脚信号波形。
N101的㊳脚为时钟振荡输入端，外接4.43MHz晶体，用于色副载波恢复和色度解调。其振荡频率经分频后，用作行振荡基准频率，故㊳脚异常时无光栅。

图5-3 N001(LA76810A)实物组装及关键脚信号波形

注：用 2ms 时基挡和 0.2V 电压挡、×1 探笔测得㉓脚信号波形。

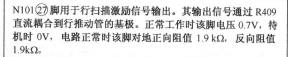

N101㉗脚用于行扫描激励信号输出。其输出信号通过 R409 直流耦合到行推动管的基极。正常工作时该脚电压 0.7V，待机时 0V，电路正常时该脚对地正向阻值 1.9 kΩ，反向阻值 1.9kΩ。

注：用 0.2μs 时基挡和 50mV 电压挡、×1 探笔测得㉚脚信号波形。

注：用 10μs 时基挡和 0.5V 电压挡、×1 探笔测得⑯脚信号波形。

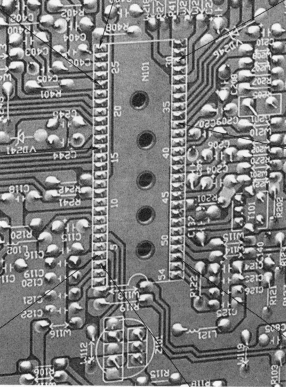

注：用 0.2μs 时基挡和 50mV 电压挡、×1 探笔测得㊲脚信号波形。

注：用 50μs 时基挡和 5mV 电压挡、×1 探笔测得④脚信号波形。

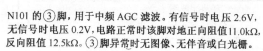

N101 的③脚，用于中频 AGC 滤波。有信号时电压 2.6V，无信号时电压 0.2V，电路正常时该脚对地正向阻值11.0kΩ，反向阻值 12.5kΩ。③脚异常时无图像、无伴音或白光栅。

注：用 10μs 时基挡和 0.1V 电压挡、×1 探笔测得㊷脚信号波形。

图 5-4　N001(LA76810A)引脚印制电路及关键脚信号波形

表 5-1　N101(LA76810A)引脚功能及维修数据

| 引脚 | 符号 | 功能 | U(V) | | | | R(kΩ) | |
| | | | 待机状态 | AV | | TV | | 在线 | |
				静态	动态	静态	动态	正向	反向
1	AUDIO OUT	音频信号输出端	0	2.2	2.2	2.4	2.4	8.9	9.1
2	FM OUT	调频信号输出端	0	2.4	2.4	2.4	2.4	10.2	12.1
3	PIF AGC	中放自动增益控制端	0	0.1	0.1	0.2	2.6	11.0	12.5
4	RF AGC	射频自动增益控制端	0.2	0.2	0.2	6.0	2.1	10.2	26.0
5	VIF IN1	中频信号输入端 1	0	3.0	3.0	3.0	3.0	10.2	10.9
6	VIF IN2	中频信号输入端 2	0	3.0	3.0	3.0	3.0	10.2	10.9
7	GND(IF)	中频电路接地端	0	0	0	0	0	0	0
8	V_{CC}(VIF)	中频电路电源端	0.4	5.1	5.1	5.1	5.1	1.2	1.0
9	FM FIL	调频解调滤波端	0	2.0	2.0	2.1	2.0	10.9	14.5

引脚	符 号	功 能	待机状态	AV静态	AV动态	TV静态	TV动态	在线正向	在线反向
				U(V)				R(kΩ)	
10	AFT OUT	频率自动调节输出端	0.1	5.0	5.0	5.0	2.0	7.2	11.6
11	DATA(SDA)	I²C 总线数据输入/输出端	4.7	4.3	4.3	4.3	4.5	6.9	16.5
12	CLOCK(SCL)	I²C 总线时钟信号输入端	4.7	4.3	4.3	4.3	4.4	7.0	16.5
13	ABL	自动亮度限制端	0	2.4	2.4	2.4	2.2	6.9	8.5
14	R IN	红基色字符信号输入端	0	0.1	0	0.1	0	10.0	12.1
15	G IN	绿基色字符信号输入端	0	0	0	0.1	0	10.0	12.0
16	B IN	蓝基色字符信号输入端	1.2	4.4	0	4.2	0	10.0	12.0
17	BLANK IN	字符消隐信号输入端	1.1	2.4	0	2.1	0	3.0	3.0
18	V$_{CC}$(RGB)	+9V 电源端	0.3	8.4	8.4	8.3	8.4	0.7	0.7
19	R OUT	红基色信号输出端	0	1.9	2.3	1.4	2.6	10.0	8.9
20	G OUT	绿基色信号输出端	0	1.9	2.7	1.4	2.9	10.0	8.8
21	B OUT	蓝基色信号输出端	0	3.2	1.9	2.6	2.9	10.0	8.7
22	SD	识别信号输出端	1.1	0.1	0.4	0.4	0.4	7.0	11.1
23	VOUT	场激励输出端	0	2.2	2.2	2.7	2.7	1.6	1.6
24	RAMP	场锯齿波形成端	0	1.7	1.7	1.5	1.5	10.5	12.1
25	V$_{CC}$(H)	行振荡电路电源端	0.3	5.3	5.3	5.3	5.3	0.6	0.7
26	H AFC FIL	行 AFC 滤波端	0	1.7	2.7	2.7	2.7	10.5	12.5
27	H OUT	行激励输出端	0	0.7	0.7	0.7	0.7	1.9	1.9
28	FBP IN	行逆程脉冲输入/沙堡脉冲输出端	0	1.3	1.3	1.3	1.3	10.1	11.1
29	VCO IREF	行振荡参考电流设置端	0	1.7	1.7	1.7	1.7	4.4	4.4
30	CLOCK OUT	4MHz 时钟信号输出	0.1	0.3	0.4	0.3	0.3	7.4	13.0
31	V$_{CC}$(CCD)	1H 延迟线电路供电端	0.3	4.8	4.8	5.0	4.8	1.0	1.2
32	CCD FIL	1H 延迟线滤波电容端	0	7.3	7.3	7.5	7.3	6.6	∞
33	GND(CCD/H)	接地端	0	0	0	0	0	0	0
34	SECAM B-YIN	SECAM 制蓝色差信号输入端	0	1.9	1.9	1.9	2.0	10.6	11.6
35	SECAM R-YIN	SECAM 制红色差信号输入端	0	1.9	1.9	1.9	2.0	10.6	11.6
36	APC2 FIL	APC 环路滤波端 2	0	2.4	4.0	4.0	3.8	11.1	11.2
37	FSC OUT	4.43MHz 时钟信号输出端	0	1.4	2.8	1.4	2.7	10.9	12.9
38	XTAL	接 4.43MHz 晶体	0	2.9	2.9	3.0	2.9	11.0	12.1
39	APC1 FIL	APC 环路滤波端 1	0	3.1	3.1	3.2	3.1	10.5	11.8
40	SEL VIDEO OUT	选择后视频信号输出端	0	2.0	2.8	2.5	2.7	10.5	12.6
41	GND(V/C/B)	接地端	0	0	0	0	0	0	0
42	EXT VIDEO IN	外部视频信号输入端	0	2.6	2.7	2.6	2.6	10.8	12.2
43	V$_{CC}$(V/C/D)	电源端	0.3	5.1	5.1	5.2	5.1	1.1	1.1
44	INT VIDEO IN	内部视频信号输入端	0	2.6	2.6	2.6	2.7	10.2	12.5
45	BLK STRET CH FIL	黑电平扩展端	0.1	1.9	1.9	2.0	2.0	10.3	11.5
46	VIDEO OUT	视频信号输出端	0	4.0	4.0	3.6	2.2	1.5	1.6
47	APC FIL	中频锁相环电路滤波端	0	1.2	1.2	1.2	1.0	10.5	12.6
48	VCO COIL	接中频压控振荡线圈	0.3	4.3	4.3	4.3	4.3	1.5	1.6
49	VCO COIL	接中频压控振荡线圈	0.3	4.3	4.3	4.4	4.4	1.6	1.6
50	VCO FIL	中频 APC 滤波端	0	1.8	1.8	1.7	2.5	9.9	12.1
51	EXT AUDIO IN	外部音频信号输入端	0	1.8	1.8	1.8	1.8	10.2	12.1
52	SIF OUT	伴音第二中频信号输出端	0	2.1	2.1	2.1	2.0	10.0	12.6
53	SIF APC FIL	伴音解调 APC 环路滤波端	0	2.4	2.5	2.3	2.4	10.2	12.5
54	SIF IN	伴音第二中频信号输入端	0	3.2	3.2	3.2	3.2	10.8	12.9

1. 中频放大及图像检波电路

在金星 D2130 机型中,中频放大及图像检波电路主要由 N101(LA76810A)的③～⑩脚和⑯～⑩脚内电路及少量的外围元件组成,如图 5-5 所示。

在图 5-5 中,N101 ③脚外接 C120。为中频 AGC 滤波电容,有信号时在 C120 充电作用下③脚直流电压约 2.6V,无信号时约 0.1V。因此,当 C120 不良或漏电、失效时,③脚电压异常,进而会影响到图像的质量或无图像。④脚用于输出射频 AGC 电压,并通过 R119 送到高频调谐器的 AGC 端子。该输出电压异常时,也会影响到接收图像的质量。⑤、⑥脚为 IF 中频信号输入端,外接声表面波滤波器 Z101。⑩脚为频率自动调谐输出端,其输出信号直接送入 N701 中央微处理的⑭脚。⑰脚外接电容 C137 用于锁相环检波自动相位控制电压滤波,正常时⑰脚有约 1.2V 直流电压。⑩、⑱脚外接图像中频检波线圈(中周)T101。当 T101 不良或失谐时,图像扭曲、台少或无节目。⑩脚与外接 R128、C140、C139、R127 组成双时间常数滤波器,主要用于锁相环(PLL)视频检波滤波。该电路异常时,会引起无图像或图像异常。⑯脚输出视频检波后的图像信号,再经⑭脚送回 IC 内部做进一步解码等处理。

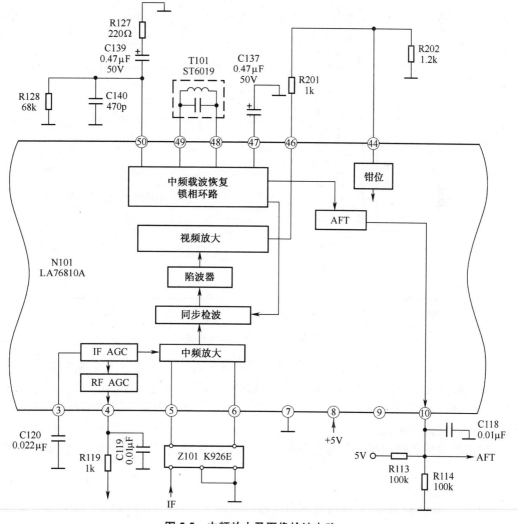

图 5-5　中频放大及图像检波电路

319

从以上分析可以看出,在三洋 A10 机心中,影响视频图像检波输出质量的分立元件主要是 T101、C139、C137、C120、C119 等,检修时应特别关注。

2. 亮度信号处理电路

在金星 D2130 机型中,亮度信号处理电路,主要包含在 N101(LA76810A)内部,如图 5-6 所示。

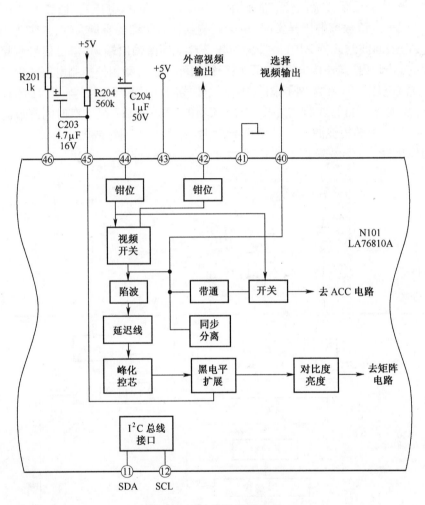

图 5-6　亮度信号处理电路

在图 5-6 中,由 N101(LA76810A)⑯脚输出的 TV 视频信号,经 C204 耦合送回 IC⑭脚内部,经钳位后分为两路:一路经视频开关送入陷波电路,取出亮度信号;另一路经开关送入色度信号处理电路。由陷波电路取出的亮度信号再经延迟、峰化、黑电平扩展以及对比度、亮度等处理后送入基色矩阵电路。

因此,在该种机型中亮度信号传输的外围分立元件只有 C204 和 R201,检修时应予以注意。

3. 色度信号处理电路

在金星 D2130 机型中,色度信号处理电路主要由 N101(LA76810A)㉛～㊴脚内电路和少量的外围元件组成,如图 5-7 所示。

在图 5-7 中,㊳脚外接 4.43MHz 晶体振荡器 G201,主要用于 PAL 制彩色副载波恢复,为 IC 内部的压控振荡电路(VCO)提供基准频率。其失效或不良,会造成无彩色或彩色时有时无的故障现象。该种机型产生无彩色故障时应注意检查或更换 G201。㊱脚外接 C210 用于 VCO 电路滤波。其开路或短路也会造成无彩色的故障现象。㊴脚外接 RC 双时间常数电路,用于 VCO 锁相环滤波,当其异常时会引起无彩色的故障现象。

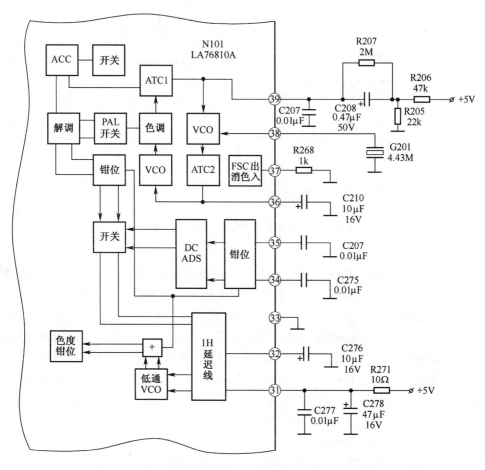

图 5-7　色度信号处理电路

4. 基色矩阵及自动亮度限制电路

在金星 D2130 机型中,基色矩阵及自动亮度限制电路主要由 N101(LA76810A)的⑬~㉑脚内电路组成,如图 5-8 所示。其中,⑭、⑮、⑯脚分别输入由 N701(LC863320A)输出的 R、G、B 三基色字符信号,经钳位等处理后送入屏幕显示(OSD)开关电路。由 IC 内部 RGB 矩阵电路输出的 R、G、B 三基色图像信号也送 OSD 开关电路。两种信号在⑰脚输入的字符消隐信号控制下转换输出,并送入激励输出电路,经自动白平衡调整控制后分别从⑲、⑳、㉑脚输出 R、G、B 三基色信号。因此,在图 5-8 中,影响 R、G、B 三基色信号正常输出的因素主要是⑱脚和㉒脚的信号电压。当⑱脚和㉒脚电压异常时,会引起无图像故障。⑬脚为自动亮度限制控制端,其控制信号取自行输出变压器,当该脚电压异常时会引起黑屏的故障现象。

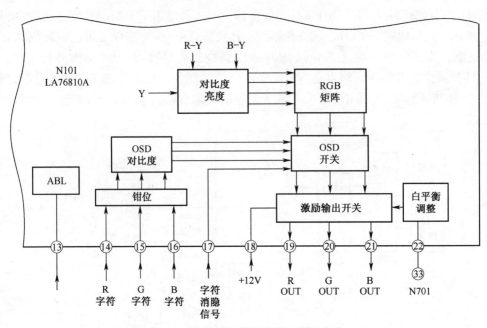

图 5-8 基色矩阵及自动亮度限制电路

5. 伴音中频小信号处理电路

在金星 D2130 型彩色电视机中，伴音中频小信号处理电路，主要由 N101(LA76810A) 的① 脚和⑤～㊹脚内电路和少量外围元件组成，如图 5-9 所示。其中㊹脚外接的 C126、L121、C125 组成 6.5MHz 带通滤波器，用于选通由㊼脚输出的视频信号中的 6.5MHz 伴音中频信号。选通后的信号送入㊹脚，经内电路限幅、鉴频等处理后，解调出 TV 音频信号送至开关电路。同时，由㊿脚输入的外部 AV 音频信号也送入开关电路，在 I²C 总线控制下转换输出 TV 音频信号或 AV 音频信号，然后经直流音量控制从①脚输出，经 C601 耦合送入音频功放电路。直流音量电路也是由 I²C 总线控制。㊽脚外接 C123、C124、R121 组成双时常数电路，用于伴音中频锁相环滤波。当 C124、R121 异常时，会引起伴音失真的故障现象。

二、LC863320A 中央微控制器

LC863320A 是三洋公司开发的 LC8633ⅩⅩ系列 8bit 单片微处理器之一。其主要特点是：

①设有 32KB 的 ROM 只读存储器。

②具有 I²C 总线串行接口电路。

③内置 5 通道×8bit 模数变换器。

④多组多路输入/输出接口，可按用户编程软件自定义其使用功能。

⑤具有软件掩膜后的校正功能。

⑥具有电源过电压和欠电压保护功能。

⑦具有总线生产调试功能及自动白平衡调整。

在金星 D2130 机型中，LC863320A 可以完成整机的所有控制功能。其控制功能取自内部存储器中的编程软件和对引脚功能的自定义。其实物组装如图 5-10 所示，引脚印制电路如图 5-11 所示，引脚功能及维修数据见表 5-2。

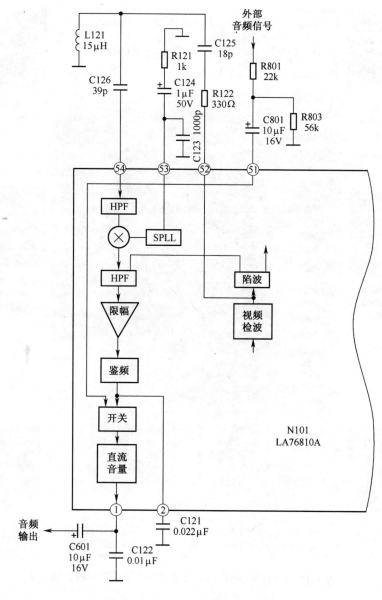

图 5-9　伴音中频小信号处理电路

注：用 5μs 时基挡和 1V
电压挡、×1 探笔测
得㉔脚信号波形。

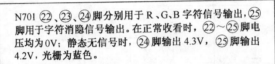

N701 ㉒、㉓、㉔脚分别用于 R、G、B 字符信号输出，㉕
脚用于字符消隐信号输出。在正常收看时，㉒～㉕脚电
压均为 0V；静态无信号时，㉔脚输出 4.3V，㉕脚输出
4.2V，光栅为蓝色。

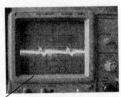

注：用 5μs 时基挡和 5mV
电压挡、×1 探笔测得
㉗脚信号波形。

注：用 0.1ms 时基挡和 2V
电压挡、×1 探笔测
得㉙脚信号波形。

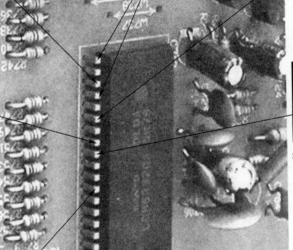

注：用 0.1ms 时基挡和 2V
电压挡、×1 探笔测得
㉚脚信号波形。

注：用 5μs 时基挡和 2V
电压挡、×1 探笔测
得㉝脚信号波形。

N701 ㊶、㊷脚用于波段切换控制，输出 0V/1.8V 切换电压。
电路正常时，㊶、㊷脚对地正向阻值 6.9kΩ，反向阻值 11.6kΩ。

注：用 1ms 时基挡和 2V
电压挡、×1 探笔测
得⑳脚信号波形。

图 5-10　N701（LC863320A）实物组装图及关键引脚波形

注:用5μs时基挡和2V电压挡、×1探笔测得⑧脚信号波形。

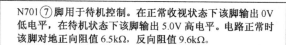

N701⑦脚用于待机控制。在正常收视状态下该脚输出0V低电平，在待机状态下该脚输出5.0V高电平。电路正常时该脚对地正向阻值6.5kΩ，反向阻值9.6kΩ。

注:用5μs时基挡和0.1V电压挡、×1探笔测得⑩脚信号波形。

注:用5μs时基挡和0.1V电压挡、×1探笔测得⑪脚信号波形。

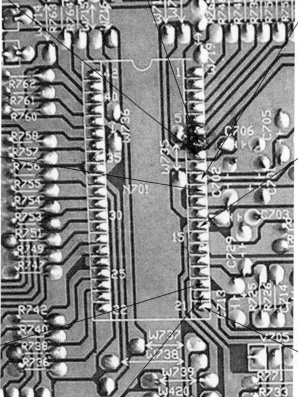

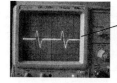

注:用0.5ms时基挡和50mV电压挡、×1探笔测得⑭脚信号波形。

注:用10μs时基挡和0.2V电压挡、×1探笔测得⑲脚信号波形。

N701⑳脚用于字符电路输入场脉冲信号。正常工作时该脚电压4.7V，待机时4.9V。该脚电压异常时无字符显示。

注:用5μs时基挡和1V电压挡、×1探笔测得㉑脚信号波形。

图 5-11　N701(LC863320A)引脚印制电路和关键引脚波形

表 5-2　N701(LC863320A)引脚功能及维修数据

引脚	符　号	功　能	待机状态	AV静态	AV动态	TV静态	TV动态	在线正向	在线反向
1	SURROUND	环绕声信号控制端,接地	0	0	0	0	0	0	0
2	50/60	场频控制端,未用	0	0	0	0	0	6.9	16.5
3	ALARM	警报器,未用	0	0	0	0	0	6.9	15.2
4	WOOF-VOL	重低音音量控制端,未用	0	0	0	0	0	6.5	13.0
5	VOL UME-L	左声道音量控制端,未用	4.7	4.7	4.7	4.7	4.7	6.9	17.0
6	VOL UME-R	右声道音量控制端,未用	4.7	4.7	4.7	4.7	4.7	6.9	15.3
7	POWER	待机控制端	5.0	0	0	0	0	6.5	9.6
8	VT	调谐控制端	2.7	3.9	3.4	0.6~4.7	0.6~4.7	7.0	15.0
9	GND	接地端	0	0	0	0	0	0	0
10	XTAL1	时钟振荡端	0.2	0.2	0.2	0.1	0.1	8.5	17.0

325

引脚	符 号	功 能	U(V)					R(kΩ)	
			待机	AV		TV		在 线	
			状态	静态	动态	静态	动态	正向	反向
11	XTAL2	时钟振荡端	2.2	2.2	2.2	2.1	2.1	8.5	16.0
12	V$_{DD}$	+5V 电源端	5.1	5.1	5.1	5.1	5.1	4.0	5.0
13	KEY IN	键盘扫描输入端	0.3	0.3	0.3	0.3	0.3	6.2	9.0
14	AFT IN	AFT 输入端	0	4.9	4.9	4.9	2.3	7.2	12.1
15	SIF2	伴音中频设定端 2	4.7	4.7	4.7	4.7	4.7	6.9	15.0
16	SIF1	伴音中频设定端 1	4.8	4.8	4.8	4.8	4.8	6.7	14.5
17	RESET	复位端	5.1	5.1	5.1	5.1	5.1	4.2	4.3
18	FILT	滤波端	2.8	2.8	2.8	2.8	2.8	7.1	16.0
19	CHROMA	未用	4.9	4.9	4.9	4.7	4.9	7.5	14.0
20	V SYNC	场脉冲信号输入端	4.9	4.7	4.7	4.7	4.7	6.9	14.0
21	H SYNC	行脉冲信号输入端	4.9	4.2	4.3	4.3	4.3	6.9	14.0
22	R OUT	红基色字符输出端	0	0	0	0	0	8.5	14.0
23	G OUT	绿基色字符输出端	0	0	0	0	0	8.0	13.5
24	B OUT	蓝基色字符输出端	0	4.3	0	4.3	0	8.2	13.5
25	BLANK	字符消隐信号输出端	0	4.2	0	4.2	0	5.6	6.1
26	—	未用	0	0	0	0	0	8.2	17.0
27	SDA0	I²C 总线数据输入/输出端 0	4.6	4.6	4.7	4.6	4.7	6.0	15.5
28	SCL0	I²C 总线时钟输入/输出端 0	4.6	4.6	4.7	4.6	4.7	6.0	14.5
29	SDA1	I²C 总线数据输入/输出端 1	4.7	4.3	4.3	4.3	4.3	6.9	14.5
30	SCL1	I²C 总线时钟输入/输出端 1	4.7	4.3	4.3	4.3	4.3	6.9	14.5
31	SAFTY	保护控制端	4.9	4.9	5.0	4.9	5.0	7.2	13.5
32	S-VHS	S 端子控制端	4.7	4.7	4.7	4.7	4.7	7.0	15.5
33	SD	识别信号输入端	0.8	0.1	0.5	0.4	0.4	7.0	12.1
34	IR	遥控信号输入端	3.6	3.6	3.6	3.6	3.6	7.2	15.5
35	SIF	用于伴音中频控制端	4.7	4.7	4.7	4.7	4.7	6.9	16.5
36	WOOFER ON/OFF	重低音开/关控制端	4.7	4.7	4.7	4.7	4.7	6.9	16.5
37	MUTE	静噪控制端	3.7	3.7	0.1	3.7	0.1	6.9	7.0
38	AV2	AV/TV 转换控制端 2	0	3.0	3.0	0	0	6.9	15.5
39	AV1	AV/TV 转换控制端 1	0	4.7	0	0	0	6.9	17.0
40	ENGLISH	英文设定端	0	0	0	0	0	6.9	16.5
41	BAND2	波段控制端 2	0	0	0	0	0	6.9	11.6
42	BAND1	波段控制端 1	1.6	1.8	1.8	1.8	1.8	6.9	11.6

1. I²C 总线进入/退出方法及维修软件的项目数据

首先将用户遥控器拆开,在画面按键上边的空置处装上导电橡胶,将该处作为维修项目选择键,按动此键即可进入 I²C 总线。此键设定有 5 个循环逻辑,分别是:

①按第一次时,屏幕上边出现红色"工厂状态"字符,即表示进入工厂状态(或维修状态)。

②按第二次时,屏幕上出现"黑白平衡"及"S-BRI 69"等字符,此时表示进入黑白平衡调整状态。在此状态下按"CH＋"键或"CH－"键即可选择黑白平衡调整菜单中的项目,按"VOL＋"或"VOL－"键可调整数据,见表 5-3。

③按第三次时,屏幕上出现"调试状态"字符,此时按动"CH＋"或"CH－"键,可选择调试状态下的维修菜单的项目,按"VOL＋"或"VOL－"键可调整数据,见表 5-4。

④按第四次时,屏幕上出现"设置状态"字符,此时按"CH＋"或"CH－"键,可选择设置状态下工厂菜单的项目,按"VOL＋"或"VOL－"键可调整数据,见表 5-5。

表 5-3　I²C 总线黑白平衡调整菜单中的项目及数据

项　　目	出厂数据	数据调整范围	备　　注
S-BRI	69	0～127	副亮度调整
C・B/W	0	0/1/2/3	"0"为正常图像;"1"为黑光栅有伴音;"2"为白光栅有伴音;"3"为黑底白杠"田"字,有伴音
B-DRV	85	0～127	蓝激励,用于亮平衡调整
G-DRV	14	0～15	绿激励,用于亮平衡调整
R-DRV	70	0～127	红激励,用于亮平衡调整
B-BIA	45	0～255	蓝截止,用于暗平衡调整
G-BIA	99	0～255	绿截止,用于暗平衡调整
R-BIA	13	0～255	红截止,用于暗平衡调整

表 5-4　I²C 总线调试状态菜单中的项目及数据

项　　目	出厂数据	数据调整范围	备　　注
ITEM・00 H・PHASE	10	0～31	项目 00 行中心调整
ITEM・01 NT・H・PHASE	13	0～31	项目 01 NTSC 制行中心调整
ITEM・02 H・BLK・LEFT	4	0～7	项目 02 行左边消隐控制
ITEM・03 H・BLK・RIGHT	2	0～7	项目 03 行右边消隐控制
ITEM・04 V・SIZE	90	0～127	项目 04 场幅调整
ITEM・05 V・LINE	14	0～31	项目 05 场线性调整
ITEM・06 V・POSI	14	0～63	项目 06 场中心调整
ITEM・07 V・SC	10	0～31	项目 07 场 S 校正调整
ITEM・08 NT・V・SIZE	90	0～127	项目 08 NTSC 制场幅调整
ITEM・09 NT・V・LINE	14	0～31	项目 09 NTSC 制场线性调整
ITEM・10 NT・V・POSI	55	0～63	项目 10 NTSC 制场中心调整
ITEM・11 NT・V・SC	11	0～31	项目 11 NTSC 制场 S 校正调整
ITEM・12 RF・AGC	14	0～63	项目 12 高放 AGC 调整
ITEM・13 VOL・OUT	105	0～127	项目 13 音量输出
ITEM・14 SUB・CONT	10	0～31	项目 14 副对比度控制
ITEM・15 SUB・COLOR	32	0～63	项目 15 副彩色控制

项　　目	出厂数据	数据调整范围	备　　注
ITEM・16 SUB・SHARP	20	0～31	项目 16 副清晰度控制
ITEM・17 SUB・TINT	40	0～63	项目 17 副色调控制,仅用于 NTSC 制
ITEM・18 OSO・CONT	60	0～127	项目 18 字符对比度控制
ITEM・19 OSD H・POSI	21	0～127	项目 19 字符行中心调整
ITEM・20 OSDV・POSI	20	0～31	项目 20 字符场中心调整

表 5-5　I^2C 总线设置状态菜单中的项目及数据

项　　目	出厂数据	数据调整范围	备　　注
ITEM・00 BLK・STR・DEF	0	0/1	项目 00 消隐启动防护
ITEM・01 AFC GAIN	1	0/1	项目 01 自动频率控制增益选择
ITEM・02 V・SEPUP	1	0/1	项目 02 场同步分离灵敏度调整
ITEM・03 CD・MODE	0	0～7	项目 03 CD 方式设定
ITEM・04 DIGI TAL OSD	1	0/1	项目 04 数字式字符设定
ITEM・05 GRAY MOD	0	0/1	项目 05 灰色方式开关
ITEM・06 B・GAM・SEL	3	0～3	项目 06 蓝信号克离子选择,即用于 γ 控制
ITEM・07 RG・GAM・DEF	1	0/1	项目 07 红绿信号中 γ 防护开关
ITEM・08 BRIGHT ABL・TH	7	0～7	项目 08 自动亮度节流阀
ITEM・09 ENG・ABL・DEF	0	0/1	项目 09 自动亮度防护应急开关
ITEM・10 BRT・ABL・DEF	0	0/1	项目 10 自动亮度防护开关
ITEM・11 MID・STP・DEF	0	0/1	项目 11 中间设置防护
ITEM・12 R－Y/B－Y G・BL	8	0～15	项目 12 R－Y/B－Y 矩阵阈值
ITEM・13 R－Y/B－Y ANG	8	0～15	项目 13 R－Y/B－Y 矩阵角度
ITEM・14 SECAM B－Y DC	0	0～15	项目 14 SECAM 制 B－Y 色差信号直流电平
ITEM・15 SECAM R－Y DC	0	0～15	项目 15 SECAM 制 R－Y 色差信号直流电平

项 目	出厂数据	数据调整范围	备 注
ITEM—16 C · KILL · OFF	0	0/1	项目 16 消色控制
ITEM · 17 SND · TRAP	4	0～7	项目 17 回响抑制调整
ITEM · 18 VOL · FIL	1	0/1	项目 18 音量滤波
ITEM · 19 VIF · SYS · SW	0	0～3	项目 19 图像中频制式选择开关
ITEM · 20 VIDEO · LEVEL	5	0～7	项目 20 视频水平幅度调整
ITEM · 21 FM · LEVEL	10	0～31	项目 21 调频解调幅度调整
ITEM · 22 POWER · OPT	1	0～3	项目 22 待机方式设定
ITEM · 23 POWER FLAG	0	0/1	项目 23 待机测式设定
ITEM · 24 SEARCH CHECK	1	0/1	项目 24 搜索检查开关
ITEM · 25 BAND OPT	0	0～3	项目 25 波段方式设定
ITEM · 26 CHANNEL MAX	254	0～254	项目 26 频道设定
ITEM · 27 AV OPT	1	0～3	项目 27 AV 设定
ITEM · 28 POS · L/R	1	0/1	项目 28 台标左右显示位置设定
ITEM · 29 BLUE BACK	1	0/1	项目 29 蓝屏设定
ITEM · 30 BLACK BACK	1	0/1	项目 30 黑屏设定
ITEM · 31 STEREO OPT	0	0/1	项目 31 立体声设定
ITEM · 32 STEREO IC	0	0/1	项目 32 立体声集成电路选择
ITEM · 33 WOOF/H · PHONE	0	0/1	项目 33 重低音设置
ITEM · 34 WOOF VOL · OPT	0	0/1	项目 34 重低音音量设置
ITEM · 35 SIF 4.5M OPT	1	0/1	项目 35 4.5MHz 伴音中频制式设定
ITEM · 36 SIF 5.5M OPT	1	0/1	项目 36 5.5MHz 伴音中频制式设定
ITEM · 37 SIF 6.0M OPT	1	0/1	项目 37 6.0MHz 伴音中频制式设定
ITEM · 38 SIF 6.5M OPT	1	0/1	项目 38 6.5MHz 伴音中频制式设定

项 目	出厂数据	数据调整范围	备 注
ITEM·39 PAL OPT	1	0/1	项目 39 PAL 制设定
ITEM·40 N3.58 OPT	1	0/1	项目 40 NTSC 3.58 制式设定
ITEM·41 N4.43 OPT	1	0/1	项目 41 NTSC 4.43 制式设定
ITEM·42 SEC AM·OPT	0	0/1	项目 42 SECAM 制式设定
ITEM·43 COL-AUTO OPT	1	0/1	项目 43 自动彩色制式设定
ITEM·44 IC OPTION	1	0/1	项目 44 IC 选择设定
ITEM·45 CHINESE OSD	1	0/1	项目 45 中文字符设定
ITEM·46 LNA OPTION	0	0/1	项目 46 LNA 设定
ITEM·47 V·MUTE P·OFF	0	0/1	项目 47 视频静噪设定开关

⑤按第五次时,即可消除维修项目及工厂状态。即退出工厂状态(或维修状态)。

2. 调谐控制电路

在金星 D2130 机型中,调谐控制电路主要由 N701(LC863320A)的⑧脚、V701 内电路及分立元件组成,如图 5-12 所示。其中 N701(LC863320A)⑧脚输出 14bit PWM 调宽脉冲,大约有 16384 个电平级。该脉冲经 V701 放大后,从其 c 极输出 0~33V 的变化电压,再经 R716、C711、R715、C710、R714、C709 三节微分电路平化加到 A101 的 TU 端子,以实现调谐选台功能。

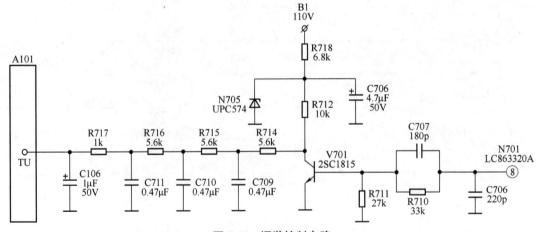

图 5-12 调谐控制电路

3. AT24C04 存储器电路

AT24C04 存储器是一种非易失性 E^2PROM 只读存储器,具有电可擦编程功能。其内部主要由 2 块 256×8bit 内存组成(4KB),可实现 16 字节页面写模式。在金星 D2130 机型中,

N702(AT24C04)与 N701(LC863320A)的㉗、㉘脚组成存储器电路,用于储存整机正常工作的信息及数据,如图 5-13 所示。其引脚功能见表 5-6。有关工作原理及注意事项等参见 AT24C08/AT24C16,这里不再多述。

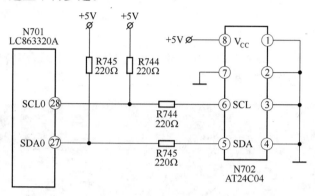

图 5-13　AT24C04 存储器电路

表 5-6　N702(AT24C04)引脚功能及维修数据

引　脚	符　号	功　　能	U(V)		R(kΩ)	
					在　线	
			静态	动态	正向	反向
1	A0	地址端 0,接地	0	0	0	0
2	A1	地址端 1,接地	0	0	0	0
3	A2	地址端 2,接地	0	0	0	0
4	GND	接地端	0	0	0	0
5	SDA	I²C 总线数据输入/输出端	4.7	4.7	6.0	16.5
6	SCL	I²C 总线时钟输入/输出端	4.7	4.7	6.0	15.0
7	GND	接地端	0	0	0	0
8	V$_{CC}$	电源端	5.2	5.2	4.1	5.0

4. 键扫描控制电路

在金星 D2130 机型中,键扫描控制电路主要由 N701(LC863320A)的⑬脚内电路和外接的阶梯式扫描电阻等组成,如图 5-14 所示。有关工作原理见本书第四章第四节中【例 1】的相关介绍,这里不再多述。

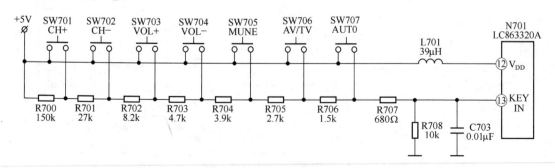

图 5-14　键扫描控制电路

三、LA4225A 伴音功放电路

LA4225A 是三洋公司开发的一种单路 5W 音频功率放大器。其内部采用了无输出变压器(OTL)电路。应用时其功率输出端需接隔直耦合电容,耦合电容一般要求≥1000μF,在金星 D2130 机型中 N601(LA4225A)引脚印制电路及关键引脚输入输出波形如图 5-15 所示。应用电路如图 5-16 所示,引脚功能及维修数据见表 5-7。

从图 5-16 中可以看出,LA4225A 除①、④脚外接有输入输出耦合电容外,不再有其他外接元件,故该种伴音功放电路不需调整和反馈输入。

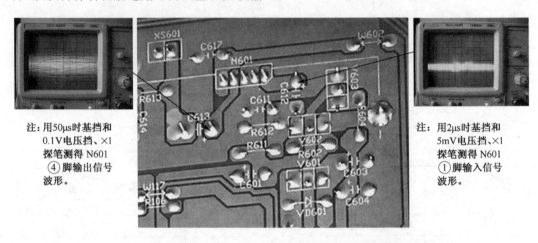

注:用50μs时基挡和 0.1V电压挡、×1 探笔测得 N601 ④脚输出信号波形。

注:用2μs时基挡和 5mV电压挡、×1 探笔测得 N601 ①脚输入信号波形。

图 5-15　N601(LA4225A)引脚印制电路及输入输出信号波形图

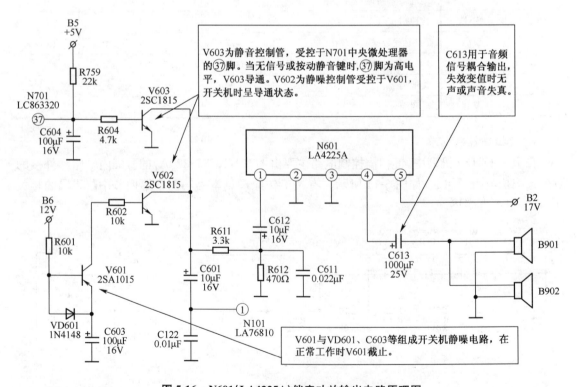

图 5-16　N601(LA4225A)伴音功放输出电路原理图

表 5-7　N601(LA4225)引脚功能及维修数据

引　脚	符　号	功　　能	U(V)		R(kΩ)	
			静态	动态	在　线	
					正向	反向
1	INPUT	音频信号输入端	1.1	1.1	9.4	11.8
2	NON INPUT	接地端	0	0	0	0
3	GND	接地端	0	0	0	0
4	OUT	音频功率输出端	7.7	7.6	0.8	0.8
5	V_{CC}	电源端	17.0	17.0	5.3	11.5

四、LA7840 场扫描输出电路

LA7840 是由三洋公司开发的一种适用于中小屏幕彩色电视机场扫描输出集成电路。其主要特点是：

①使用低电源供电。

②内置泵脉冲电路,通过外接倍压提升电容为场逆程期间供电,同时又为字符电路输出场逆程脉冲。

③内置过热保护电路。

在金星 D2130 机型中,LA7840(N451)的引脚印制电路及关键引脚信号波形如图 5-17 所示,引脚功能及维修数据见表 5-8,电路原理如图 5-18 所示。

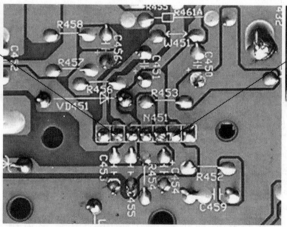

注：用1ms时基挡和2V电压挡、×1探笔测得N451⑥脚电压波形。

注：用1ms时基挡和5V电压挡、×1探笔测得N451 ②脚场扫描输出脉冲信号波形。

图 5-17　N451(LA7840)引脚印制电路及关键引脚波形图

表 5-8　N451(LA7840)引脚功能及维修数据

引　脚	符　号	功　　能	U(V)		R(kΩ)	
			静态	动态	在　线	
					正向	反向
1	GND	接地端	0	0	0	0
2	OUT PUT	场扫描功率输出端	14.5	14.5	0.6	0.6
3	$V_{CC}1$	场输出级电源端	26.0	26.0	7.4	1000
4	NDN INPUT	运算功放同相输入端	2.7	2.7	2.4	2.4
5	INPUT	运算功放反相输入端	2.8	2.8	4.0	4.0
6	$V_{CC}2$	电源电压输入端	26.5	26.5	7.4	20.0
7	PUMP OUT	泵电源输出端	2.1	2.1	8.9	40.0

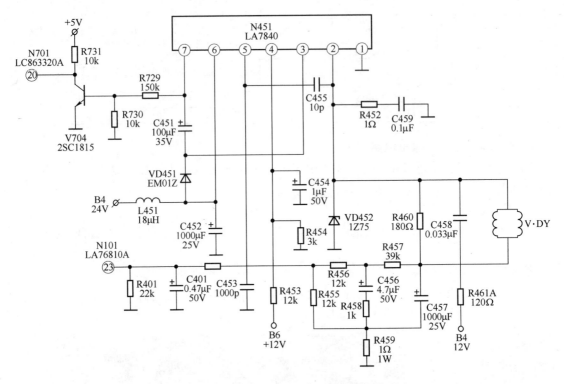

图 5-18　N451(LA7840)场扫描输出电路原理图

在图 5-18 中,C451 为倍压提升电容,主要为场功率放大器在场逆程期间供电,以消除回扫线。当 C451 失效或不良时,不仅屏幕上边会有较细的回扫线出现,而且还极易损坏 LA7840 场输出集成电路。

第二节　长虹 H2186W(LA76818A)I²C 单片机心彩色电视机

长虹 H2186W 是四川长虹公司生产的 I²C 单片机心彩色电视机。其机心采用了 LA76818A 单片处理器。LA76818A 与本章第一节中介绍的 LA76810A 型集成电路内部组成和工作原理基本相同,两者的整机应用电路可相互参考。因此,在本节中主要作资料性介绍,以供维修同类机型时参考。但 LA76818A 不仅应用于小屏幕经济型彩色电视机中,还常用于大屏幕数字高清彩色电视机中(如用于海尔 29F9K-PY 型数字高清彩色电视机中),同时也常用于代换其他同类型机心。因此,LA76818A 是应用比较广泛的一种单片 TV 处理器。

一、LA76818A 单片多制式 TV 处理集成电路

LA76818A 是在 LA76810A 的基础上改进而成的 TV 处理集成电路,其内部结构与 LA76810A 基本相同。只是个别引脚功能有所改动。在长虹 H2186W 型彩色电视机中,LA76818A 的引脚功能及维修数据见表 5-9。由 LA76818A 各引脚与外围元器件组成的应用电路,参见 LA76810A 中的相关介绍,这里就不再多述。

表 5-9　**N101(LA76818A)引脚功能及维修数据**

引　脚	符　　号	功　　能	待机状态	AV1 静态	AV1 动态	TV 静态	TV 动态	在线 正向	在线 反向
				U(V)				R(kΩ)	
1	AUDIO	音频输出端	0.1	2.3	2.3	2.3	2.2	9.5	9.5
2	FM OUT	调频检波输出端	0	2.3	2.3	2.3	2.2	12.1	14.0
3	IF AGC FILTER	中频自动增益控制滤波端	0	0.1	0.1	1.5	2.6	13.0	15.0
4	RF AGC	射频自动增益控制输出端	0.8	0.1	0.1	3.4	1.7	12.5	28.0
5	IF-IN1	中频信号输入端	0	2.9	2.9	2.9	2.9	12.0	13.0
6	IF-IN2	中频信号输入端	0	2.9	2.9	2.9	2.9	12.0	12.8
7	IF GND	中频电路接地端	0	0	0	0	0	0	0
8	IF V_{CC}	中频电路+5V电源端	1.2	5.1	5.1	5.1	5.1	0.3	0.3
9	FM FILTER	调频检波滤波端	0	1.8	1.8	1.8	1.8	13.1	15.4
10	AFT OUT	频率自动调谐输出端	0.4	1.8	1.8	4.6	3.0	10.5	8.5
11	BUS SCL	I²C总线时钟输入端	5.0	4.5	4.5	4.5	4.6	6.4	11.8
12	BUS SDA	I²C总线数据输入输出端	5.0	4.5	4.5	4.5	4.6	8.5	12.0
13	ABL	自动亮度限制端	0.6	3.6	3.8	3.7	4.3	12.4	8.6
14	R IN	红基色字符输入端	0	0.2	0.1	0.2	0.1	12.0	14.0
15	G IN	绿基色字符输入端	0	0.1	0.1	0.1	0.1	12.0	14.0
16	B IN	蓝基色字符输入端	0	4.2	0.1	4.2	0.1	12.0	14.0
17	BLANK IN	字符消隐脉冲输入端	0	2.9		2.9	0	3.2	3.2
18	RGB V_{CC}	三基色矩阵电路供电端	1.2	8.5	8.5	8.5	8.5	0.3	0.3
19	R OUT	红基色信号输出端	0.6	1.7	2.3	1.7	2.2	12.0	8.5
20	G OUT	绿基色信号输出端	0	1.6	2.2	1.7	2.2	12.0	8.5
21	B OUT	蓝基色信号输出端	0.6	2.8	2.3	2.8	2.2	12.0	8.5
22	ID	识别信号输出端	1.8	0.1	0.2	0	0.2	11.8	14.8
23	VEF OUT	场激励信号输出端	0.2	2.2	2.2	2.2	2.2	2.2	2.3
24	VRAMP ALC	场锯齿波形成端	0.7	1.5	1.5	1.5	1.5	13.0	15.2
25	H/BUS V_{CC}	行振荡电路电源端	0.1	5.2	5.2	5.1	5.2	5.5	6.0
26	AFC FILTER	频率自动控制滤波端	0	1.6	2.6	2.6	2.6	13.1	17.0
27	HOR OUT	行激励信号输出端	0	0.7	0.7	0.7	0.7	1.3	1.3
28	FBP IN	行消隐脉冲输入端	0	1.2	1.2	1.2	1.2	12.2	14.0
29	REF	参考电压端	0	1.7	1.7	1.7	1.7	4.5	4.8
30	CLK OUT	时钟信号输出端	0.2	0.2	0.2	0.2	0.2	8.5	17.0
31	1 HDL V_{CC}	基带1行延迟线电源端	1.1	4.6	4.5	4.5	4.5	0.3	0.3
32	CCD FILTER	基带延迟线滤波端	0	7.0	7.0	7.0	7.0	7.5	∞
33	1HDL GND	基带延迟线接地端	0	0	0	0	0	0	0
34	Cb	隔行U分量(B−Y)信号输入端	0	0	2.2	2.0	2.1	12.5	14.1
35	Cr	隔行V分量(R−Y)信号输入端	0	2.2	2.2	2.1	2.1	12.5	14.1
36	C AFC FILTER	色信号自动相位控制滤波端	0	3.0	3.0	3.0	3.0	13.5	17.1
37	CLAMP FILTER	黑电平钳位滤波端	0	2.8	1.8	1.8	1.8	13.5	15.5
38	X TAL	接4.43MHz晶体振荡器	0	2.7	2.8	2.8	2.8	13.1	15.1
39	C APC FILTER	色信号自动相位控制滤波端	0	2.9	2.9	2.9	2.9	13.1	15.0
40	SEL VIDEO OUT	选择后视频信号输出端	0	1.7	2.0	2.0	2.0	0.9	0.9

引 脚	符 号	功 能	U(V) 待机状态	U(V) AV1 静态	U(V) AV1 动态	U(V) TV 静态	U(V) TV 动态	R(kΩ) 在线 正向	R(kΩ) 在线 反向
41	V/C /DET GND	视频/色度/基带延迟线接地端	0	0	0	0	0	0	0
42	EXT V IN/Y IN	外部视频/S 端子 Y 信号输入端	0	2.5	2.5	2.5	2.5	13.1	15.0
43	V/C/DEF V$_{CC}$	+5V 电源端	1.2	5.0	5.0	5.0	5.0	0.3	0.3
44	INT V IN/C IN	内部视频/S 端子 C 信号输入端	0	2.5	2.6	2.6	2.6	12.5	15.1
45	BLACK STRECH	黑电平延伸端	0	1.9	1.9	1.9	1.9	12.5	14.0
46	VIDEO OUT	视频信号输出端	0	3.8	3.9	3.3	2.1	0.5	0.6
47	VCO FILTER	压控振荡滤波端	0	1.2	1.2	1.3	0.9	12.1	14.1
48	VCO	接中频压控振荡线圈	1.2	4.1	4.1	4.1	4.1	0.9	0.9
49	VCO	接中频压控振荡线圈	1.2	4.1	4.1	4.1	4.1	0.9	0.9
50	PIF APC	图像中频功率自动控制滤波端	0	2.2	2.2	2.3	2.4	11.8	14.1
51	EXT AUDIO IN	外部音频信号输入端	0	1.7	1.7	1.7	1.7	13.5	15.4
52	SIF OUT	伴音中频信号输出端	0	2.0	2.0	2.0	1.9	12.1	16.1
53	SND APC	伴音中频功率自动控制滤波端	0	2.2	2.2	2.2	2.2	12.5	14.5
54	SIF IN	伴音中频信号输入端	0.5	3.2	3.2	3.2	3.2	13.1	15.1

二、CH04T1220-50G2 中央微控制器

1. 特点

CH04T1220-50G2 是拷贝有长虹专用软件的中央微控制器,其应用技术属三洋公司开发的 LC863532A-5200 系列芯片。但引脚功能有自己的定义。该种微控制器的主要特点是:

①仅有 36 个引脚。

②可拷贝专用总线调试软件。

③根据所配置的 E^{2}PROM 存储器自动实现 45、130 或 255 个存台数。

④可选择开机时显示工厂标志,工厂标志内容可以改写。

⑤内设有万年历、游戏、开关机拉幕等功能。

在长虹 H2186W 机型中 CH04T1220-50G2 的引脚功能及维修数据见表 5-10。

表 5-10 N701(CH04T1220-50G2)引脚功能及维修数据

引 脚	符 号	功 能	U(V) AV1 静态	U(V) AV1 动态	U(V) TV 静态	U(V) TV 动态	R(kΩ) 在线 正向	R(kΩ) 在线 反向
1	BASS	低音控制端	0	0	0	0	10.5	13.0
2	MUTE	静音控制端	5.2	0	5.2	0	10.5	14.0
3	SDA	I^{2}C 总线数据输入/输出端	4.5	4.6	4.5	4.6	6.5	12.0
4	SCL	I^{2}C 总线时钟信号输入端	4.5	0	4.5	4.6	8.5	12.0
5	GND	接地端	0	0	0	0	0	0
6	XT1	接 32kHz 振荡器	0.1	0.1	0.6	0.1	11.0	15.8
7	XT2	接 32kHz 振荡器	2.2	2.2	2.2	2.2	12.0	15.5
8	V$_{DD}$	+5V 电源端	5.2	5.2	5.2	5.2	3.0	3.0
9	KEY-IN1	键盘扫描输入端 1	0	0	0	0	8.5	10.0
10	AFT IN	频率自动调谐输入端	1.8	1.8	4.8	2.3	10.8	8.5

引　脚	符　　号	功　　能	U(V)				R(kΩ)	
			AV1		TV		在　线	
			静态	动态	静态	动态	正向	反向
11	SAFE	X 射线保护信号输入端	0	0	0.8	0	11.0	16.0
12	KEY-IN2	键盘扫描输入端 2	0	0	0	0	8.5	9.5
13	RESET	复位端	5.2	5.2	5.2	5.2	4.8	4.8
14	FILTER	滤波端	3.6	3.6	3.6	3.6	11.5	15.5
15	POWER-ON	待机控制端	0	0	0	0	10.8	14.5
16	OPTION	功能设置端	4.4	0	4.3	0	6.5	6.5
17	V-SYNC	场脉冲输入端	4.8	4.8	4.8	4.8	8.5	12.5
18	H-SYNC	行脉冲输入端	4.4	4.4	4.4	4.4	8.8	13.0
19	OSD-R	红基色字符输出端	0.1	0	0.1	0	9.5	14.0
20	OSD-G	绿基色字符输出端	0	0	0	0	9.5	14.0
21	OSD-B	蓝基色字符输出端	4.3	0	4.3	0	9.5	14.0
22	OSD-BLK	字符消隐信号输出端	4.4	0	4.4	0	6.5	6.5
23	A1	TV/AV 控制端	5.2	5.2	5.2	5.2	10.1	14.0
24	A0	TV/AV 控制端	0	0	5.3	5.3	10.5	14.0
25	SAFTY	保护端	0	0	0.9	0	11.2	16.0
26	FACTORY	工厂调试端	5.2	5.1	5.2	5.2	7.5	7.5
27	SYNC-ID	识别信号输入端	0.2	0.3	0	0	10.5	15.0
28	REM-IN	遥控信号输入端	4.4	4.4	4.4	4.4	11.0	16.0
29	VOLUME	音量控制端	0	0.3	0	0.3	9.5	13.0
30	WOOFER	重低音控制端	0	0	0.1	0	11.0	16.5
31	50/60	场频识别端	5.3	5.3	5.3	5.3	11.0	16.0
32	TUNER	调谐控制端	4.4	4.4	4.4	4.5	10.0	15.0
33	SIF 4.5	4.5MHz 伴音中频控制端	5.3	5.3	5.3	5.3	10.1	15.0
34	UHF	UHF 频段控制端	5.2	5.2	5.2	5.2	9.5	14.0
35	VHF-H	VHF-H 频段控制端	0	0	0	0	9.5	13.5
36	VHF-L	VHF-L 频段控制端	0	0	0	0	9.5	13.5

2. I^2C 总线调整状态进入/退出方法

使用 K12G 型遥控器,先将音量调至 0,再同时按住静音键和电视机前面板上的菜单键不放,持续一会儿,当屏幕上出现"S"字符,即进入总线调整状态(维修状态)。此时,按菜单中的"↑"或"↓"键可选择调整项目,按"→"或"←"键可调整数据。按待机键退出维修状态。在维修状态,节目加减键和音量加减键仍可以正常使用。I^2C 总线调整项目和调整数据见表 5-11。

表 5-11　长虹 H2186W 机型中维修软件的项目功能及调整数据

项　　目	出厂数据	数据调整范围	备　　注
V·POS/50H	50	0～63	50Hz 场扫描中心调整
C·VCO ADJ	2	0～3	色振荡调节
C·VCO SW	0	0/1	色振荡开关
PRE/OVER	1	0/1	PRE/OVER 设定

项　　目	出厂数据	数据调整范围	备　　注
WPL POINT	0	0～3	白峰点调整
Y-APF	0	0/1	亮度信号设定
UV-IN	0	0/1	色差信号输入设定
CORING	2	0～3	挖芯电路设定
BK STR CAN	2	0～3	黑电平设置
BK STR STA	3	0～3	黑电平稳定
DC RESET	0	0～3	复位电平设置
COL KIL OP	5	0～7	消色控制
C/Y ANGLE	0	0～1	C/Y 分离输入角度设定
OPT・AV1AV2	1	0/1	AV1 AV2 设定
OPT・HOTEL	0	01	HOTEL 设定
OPT・SEEK	0	0/1	SEEK 设定
OPT・AVKEEP	1	0/1	AV 设定
OPT・AC-POW	0	0/1	交流开/关机设定
OPT・BASS	1	0/1	低音设定
OPT・CHANG	1	0/1	转换设定
OPT・GAME	1	0/1	游戏设定
OPT・CALENO	1	0/1	日历设定
OPT・CLOCK	1	0/1	时钟设定
OPT・PW-OFF	0	0/1	关机方式设定
OPT・PW-ON	1	0/1	开机方式设定
OPT・S-VHS	1	0/1	S端子设定
OPT・DVD	1	0/1	DVD 设定
S・STRAT・CH	0	0/1	通道设定
OPT・LUNAR	1	0/1	月份设定
SRCH・SPEED	0	0～3	搜索速度设置
OPT・SECAM	0	0/1	SECAM 制式设定
OPT・AUTO	1	0/1	自动彩色设定
OPT・SIF	2	0～3	伴音中频设定
SUB・SHARP	63	0～63	副清晰度调整
SUB・TINT	31	0～63	副色调调整
SUB・COLOR	63	0～63	副色饱和度调整
FM・LEVEL	22	0～31	调频检波输出控制
VIDEO・LVL	7	0～7	视频检波输出控制
CROS・B/W	0	0～3	维修开关
H・BLK・R	4	0～7	行右侧消隐
H・BLK・L	4	0～7	行左侧消隐
SYNC・KILL	0	0/1	同步信号消隐
S/DVD R DC	6	0～7	SECAM 制/DVD R－Y 直流电平控制
S/DVD B DC	6	0～7	SECAM 制/DVD B－Y 直流电平控制
P/N R DC	9	0～15	PAL/NTSC 制/R－Y 直流电平控制

项　　目	出厂数据	数据调整范围	备　　注
P/N B DC	9	0～15	PAL/NTSC 制 B－Y 直流电平控制
B·DRIVE	85	0～127	蓝激励,用于亮平衡调整
G·DRIVE	15	0～15	绿激励,用于亮平衡调整
R·DRIVE	88	0～127	红激励,用于亮平衡调整
B·BIAS	118	0～255	蓝截止,用于暗平衡调整
G·BIAS	120	0～255	绿截止,用于暗平衡调整
R·BIAS	84	0～255	红截止,用于暗平衡调整
RF·AGC	20	0～63	射频 AGC 延迟调整
V·KILL	0	0/1	视频消隐设定
SUB·CONT	63	0～63	副对比度调整
SUB·BRIGHT	35	0～127	副亮度调整
V·SIZE CMP	7	0～7	场幅度补偿
V·LINE	22	0～31	场线性调整
V·SC	16	0～31	场 S 形校正
V·SIZE/60H	79	0～127	60Hz 场扫描幅度调整
H·PHSE/60H	13	0～31	60Hz 行扫描中心调整
V·POS/60H	28	0～63	60Hz 场扫描中心调整
V·SIZE/50H	74	0～127	50Hz 场扫描幅度调整
H·PHSE/50H	10	0～31	50Hz 行扫描中心调整
V·POS/50H	50	0～63	50Hz 场扫描中心调整

三、M52472P 模拟开关电路

M52472P 是由三菱公司开发的用于模拟信号转换的集成电路,其系列产品还有 M52470AP。其主要特性有:

①内部设置有四输入三通道模拟开关。

②用于视频信号和立体声音频信号选择。

③视频开关带宽 0～10MHz。

④由 12V 电源供电。

在长虹 H2186W 型机中,M52472P 主要用于 TV/AV 音视频转换。其引脚使用功能及维修数据见表 5-12。

表 5-12　NS801(M52472P)引脚功能及维修数据

引　脚	符　号	功　能	$U(V)$				$R(k\Omega)$	
			AV1		TV		在　线	
			静态	动态	静态	动态	正向	反向
1	S·O·1	音频输出端1	4.4	4.4	4.4	4.4	11.0	∞
2	V_CC	电源端	8.7	8.7	8.7	8.7	0.3	0.3
3	V·I·1	视频输入端1	3.2	3.2	3.2	3.2	11.5	16.0
4	CON-IN	控制信号输入端	0	0	5.4	5.4	10.5	14.5
5	V·I·2	视频输入端2	3.1	3.1	3.2	3.2	11.5	15.0
6	CON-IN	控制信号输入端	5.2	5.2	5.2	5.2	10.5	14.0

引脚	符号	功能	U(V)				R(kΩ)	
			AV1		TV		在 线	
			静态	动态	静态	动态	正向	反向
7	V·I·3	视频输入端 3	3.1	3.1	3.2	3.2	11.5	16.0
8	NC	空脚	0	0	0	0	∞	∞
9	V·I·4	视频输入端 4	3.1	3.1	3.1	3.1	11.5	16.5
10	GND	接地端	0	0	0	0	0	0
11	S·O·2	音频输出端 2	4.3	4.3	4.3	4.3	11.0	∞
12	S·I·2-1	AV1 音频输入端(右)	4.6	4.6	4.6	4.6	10.1	14.0
13	S·I·2-2	AV2 音频输入端(右)	4.6	4.6	4.6	4.6	10.1	14.0
14	S·I·2-3	AV3 音频输入端(右)	4.6	4.6	4.6	4.6	10.1	14.0
15	S·I·2-4	TV 音频输入端(右)	4.4	4.4	4.4	4.4	10.5	15.0
16	NC	空脚	0	0	0.2	0	∞	∞
17	V·OUT	视频输出端	4.2	4.2	4.4	4.2	1.9	1.9
18	GND	接地端	0	0	0	0	0	0
19	S·I·1-1	AV1 音频输入端(左)	4.7	4.7	4.7	4.7	10.1	14.0
20	S·I·1-2	AV2 音频输入端(左)	4.7	4.7	4.7	4.7	10.1	14.0
21	S·I·1-3	AV3 音频输入端(左)	4.7	4.7	4.7	4.7	10.1	14.0
22	S·I·1-4	TV 音频输入端(左)	4.4	4.4	4.4	4.4	10.5	14.8

第三节　长虹 H2535K(LA76832N)I²C 单片机心彩色电视机

长虹 H2535K 是长虹公司生产的大屏幕 I²C 单片机心彩色电视机。其机心采用了 LA76832N 单片 TV 处理器。LA76832N 与 LA76810A/LA76818A 的内部组成原理基本相同,但由于 LA76832N 与 LA76810A 的部分引脚功能不同,故在实际应用中两者的整机应用电路可相互参考而不能互换。本节主要对主芯片电路作资料性介绍,以供维修同类机型时参考。

一、LA76832N TV 处理集成电路

LA76832N 是在 LA76818A/LA76820N 的基础上改进而成的单片多制式 TV 处理集成电路,主要用于大屏幕彩色电视机中。其主要特点是:

①将 LA76810A㉒脚识别信号输出功能改为东西枕形失真校正输出。

②具有行幅度补偿、枕形失真补偿、斜率补偿、四角补偿等功能。

③将 LA76810A㉞脚设定的 SECAM 制式 B－Y 信号输入功能改为 X 射线保护输入。

④将 LA76810A㉟脚设定的 SECAM 制式 R－Y 信号输入功能改为彩色制式识别输出。

因此,在实际应用中 LA76832N 与 LA76810A 等不能互换。

在长虹 H2535K 机型中,LA76832N 的引脚功能及维修数据见表 5-13。

表 5-13　N101(LA76832N)引脚功能及维修数据

引脚	符号	功能	U(V)					R(kΩ)	
			待机	AV1		TV		在 线	
			状态	静态	动态	静态	动态	正向	反向
1	AUDIO OUT	音频信号输出端	0	2.3	2.4	2.4	2.4	9.1	9.1

引 脚	符 号	功 能	待机状态	AV1 静态	AV1 动态	TV 静态	TV 动态	正向	反向
				U(V)				R(kΩ) 在线	
2	FM OUT	调频信号输出端	0	2.3	2.3	2.3	2.4	11.0	13.0
3	RF AGC FILTER	中放自动增益滤波端	0	0	0	0.1	2.8	12.0	12.9
4	RF AGC	高放自动增益输出端	0.6	0.1	0.1	2.4	2.0	11.3	26.1
5	IF-IN	中频信号输入端	0	2.9	3.0	3.0	3.0	11.1	11.5
6	IF-IN	中频信号输入端	0	2.9	3.0	3.0	3.0	11.0	11.5
7	IF-GND	中频电路接地端	0	0	0	0	0	0	0
8	IF V$_{CC}$	中频电路电源端	0.9	5.2	5.2	5.2	5.2	0.9	0.9
9	FM FILTER	调频滤波端	0	1.7	1.7	1.7	1.6	12.0	14.6
10	AFT OUT	频率自动调谐输出端	0.4	5.0	5.0	3.2	2.2	9.0	8.1
11	BUS SDA	I^{2}C 总线数据输入/输出端	5.0	4.5	4.5	4.5	4.6	6.5	7.6
12	BUS SCL	I^{2}C 总线时钟信号输入端	5.0	4.4	4.5	4.5	4.6	7.3	7.6
13	ABL	自动亮度信号限制端	0.6	2.9	3.0	2.9	3.1	7.4	8.8
14	R IN	红基色字符信号输入端	0	0.2	0.1	0.2	0.1	11.5	12.6
15	G IN	绿基色字符信号输入端	0	0.1	0.1	0.1	0.1	11.5	12.5
16	B IN	蓝基色字符信号输入端	1.8	4.0	0.1	4.0	0.1	11.5	12.5
17	BLANK IN	字符消隐脉冲输入端	1.8	2.8	0	2.8	0	3.1	3.1
18	RGB V$_{CC}$	三基色矩阵电路电源端	0	8.4	8.4	8.4	8.4	2.5	2.5
19	R OUT	红基色信号输出端	0	1.5	2.1	1.5	2.1	10.6	11.1
20	G OUT	绿基色信号输出端	0	1.3	2.3	1.4	2.2	10.5	11.0
21	B OUT	蓝基色信号输出端	0	3.4	2.4	3.4	2.5	10.5	11.0
22	E/W OUT	水平枕校信号输出端	0	1.3	1.3	1.4	1.4	11.5	12.5
23	VER OUT	场激励信号输出端	0	2.6	2.6	2.6	2.6	2.0	2.0
24	V RAMP	场锯波形成端	0	1.5	1.5	1.5	1.5	11.5	13.5
25	H/BUS V$_{CC}$	行振荡电路供电端	0	5.3	5.3	5.3	5.3	2.5	2.5
26	AFC FILTER	频率自动控制滤波端	0	1.8	2.7	2.8	2.7	11.5	14.5
27	HOR OUT	行激励输出端	0	0.8	0.8	0.8	0.8	2.0	2.0
28	FBP IN	行消隐输入端	0	1.3	1.3	1.3	1.3	11.1	12.2
29	REF VCO	VCO 基准电流	0	1.8	1.8	1.8	1.8	4.5	4.5
30	CLK OUT	时钟信号输出端	0.2	0.2	0.3	0.3	0.3	7.6	14.0
31	1 HDL V$_{CC}$	1 行延时线电路供电端	0.9	4.6	4.6	4.6	4.6	0.9	0.9
32	1 HDL V$_{CC}$FIL	1 行延时电源滤波端	0.7	7.0	7.0	7.0	7.0	7.0	∞
33	1HDL GND	1 行延时电路接地端	0	0	0	0	0	0	0
34	X-ray	X 射线保护信号输入端	0	0	0	0	0	9.0	9.4
35	FSC OUT	识别信号输出端	1.7	0.1	0.2	0.2	0.2	11.0	13.5
36	C AFC FILTER	自动相位滤波端	0	0	0	0	0	11.9	13.5
37	CLAMP FILTER	钳位滤波端	0	1.7	1.7	1.7	1.7	11.9	13.8
38	XTAL	接 4.43MHz 晶体	0.3	2.8	2.8	2.8	2.9	12.0	13.5
39	CAFC FILTER	自动相位滤波端	0.3	2.9	2.9	3.0	3.0	12.0	13.5
40	SEL VIDEO OUT	视频信号输出端	0	1.8	1.9	2.3	2.0	1.0	1.0
41	V/C/DEF GND	接地端	0	0	0	0	0	0	0

引 脚	符 号	功 能	待机状态	AV1 静态	AV1 动态	TV 静态	TV 动态	正向	反向
				$U(V)$				$R(k\Omega)$ 在 线	
42	EXTV IN/YIN	外部视频/Y 信号输入端	0.7	2.6	2.6	2.6	2.6	12.0	13.5
43	V/C/DEF V_{CC}	+5V 电源端	0.9	5.0	5.1	5.0	5.0	0.8	0.8
44	INT VIN/C IN	内部视频/C 信号输入端	0	2.6	2.6	2.6	2.7	11.5	14.5
45	BLACK STRECH	黑电平滤波端	0.6	2.6	2.7	2.7	2.7	11.0	12.5
46	VIDEO OUT	视频信号输出端	0	4.0	4.0	3.2	2.2	1.5	1.5
47	PIF APC	鉴相器滤波端	0	1.3	1.3	1.5	1.0	11.5	13.8
48	VCO	接中频振荡线圈	0.9	4.3	4.3	4.3	4.3	1.4	1.4
49	VCO	接中频振荡线圈	0.9	4.3	4.3	4.3	4.4	1.4	1.4
50	VCO FILER	压控振荡器滤波端	0	2.0	2.0	2.0	2.5	11.0	13.5
51	EXT AUDIO IN	外部音频信号输入端	0	1.8	1.8	1.8	1.8	12.0	3.9
52	SIF OUT	伴音中频信号输出端	0.2	2.1	2.1	2.2	2.0	11.0	14.0
53	SND APC	伴音中频自动图像控制滤波端	0	2.2	2.2	2.2	2.2	11.2	13.5
54	SIF IN	伴音中频信号输入端	0.2	3.3	3.3	3.3	3.3	11.9	14.0

二、CH04T1218 中央微控制器

CH04T1218 是拷贝有长虹专用软件的中央微控制器,其应用技术属三洋公司开发的 LC86F3348AU-DIP 等系列芯片,但引脚功能有自己的定义。在长虹 H2535K 机型中 CH04T1218 型中央微处理器的引脚功能及维修数据见表 5-14。

表 5-14　N701(CH04T1218)引脚功能及维修数据

引 脚	符 号	功 能	待机状态	AV1 静态	AV1 动态	TV 静态	TV 动态	正向	反向
				$U(V)$				$R(k\Omega)$ 在 线	
1	BASS	低音控制端,本机未用	5.0	5.0	5.0	5.0	5.0	9.1	15.2
2	MUTE	静音控制端	3.9	4.1	0	4.1	0	7.9	9.6
3	50/60	场频识别端,本机未用	0	0	0	0	0	8.9	15.1
4	NC	空脚	0	0	0	0	0	8.9	15.1
5	VOL	音量控制端	0	0	0.6	0.1	0.5	2.9	3.0
6	COMB·F	本机未用	0	0	1.6	0	1.9	8.9	15.0
7	POWER	待机控制端	5.0	0	0	0	0	8.5	13.0
8	TUNE	调谐控制端	4.2	3.8	3.8	4.2	3.8	8.6	14.0
9	GND	接地端	0	0	0	0	0	0	0
10	XTAL1	接 32kHz 晶体振荡器	0.1	0.1	0.1	0.1	0.1	11.8	15.1
11	XTAL2	接 32kHz 晶体振荡器	2.4	2.4	2.4	2.4	2.4	11.5	14.5
12	V_{DD}	+5V 电源端	5.0	5.0	5.1	5.1	5.1	2.9	3.0
13	KEY-IN1	键扫描输入端 1	0	0	0	0	0	7.5	8.9
14	AFT-IN	频率自动调谐输入端	0.4	0.3	4.9	0.3	2.1	8.9	8.2
15	AGC IN	接地端	0	0	0	0	0	0	0
16	KEY-IN2	键扫描输入端 2	0	0	0	0	0	7.4	8.6
17	RESET	复位端	5.1	5.1	5.1	5.1	5.1	4.4	4.4
18	FILTER	滤波端	2.8	2.8	2.8	2.8	2.8	10.6	14.1

引　脚	符　号	功　能	待机状态	AV1 静态	AV1 动态	TV 静态	TV 动态	正向	反向
				U(V)				R(kΩ) 在　线	
19	OPTION-SEL	本机未用	0	0	0.2	0.1	0.1	11.6	15.1
20	V-SYNC	场逆程脉冲输入端	5.0	4.9	4.7	4.9	4.7	9.1	13.0
21	H-SYNC	行逆程脉冲输入端	5.0	4.9	4.0	4.1	4.1	9.0	12.6
22	R	红基色字符信号输出端	0	0	0	0.2	0	11.2	13.1
23	G	绿基色字符信号输出端	0	0	0	0	0	11.1	13.1
24	B	蓝基色字符信号输出端	5.0	4.0	0	4.1	0	11.0	13.1
25	OSD-BLK	字符消隐脉冲输出端	5.0	4.0	0	4.1	0	6.3	6.3
26	—	—	5.0	4.0	0	4.1	0	6.3	6.3
27	EEPROM-DATA	本机未用	0	0	0	0	0	9.4	14.0
28	EEPROM-CLOCK	本机未用	0	0	0	0	0	9.4	14.1
29	SDA	I²C 总线数据输入/输出端	5.0	4.5	4.5	4.5	4.5	6.5	7.5
30	SCL	I²C 总线时钟信号输入端	5.0	4.5	4.5	4.5	4.5	7.1	7.5
31	SAFETY	—	3.4	3.4	3.4	3.4	3.4	10.1	15.0
32	—	—	5.0	5.0	5.0	5.0	5.0	6.9	7.5
33	SD	识别信号输入端	1.9	0.6	0.6	0.6	0.7	8.9	13.5
34	REM-IN	遥控信号输入端	4.4	4.4	4.4	4.4	4.4	8.6	14.0
35	SIF1	中频制式控制端	3.6	3.6	3.6	3.6	4.7	6.9	7.5
36	SIF2	本机未用	0	0	0	0	0	8.9	15.0
37	A0	TV/AV 控制端	5.0	0.1	0.1	5.0	5.1	6.6	7.4
38	A1	TV/AV 控制端	5.0	5.0	5.0	5.0	5.1	6.7	7.5
39	3.58/4.43	未用	0	0	0	0	0	8.9	15.1
40	UHF	UHF 频段控制端	4.7	4.7	4.7	4.7	4.7	8.4	14.0
41	VH	VH 频段控制端	0	0	0	0	0	8.4	14.0
42	VL	VL 频段控制端	4.6	4.6	4.6	4.6	4.6	8.4	14.0

该机 I²C 总线维修状态的进入/退出及调整方法如下：

用 K12G 型遥控器，先将音量调至 0，再按静音键，屏幕左下角出现红色"⫫静音"字符，然后按住电视机前面板上的菜单键和遥控器上的静音键不放，持续约 1s，屏幕上出现"S"字符，即表示进入维修状态。此时，按遥控器上的"↑"或"↓"键或电视机面板上的节目加减键可选择维修项目，按遥控器上的"→"或"←"键或按电视机面板上的音量加减键可调整数据。按待机键即可退出维修状态。在维修状态按遥控器上的节目加减键可正常换台，按音量加减键可控制音量。该机 I²C 总线控制调整项目和调整数据见表 5-15。

表 5-15　长虹 H2535K 型机中维修软件的项目功能及调整数据

项　目	出厂数据	数据调整范围	备　注
V·POS/50H	21	0～63	调到 0 时下面有 5cm 黑边，调到 63 时上线性失真
VIDEO SW	0	0/1	调整时总为 0
OPT·SOUND	0	0/1	调到 1 时量量最大，调不小
LA76832	1	1/R/B G·BAL 7	按"→"键不变化，按"←"键时，呈虚色差图像，但伴音正常

项 目	出厂数据	数据调整范围	备 注
C·VCO ADJ	0	0~3	调整时图像无变化
C·VCO SW	0	0/1	调整时图像无变化
PRE/OVER	0	0/1	调整时图像无变化
WPL POINT	3	0~3	调整时图像无变化
Y-APF	1	0/1	调整时图像无变化
UV-IN	0	0/1	调整时图像无变化
CORING	1	0/1	调整时图像无变化
LA76818	0	0/1	调到1时行幅增大
OPT·VID SW	0	0/1	调到1时黑光栅无伴音
OPT·SAVE	1	0/1	调整时图像无变化
OPT·TINT	0	0/1	调整时图像无变化
BK STR GAN	1	0~3	调整时图像无变化
BK STR STA	1	0~3	调整时图像无变化
DC RESET	0	0~3	调到3时亮度增大
E/W SINE C	7	0~7	几何失真校正(幅度)
E/W TEST	7	0~7	几何失真校正(测试)
E/W CBTM60	4	0~15	60Hz东西枕形失真校正
E/W CTOP60	4	0~15	60Hz东西枕形失真校正(顶部)
E/W TILT60	32	0~60	60Hz东西枕形失真校正
E/W AMP60	26	0~63	60Hz东西枕形失真校正
E/W DC60	8	0~63	60Hz东西枕形失真校正
E/W CBTM50	7	0~15	50Hz东西枕形失真校正
E/W CTOP50	6	0~15	50Hz东西枕形失真校正(顶部)
E/W TILT50	33	0~63	调到63时上两角外散最大,0时下两角外散最大
E/W AMP50	27	0~63	调到0时四角外散最大,63时四角内缩最大
E/W DC50	4	0~63	调到63时行幅最大,0时行幅最小
OPT·AV1 AV2	1	0/1	AV1/AV2输入选择
OPT·HOTEL	0	0/1	旅馆模式设定
OPT·HALF-T	1	0/1	HALF-T选择
OPT·TEL-ID	0	0/1	TEL-ID选择
OPT·BASS	0	0/1	低音预置
OPT CHANG	1	0/1	厂标预置
OPT·GAME	1	0/1	游戏预置
OPT·CALEND	1	0/1	日历预置
OPT·CLOCK	1	0/1	系统时钟预置
OPT·PW-OFF	0	0/1	电源关机预置
OPT·PW-ON	0	0/1	电源开机预置
OPT·S-VHS	1	0/1	S端子预置
OPT·TV/AV	1	0/1	调到0时按TV/AV键无效
S·STRAT·CH	1	0/1	行软启动
OPT·M·AUTO	1	0/1	M自动预置
SRCH·SPEED	0	0/1	搜索速度预置
OPT·SECAM	0	0/1	SECAM制式预置
OPT·AUTO	1	0/1	调到0时无彩色
OPT·SIF	3	0~3	伴音中频预置
SUB·SHARP	63	0~63	副清晰度
SUB·TINT	50	0~63	副色调

项　目	出厂数据	数据调整范围	备　注
SUB·COLOR	63	0～63	副色饱和度
FM LEVEL	22	0～31	调频信号幅度
VIDEO LVL	4	0～4	视频信号幅度
CROS·B/W	0	0～3	调到1时画面呈色差图像;2时白光栅有浅淡且较虚的色差图像;3时有"+"
H·BLK·R	4	0～7	行右侧消隐
H·BLK·L	7	0～7	行左侧消隐
SYNC·KILL	0	0/1	同步信号关断
H·AFC GAIN	0	0/1	行自动频率控制
SECAM R DC	15	0～15	调到0时图像偏红
SECAM B DC	10	0～15	调整时无变化
B·DRIVE	71	0～127	蓝激励,用于亮平衡调整
G·DRIVE	10	0～127	绿激励,用于亮平衡调整
R·DRIVE	65	0～127	红激励,用于亮平衡调整
B·BIAS	116	0～255	蓝截止,用于暗平衡调整
G·BIAS	127	0～255	绿截止,用于暗平衡调整
R·BIAS	141	0～255	红截止,用于暗平衡调整
RF·AGC	10	0～63	调到63时雪花最大,调到30时开始有雪花。0～29时图像基本正常
V·KILL	0	0/1	调到1时水平亮线
SUB·CONT	63	0～63	调到0时对比度较小
SUB·BRIGHT	12	0～127	调到127时图像最亮且发雾
V·SIZE CMP	7	0～7	调到0时光栅上有1cm黑边
V·LINE	19	0～31	调到31时光栅上部压缩约5mm
V·SC	16	0～31	调到0时上线性失真,31时下线性失真
V·SIZE/60H	94	0～127	60Hz场幅度
H·PH/60H	12	0～31	60Hz行中心
V·POS/60H	19	0～63	60Hz场中心
V·SIZE/50H	91	0～127	调到127时场幅度最大,0时场幅最小,占全屏高度的1/3
H·PHSE/50H	9	0～31	调到31时行幅右移,左侧有1.5cm黑边

第四节　长虹 SF2133K(LA76931 机心)彩色电视机

长虹 SF2133K 是长虹公司生产的一种彩色电视机。

机心采用了 LA76931 超大规模集成电路,它综合了三洋 I^2C 单片机心的所有技术。由于该种集成电路外围元件少,电路简单,故在多种型号的彩色电视中使用。本节主要是提供一些维修数据及波形资料,供维修同类机型时参考。

一、LA76931 超级单片集成电路

LA76931 是将 MCU 和 TV 小信号处理结合在一起的超级单片集成电路,其系列产品还有 LA76932 等。其主要特点是:

①内置图像、伴音中频电路均采用锁相环(PLL)解调器,无需外部元件。

②可通过带通滤波器选出不同的伴音第二中频信号。

③内置 Y/C 分离电路可将 Y 信号和 C 信号分别选出。

④行振荡频率可通过分频电路从 4.43MHz 晶体振荡频率中取得,并由两个调整环路控

制。

⑤具有速度调制功能。

⑥具有黑电平延伸及动态肤色控制功能。

⑦设有连续阴极的 RGB 控制电路，能够自动进行白平衡偏移调整。

⑧内置东西(E/W)枕校脉冲输出电路，可实现枕形失真校正。

在长虹 SF2133K 型机中，LA76931 可以完成整机的所有控制功能和小信号处理功能，但其内部的 ROM 存储器中掩膜有自己的编程软件和对引脚功能的自定义，其实物组装如图5-19所示，引脚印制电路如图 5-20 所示，引脚使用功能及维修数据见表 5-16。

①脚为伴音中频信号输出端。其输出信号经外接滤波耦合电容送入③脚，再经解调后从 ⑥ 脚输出TV音频信号，可直接送入伴音功放电路。正常时该脚直流电压 2.3V。
注：用10μs时基挡和50mV电压挡、×1探笔测得①脚信号波形。
注：用5μs时基挡和10mV电压挡、×1探笔测得64脚信号波形。
注：用10μs时基挡和0.5V电压挡、×1探笔测得 ⑭ 脚信号波形。
注：用10μs时基挡和20mV 电压挡、×1探笔测得37脚信号波形。
注：用10μs时基挡和0.5V电压挡、×1探笔测得 ㉑脚信号波形。
㉚ 脚用于待机控制，待机时输出5.0V高电平，开机时输出0V低电平。电路正常时该脚对地正向阻值9.5kΩ，反向阻值9.5kΩ。
注：用10μs时基挡和10mV电压挡、×1探笔测得 ㉜ 脚信号波形。

图 5-19　N101(LA76931)实物组装及关键引脚波形图

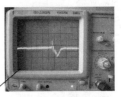

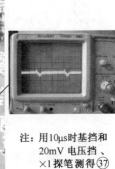

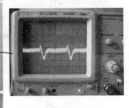

注：用10μs时基挡和0.2V电压挡、×1探笔测得 ⑥⓪ 脚信号波形。

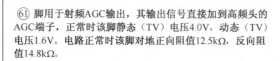

⑥① 脚用于射频AGC输出，其输出信号直接加到高频头的AGC端子，正常时该脚静态（TV）电压4.0V，动态（TV）电压1.6V。电路正常时该脚对地正向阻值12.5kΩ，反向阻值14.8kΩ。

注：用10μs时基挡和0.5V电压挡、×1探笔测得 ⑫ 脚信号波形。

注：用2ms时基挡和0.2V电压挡、×1探笔测得 ⑤② 脚信号波形。

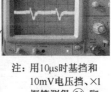

注：用10μs时基挡和10mV电压挡、×1探笔测得 ㉛ 脚信号波形。

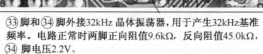

㉝脚和㉞脚外接32kHz晶体振荡器,用于产生32kHz基准频率。电路正常时两脚正向阻值9.6kΩ,反向阻值45.0kΩ,㉞脚电压2.2V。

注：用5μs时基挡和50mV电压挡、×1探笔测得㉝脚信号波形。

注：用5μs时基挡和50mV电压挡、×1探笔测得㉞脚信号波形。

图 5-20　N101(LA76931)引脚印制电路及关键引脚波形

表 5-16　N101(LA76931)引脚功能及维修数据

引脚	符　号	功　　能	待机状态	AV1 静态	AV1 动态	TV 静态	TV 动态	在线 正向	在线 反向
1	SIF OUT	伴音中频信号输出端	0	2.0	2.0	2.0	2.1	13.5	17.0
2	PIF AGC	图像中频自动增益控制端	0	0	0	1.8	2.6	13.5	15.5
3	SIF IN	伴音中频信号输入端	0	3.1	3.1	3.1	3.2	14.5	16.0
4	FM FIL	伴音鉴频滤波端	0	1.9	1.8	1.9	1.8	14.1	15.5
5	FA/A OUT	伴音鉴频信号输出端	0	2.3	2.3	2.3	2.4	13.0	15.0
6	AUDIO OUT	伴音信号输出端	0	2.3	2.3	2.3	2.3	9.5	9.1

引脚	符 号	功 能	待机	AV1		TV		在 线	
			状态	静态	动态	静态	动态	正向	反向
7	SIF APC FIL	伴音中频自动相位滤波端	0	2.3	2.3	2.3	2.3	13.6	15.6
8	IF V_{CC}	中频电路+5V供电端	0.6	5.0	5.0	5.0	5.0	0.4	0.4
9	EXT AUDIO IN	外部音频信号输入端	0.6	1.8	1.8	1.8	1.8	14.5	16.5
10	ABL	自动亮度限制端	1.2	5.3	3.7	5.3	3.6	8.5	15.0
11	RGB V_{CC}	RGB电路+9V供电端	0.6	8.4	8.4	8.3	8.4	0.4	0.4
12	R OUT	红基色信号输出端	0	1.6	2.6	1.6	2.9	12.5	9.1
13	G OUT	绿基色信号输出端	0	1.6	2.6	1.5	2.8	12.5	9.1
14	B OUT	蓝基色信号输出端	0	1.5	2.1	1.5	2.7	12.5	9.1
15	AKB	白平衡调节端	0	0	0	0	0	0	0
16	VRAMP FIL	场锯齿波形成端	0	2.0	2.0	2.0	2.0	14.1	14.9
17	V OUT	场激励信号输出端	0	2.3	2.3	2.3	2.3	1.8	1.8
18	VCO IREF	VCO复位基准端	0	1.7	1.7	1.7	1.7	4.5	4.5
19	H/V_{CC}	行输出电路供电(9V)端	0.5	5.1	5.2	5.1	5.2	0.4	0.4
20	H AFC FIL	行自动频率控制端	0	4.1	2.6	2.6	2.6	14.0	17.0
21	H OUT	行激励信号输出端	0	0.9	0.9	0.9	0.8	3.8	3.8
22	VIDEO/V/BUS GND	接地端	0	0	0	0	0	0	0
23	MUTE	静音控制端	4.8	0	0	4.9	4.9	9.0	9.5
24	AV1/AV2	AV1/AV2控制端	4.8	0	0	4.9	4.9	9.3	∞
25	TV/AV	TV/AV控制端	0	0	0	0	0	10.0	65.0
26	IR	遥控信号输入端	4.2	4.2	4.2	4.2	4.2	9.5	44.5
27	VOL-L	左声道音量控制端	0	0	0	0	0	10.0	14.0
28	VOL-R	右声道音量控制端	5.0	0	0	0	0	9.5	29.5
29	TU	调谐电压控制端	5.0	5.1	5.1	5.1	5.1	9.5	28.5
30	POWER	待机控制端	5.0	0	0	0	0	9.5	9.5
31	SDA	I^2C总线数据输入/输出端	4.8	4.9	4.9	4.9	4.9	8.0	28.8
32	SCL	I^2C总线时钟信号输入端	4.8	4.9	4.9	4.9	4.9	9.1	28.7
33	XT1	连接晶体振荡器1	0	0	0	0	0.01	9.8	45.0
34	XT2	连接晶体振荡器2	2.0	2.2	2.2	2.2	2.1	9.6	45.0
35	V_{DD}	CPU供电(+5)端	5.0	5.1	5.1	5.1	5.1	6.5	12.4
36	KEY	键扫描控制端	4.8	5.1	5.1	5.1	5.1	5.0	5.0
37	VLF	VLF频段控制端	4.8	5.1	5.1	5.1	5.1	5.0	5.0
38	VHF	VHF频段控制端	0	0	0	0	0	8.3	9.5
39	UHF	UHF频段控制端	0	0	0	0	0	8.3	9.5
40	RESET	复位端	4.2	4.4	4.4	4.4	4.4	9.1	36.1
41	PLL	锁相滤波端	2.7	2.8	2.8	2.8	2.8	10.1	25.0
42	CPU GND	CPU接地端	0	0	0	0	0	0	0
43	CCD V_{CC}	色度通道供电端	0.6	5.0	5.0	5.0	5.0	0.4	0.4
44	FBP IN	沙堡脉冲输入端	0	1.1	1.1	1.1	1.1	12.1	14.5
45	C IN	色信号输入(S端子)端	0	0	2.2	2.2	2.1	14.0	16.5
46	Y IN	亮度信号输入(S端子)端	0	2.5	2.5	2.5	2.5	14.5	16.0

注: 表头 $U(V)$, $R(kΩ)$

引脚	符 号	功 能	U(V)					R(kΩ)	
			待机	AV1		TV		在	线
			状态	静态	动态	静态	动态	正向	反向
47	DDS-FILTER	DDS 滤波端	0	2.3	2.3	2.7	2.3	15.8	16.0
48	Y-DVD-IN	Y(DVD)信号输入端	0	2.5	2.5	2.5	2.5	14.8	16.0
49	Cb IN	色度 U 分度输入(DVD)端	0	1.9	1.9	1.9	1.9	14.0	15.0
50	4.43M	接 4.43MHz 晶体振荡器	0	2.7	2.7	2.7	2.7	14.8	16.0
51	Cr IN	色度 V 分量输入(DVD)端	0	1.9	1.9	1.9	1.9	14.0	15.0
52	SEL VIDEO OUT	视频输出端	0	1.8	2.0	2.3	2.0	1.0	1.0
53	C AP	锁相环相位滤波端	0	2.8	2.9	2.8	2.8	14.8	16.0
54	EXT VIDEO IN	外部视频信号输入端	0.7	2.5	2.6	2.5	2.5	14.8	16.0
55	VIEDO/V VCCO/V	+5V 电源端	0.6	4.9	4.9	4.9	4.9	0.5	0.5
56	INT VIDEO IN/S-C	内部视频信号输入端	0	2.5	2.5	2.6	2.6	14.5	16.0
57	BLK DET FIL	黑电平检测滤波端	0.4	2.5	2.6	2.6	2.8	13.5	15.0
58	APC FIL	自动相位控制滤波端	0	2.3	2.3	2.3	2.5	13.1	14.0
59	AFT FIL	自动频率微调滤波端	0.2	2.3	2.3	4.6	2.2	9.5	14.0
60	VIDEO OUT	视频信号输出端	0	3.8	3.6	3.0	2.4	1.0	1.0
61	RF AGC OUT	射频 AGC 输出端	0.5	0.2	0.2	4.0	1.6	12.5	14.8
62	IF GND	中频电路接地端	0	0	0	0	0	0.1	0.1
63	PIF IN2	中频信号输入端 2	0	2.9	2.9	2.9	2.9	13.0	13.0
64	PIF IN1	中频信号输入端 1	0	2.9	2.9	2.9	2.9	13.0	13.0

二、LA78040 场输出电路

LA78040 是三洋公司研制开发的场扫描输出级集成电路,它适用于中小屏幕彩色电视机场偏转扫描电路,其主要特点是:

①内置过热保护电路。

②垂直输出电路可直接驱动场偏转线圈。

③具有优良的特性曲线。

其引脚安装的印制线路及关键点信号波形如图 5-21 所示,引脚功能及维修数据见表 5-17。

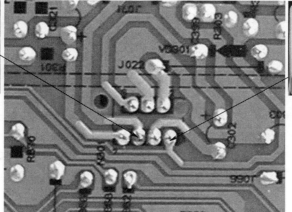

注:用1ms时基挡和 0.5V电压挡、×1 探笔 测得 N301 ⑤脚信号波形。

注:用10μs时基挡和10mV 电压挡、×1探笔测得 N301①脚信号波形。

图 5-21　N301(LA78040)引脚印制电路及关键点信号波形图

表 5-17　N301(LA78040)引脚功能及维修数据

引脚	符　号	功　能	U(V)		R(kΩ)	
			静态	动态	在　线	
					正向	反向
1	IN VERTING	场扫描激励脉冲倒相输入端	2.4	2.4	3.1	3.5
2	V$_{CC}$1	＋25V 电源端	25.0	25.0	6.5	23.5
3	PUMP UP OUT	泵脉冲输出端	1.7	1.7	11.5	180.0
4	GND	接地端	0	0	0	0
5	VER OUT	场扫描功率输出端	17.0	17.0	7.1	22.5
6	V$_{CC}$2	＋25V 电源端	26.0	26.0	9.6	∞
7	Vref	参考电压端	2.4	2.4	1.4	1.4

三、长虹 SF2133K 型机总线进入方法和调整方法

1. 总线进入方法

①将音量调到零;

②同时按静音键和电视机面板上的菜单键不放,即可进入维修状态。I^{2}C 总线控制的调整项目和调整数据见表 5-18。

表 5-18　长虹 SF2133K 型机中 I^{2}C 总线控制的调整项目和调整数据

项　目	出厂数据	数据调整范围	备　注
LA76931	1	0/1	LA76931 选择
VCO FREQ	30	0～63	压控振荡频率
C・VCO ADJ	4	0～7	色度解调 VCO 调整
OVER/SHOOT	0	0～3	过调制/信号过冲控制
PRE/SHOOT	0	0～3	信号过冲控制
WPL POINT	0	0～3	白峰点调整
Y-APF	0	0/1	亮度信号设定
ITNT THR	0	0/1	色调设置
SPL TEST	0	0/1	SPL 测试
MID・STP・DF	1	0/1	中间调准防护
BRT・ABL・DF	0	0/1	自动亮度设定
RGB・TEP SW	0	0/1	RGB・TEP 开关
BRT ABL・TH	0	0～7	自动亮度控制
V TRANS	0	0/1	场起始行设置
VBLK SW	0	0/1	黑电平开关
V・SEPUP	0	0/1	场同步分离灵敏度调整
CD・FIX/60H	1	0/1	60Hz CD 信号混合
CD・FIX/50H	1	0/1	50Hz CD 信号混合
V・CD・MODE	0	0/1	调整时总是自动返回到 0
SIF・SYS・SW	3	0～3	调整时总是自动返回到 3
VIF・SYS・SW	0	0～3	调整至 1 和 2 时,图像逐渐有雪花增大,且有噪声,调至 3 时雪花图像并呈散条

项 目	出厂数据	数据调整范围	备 注
VOL·FIL	0	0/1	音频滤波
COLOR·SYS	2	0～2	调整时总是自动返回到2
FILT·SYS	2	0～3	调整时总是自动返回到2
FBP·BLK·SW	1	0/1	行回扫脉冲开关
BLNK·DEF	0	0/1	调到1时有浅淡回扫线
DVD R-Y	3	0～15	DVD 红色差信号调整
DVD B-Y	3	0～15	DVD 蓝色差信号调整
C·BPF·T	0	0～3	色带通滤波
C·TRAP T	4	0～7	色陷波调整
S·TRAP T	4	0～7	伴音陷波调整
SUB·SHARP	40	0～63	副清晰度调整
SUB·COLOR	63	0～63	副色度调整
VIDEO·SW	0	0/1	调整时总是返回到0
CB/CR-IN	0	0/1	调整时总是返回到0
PAL APC	0	0/1	PAL 自动相位
COL·KILOP	7	0～7	消色开关控制
C·KILL·OFF	0	0/1	调整时总是返回到0
C·KILL·ON	0	0/1	调整时总是返回到0
C·BYPASS	0	0/1	调整时总是返回到0
C·EXT	0	0/1	调整时总是返回到0
S·TRAP SW	1	0/1	伴音陷波开关
FM·AUD·OUT	1	0/1	调频音频输出
FM·GAIN	0	0/1	调整时总是返回到0
AUDIO·SW	0	0/1	调整时总是返回到0
DEEM·TC	0	0/1	调整时总是返回到0
VID·MUTE	0	0/1	VID 静噪
AUD·MUTE	0	0/1	AUD 静噪
FM·MUTE	0	0/1	调到1时无伴音
VIDEO·LVL	0	0～7	视频信号幅度
HLOCK·VDET	0	0/1	行时钟检测
H·FREQ	20	0～63	行频调节
H·BLK·R	3	0～3	行右侧消隐
H·BLK·L	3	0～3	行左侧消隐
SYNC·KILL	0	0/1	同步信号消隐
H·AFC GAIN	0	0/1	行 AFC 增益
V·TEST	0	0～3	场测试
VRESET	0	0/1	场复位
B OFFSET	0	0～3	B OFF 设置
B WIDTH	0	0～3	B 宽度调整
R OFFSET	0	0～3	R OFF 设置
R WIDTH	0	0～3	R 宽度调整
Y GAIN	0	0～3	亮度信号增益
Y-TH	0	0～3	Y-TH 调整
BK STR GAN	1	0～3	束电流增益

项 目	出厂数据	数据调整范围	备 注
BK STR STA	1	0~3	调到 3 时光栅稍亮些
R-Y DC LEV	9	0~15	调到 0 时偏红,15 时偏绿
B-Y DC LEV	9	0~15	调到 0 时偏蓝,15 时偏绿
B·DRIVE	105	0~127	蓝激励,用于亮平衡调整
G·DRIVE	15	0~15	绿激励,用于亮平衡调整
R·DRIVE	83	0~127	红激励,用于亮平衡调整
B·BIAS	121	0~255	蓝截止,用于暗平衡调整
G·BIAS	125	0~255	绿截止,用于暗平衡调整
R·BIAS	126	0~255	红截止,用于暗平衡调整
RF·AGC	20	0~63	射频 AGC 调整
V·KILL	0	0/1	调到 1 时水平亮线
SUB·CONT	40	0~63	副对比度
SUB·BRIG HT	63	0~127	副亮度
V·SIZE CMP	3	0~3	场幅度补偿
V·LINE	20	0~31	场线性
V·SC	13	0~31	场 S 校正
V·SIZE/60H	86	0~127	60Hz 场扫描幅度调整
H·PHSE/60H	18	0~31	60Hz 行扫描中心调整
V·POS/60H	7	0~15	60Hz 场扫描中心调整
V·SIZE/50H	94	0~127	50Hz 场扫描幅度调整
H·PHSE/50H	14	0~31	50Hz 行扫描中心调整
V·POS/50H	10	0~15	50Hz 场扫描中心调整
※ROM CORREC	0	0/1	调到 1 时进入 SFR/SUM FF/PUSH 模式
OPT·SIFSEL	0	0~3	伴音中频选择
OPT·VID·SW	1	0/1	视频开关设置
TUN ADR	1	0~3	调谐控制
OPT·D/AV2	0	0/1	D/AV2 选择
OPT·ADKEY	0	0/1	键扫描选择
OPT·LANG	1	0/1	语言选择
OPT·AVKEEP	1	0/1	AVKEEP 选择
OPT·S-VHS	0	0/1	S端子选择
OPT·DVD	0	0/1	DVD 选择
OPT·AV3	0	0/1	AV 选择
OPT·AV1 AV2	0	0/1	AV1/AV2 选择
OPT·TV/AV	1	0/1	TV/AV 选择
OPT·SCR-SV	1	0/1	SCR 选择
OPT·PW-ON	1	0/1	电源控制方式开关
S·STRAT·CH	0	0/1	搜索速度设定
OPT·SECAM	0	0/1	SECAM 制式选择
OPT·AUTO	1	0/1	调到 0 时无彩色,用于自动彩色

项　目	出厂数据	数据调整范围	备　注
OPT · SIF	2	0～3	伴音中频选择
VCO TEST	1	0～3	VCO 测试
OV MOD LEV	0	0/1	过调制电平控制
OV MOD SW	0	0/1	过调制电平开关
R/B ANG	9	0～15	R－Y、B－Y 解调角度
R/B G · BAL	9	0～15	基色平衡
SVO · SW	0	0/1	SVO 开关
FSC V · SYNC	0	0/1	调到 1 时有细回扫线
HALF TONE	3	0～3	半透明菜单控制
Y GAMMA	1	0～3	亮度 γ 校正
DC REST	1	0～3	直流复位
CORING · GAN	2	0～3	核化电平增益
AUTO · FRESH	0	0/1	调整时总是返回到 0
OSD H · POS	36	0～140	字符行中心,调到 140 时看不到数据
OSD · CONT	1	0～3	字符对比度
GRAY MOD	0	0/1	反射模式
CROS · B/W	0	0/3	维修开关
IF AGC	0	0/1	调整时总是返回到 0
COLOR · TEST	0	0/1	色饱和度测试
TINT · TEST	0	0/1	色调测试
T · DISBLE	1	0/1	调到 0 时黑光栅,无声

注:※ROM CORREC 项中的数据调到 1 时进入如下状态:

　　ROM CORRECT TON

　　SFR 0080-00

　　SUM FF

　　PUSH

2. 总线调整方法

①按遥控器上的菜单"↑"或"↓"键选择项目;

②按遥控器上的菜单"←"或"→"键调整数据。

③按待机键即可退出维修状态。

第五节　故障检修实例

【例 1】

故障现象　长虹 G2136(K)型机黑光栅、无伴音,但关机时有光栅闪亮现象。

检查与分析　根据故障现象,先试加大帘栅电压,结果有光栅出现,但偏红色,且有回扫线,说明黑光栅是由于显像管截止所致,应重点检查三基色输出电路和自动亮度限制(ABL)电路。该机自动亮度限制电路如图 5-22 所示。

经检查,ABL 电路中 R423 电阻损坏,再检测 N101(LA76810)⑬脚电压为 0V,⑲、⑳、㉑脚

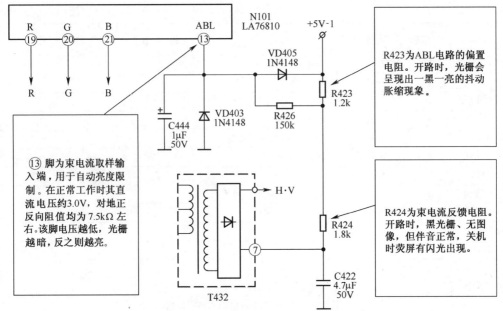

图 5-22 自动亮度限制(ABL)电路原理图

电压仅有 1.0V,故判断 N101(LA76810)损坏。将其换新后,故障排除。

小结 该机的初始故障为光栅呈现出一黑一亮地抖动胀缩现象,直到后来形成黑光栅。在该机中 R423 是亮度自动控制(ABL)电路中的偏置电阻,主要用于自动调整 N101⑬脚的直流电压。其开路会造成光栅一黑一亮地抖动胀缩。

在图 5-22 中,N101⑬脚及其内电路功能主要是自动限制亮度信号的对比度和亮度。其中,对比度的控制主要是通过改变视频放大器的增益,改变亮度信号的幅度实现的。因此对比度控制电路实质上是一个增益可控的视频放大电路,而视频放大信号则由⑲、⑳、㉑脚输出。调整对比度就是调整放大电路的反馈量,其反馈量最大时,对比度最小,放大器的增益最低,带宽最宽,反之,反馈量最小时,对比度最大。亮度控制,主要是通过对钳位电平的控制来实现。

在该机中,亮度对比度控制是在 I²C 总线控制下进行的。而 ABL 检测信号则是由行输出变压器的高压绕组中取出,并通过 R424、R423、R426 送入 N101⑬脚。在正常状态下,当 T432 行输出变压器⑦脚束电流过正时(远大于 0V 时),T432⑦脚电压升高,LA76810⑬脚电压升高,亮度对比度增强。当⑬脚电压超过 5.6V 时,VD405 导通,⑬脚被钳位在 5.0V,从而限制了最大亮度。反之,当束电流过负时(远小于 0V 时),VD403 导通,限制了亮度最暗的程度,在正常情况下 T432⑦脚直流电压在 1.0~8.2V 之间变化,静态时约稳定在 −2.9V。当 R423 开路时,T432⑦脚束电流的变化量增大,N101⑬脚 ABL 作用减弱或失效,IC 内部电路易受突增电流的作用而损坏,从而造成黑屏故障。因此,在检修 ABL 功能失效的故障时,不宜长时间开机观察,否则极易损坏 LA76810 集成电路。仅 ABL 功能失效时光栅图像胀缩或较暗,但有伴音,而连带 LA76810 损坏时就不仅仅是黑屏,还会同时出现无伴音等现象。这一点检修时很值得注意。

【例 2】

故障现象 长虹 G2136(K)型机无蓝光栅、无字符、无伴音,有少数电视节目,遥控无效。

检查与分析 根据故障现象,首先检查 D701(CH04T1218 5W60)中央微控制器的各脚工作电压,结果发现 D701⑳脚和㉞脚电压为 0V,进一步检查发现 V704 击穿、遥控接收头损坏。将其换新后,故障排除。该机字符及遥控接收电路如图 5-23 中所示。

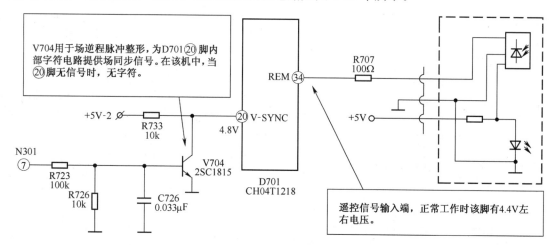

V704用于场逆程脉冲整形,为D701⑳脚内部字符电路提供场同步信号。在该机中,当⑳脚无信号时,无字符。

遥控信号输入端,正常工作时该脚有4.4V左右电压。

图 5-23 字符及遥控接收电路原理图

小结 据用户反映,该机是在待机状态下雷雨过后发现此种故障的,说明损坏元件与雷击有关。在受雷击损坏的元件中,遥控接收头损坏率较高。V704 是用于场逆程信号整形放大,主要用于字符电路,以使屏显字符场同步,损坏时导致字符场不同步,一般表现为屏显字符蹦跳,在该机中表现为无字符。

【例 3】

故障现象 海信 TC2188H 型机有图像,无伴音。

检查与分析 有图像无伴音故障,一般是伴音功放通道或静音控制电路有故障。该机伴音控制电路如图 5-24 所示。检修时,可首先从检查伴音功放集成电路 LA4287 的引脚工作电压入手。LA4287 的引脚电压及维修数据见表 5-19。其中⑤脚的最大电压仅能调到 0.8V,而正常时可达到 5V 左右,因而说明⑤脚电路有故障。这时应重点检查⑤脚外接电路。

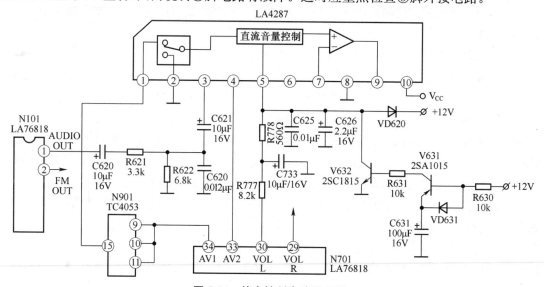

图 5-24 伴音控制电路原理图

表 5-19　LA4287 集成电路引脚电压故障状态与正常状态比较

引脚	符　号	功　能	故障状态			正常状态		
			有信号电压(V)	在线电阻(kΩ)		有信号电压(V)	在线电阻(kΩ)	
				正向	反向		正向	反向
1	INT	内外伴音信号输入端	5.4	32.0	6.5	5.4	32.0	6.5
2	GND	接地端	0	0	0	0	0	0
3	EXT	外部音频信号输入端	5.4	32.0	6.8	5.4	32.0	6.8
4	INT/EXTS	接内/外部音频转换开关	0.1	4.2	5.8	0.1	4.2	5.8
5	DC VOL	直流音量控制电压输入端	0～0.8	9.6	4.5	0～5.0	9.6	4.5
6	DC	滤波端	6.6	5.1	4.0	—	5.1	4.0
7	NF	负反馈端	6.8	10.0	4.5	—	10.0	4.5
8	GND	接地端	0	0	0	0	0	0
9	OUT	音频功率输出端	6.9	4.4	7.5	—	4.4	7.5
10	V_{CC}	+15V 电源端	15.0	2.7	10.0	15.0	2.7	10.0

注：表中数据用 DY1-A 型万用表测得。

在图 5-24 中，LA4287 的 ⑤ 脚通过 R778、R777、C733 受控于中央微控制器 N701 (LA76818)的㉚脚。正常时 N701㉚脚应有 0～5.0V 的变化电压，但按本机音量加键时㉚脚电压勉强能够上升到 1.0V。再监测 N701㉙脚电压能够在 0～5.0V 之间平稳变化，说明 N701㉚脚内电路局部不良。由于 N701㉙脚所有功能都正常，同时一时找不到同一型号的中央微控制器更换，只好暂时将 R777 改接到 N101 的㉙脚，使音量恢复正常，故障排除。

小结　在该机中，中央微控制器 N701 是内含自编程维修软件的 MCU 集成电路，㉙、㉚脚被自定义为左右两路音量控制，但在该机中只使用了㉚脚，而㉙脚的控制功能未用。

本例说明，对于采用 I^2C 总线控制的中央微处理器的彩色电视机来说，中央微处理器的一些引脚是通过编程软件自定义的，这就为维修人员发挥自身的技术优势提供了空间，维修人员可以在认真分析功能电路的基础上，充分挖掘各引脚的功能，灵活地处置维修中的问题。

【例 4】

故障现象　金星 D2122 型机图像偏绿，红字符变为黑色。

检查与分析　观察发现，在刚开机时，图像基本正常，过一会儿后，白平衡时而失常时而正常，再过一会儿白平衡彻底失常，图像偏绿色，同时红色字符变为黑色。

根据检修经验，故障现象很少是因软件造成的。因此，检修时应从检查硬件电路入手。可首先检查尾板驱动电路，如图 5-25 所示。当检查 V902 集电极时，发现始终为 190V，再检测 V902 基极有 R 信号波形，其动态电压在 2.4V 左右抖动。试将 V902 焊下检查，其发射结和集电结的正反向阻值均已为 ∞，说明 V902 已损坏。将其换新后，故障排除。

小结　在图 5-25 所示电路，红(R)基色信号输出电路与传统彩色电视机比较，省去了用于亮暗平衡调整的可调电阻器。其调整功能由 I^2C 总线来完成，并通过自定义显像管白平衡自动控制（AKB）。因此，在一般情况下，若 R 驱动电路正常，则白平衡也会正常。如果是软件数据紊乱，所反应的故障现象就不止是白平衡失调，还会伴有其他功能失常现象，这一点在检修时很值得注意。本例中列举的是红光栅，蓝光栅、绿光栅的情况相同，读者可自行

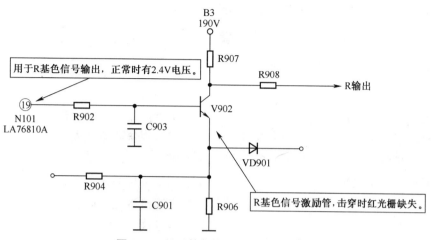

用于R基色信号输出，正常时有2.4V电压。

R输出

N101
LA76810A

R基色信号激励管，击穿时红光栅缺失。

图5-25　(红)基色信号激励电路原理图

分析。

【例5】

　　故障现象　长虹 G 2532 型机光栅场幅不足，图像偏粉红色，且波段接收紊乱。

　　检查与分析　据用户反映，该机的初始故障是收不到 UHF 频段的电视节目，而 VHF 频段节目接收及图像等均正常，经他人修理后，便形成了本例故障。仔细观察发现，故障现象主要是，VHF-L 频段接收 UHF 频段节目、VHF-H 频段接收 VHF-L 频段节目、UHF 频段接收 VHF-H 频段节目，说明前修理者误动了 I^2C 总线维修项目的调整数据。

　　试进入 I^2C 总线维修状态后，发现"HIT"项目数据已为"24"（正常值为"28"），"MODE"项目数据已为"00"（正常值为"1A"），"GCUT"项目数据已为"00"（正常值为"60"），"BCUT"项目数据已为"00"（正常值为"2C"），"VP50"项目数据已为"00"（正常值为"04"），"VLIN"项目数据已为"00"（正常值为"0B"），将其调为正确值后，整机恢复正常工作。

　　小结　本例对初学者的主要意义在于，在一些故障检修中，要根据故障现象进行认真分析，且莫盲目调整维修软件中的项目数据。

金盾版图书，科学实用，
通俗易懂，物美价廉，欢迎选购

彩色电视机集成电路维修资料手册	29.00 元	音响设备集成电路维修资料手册	18.00 元
新型彩色电视机集成电路维修资料手册	49.00 元	视听新潮流——家庭影院	9.00 元
表解彩色电视机维修指南	35.00 元	卫星电视接收系统安装与维修	17.50 元
图解国产彩色电视机维修指南	24.00 元	家用摄录机的使用与维修	10.00 元
彩色电视机维修指南（第二版）	32.50 元	激光唱机激光影碟机使用与维修	12.60 元
长虹彩色电视机维修指南	34.50 元	激光唱机激光影碟机故障检修实例	8.50 元
国产彩色电视机故障检修实例	23.00 元	电子游戏机的使用与维修	5.00 元
彩色电视机疑难故障检修236例	15.00 元	传真机结构与使用维修	12.00 元
等离子电视机和液晶电视机原理与维修	19.00 元	空调器电路图与制冷系统图	20.00 元
		家用空调器使用与维修	14.50 元
彩色电视机 I^2C 总线调整与维修	11.50 元	家用空调器故障检实例	10.00 元
新型直角平面大屏幕彩电故障分析与检修	9.50 元	电冰箱使用200题	3.70 元
		电冰箱维修问答	5.50 元
彩电红外线遥控系统典型故障判断与排除	5.70 元	全自动洗衣机故障检修技术	16.00 元
新型贴片电子元器件速查手册	38.00 元	洗衣机维修问答	6.00 元
		静电复印机使用与维修	8.50 元
黑白电视机故障判断与排除	5.50 元	VCD影碟机故障检修实例	8.00 元
电视机疑难故障检修200例	8.00 元	VCD SVCD集成电路维修资料手册	22.00 元
		家用电器控制电路原理与检修	13.50 元
家庭视听设备实用摩机技术	9.00 元	家用洗衣机使用与维修	8.00 元
		电磁炉疑难故障检修实例	16.00 元
		家庭厨用电器使用与维修	10.00 元

以上图书由全国各地新华书店经销。凡向本社邮购图书或音像制品，可通过邮局汇款，在汇单"附言"栏填写所购书目，邮购图书均可享受9折优惠。购书30元（按打折后实款计算）以上的免收邮挂费，购书不足30元的按邮局资费标准收取3元挂号费，邮寄费由我社承担。邮购地址：北京市丰台区晓月中路29号，邮政编码：100072，联系人：金友，电话：(010)83210681、83210682、83219215、83219217（传真）。